国家中等职业教育改革发展示范学校建设成果

转炉炼钢工学习指导

张岩 杨彦娟 杨伶俐 主编

北 京

冶 金 工 业 出 版 社

2015

内 容 提 要

  本书按照转炉炼钢工国家技术等级标准分解为不同模块，每一个模块包括：教学目的与要求、学习重点与难点、思考与分析，并按知识点配有近千道练习题。内容以转炉炼钢操作为中心，将转炉炼钢工艺、原理、设备有机结合，以适应炼钢技术工人提高技术素质、满足各级炼钢技术工人、技师、高级技师的培训需要，同时，本书也非常适合岗位一线员工自学。

  本书为转炉炼钢专业工程技术人员岗位培训与资格考试用书，也可作为大专院校和职业学校钢铁冶炼专业学生的实习指导书和学习参考书，同时也可作为转炉炼钢工技能竞赛的辅导教材。

图书在版编目（CIP）数据

转炉炼钢工学习指导/张岩等主编 . —北京：冶金工业出版社，2015.4

国家中等职业教育改革发展示范学校建设成果

ISBN 978-7-5024-6868-2

Ⅰ.①转… Ⅱ.①张… Ⅲ.①转炉炼钢—职业教育—教材 Ⅳ.①TF71

中国版本图书馆 CIP 数据核字（2015）第 045998 号

出 版 人　谭学余
地　　址　北京市东城区嵩祝院北巷 39 号　邮编　100009　电话　（010）64027926
网　　址　www.cnmip.com.cn　电子信箱　yjcbs@cnmip.com.cn
责任编辑　刘小峰　李维科　美术编辑　杨　帆　版式设计　孙跃红
责任校对　石　静　责任印制　李玉山
ISBN 978-7-5024-6868-2
冶金工业出版社出版发行；各地新华书店经销；固安华明印业有限公司印刷
2015 年 4 月第 1 版，2015 年 4 月第 1 次印刷
787mm×1092mm　1/16；21.5 印张；519 千字；328 页
50.00 元

冶金工业出版社　投稿电话　（010）64027932　投稿信箱　tougao@cnmip.com.cn
冶金工业出版社营销中心　电话　（010）64044283　传真　（010）64027893
冶金书店　地址　北京市东四西大街 46 号（100010）　电话　（010）65289081（兼传真）
冶金工业出版社天猫旗舰店　yjgycbs.tmall.com
　　　　　（本书如有印装质量问题，本社营销中心负责退换）

编写委员会

前　言

受首钢迁钢股份有限公司和首钢高级技工学校（现首钢技师学院）委托，本人主持开发用于连续铸钢工初、中、高级工远程信息化培训课程课件，并自2006年开始应用。目前首钢职工在线学习网（http：//www.sgpx.com.cn）上，信息化培训课件已发展至包括烧结、焦化、炼铁、炼钢、轧钢、机械、电气、环检等50多个工种。

为了适应首钢各基地以及国内钢铁行业职工岗位技能提高的需求，首钢技师学院于2013年将用于冶金类岗位技术培训的数字化学习资源，作为首钢高级技工学校示范校建设项目的一个组成部分。为满足技能培训中学员自学需求，作者将配套教材改编为适合职工培训和自学的学习指导书。改写时按照新版国家技术等级标准对原教材进行删改，增加现场新技术、新设备、新工艺、新钢种内容，并根据知识点进行分解、组合，辅以收集的有关技能鉴定练习题，整合成学习模块。书中部分练习题与炼钢工艺、设备密切相关，请读者在学习时结合生产实际，灵活运用。

考虑到转炉炼钢工、炉外精炼工、连续铸钢工同处在转炉炼钢厂，有很多内容要求相同或相近，因此将这一部分内容集中编写入《炼钢生产知识》一书，与《转炉炼钢工学习指导》、《炉外精炼工学习指导》、《连续铸钢工学习指导》配套使用。本套书与首钢职工在线学习网（http：//www.sgpx.com.cn）上相应工种、等级的课件配套使用，效果更好。

《转炉炼钢工学习指导》为转炉炼钢工的各级技术工人岗位培训与技术等级考试教材，也可作为大专院校和中等职业技术学校钢铁冶炼和材料加工专业学生的学习参考书，以及转炉炼钢工技能竞赛的辅导教材。

本书共有14章，编写负责人如下：绪论、装入操作——装入制度、氧枪操作——供氧制度、加渣料——造渣制度及脱磷脱硫、温度制度、终点控制、脱氧合金化及夹杂物排除、操作事故及处理由张岩负责编写，炼钢用原材料、铁水预处理、顶底复合吹炼、技术经济指标由杨彦娟负责编写，氧气转炉炼钢车间布置及组成、耐火材料、转炉炉衬和炉龄由杨伶俐负责编写。全书由张岩负责统稿。

在编写过程中，编者得到首钢各钢厂有关领导、工程技术人员和广大工人的大力支持和热情帮助，特别是首钢总工室的南晓东高级工程师，京唐公司的闫占辉高级工程师和首秦公司的秦登平高级工程师直接对教材的编写提出了宝贵意见，没有他们的支持与工作，这套书是不可能按时完成的。由于编写时间仓促，冶金工业出版社刘小峰和曾媛编辑对这套不成熟的原稿提出了很多建设性的修改意见，更正稿中不妥之处。在此，向以上单位和个人表示衷心的感谢。

编写过程中，还参阅了有关转炉炼钢、炉外精炼、连续铸钢等方面的资料、专著和杂志及相关人员提供的经验，在此也向有关作者和出版社致谢。

由于编者水平所限，书中不当之处，敬请广大读者批评指正。

张　岩

目　　录

1 绪　　论

教学目的与要求

1. 了解本工种学习要求与建议。
2. 知道转炉炼钢发展过程。

钢铁工业是我国目前调整振兴的重点产业之一，也是其他调整振兴重点产业的基础，如汽车、造船、装备制造等产业。

氧气转炉炼钢是钢铁材料生产中的重要环节。

1.1　氧气转炉炼钢法的发展概况

氧气转炉炼钢法虽然是 20 世纪 50 年代产生和发展起来的炼钢技术，但它却经历了100 多年的历史。早在 1856 年英国人亨利·贝塞麦就研究开发了酸性底吹转炉炼钢法，即以铁水为原料，从转炉底部通入空气氧化以去除杂质冶炼成钢。首次实现了液态钢冶炼的规模生产，从此进入了现代钢铁工业生产阶段。由于贝塞麦转炉是用酸性耐火材料砌筑炉衬，冶炼过程不能脱除铁水中的磷、硫等有害杂质，因而只能以低磷、硫铁水为原料，所以贝塞麦炼钢法的发展受到限制。1878 年英国人托马斯研究发明的碱性底吹转炉炼钢法，以碱性耐火材料砌筑炉衬，吹炼过程中可以加入石灰造渣，能够脱除铁水中的磷、硫，解决了冶炼高磷铁水的技术问题。

早在 1856 年贝塞麦就提出利用纯氧炼钢的设想，由于当时工业制氧技术水平较低，成本太高，氧气炼钢未能实现。

第二次世界大战之后，从空气中分离氧气技术的成功应用，提供了大量廉价的工业纯氧，使贝塞麦的氧气炼钢设想得以实现。1939 年罗伯特·杜勒尔在瑞士采用水冷氧枪从转炉炉口伸入，在熔池的上方供氧进行吹炼，得到满意的效果。经过不断地试验改进后，形成了氧气顶吹转炉的雏形。奥地利钢铁公司根据杜勒尔的设计，先后在 2t、10t、15t 转炉上进行氧气顶吹炼钢的工业试验，取得了丰富的经验。于 1952 年在林茨（Linz）建成 30t氧气顶吹转炉并投入生产；1953 年初在多那维茨（Donawiz）又建成两座 30t 氧气顶吹转炉并正式投入工业生产。由于氧气顶吹转炉炼钢首先在林茨和多那维茨两城投入生产，所以取这两个城市名称的第一个字母 LD 作为氧气顶吹转炉炼钢法的代称。

LD 炼钢法具有反应速度快，热效率高，又可使用约 15% ~ 20% 的废钢等优点；并克服了空气底吹转炉钢质量差、品种少等缺点；因而其一经问世就显示出巨大的优越性和生命力。

目前，转炉炼钢技术已趋于完善，顶底复合吹炼技术已得到广泛应用，在世界钢产量中转炉钢约占 65% ；容量趋向大型化，最大公称吨位达 400t ；单炉生产能力达到 400 万 ~

500 万吨/年；与铁水预处理和有关精炼技术相匹配可以冶炼绝大多数钢种；大型转炉炉龄在 1999 年就达到 20000 炉次/炉役以上，中小型转炉炉龄在 2006 年已达 31861 炉次/炉役；少渣冶炼、自动控制技术也有很大发展。2001 年 12 月 28 日包钢最后一座平炉退役，在我国转炉炼钢法已经完全取代了平炉炼钢法。

1951 年碱性空气侧吹转炉炼钢法首先在我国唐山钢厂试验成功，并于 1952 年投入工业生产。1954 年开始了小型氧气顶吹转炉炼钢的试验研究工作，1962 年将首钢试验厂空气侧吹转炉改建成 5t 氧气顶吹转炉，开始了工业性试验。在试验取得成功的基础上，我国第一个 30t 氧气顶吹转炉炼钢车间在首钢建成，并于 1964 年 12 月 26 日投入生产。1966 年上钢一厂将原有的一个空气侧吹转炉炼钢车间，改建成 3 座 30t 的氧气顶吹转炉的炼钢车间，并首次采用了先进的烟气净化回收系统，于 8 月投入生产，还建设了弧形连铸机与之相匹配。首钢和上钢试验和扩大了转炉钢的品种。20 世纪 80 年代宝钢从日本引进建成具有 70 年代末技术水平的 300t 大型转炉 3 座，首钢购入二手设备建成 210t 转炉车间；90 年代宝钢又建成 250t 转炉车间；武钢引进 250t 转炉；鞍钢、本钢将平炉改建或新建成 150t、180t 和 120t 转炉；唐钢建成 150t 转炉车间，这些新建或改建成的转炉炼钢车间标志着我国转炉炼钢大型化的进程。曹妃甸京唐公司于 2009 年建成投产国内最先进的转炉炼钢厂。目前我国最大公称吨位为 300t，转炉钢占年总钢产量的 84.17%。

我国是从 1980 年开始研究转炉复吹技术的，1983 年用于工业生产。多年来对复吹技术及相关技术的研究开发，促进了复吹技术的发展。复吹转炉底部气源由单一供氮发展到 N_2、CO_2、Ar、O_2 等多种气源。转炉热补偿技术、优质镁碳砖及高寿命底部供气元件、定氧探头等方面的研发应用，都取得了很大成效。由于底部供气元件材质、结构，供气元件保护砖，炉底砌筑工艺，复吹工艺及维护制度等方面的改进，底部供气元件的寿命有大幅提高，炉底寿命已能与炉衬同步。

由于转炉炼钢工艺的发展与铁水预处理技术、钢水炉外精炼相结合，我国的一些钢厂已形成了现代化炼钢工艺流程，从而扩大了钢的品种，提高了转炉钢的质量，使一些高纯净度、超低碳钢种得以被开发。建立和完善了复吹工艺检测及计算机系统，铬矿和锰矿的直接还原，高废钢比冶炼，高纯净和超高纯净钢的冶炼等。继续提高我国转炉复吹比，使我国的复吹工艺技术达到国际水平或国际先进水平。

我国钢产量自 1996 年以来一直居世界第一位，这是中国成为钢铁大国、炼钢科技进步进入国际先进行列的重要标志。我国在近终形连铸连轧、转炉溅渣护炉、全程复吹长寿技术等领域处于世界领先水平。但是我国钢铁生产存在吨钢物耗能耗高、劳动生产率低、原材料条件差等问题，影响了生产水平和钢种质量的提高。我国与国外转炉生产技术经济指标比较见表 1-1。

表 1-1　国内外转炉生产技术经济指标比较

生产工艺	国　内				国外先进水平			
终点成分/%	[C]	[S]	[P]	[O]	[C]	[S]	[P]	[O]
	0.03~0.12	≤0.025	≤0.03	0.05~0.10	0.03~0.06	≤0.01	≤0.01	≤0.06
控制精度	C±0.02%，T±12℃				C±0.01%，T±10℃			
炉龄/炉	3000~37000				2000~8000（最高 51000）			

生 产 工 艺	国 内	国外先进水平
冶炼周期/min	23 ~ 44	26 ~ 32
转炉作业率/%	85 ~ 95	82 ~ 90
石灰消耗/kg · t⁻¹	40 ~ 80	40 ~ 60
氧气消耗(标态)/m³ · t⁻¹	55 ~ 70	55 ~ 60
钢铁料消耗/kg · t⁻¹	1090	约 1060

1.2 转炉炼钢法的分类

　　依照历史发展进程，按转炉炉衬性质的不同分为酸性转炉与碱性转炉；按其气体引入部位的不同，分为底吹转炉、侧吹转炉、顶吹转炉和顶底复吹转炉；根据供给气体氧化性的不同又可分为空气转炉和氧气转炉。

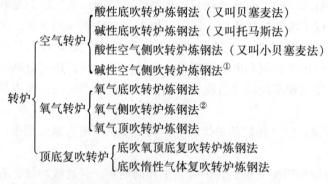

①只有中国曾使用过的炼钢方法；
②我国曾经对氧气侧吹转炉炼钢法进行过工业试验。

练习题●

1. （多选）按其气体进入部位不同，转炉可分为（　　）。ABC
　　A. 底吹转炉　　　　　　B. 侧吹转炉　　　　　　C. 顶吹转炉　　　　　　D. 氧气转炉
2. （多选）根据供给气体的氧化性不同转炉可分为（　　）。AC
　　A. 空气转炉　　　　　　B. 氮气转炉　　　　　　C. 氧气转炉　　　　　　D. 氩气转炉

1.3 氧气转炉炼钢法的特点

　　氧气转炉炼钢法的特点有：

　　（1）吹炼速度快、生产率高。在氧气转炉吹炼过程中，铁水中的 Si、Mn、C、P 等元素的氧化速度非常快。Si 的氧化速度为 0.16% ~ 0.40%/min，Mn 的氧化速度约为

　　● 练习题中没有选项的为判断题；有选项没注明的为单选题；多选题在题目前有括号注明。

0.13%/min，而 C 的氧化速度最高可达 0.4% ~ 0.6%/min；转炉的生产周期为 30 ~ 40min，最多为 1h。因此氧气转炉炼钢法的生产率很高，采用复吹还可进一步提高供氧强度，缩短冶炼周期。

（2）品种多、质量好。氧气转炉可以冶炼全部平炉冶炼的钢种和部分电炉冶炼的钢种，有碳素钢、低合金钢、中合金钢等；由于炉外精炼技术的发展，氧气转炉能够冶炼更多的钢种。

氧气转炉钢的质量也是比较好的，$[O] = 0.00015\% ~ 0.00065\%$，$[N] = 0.002\% ~ 0.004\%$，$[H] = 0.0003\% ~ 0.0004\%$ 钢；从而使冷加工变形性能、抗时效性能、抗脆裂折断性能、焊接性能等均优于平炉钢种，有些性能还优于电炉钢种。尤其是深冲性能和延展性能较好，用于轧制板、管、丝、带钢材更具优越性。一个国家对这类钢材的需求量往往占钢材总量的 50% ~ 60%，甚至更多。

（3）原材料消耗少、热效率高、成本低。氧气转炉钢的钢铁料消耗一般为 1100 ~ 1400kg/t(钢)，个别的低至 1050kg/t(钢)，金属消耗只是稍高于平炉钢；氧气转炉是利用铁水的物理热和化学热冶炼，不仅不需要外加热源，还可以加入 15% ~ 20% 的废钢，因而热效率高；再加上转炉炉衬寿命长，2004 年复吹最高炉龄已达 30468 炉次/炉役，从而使吨钢耐火材料消耗、燃料动力消耗比平炉钢和电炉钢都低；此外，氧气转炉还可以回收煤气、蒸汽和烟尘加以利用，有可能实现零能耗或负能耗炼钢，且其生产率又高，所以氧气转炉钢的成本低。

（4）基建投资少、建设速度快。氧气转炉的炉体轻且结构简单，厂房占地面积少，投资省，建设速度也快。

（5）氧气转炉容易与连续铸钢相匹配。氧气转炉炼钢生产周期短，且比较均衡，有利于与连铸相匹配协调，比较容易实现多炉连浇，有利于提高铸机的作业率，也利于实现自动控制和综合利用。

氧气转炉不仅能够吹炼低磷铁水，还可以吹炼中磷（$[P] = 0.50\% ~ 1.50\%$）和高磷（$[P] > 1.50\%$）铁水，并且可以吹炼含钒、钛的铁水，但受氧化性气氛限制，脱硫效果有限。在转炉炼钢工序完成以上所有任务，吹炼工艺复杂，冶炼周期长，也不够经济。从精料角度出发，最好是在铁水兑入转炉之前进行预处理，脱除硫、磷，提取钒、钛、铌等元素，较为经济合理。

练习题

1. （多选）转炉炼钢的优点有（　　）。ABCD

   A. 生产率高　　　　　B. 品种多　　　　　C. 质量好　　　　　D. 热效率高

2. （多选）氧气顶吹转炉炼钢的优点是（　　）。BCD

   A. 脱硫效率高　　　B. 生产率高　　　C. 容易与连铸相匹配　　　D. 成本低

3. （多选）转炉炼钢的优点有（　　）。ABCD

   A. 原材料消耗小　　B. 基建投资少　　C. 易于自控　　　D. 易与连铸匹配

1.4 转炉炼钢发展方向与技术进步目标

1.4.1 转炉炼钢的发展方向

转炉炼钢生产的发展方向是：

（1）大型化。为减少污染，降低消耗，稳定生产，应逐步将小型转炉改造成100t以上的中大型转炉，重点淘汰30t以下小型转炉，发展200t以上大型转炉。

（2）精料化、标准化。为改善技术经济指标，应加强石灰、废钢等原材料的管理，逐步做到全量入炉铁水预脱硫，增加入炉铁水"三脱"预处理比例。

（3）稳定化，分阶段冶金。为提高生产效率，保证洁净钢的生产，应提高炼钢供氧强度，进行"铁水预处理—转炉炼钢—炉外精炼—连续铸钢"结构优化，特别是增加炉外精炼钢种比例，探索钢种生产流程、加强时间管理，保证稳定生产。

（4）长寿复吹。为稳定生产，提高钢种质量，采用复合吹炼技术，且炉底喷嘴能与炉衬耐火材料的寿命同步。

（5）自动化。提高炼钢生产自动化水平，特别是终点动态控制自动化，实现生产调度智能化。

（6）绿色化。在保证溅渣护炉的前提下，做到少渣操作，减少渣、废气、烟尘等污染物排放，最终做到"零排放"，增加炉气回收比例，向"零能耗"、"负能耗"发展。此外，还要减少吨钢资源消耗，尤其是吨钢金属料消耗和水资源消耗。

（7）高效低成本。建立高效低成本洁净钢生产平台，实现可持续发展。

1.4.2 转炉炼钢技术进步的目标

转炉炼钢技术进步是围绕着以下目标进行的：

（1）为满足社会日益苛刻的需求而提高钢质量。

（2）提高炼钢的生产效率。

（3）降低生产成本。

（4）减少对环境的污染，实现清洁生产；降低炼钢能源消耗及回收利用炼钢过程产生的能源。

21世纪转炉炼钢技术面临更大的挑战，总目标是与其他材料竞争获得更广泛的市场。

练习题

1. （多选）一种新的炼钢工艺流程为：配置全量铁水脱硫，采用（　　）转炉—（　　）转炉双联法作业，并实现了转炉少渣冶炼，有利于冶炼纯净钢和降低炼钢综合成本。BD

   A. 脱硅　　　　B. 脱磷　　　　C. 脱锰　　　　D. 脱碳

2. （多选）以下属于中型转炉的是（　　）。BC

   A. 30t　　　　B. 120t　　　　C. 180t　　　　D. 300t

3. 目前国内钢铁企业工艺流程倾向于高炉炼铁—铁水预处理—转炉炼钢—炉外精炼—连

续铸钢—连轧。（　　）√

4. 以下属于小型转炉的是（　　）。A

    A. 30t   B. 120t   C. 180t   D. 300t

5. 公称吨位在 100~200t 的为大型转炉。（　　）×

6. 公称吨位在 100~200t 的为中型转炉。（　　）√

7. （多选）转炉炼钢技术进步的目标是（　　）。ABCD

    A. 提高钢质量   B. 降低成本   C. 减少污染   D. 提高生产率

学习重点与难点

学习重点：初级工、中级工学习重点是转炉炼钢的分类；高级工学习重点是转炉炼钢的分类和转炉炼钢的发展方向。

学习难点：无。

思考与分析

1. 转炉炼钢有哪些分类方法，都是怎样分类的？

2. 转炉炼钢的优点有哪些，其技术进步的目标是什么，发展方向是什么？

2 炼钢用原材料

教学目的与要求

1. 会鉴别和选用转炉炼钢原材料；说出选用炼钢原材料的原则。
2. 说出炼钢所用原材料的性能、标准及作用；常用原材料质量鉴别方法。
3. 能准备废钢。
4. 鉴别散状料、合金料。

原材料是炼钢的基础，原材料质量的好坏对炼钢工艺和钢的质量有直接影响。倘若原材料质量不符合技术要求，势必导致消耗增加，产品质量变差，有时还会出现废品，造成产品成本的增加。国内外实践证明，采用精料以及原料标准化，是实现冶炼过程自动化的先决条件，也是改善各项技术经济指标和提高经济效益的基础。

目前我国部分小型炼钢厂对炼钢用原材料质量的重要性认识不足，重视不够，特别是铁水、石灰的质量较差，不仅给转炉生产带来很大困难，技术经济指标也较落后，若不彻底扭转这种局面，很难提高钢的质量，扩大钢的品种，也很难占领市场，就更谈不上有丰厚的经济效益。

原材料的基本要求是：有效成分高、有害杂质少，固体料干燥清洁、块度合适，液态铁水具有足够高的温度。

练 习 题

1.（多选）炼钢对原材料的基本要求是：清洁、（　　）。ABCD

　A. 成分清楚　　　　B. 块度合适　　　　C. 重量准确　　　　D. 干燥

2. 原材料质量的好坏对炼钢工艺和钢的质量有直接影响。（　　）√

炼钢用原材料一般分为主原料、辅原料和各种铁合金。

2.1　主原料

氧气转炉炼钢用主原料为铁水、废钢和生铁块。

氧气转炉炼钢用金属料包括主原料和铁合金。

📝 **练习题**

1. （多选）转炉炼钢金属料包括（   ）。ABCD

　　A. 铁水　　　　B. 废钢　　　　C. 生铁块　　　　D. 铁合金

2. 转炉炼钢的主要金属料是（   ）。C

　　A. 铁水、氧化铁皮、矿石

　　B. 铁水、铁合金、脱氧剂

　　C. 铁水、废钢、生铁块、合金料、铁矿石含铁折算量

　　D. 铁水、废钢、生铁块

3. 炼钢所用主原料是铁水、废钢、生铁块。（   ）√

4. 炼钢的主要金属料是指铁水、废钢、石灰。（   ）×

5. 转炉炼钢中常用的金属料有铁水、废钢和铁合金。（   ）×

2.1.1　铁水

　　铁水一般占装入量的70%～100%。铁水的物理热与化学热是氧气转炉炼钢的基本热源。因此，对入炉铁水温度和化学成分必须有一定要求。

2.1.1.1　铁水的温度

　　铁水温度的高低是带入转炉物理热多少的标志，铁水物理热约占转炉热收入的50%。铁水温度高有利于稳定操作和转炉的自动控制；而铁水的温度过低，则影响元素氧化过程和熔池的温升速度，不利于成渣和去除杂质，容易发生喷溅。因此，我国炼钢规范规定入炉铁水温度应不低于1250℃，并且要相对稳定。

　　通常高炉的出铁温度为1350～1450℃。可用混铁车或在运输过程中在铁水液面加盖并加覆盖剂保温，以减少运输和待装过程的降温。

📝 **练习题**

1. 铁水质量主要是指铁水温度合乎要求，而对成分不作特别规定。（   ）×

2. 转炉热量来源之一是铁水物理热，一般入炉铁水温度达（   ）℃。A

　　A. 1300　　　　　B. 1400　　　　　C. 1500

3. 转炉炼钢入炉铁水温度在（   ）℃以上。B

　　A. 1000　　　　　B. 1250　　　　　C. 1539　　　　　D. 1640

4. （多选）入炉铁水要求（   ）。ABCD

　　A. 物理热高些　　　B. 化学热高些　　　C. 温度高些　　　D. 锰硅比合适

5. （多选）关于铁水温度，以下描述正确的是（   ）。ABC

　　A. 铁水温度的高低是带入转炉物理热多少的标志

B. 铁水温度高有利于稳定操作和转炉的自动控制

C. 铁水温度应大于1250℃，并且要相对稳定

D. 铁水温度一般在1550~1700℃的范围

6. 炼钢用铁水温度一般在1250℃，主要是为后道工序提供物理热。（   ）×

2.1.1.2 铁水的化学成分

氧气转炉能够将各种成分的铁水冶炼成钢，但需要铁水中各元素的含量适当并保持稳定，才能保证转炉的正常冶炼和获得良好的技术经济指标，因此力求提供成分适当并稳定的铁水。表2-1是炼钢用生铁化学成分的标准。

表2-1　炼钢用生铁化学成分标准（YB/T 5296—2011）

铁　种			炼钢用生铁		
代　号			L04	L08	L10
化学成分(质量分数)/%	C		≥3.50		
	Si		≤0.35	>0.35~0.70	>0.70~1.25
	Mn	一　组	≤0.40		
		二　组	>0.40~1.00		
		三　组	>1.00~2.00		
	P	特　级	≤0.10		
		一　级	>0.100~0.150		
		二　级	>0.150~0.250		
		三　级	>0.250~0.400		
	S	一　类	≤0.030		
		二　类	>0.030~0.040		
		三　类	>0.040~0.070		

练习题

1. （多选）铁水中的五大元素包括（   ）。ABCD

   A. C　　　　　B. P　　　　　C. Si　　　　　D. S

2. （多选）入炉铁水成分要求有（   ）元素。ABCD

   A. 磷　　　　　B. 硫　　　　　C. 硅　　　　　D. 锰

3. 钢中常见五大元素中有害元素是指（   ）。D

   A. C与Mn　　　B. Si与P　　　C. C与S　　　　D. P与S

4. 钢中的五大元素是（   ）。C

   A. C、Si、Mn、P、Cr　　　　　B. C、Si、Mg、P、Cr

   C. C、Si、Mn、P、S　　　　　D. C、Si、Mg、P、S

5. 铁元素符号为（   ）。C

　　A. Cu　　　　　　B. Zn　　　　　　C. Fe　　　　　　D. Mn

6. 硅元素符号为（　　）。C

　　A. Mn　　　　　　B. Ca　　　　　　C. Si　　　　　　D. Zn

7. 在一般钢材中，（　　）元素是有害元素。C

　　A. 碳、铌　　　　B. 碳、钒　　　　C. 硫、磷　　　　D. 钒、铌

8. （多选）铁水的主要成分有（　　）。ABCD

　　A. C　　　　　　B. Si　　　　　　C. Mn　　　　　　D. P、S

A　硅（Si）

　　硅是转炉炼钢发热元素之一。硅含量高，会增加转炉热源，提高废钢比。有关资料表明，铁水中硅含量每增加0.1%，废钢比可提高约1.3%。铁水硅含量高，渣量增加，有利于去除磷、硫。但是硅含量过高将会使渣料和消耗增加，易引起喷溅，金属的收得率降低。硅含量高的渣中 SiO_2 含量过高，也会加剧对炉衬的侵蚀，并影响石灰渣化速度，延长吹炼时间。

　　通常铁水中硅含量为0.30%～0.60%为宜。大中型转炉用铁水硅含量可以偏下限，而对于热量不富余的小型转炉用铁水硅含量可偏上限。转炉吹炼高硅铁水可采用双渣操作或铁水脱硅预处理。过高的硅含量，会给冶炼带来不良后果，主要有：

　　（1）增加渣料消耗，渣量大。铁水中硅每增加0.1%，每吨铁水就需多加6kg左右的石灰。有人做过统计，当铁水中硅含量为0.55%～0.65%时，渣量约占装入量的12%；当铁水中硅含量为0.95%～1.05%时，渣量则为15%。过大的渣量容易引起喷溅，随喷溅带走热量，加大金属损失。

　　（2）加剧对炉衬的侵蚀。冶炼初期形成酸性氧化物 SiO_2 造成炉衬耐材的侵蚀。

　　（3）初期渣中（ SiO_2 ）超过一定数值时，影响石灰的渣化，从而影响着成渣速度，也就影响着磷、硫的脱除，延长了冶炼时间。

　　此外，对含钒铁水预处理提钒时，为了得到高品位的钒渣，要求铁水硅含量要低些。

练 习 题

1. 铁水中硅含量过高，会使石灰加入过多，渣量大，对去磷无影响。（　　）×

2. 炼钢铁水硅含量越高越好。（　　）×

3. （多选）铁水硅含量高的不利因素是（　　）。ABCD

　　A. 渣料消耗大　　B. 喷溅大　　　　C. 金属收得率低　　D. 炉衬侵蚀大

4. （多选）铁水硅含量高的有利因素是（　　）。AC

　　A. 利于化渣　　　B. 利于脱碳　　　C. 利于多吃废钢　　D. 利于减少炉衬侵蚀

5. （多选）铁水硅含量高带来的影响有（　　）。ABC

　　A. 增加渣量　　　B. 加剧炉衬侵蚀　C. 降低成渣速度　　D. 热量不足

6. 铁水的主要成分中 Si 为（　　）。C

　　A. 0.12%～0.30%　B. 0.30%～0.65%　C. 0.40%～0.80%

7. 铁水中硅元素与氧反应是放热反应，含量高利于增加热源。（ ） √

8. 铁水中硅含量过低易造成热量不足，渣量少不易去除磷、硫等有害元素，因此要求铁水的硅含量要高。（ ）×

9. 一般大型转炉要求铁水硅含量较高，小型转炉要求铁水硅含量较低。（ ） ×

B 锰（Mn）

铁水锰含量高对冶炼有益，可以促进初期渣尽早化渣，改善炉渣流动性，有利于脱硫和提高炉衬寿命；减少氧枪粘钢；有利于提高金属收得率；同时终点钢中余锰高，能够减少合金消耗。转炉用铁水对[Mn]/[Si]比值的要求为0.8~1.0。当前使用较多的为低锰铁水，一般铁水中锰含量为0.20%~0.40%。

📝 练 习 题

1. 实践证明铁水中[Mn]/[Si]比值为（ ）时可以利于化渣，脱硫以及提高炉衬寿命。B
   A. 0.6~0.8   B. 0.8~1.0   C. 1.0~1.2

2. 一般对转炉用铁水[Mn]/[Si]比含量的要求为（ ）。D
   A. 2.5~2.8   B. 2.0~2.5   C. 1.5~2.0   D. 0.8~1.0

3. 特殊铁水主要是指含有少量钒、钛的铁水。（ ） √

4. 铁水中的锰是有害元素，越低越好。（ ）×

5. 铁水中锰含量适当偏高有利于快速成渣。（ ） √

6. （多选）铁水锰含量高的有利因素是（ ）。ABCD
   A. 利于化渣   B. 利于脱碳   C. 余锰高   D. 利于减少炉衬侵蚀

7. 兑入氧气顶吹转炉的铁水中含有一定数量的锰，可是初期渣中（MnO）含量高，加快成渣速度，降低（SiO_2）的活度，减少了对炉衬的侵蚀。（ ） √

C 磷（P）

磷是高发热元素，在多数钢中是要去除的有害元素。因此，要求铁水磷含量越低越好；铁水中磷含量越低，转炉工艺操作越简化，并有利于提高各项技术经济指标。

铁水中磷来源于铁矿石，根据磷含量铁水可以分为三类：

（1）[P]<0.30%的低磷铁水；

（2）[P]=0.30%~1.00%的中磷铁水；

（3）[P]>1.50%的高磷铁水。

铁水磷含量高时，应采用炉外铁水预脱磷处理，或转炉内双渣或双渣留渣工艺，以满足低磷纯净钢的生产需要，提高钢种质量，均衡转炉操作，便于自动控制。

D 硫（S）

除了含硫易切钢要求[S]=0.08%~0.30%以外，绝大多数钢种中硫是有害元素。转炉中硫主要来自金属料和造渣材料熔剂等，而其中铁水的硫是主要来源之一。在转炉氧化性气氛中脱硫是有限的，单渣操作的脱硫效率一般只有 20% ~ 30%。我国炼钢技术规范要求入炉铁水 [S] ≤ 0.05%。冶炼优质钢的铁水硫含量则要求更低，纯净钢甚至要求铁水 [S] ≤ 0.005%。因此，必须进行铁水预处理降低硫含量。

练习题

1. 铁水中磷的含量（　　）。B
   A. 越高越好　　　　　　　B. 越低越好　　　　　　　C. 适中
2. 炼钢工艺对入炉铁水温度、磷、硫含量作了严格规定，对其他元素不作要求。（　　）×

E 碳（C）

铁水中 [C] = 3.5% ~ 4.5%，碳是转炉炼钢主要发热元素。

2.1.1.3 铁水除渣

铁水带来的高炉渣中 SiO_2 含量较高，若随铁水进入转炉会导致石灰消耗量增多，渣量增大，喷溅加剧，损坏炉衬，降低金属收得率，损失热量等。为此铁水在入转炉之前应除渣，有时铁水预处理前也需除渣，入炉铁水带渣量要求不高于 0.50%。

练习题

1. 转炉炼钢厂规程规定入炉铁水带渣量应在（　　）以下。D
   A. 1%　　　　　　　B. 2%　　　　　　　C. 3%　　　　　　　D. 0.5%
2. （多选）入炉铁水要求（　　）。ACD
   A. 带渣量低些　　　B. 带铁量低些　　　C. 硅含量适当　　　D. 磷、硫含量低些
3. （多选）铁水带渣量大的后果有（　　）。ABCD
   A. 石灰消耗量增多　　B. 损坏炉衬　　　C. 容易造成喷溅　　D. 影响磷、硫的去除
4. 转炉炼钢要求铁水带渣量小于 0.5%。（　　）√
5. 铁水带来的高炉渣中 SiO_2、S 等含量较高，若随铁水进入转炉会导致石灰消耗量增多，渣量增大，容易造成喷溅，增加金属消耗，影响磷、硫的去除，并损坏炉衬等。（　　）√
6. 铁水带渣量大时，在铁水兑入转炉之前应进行扒渣。（　　）√
7. 铁水中 Si 是主要的发热元素，其含量越高越好，有利于提高废钢比。（　　）×
8. 铁水带来的高炉渣中 SiO_2、S 等含量较高，若随铁水进入转炉会导致石灰消耗量增多，渣量增大，容易造成喷溅。因此，要求入炉铁水带渣量不超过（　　）。B
   A. 1.0%　　　　　　B. 0.5%　　　　　　C. 1.5%　　　　　　D. 2.0%
9. 铁水中碳含量一般在（　　）左右。C
   A. 2.6%　　　　　　B. 3%　　　　　　C. 4%

2.1.2 废钢

废钢是氧气转炉炼钢的主原料之一，是冷却效果稳定的冷却剂，通常占装入量的20%以下。适当地增加废钢比，可以降低转炉消耗和成本。随着炼钢精料化，铁水化学热和物理热减少，废钢比也会降低。

废钢的外观形状尺寸、质量和入炉数量对炼钢的正常操作、产品质量、产量，甚至炉衬寿命都有重要影响。例如，入炉废钢过长，或轻型废钢过多，不仅影响废钢的装入量，还给氧枪操作带来困难；若重型废钢配比不当，势必冲击炉衬，且难以熔化，甚至到达吹炼终点仍在熔化，产生低温钢。因此，废钢的制备十分重要。

废钢的来源有自产废钢和外购废钢，自产废钢是指企业内部生产过程中产生的废钢或回收的废旧设备、铸件等废钢。例如炼钢厂钢包、中间包内残钢，铸坯的切头、切尾；轧钢厂的切头、切尾，轧后废品；另外机械加工的废品、车屑、钢管和钢板的切边，以及废旧设备。外购废钢是指非生产性回收的废钢，即从国内或国外购买的废钢。其中自产废钢或某些专业工厂的返回料质量最好，成分比较清楚，质量波动较小，对冶炼工艺的稳定性影响也较小。外购废钢成分复杂，质量波动又较大，需要适当加工和严格管理。

一般应根据废钢化学成分、重量和质量分级存放。如将优质废钢与劣质废钢加以区分，合金废钢应单独存放，根据转炉冶炼需要集中使用或搭配使用。对于高质量钢种，需要事先准备同钢种废钢返回料，以减少对转炉冶炼的影响，并提高废钢的使用价值。

为此，转炉炼钢对废钢的要求有：

（1）废钢的外形尺寸和块度应保证能从炉口顺利加入转炉，废钢单重不能过重，以减轻对炉衬的冲击，同时在吹炼期能够全部熔化。轻型废钢和重型废钢合理搭配。废钢的长度应小于转炉口直径的1/2，废钢的块度与转炉公称吨位有关，一般不应超过300kg，国标要求废钢的长度不大于1000mm，最大单件重量不大于800kg。

（2）废钢中不得混有铁合金；严禁混入铜、锌、铅、锡等有色金属和橡胶；不得混有封闭的中空容器、爆炸物和易燃易爆品以及有毒物品。废钢的硫、磷含量各不得大于0.050%。

废钢中残余元素含量应符合以下要求：$[Ni] < 0.30\%$、$[Cr] < 0.30\%$、$[Cu] < 0.30\%$、$[As] < 0.80\%$。除锰、硅外，其他合金元素残余含量的总和不超过0.60%。

（3）废钢应清洁干燥，不得混有泥沙、水泥、耐火材料、油污、搪瓷等，不能带水。

（4）废钢中不能夹带放射性废物，严禁混有医疗临床废物。

（5）废钢中禁止混有其浸出液pH值大于12.5或pH值小于2.0的危险废物。进口废钢必须向检验机构申报，废钢容器、管道及其碎片应获得曾经盛装或输送过的化学物质的主要成分以及放射性检验证明书，经检验合格后方能使用。

（6）不同性质的废钢分类存放，以免混杂，如低硫废钢、超低硫废钢、普通类废钢等。另外，应根据废钢外形尺寸将废钢分为轻料型废钢、统料型废钢、小型废钢、中型废钢、重型废钢等；非合金钢、低合金钢废钢可混放在一起，但不得混有合金废钢和生铁。合金废钢要单独存放，以免造成冶炼困难，产生熔炼废品或造成贵重合金元素的浪费。

废钢按外形尺寸和重量分类见表2-2。

表 2-2 废钢的分类

类　别	供应状态	外形尺寸/mm	单件重量/kg
重型废钢	块、型钢	长度：≤600 宽度：≤400 高度：≤400 厚度：≥10	5 ~ 800
中型废钢	块、条、板、型钢	长度：≤800 宽度：≤400 高度：≤300 厚度：≥6	3 ~ 600
小型废钢	块、条、板、型钢	长度：≤1000 宽度：≤400 高度：≤300 厚度：≥4	1 ~ 400
统料型废钢	块、条、板、型钢	长度：≤1000 宽度：≤400 高度：≤400 厚度：≥2	≤300
轻料型废钢	块、条、板、型钢、打包块	长度：≤1000 宽度：≤400 高度：≤400 厚度：<2	≤300

练习题

1. 入炉废钢的要求是（　　）。C

　　A. 块度越小越好　　B. 块度越大越好　　C. 尺寸小于炉口半径　　D. 块度不作要求

2. 对入炉废钢的要求是废钢的化学成分和块度。（　　）×

3. 对入炉废钢的要求主要是块度和清洁度。（　　）×

4. 非合金、低合金废钢可混放在一起。（　　）√

5. 冶炼一般钢种废钢的硫、磷含量各不得大于（　　）。A

　　A. 0.050%　　　　B. 0.025%　　　　C. 0.030%　　　　D. 0.070%

6.（多选）对废钢的要求是（　　）。ABC

　　A. 干燥清洁　　B. 不能有爆炸物　　C. 尺寸单重合适　　D. 温度合适

7.（多选）入炉废钢的要求是（　　）。BCD

A. 硅含量高　　　　　B. 没有爆炸物　　　　C. 磷、硫含量低　　　　D. 有色金属含量低

8. （多选）炼钢对废钢的要求是（　　）。ABCD

A. 清洁，没有泥沙和油污　　　　　　B. 不得有封闭的中空器皿、爆炸物

C. 块度应小于炉口直径1/2　　　　　D. 不能有锌、铅和锡等有色金属

9. 废钢中镍、铬、铜均不大于（　　）。A

A. 0.30%　　　　　B. 0.40%　　　　　C. 0.60%　　　　　D. 0.80%

10. 对于装入转炉的废钢，其块度不宜过大或过小，一般应小于炉口直径的1/2。（　　）√

11. 废钢的来源有外购废钢和本厂返回废钢两类。（　　）√

12. 废钢要求不得带有有色金属和封闭器皿。（　　）√

13. 入炉废钢只是对外形尺寸有规定，而对重量不作要求。（　　）×

2.1.3　生铁块

生铁块也叫冷铁，是铁锭、废铸件、罐底铁和出铁沟铁的总称，成分与铁水相近，就是没有显热。由于它的冷却效应比废钢低，同时还需要配加适量石灰渣料，因此多数厂家将生铁块与废钢搭配使用。入炉生铁块成分要稳定，硫、磷等杂质含量越低越好，最好是$[S] \leqslant 0.050\%$，$[P] \leqslant 0.10\%$。硅的含量不能太高，否则，增加石灰消耗量，对炉衬也不利，铁块中$[Si] < 1.25\%$。一般生铁块磷、硫含量较高，在冶炼优质钢时要控制使用量。

练习题

1. 生铁块的冷却效应比废钢（　　）。A

A. 低　　　　　B. 相当　　　　　C. 高

2. 转炉炼钢对入炉生铁块的要求是：成分要稳定，硫、磷等杂质含量越（　　）越好。B

A. 高　　　　　B. 低　　　　　C. 无要求

3. （多选）生铁块是（　　）的总称。ABCD

A. 铁锭　　　　　B. 废铸铁件　　　　　C. 包底铁　　　　　D. 出铁沟铁

4. （多选）铁块的特点是（　　）。ABD

A. 其成分与铁水相近，但不含显热　　　　B. 冷却效应比废钢低

C. 硫、磷等杂质含量低　　　　　　　　　D. 通常与废钢搭配使用

5. 对入炉铁块的主要要求是一定的块度和重量。（　　）×

6. 纯铁的密度大致在4~5t/m³。（　　）×

7. 生铁块的冷却效应比废钢低。（　　）√

8. 纯铁的密度大致在（　　）t/m³。D

A. 4　　　　　B. 5　　　　　C. 6　　　　　D. >7

9. 在一般的情况下，随着温度的升高，纯铁液的（　　）。B

A. 碳含量升高　　　B. 密度下降　　　C. 密度不变　　　D. 碳含量降低

2.2 辅原料

2.2.1 造渣剂

2.2.1.1 石灰

石灰主要成分为 CaO，是炼钢用量最多的造渣材料，具有脱磷、硫能力。转炉炼钢要求石灰中 CaO 含量要高，SiO_2 和 S 含量要低，石灰的生过烧率要低，活性度要高，并且要有适当的块度，此外，石灰还应清洁、干燥和新鲜。

━━

✐ 练 习 题

1. 冶金石灰的主要化学成分是碳酸钙（$CaCO_3$）。（　　）×
2. 冶金石灰的主要化学成分是氧化钙（CaO）。（　　）√
3. 石灰石的化学成分是氢氧化钙，石灰的化学成分是碳酸钙。（　　）×
4. 石灰石加入转炉中发生如下反应：$CaCO_3 = CaO + CO_2$ 放热。（　　）×
5. 石灰是炼钢的主要造渣材料，具有相当强度的脱磷和脱硫能力，因此，必须在开吹时一次性加入。（　　）×

━━

石灰质量好坏对吹炼工艺，产品质量和炉衬寿命等有着重要影响。如石灰中 S > 0.30% 时，熔池中由石灰带入的硫有时会占到 40% 之多；SiO_2 降低石灰中有效的 CaO 含量，降低有效脱硫能力。石灰中杂质越多越会降低它的使用效率，并增加渣量；石灰的生烧率（灼减）过高，说明石灰没有烧透，加入熔池后必然继续完成焙烧过程，这样势必吸收熔池热量，延长成渣时间，若过烧率高，说明石灰死烧，气孔率低，成渣速度也很慢。

石灰的渣化速度是转炉炼钢过程成渣速度的关键。所以对炼钢用石灰的活性度也要提出要求。石灰的活性度（水活性）是石灰反应能力的标志，也是衡量石灰质量的重要参数。此外，石灰极易水化潮解，生成 $Ca(OH)_2$，要尽量使用新焙烧的石灰。同时对石灰的储存时间应加以限制，一般不得大于 2 天。块度过大，熔解缓慢，影响成渣速度，过小的石灰颗粒易被炉气带走，造成浪费。一般以 5 ~ 50mm 或 5 ~ 30mm 为宜，大于上限、小于下限的比例各不超过 10%。储存、运输过程必须防雨防潮。

━━

✐ 练 习 题

1. （多选）转炉炼钢吹炼过程中石灰起到（　　）的作用。BC
   A. 化渣剂　　　　　　　B. 造渣剂　　　　　　　C. 冷却剂　　　　　　　D. 护炉剂
2. 石灰石的化学分子式是（　　）。B
   A. 氢氧化钙 $Ca(OH)_2$　　B. 碳酸钙 $CaCO_3$　　C. 碳酸镁 $MgCO_3$

3. （　　） 的主要化学成分是氧化钙。A

 A. 石灰   B. 萤石   C. 电石   D. 石灰石

4. 石灰石的主要化学成分是 （　　）。B

 A. $Ca(OH)_2$ B. $CaCO_3$ C. CaO D. $MgCO_3$

5. 石灰石的化学式是氢氧化钙 $Ca(OH)_2$。（　　）×

我国对转炉入炉冶金石灰质量的要求见表 2-3。

表 2-3　冶金石灰的化学成分和物理性能（YB/T 042—2004）

类　别	品级	质量分数/%						水活性度/mL
		CaO	CaO + MgO	MgO	SiO_2	S	灼减	
普通冶金石灰	特级	≥92.0			≤1.5	≤0.020	≤2	≥360
	一级	≥90.0			≤2.0	≤0.030	≤4	≥320
	二级	≥88.0		<5.0	≤2.5	≤0.050	≤5	≥280
	三级	≥85.0			≤3.5	≤0.100	≤7	≥250
	四级	≥80.0			≤5.0	≤0.100	≤9	≥180
镁质冶金石灰	特级		≥93.0		≤1.5	≤0.025	≤2	≥360
	一级		≥91.0		≤2.5	≤0.050	≤4	≥280
	二级		≥86.0	≥5.0	≤3.5	≤0.100	≤6	≥230
	三级		≥81.0		≤5.0	≤0.200	≤8	≥2.0

处于 1050～1150℃ 温度下，在回转窑或新型竖窑（套筒窑）内焙烧的石灰为软烧石灰，这种优质石灰也叫活性石灰。

活性石灰的水活性度大于 320mL，体积密度小，约为 1.7～2.0g/cm³，气孔率高达 40% 以上，比表面积为 0.5～1.3cm²/g；晶粒细小，熔解速度快，反应能力强。使用活性石灰能减少石灰、萤石消耗量和转炉渣量，有利于提高脱硫、脱磷效果，减少转炉热损失和对炉衬的蚀损，在石灰表面也很难形成致密的 $2CaO \cdot SiO_2$ 硬壳，利于加速石灰的渣化。

通常用石灰的水活性度量其在炉内的渣化速度，测量方法是取 50g 石灰，置于装有 40±1℃ 的 2000mL 水的烧杯中，滴入 2～3mL 1% 的酚酞溶液，以搅拌器搅拌，为保持水溶液中性用 4mol/L 盐酸滴定，在 10min 内消耗的盐酸体积（毫升数），数值大则活性度高，反应能力强。石灰的水活性已经列为衡量石灰质量的重要指标之一，并且列为常规检验项目。此外石灰活性的检验方法还有基于测定石灰溶于水引起温升的 ASTM 法。

表 2-4 为各种石灰活性的比较。

表 2-4 各种石灰特性

焙烧特征	体积密度/g·cm^{-3}	比表面积/cm^2·g^{-1}	总气孔率/%	晶粒直径/mm
软 烧	1.60	17800	52.25	1~2
正 常	1.98	5800	40.95	3~5
过 烧	2.54	980	23.30	晶粒连在一起

石灰极易水化潮解，生成 Ca(OH)$_2$，因此要尽量使用新焙烧的石灰。同时对石灰的储存时间加以限制。

目前我国部分厂家转炉用石灰仍然存在不少问题，主要是有效 CaO 含量低、SiO$_2$ 和 S 含量较高，并且生烧率、过烧率较高，块度也不均匀。不仅给冶炼带来麻烦，又恶化了技术经济指标。因此对于石灰的质量应给予充分重视。

转炉炼钢过程硫的分配系数小于 10，一般石灰加入量约占渣量的 2/3，当石灰硫含量大于所炼钢种终点硫含量要求的 15 倍时，并不能脱硫，只会回硫。

+·+

练习题

1. （　　）的石灰成渣速度快。D
   A. 生烧率高　　　　B. 过烧率高　　　　C. 活性度低　　　　D. 活性度高

2. 活性石灰的气孔率（　　），体积密度（　　），比表面积（　　），晶粒（　　）。D
   A. 低；小；大；粗大　　　　　　　　B. 高；大；小；细小
   C. 低；小；小；粗大　　　　　　　　D. 高；小；大；细小

3. （多选）测定石灰活性度的方法是测定在（　　）消耗盐酸的毫升数。ABCD
   A. 40℃下　　　　B. 4mol/L 盐酸　　　　C. 滴定 50g 石灰　　　　D. 10min 内

4. （多选）活性石灰的特点是（　　）。ABCD
   A. 晶粒细小　　　　　　　　　　B. 在回转窑或套筒窑中烧制
   C. 烧制温度低于 1050℃　　　　D. 块度合适

5. 转炉炼钢用石灰要求其具有（　　）特点。B
   A. 有效氧化钙低，二氧化硅和硫含量高及生烧率、过烧率低
   B. 有效氧化钙高，二氧化硅和硫含量低及生烧率、过烧率低
   C. 有效氧化钙低，二氧化硅和硫含量低及生烧率、过烧率低

6. （多选）对入炉石灰的要求是（　　）。CD
   A. 生烧率高　　　　B. 过烧率高　　　　C. 有效氧化钙高　　　　D. 活性高

7. （多选）对入炉石灰的要求是（　　）。ABCD
   A. 有效氧化钙高　　　B. 密度低　　　C. 储存时间小于 3 天　　　D. 比表面积大

8. 石灰的有效氧化钙含量是石灰中的碳酸钙含量。（　　）×

9. 活性石灰的气孔率高，比表面积大，可以加快石灰的渣化。（　　）√

10. 石灰活性度大于（　　）为活性石灰。B
    A. 280mL　　　　　　B. 300mL　　　　　　C. 360mL

11. 转炉炼钢石灰要求活性好。（　　）√

12. 采用活性石灰有利于提高炉龄。（　　）√

13. 活性石灰的根本特点是化渣快。（　　）√

14. （多选）关于活性石灰，叙述正确的是（　　）。ABD

　　A. 活性石灰是体积密度小、气孔率高、比表面积大的优质石灰

　　B. 使用活性石灰能减少石灰用量，提高脱硫、脱磷效果

　　C. 使用活性石灰不形成硅酸二钙硬壳

　　D. 活性石灰能加速石灰渣化

15. （多选）对入炉石灰的要求是（　　）。ABCD

　　A. 有效氧化钙高　　　　B. 硫含量低　　　　C. SiO_2 低　　　　D. 活性高

16. （多选）从精料要求考虑，以下（　　）石灰不能入炉。AB

　　A. 生烧率高　　　　B. 过烧率高　　　　C. 气孔率高　　　　D. 有效氧化钙高

17. 炼钢中对石灰要求 SiO_2 含量要高，CaO 含量要低。（　　）×

18. 石灰要求 CaO 含量（　　）。A

　　A. 要高　　　　　　　　B. 要低　　　　　　　　C. 适中

19. 石灰的块度过大，越不利于化渣和去除磷、硫。（　　）√

20. 石灰的主要化学成分是 $CaCO_3$，它是碱性氧化物，是转炉的主要造渣材料。（　　）×

21. 石灰加入数量仅取决于铁水的硅含量及炉渣碱度。（　　）×

22. 石灰生烧率高，说明石灰没有烧透，$CaCO_3$ 含量高，加入转炉后将延长化渣时间；而石灰过烧则说明石灰中 $CaCO_3$ 含量低。（　　）×

23. 转炉炼钢石灰要求有效氧化钙低。（　　）×

24. （多选）对入炉石灰的要求是（　　）。AB

　　A. 生烧率低　　　　　　B. 过烧率低　　　　　　C. 有效氧化钙低　　D. 活性低

25. （多选）检验活性石灰活性度的方法有（　　）。ACD

　　A. AWWA 法　　　　　B. AMWA 法　　　　　C. ASTM 法　　　　D. 盐酸法

26. 活性石灰的主要成分是 $CaCO_3$。（　　）×

27. 活性石灰特点是 CaO 含量高，气孔率高，活性度小于 300mL。（　　）×

28. 活性石灰具有（　　）、（　　）、晶粒细小等特性，因而易于熔化、成渣速度快。C

　　A. 气孔大；粒度小　　　　　　　　　　　B. 气孔小；粒度大

　　C. 气孔率高；比表面积大　　　　　　　　D. 气孔率高；CaO 含量高

29. 下面（　　）不是活性石灰的特点。A

　　A. 体积密度大　　　B. 石灰晶粒细小　　C. 熔化能力极强　　D. 气孔率高

30. 石灰的活性通常用活性度来衡量，一般活性度（　　）（10min）才算活性石灰。C

　　A. ＞200mL　　　　　　B. ＞250mL　　　　　　C. ＞300mL

31. 由于采用了铁水"三脱"，出钢后有炉外精炼，所以转炉脱磷、脱硫任务不用考虑，石灰活性要求可以降低。（　　）×

32. 通常把在 1050～1150℃温度下，在回转窑或新型竖窑（套筒窑）内焙烧的石灰，其体积密度小、气孔率高、比表面积大的优质石灰叫活性石灰。（　　）√

33. 活性石灰的水活性度一般要求大于 250mL，气孔率高达 80% 以上，晶粒细小，熔解速

度快。（　　）×

34.（多选）活性石灰的特点是（　　）。ABCD

A. 减少石灰、萤石消耗量

B. 减少转炉渣量

C. 提高脱硫效果

D. 提高脱磷效果

2.2.1.2　萤石

萤石的主要成分是 CaF_2。纯 CaF_2 的熔点在1418℃，萤石中还含有其他杂质，因此熔点还要低些。造渣加入萤石可以加速石灰的熔解，萤石的助熔作用是 CaF_2 分解出的氟离子破坏了石灰表面的 $2CaO \cdot SiO_2$ 硬壳，或者 CaF_2 与 $2CaO \cdot SiO_2$ 形成低熔点复杂分子，在很短的时间内能够改善炉渣的流动性，但随着萤石的分解，化渣效果会迅速变差。萤石是一种短缺而不可再生的资源，炼钢加入过多的萤石，会产生严重的泡沫渣，导致喷溅，同时加剧炉衬的损坏，并污染环境。所以提倡使用以氧化锰或氧化铁为主的助熔剂，如铁锰矿石、氧化铁皮、转炉烟尘、铁矾土等代替萤石作为化渣剂。

转炉炼钢用萤石要求：$CaF_2 > 80\%$，$SiO_2 \leqslant 5.0\%$，$S \leqslant 0.10\%$，堆密度为 $1.7g/m^3$，块度为 $5 \sim 40mm$，并要求干燥清洁。

📝练习题

1. 炼钢过程中，萤石的主要作用是（　　）。D

A. 造渣剂　　　　　B. 冷却剂　　　　　C. 升温剂　　　　　D. 化渣剂

2. 萤石作为化渣剂具有短时间快速化渣的效果。（　　）√

3. 萤石的主要成分是 CaF_2，它的作用是降低炉渣的熔点，但不影响炉渣的碱度。（　　）√

4. 萤石是由竖窑生产的，主要成分为 CaO，加入炉内能够帮助化渣，是造渣的助熔剂。（　　）×

5. 萤石属于天然贵重资源。（　　）√

6. 萤石造成污染的原因是（　　）。B

A. 含有 Ca　　　　B. 含有 F　　　　C. 没有污染　　　　D. 含有 CaF

7. 萤石的主要成分为（　　）。C

A. $CaCO_3$　　　　B. $MgCO_3$　　　　C. CaF_2　　　　D. CaO

8. 萤石作为化渣剂，加入量越多越好。（　　）×

9. 萤石的主要作用是改善炉渣的流动性，其主要成分是（　　）。A

A. CaF_2　　　　B. CaC_2　　　　C. CaS

10. 萤石的主要作用是改善炉渣的流动性。（　　）√

11. 转炉炼钢用萤石是助熔剂，其主要成分是 CaF_2，加入炉内后使 CaO 和石灰高熔点的 $2CaO \cdot SiO_2$ 外壳的熔点降低，从而改善炉渣的流动性。（　　）√

12. 炼钢用萤石要求含氧化钙和氟化钙高，二氧化硅低。（　　）×

13. 加入萤石造渣，将使（　　）。C

A. 炉渣碱度升高　　　B. 炉渣氧化性升高　　　C. 炉渣熔点降低

14. 与铁矿石相比，萤石化渣的优点是（　　）。B

    A. 化渣时间长　　　　B. 化渣速度快　　　　C. 提高渣碱度　　　　D. 保护炉衬效果好

15. 萤石的堆密度是（　　）t/m^3。A

    A. 1.7　　　　　　　B. 1.5　　　　　　　C. 2.0　　　　　　　D. 2.8

16. （多选）萤石化渣的缺点是（　　），所以限制其每炉加入量。ABCD

    A. 侵蚀炉衬　　　　　B. 环境污染　　　　　C. 增加成本　　　　　D. 易于喷溅

17. 萤石的主要作用是（　　）。B

    A. 降低熔池温度　　　B. 促进化渣　　　　　C. 提高炉渣碱度

18. 加入萤石造渣，将使炉渣的熔点降低。（　　）√

19. 由于萤石供应不足，各钢厂从环保的角度考虑，试用多种萤石代用品，（　　）可用作萤石替代品。B

    A. 白云石　　　　　　B. 锰矿　　　　　　　C. 硅石　　　　　　　D. 灰石

20. 硅石、钒土也可以代替萤石作为化渣剂，且长期化渣效果更好。（　　）√

2.2.1.3　白云石

白云石分为生白云石和轻烧白云石。

生白云石即天然白云石，主要成分是 $CaCO_3 \cdot MgCO_3$。焙烧后为熟白云石，其主要成分 CaO 与 MgO。自 20 世纪 60 年代初开始应用白云石代替部分石灰造渣的技术，其目的是使渣中 MgO 含量达到饱和或过饱和，以减轻初期酸性渣对炉衬的侵蚀，提高炉衬寿命，实践证明效果不错。生白云石也是溅渣护炉的调渣剂。

由于生白云石在炉内分解吸热，所以用轻烧白云石效果最为理想。目前有的厂家在焙烧石灰时配加一定数量的生白云石，石灰中就带有一定的 MgO 成分，用这种石灰造渣也取得了良好的冶金和护炉效果。

对生白云石的要求是：MgO > 20%，CaO ≥ 29%，SiO_2 ≤ 2.0%，灼减不大于 47%，粒度为 5~30mm。对轻烧白云石的要求是：MgO ≥ 35%，CaO ≥ 50%，SiO_2 ≤ 3.0%，灼减不大于 10%，粒度为 5~40mm。

练习题

1. 生白云石的主要成分是 $CaO \cdot MgO$，加入转炉内可保持渣中 MgO 含量达到饱和，以减轻初期酸性渣对炉衬的蚀损。（　　）×

2. 轻烧白云石的主要成分是 CaO 与 CaF_2。（　　）×

3. 生白云石主要化学成分是（　　）。A

    A. $CaCO_3 \cdot MgCO_3$　　B. $CaC_2 \cdot MgCO_3$　　C. $Ca_2CO_3 \cdot Mg_2CO_3$　　D. $CaOH \cdot MgOH$

4. （多选）转炉炼钢吹炼过程中轻烧白云石起到（　　）的作用。BCD

    A. 化渣剂　　　　　　B. 造渣剂　　　　　　C. 冷却剂　　　　　　D. 护炉剂

5. 生白云的作用有（　　）。C

    A. 脱氧、造渣　　　　B. 减轻炉衬侵蚀、合金化　　　　C. 造渣、减轻炉衬侵蚀

6. 转炉冶炼过程中加入白云石造渣主要目的是（　　）。B

    A. 利于去除钢中有害元素 S、P

    B. 提高渣中 MgO 含量，提高炉衬寿命

    C. 调节熔池温度

7. 转炉冶炼过程中加入白云石造渣主要是调节熔池温度。（　　）×

8. 熟白云石的主要成分是（　　）。D

    A. MgO   B. CaO   C. SiO_2 D. MgO·CaO

9. 生白云石的主要化学成分是 $CaCO_3$ 和 $MgCO_3$，加入白云石后能增加渣中 MgO 含量，降低转炉渣熔点，同时可以减轻炉渣对炉衬的侵蚀。（　　）√

10. 生白云石是转炉主要造渣材料，它能提高炉渣中 MgO 含量，从而提高炉龄。（　　）×

11. 熟白云石是由生白云石煅烧而成的。（　　）√

2.2.1.4　菱镁矿

菱镁矿也是天然矿物，主成分是 $MgCO_3$，焙烧后用作耐火材料，也是目前溅渣护炉的调渣剂。对菱镁矿的要求是：MgO≥45%，CaO<1.5%，SiO_2≤1.5%，灼减不大于50%，粒度为 5~30mm。

2.2.1.5　MgO-C 压块

MgO-C 压块是溅渣用调渣剂，在终点渣中氧化铁很高时使用，由轻烧菱镁矿和碳粉的压制而成，一般 MgO=50%~60%，C=15%~20%，粒度为 10~30mm。

2.2.1.6　锰矿石

加入锰矿石有助于化渣，也有利于保护炉衬，若是半钢冶炼更是必不可少的材料。要求：Mn≥18%，P<0.20%，S<0.20%，粒度为 20~80mm。

✎ 练习题

转炉炼钢造渣要少加、不加萤石，以下渣料中（　　）不适合做萤石代用品。D

A. 铁矿石   B. 烧结矿   C. OG 泥烧结矿   D. 轻烧白云石

2.2.1.7　石英砂

石英砂也称硅石，是造渣材料之一，主要成分是 SiO_2，用于调整碱性炉渣流动性。对于硅含量低的预处理铁水，加入石英砂利于成渣，调整炉渣碱度，以去除磷、硫，使用前应烘烤干燥，水分要求小于3%。石英砂要求：SiO_2>95%，Al_2O_3<2%，水分小于5%，粒度为 10~30mm。

2.2.1.8　合成渣剂

合成渣剂是用石灰与熔剂人工合成的一种低熔点造渣材料。合成渣主要材料是石灰，加入适量的氧化铁皮、萤石、氧化锰或其他氧化物等熔剂，在低温下预制成型。这种合成渣的熔点低、碱度高、成分均匀、粒度小，而且在高温下易碎裂，成渣效果很好。高碱度

球团矿也可以作合成造渣剂使用，它的成分稳定，造渣效果良好。

此外，在焙烧石灰时加入适量的氧化铁皮，由于氧化铁渗透于石灰表面而制成含氧化铁的黑皮石灰。用这种石灰造渣碱度高，成渣快，脱磷、脱硫效果好。使用同样办法可以制作预渗氧化铁的白云石等。

合成造渣剂的应用减轻了转炉造渣的负担，简化转炉工艺操作。

练 习 题

1. （多选）可作为合成造渣剂的原料的是（　　　）。ABC
   A. 石灰　　　　　　B. 氧化铁皮　　　　　C. 萤石　　　　　D. 生铁块
2. （多选）炼钢对合成造渣剂的要求是（　　　）。ACD
   A. 熔点低　　　　　B. 碱度低　　　　　C. 成分均匀　　　　D. 成渣速度快
3. 转炉用合成造渣剂的主要成分是 CaF_2。（　　　）×
4. 转炉用合成造渣剂的成渣速度快。（　　　）√
5. 合成造渣剂的应用可减轻转炉造渣的负担，简化转炉工艺操作。（　　　）√
6. 转炉用合成造渣剂是用（　　　）加入适量的氧化铁皮、萤石、氧化锰或其他氧化物等熔剂，在低温下预制成型。A
   A. 石灰　　　　　　B. 铝矾土　　　　　C. 轻烧白云石　　D. 生白云石
7. 测定石灰活性度的方法是测定在40℃下，用 4mol/L 盐酸滴定50g 石灰在 10min 内消耗盐酸的毫升数。（　　　）√

2.2.2　冷却剂

通常，氧气转炉炼钢过程热量有富余，因而根据热平衡计算加入一定数量的冷却剂，以准确地命中终点温度。氧气转炉用冷却剂有废钢、生铁块、铁矿石、氧化铁皮、球团矿、烧结矿、石灰石和生白云石等，其中主要为废钢、铁矿石。

铁矿石主要成分是 Fe_2O_3 或 Fe_3O_4，铁矿石在熔化后铁被还原，过程吸收热量，因而能起到调节熔池温度的作用。但铁矿会带入脉石，增加石灰消耗和渣量，同时一次加入量不能过多，否则会产生喷溅。铁矿石还能起到氧化作用。氧气转炉用铁矿石要求 TFe 含量要高，SiO_2 和 S 要低，矿石块度适中，并要干燥清洁。铁矿石化学成分最好为：TFe≥56%，SiO_2≤10%，S≤0.20%；块度在 10～50mm 之间为宜。

练 习 题

1. 铁矿石的主要成分是（　　　）。A
   A. Fe_2O_3 或 Fe_3O_4　　B. SiO_2　　　　　C. FeO　　　　　D. Fe 单质
2. 转炉炼钢矿石的主要成分是（　　　）。A

　　A. Fe_2O_3　　　　　　　B. CaO　　　　　　　C. SiO_2　　　　　　D. MgO·CaO

3. (多选) 转炉炼钢吹炼过程中铁矿石起到 (　　)。ABCD

　　A. 化渣剂　　　　　　B. 供氧剂　　　　　　C. 冷却剂　　　　　D. 提高金属收得率

4. (多选) 转炉炼钢吹炼过程中铁矿石起到 (　　) 的作用。AC

　　A. 化渣剂　　　　　　B. 造渣剂　　　　　　C. 冷却剂　　　　　D. 护炉剂

5. (多选) 矿石加入炉内起的作用是 (　　)。ACD

　　A. 氧化剂　　　　　　B. 脱硫剂　　　　　　C. 冷却剂　　　　　D. 化渣剂

6. (多选) 关于矿石使用, 正确的是 (　　)。ACD

　　A. 矿石可以起到节约金属料消耗, 增加金属料的作用

　　B. 矿石对炉衬有利, 容易造成泡沫性喷溅, 尽量少用

　　C. 矿石是很好的冷却剂

　　D. 矿石使用过程中能加速化渣, 对化渣有利

7. 转炉炼钢矿石的主要作用是 (　　)。B

　　A. 造渣剂　　　　　　B. 冷却剂　　　　　　C. 升温剂　　　　　D. 增碳剂

8. 氧气顶吹转炉炼钢过程热量有富余, 因而根据热平衡计算需加入一定数量的冷却剂, 以准确地命中终点温度。其中 (　　) 既可作为冷却剂又可作为化渣剂。B

　　A. 生铁块　　　　　　B. 铁矿石　　　　　　C. 石灰石　　　　　D. 生白云石

9. 铁矿石在熔化和还原时, 要吸收大量的热量, 所以能够起到调节熔池温度的作用。(　　) √

10. 铁矿石能实现转炉冶炼过程中的调温。(　　) √

11. (多选) 对铁矿石要求是 (　　)。BCD

　　A. 温度高　　　　　　B. 铁含量高　　　　　C. 硫含量低　　　　D. SiO_2 低

12. (多选) 矿石冷却比废钢冷却 (　　)。BC

　　A. 冷却效应稳定　　　B. 减少氧耗　　　　　C. 帮助化渣　　　　D. 喷溅少

13. (多选) 废钢冷却比矿石冷却 (　　)。BD

　　A. 不占用加料时间　　B. 渣量少　　　　　　C. 提高金属收得率　D. 占用专用设备

+·+

　　球团矿中 TFe>60%, 但氧含量也高, 加入后易浮于液面, 操作不当会产生喷溅。

　　铁矿石与球团矿的冷却效应高, 加入时不占用冶炼时间, 调节方便, 还可以降低钢铁料消耗。

　　氧化铁皮来自轧钢车间和连铸车间副产品, 其铁含量高, 其他杂质少。加氧化铁皮有利于化渣和脱磷。但由于氧化铁皮粒度小, 吹炼过程易进入烟气, 损耗较大。对氧化铁皮的要求是: TFe>70%, SiO_2、S、P 等其他杂质含量小于 3.0%, 粒度应不超过 10mm, 使用前烘烤干燥, 去除油污。

+·+

📝 练 习 题

1. 入炉铁皮除成分和粒度要求外, 应干燥、洁净、无油污。(　　) √

2. 采用氧化铁皮造渣，唯一目的在于降低钢水温度。（　　）×

3. （多选）转炉炼钢中常用的冷却剂（　　）。ACD

    A. 废钢　　　　　　　B. 萤石　　　　　　　C. 白云石　　　　　　　D. 铁矿石

4. 炼钢过程中，矿石的主要作用是化渣剂。（　　）×

5. 下列（　　）原料不属于冷却剂。C

    A. 废钢　　　　　　　B. 矿石　　　　　　　C. 石灰　　　　　　　D. 氧化铁皮

2.3　铁合金

吹炼终点要脱除钢中多余的氧，并调整成分达到钢种规格，需加入铁合金以脱氧合金化。转炉炼钢对铁合金的主要要求为：

（1）合适的块度为 10～50mm；精炼用合金粒度为 10～30mm，成分和数量要准确。

（2）在保证钢质量的前提下，选用价格便宜的铁合金，以降低钢的成本。

（3）保持干燥，洁净。

（4）成分应符合技术标准规定，以避免炼钢操作失误。如硅铁中的含铝、钙量，沸腾钢脱氧用锰铁的含硅量，都直接影响钢水的脱氧程度。

转炉常用的合金及金属有 Fe-Mn、Fe-Si、Mn-Si 合金、Ca-Si 合金、Al、Fe-Al、Ca-Al-Ba 合金、Ba-Al-Si 合金等，其化学成分及质量均应符合国家标准规定。现将常用铁合金标准列于表2-5。

表 2-5　常用铁合金成分

铁合金	成分/%	C	Mn	Si	P	S	其他	备注
高碳锰铁	FeMn78	≤8.0	75.0～82.0	≤1.5	≤0.20	≤0.03		1. 电炉锰铁 2. GB/T 3795—1996
	FeMn68	≤7.0	65.0～72.0	≤2.5	≤0.25	≤0.03		
中碳锰铁	FeMn78	≤2.0	75.0～82.0	≤1.5	≤0.20	≤0.03		
	FeMn82	≤1.0	78.0～85.0	≤1.5	≤0.20	≤0.03		
低碳锰铁	FeMn84	≤0.7	80.0～87.0	≤1.0	≤0.20	≤0.02		
	FeMn88	≤0.2	85.0～92.0	≤1.0	≤0.20	≤0.02		
硅铁	FeSi75A	≤0.1	≤0.4	74.0～80.0	≤0.035	≤0.02		GB 2272—87
	FeSi75B	≤0.1	≤0.4	74.0～80.0	≤0.04	≤0.02		
	FeSi75C	≤0.2	≤0.5	72.0～80.0	≤0.04	≤0.02		
硅钙合金	Ca28Si60	≤1.0		55～65	≤0.04	≤0.05	Ca≥28，Al≤2.4	YB/T 5051—97
硅锰合金	Mn68Si22	≤1.2	65.0～72.0	20.0～23.0	≤0.10	≤0.04		GB/T 4008—1996
	Mn64Si18	≤1.8	60.0～67.0	17.0～20.0	≤0.10	≤0.04		
铬铁	FeCr69C0.03	≤0.03		≤1.0	≤0.03	≤0.025	Cr 63.0～75.0	GB 5683—87
	FeCr69C1.0	≤1.0		≤1.5	≤0.03	≤0.025	Cr 63.0～75.0	
	FeCr67C9.5	≤9.5		≤3.0	≤0.03	≤0.04	Cr 62.0～72.0	

续表 2-5

铁合金	成分/%	C	Mn	Si	P	S	其 他	备 注
钒铁	FeV40A	≤0.75		≤2.0	≤0.10	≤0.06	V≥40，Al≤1.0	GB 4139—87
	FeV75B	≤0.30	≤0.50	≤2.0	≤0.10	≤0.05	V≥75，Al≤3.0	
钼铁	FeMo55	≤0.20		≤1.0	≤0.08	≤0.10	Sb≤0.05，Sn≤0.06，Cu≤0.5，Mo≥60	GB 3649—87
	FeMo60	≤0.15		≤2.0	≤0.05	≤0.10	Sb、Sn≤0.04，Mo≥55，Cu≤0.5	
硼铁	FeB23	≤0.05		≤2.0	≤0.015	≤0.01	B 20.0～25.0，Al≤3.0	GB/T 5682—1995
	FeB16	≤1.0		≤4.0	≤0.2	≤0.01	B 15.0～17.0，Al≤0.5	
钛铁	FeTi40A	≤0.10	≤2.5	≤3.0	≤0.03	≤0.03	Ti 35.0～45.0，Al≤9.0	GB 3282—87
	FeTi40B	≤0.15	≤2.5	≤4.0	≤0.04	≤0.04	Ti 35.0～45.0，Al≤9.5	
铌铁	FeNb70	≤0.04	≤0.8	≤1.5	≤0.04	≤0.04	Nb + Ta 70～80	GB 7737—1997
	FeNb50	≤0.05		≤2.5	≤0.05	≤0.05	Nb + Ta 50～60	
磷铁	FeP24	≤1.0	≤2.0	≤3.0	23～25	≤0.5		YB/T 5036—93
稀土硅铁	FeSiRE32		≤3.0	≤40.0			RE 30～33，Ca≤4.0，Ti≤3.0	GB/T 4137—93
硅铝钙钡合金	Al16Ba9Ca12Si30	≤0.4	≤0.40	≥30.0	≤0.04	≤0.02	Ca≥12，Ba≥9，Al≥12	YB/T 067—1995
硅钡铝合金	Al26Ba9Si30	≤0.20	≤0.30	≥30.0	≤0.03	≤0.02	Ba≥9，Al≥26	YB/T 066—1995
硅铝合金	Al27Si30	≤0.40	≤0.40	≥30.0	≤0.03	≤0.03	Al≥27.0	YB/T 065—1995
钨铁	FeW80A	≤0.10	≤0.25	≤0.5	≤0.03	≤0.06	W 75～85	GB/T 3648—1996
硅钙钡合金	Ba-Ca-Si			52～56	≤0.05	≤0.15	Ca≥14，Ba≥14，Ca + Ba≥28，Al≤2.0	实际使用成分
铝锰铁	Fe-Mn-Al	1.30	30.8	1.58	0.070	0.006	Al 24.4	实际使用成分
氮钒铁	Fe-V-N	6.45		0.09	0.02	0.10	V 79.06，N 12.6，Al 0.14	实际使用成分

练习题

1. 低钒铁表面正常颜色是（　　），断口组织是银白色有彩色光泽。B

　A. 银灰色　　　　　　B. 灰黑色　　　　　　C. 金黄色　　　　　　D. 亮白色

2. 高硅铁（75% Si）呈（　　）颜色。B

　A. 银灰　　　　　　　B. 青灰　　　　　　　C. 青黑　　　　　　　D. 黑褐色

3. 铁合金应保持干燥、干净。（　　）√

4. 保证钢质量的前提下，选用价格便宜的铁合金，以降低钢的成本。（　　）√

5. 对铁合金的要求是其块度和化学成分。（　　）×

6. （多选）转炉炼钢对铁合金的要求是（　　）。ABCD

    A. 铁合金块度应合适，为 10～50mm；精炼用合金块度为 10～30mm，成分和数量要准确。

    B. 在保证钢质量的前提下，选用价格便宜的铁合金，以降低钢的成本。

    C. 铁合金应保持干燥、干净。

    D. 铁合金成分应符合技术标准规定，以避免炼钢操作失误。

7. （多选）转炉脱氧合金化常用的铁合金有（　　）。ABC

    A. Fe-Mn 合金　　　B. Mn-Si 合金　　　C. Ba-Al-Si 合金　　　D. 增碳剂

8. 对小批量的特殊合金应（　　）堆放。B

    A. 集中　　　　　B. 分类　　　　　C. 单一　　　　　D. 混合

9. 硅脱氧用硅铁合金而不用硅主要是因为（　　）。C

    A. 合金熔点低　　　B. 价格便宜　　　C. 便于沉入钢水内部，提高脱氧效率

2.4　其他材料

2.4.1　增碳剂

用于调整终点钢中碳含量以达到要求。炼钢用增碳剂的要求是固定碳要高，灰分、挥发分和硫含量要低，并要干燥，洁净，粒度要适中。通常使用低氮石墨或煤作为增碳剂。其固定碳不小于 95%；粒度为 3～5mm，太细容易烧损，太粗加入后浮在钢液表面，不容易被钢液吸收。一般称量后装袋投入钢液中。

此外，也可以使用低硫生铁块做增碳剂。

✍ **练习题**

1. （多选）关于转炉炼钢用增碳剂的粒度的叙述，正确的是（　　）。ABC

    A. 粒度为 1～5mm　　　　　B. 粒度太细容易烧损

    C. 太粗不容易被钢水吸收　　D. 粒度不作要求

2. （多选）对转炉增碳剂要求，正确的是（　　）。AC

    A. 冶炼中、高碳钢种，需要使用含杂质少的石油焦作为增碳剂

    B. 转炉增碳剂要求固定碳低，灰分、挥发分等杂质要低

    C. 增碳剂粒度在 1～5mm，粒度太细容易烧损

    D. 增碳剂要求磷、硫含量低，氮含量高

3. （多选）对顶吹转炉炼钢用增碳剂的要求是（　　）。ABCD

    A. 固定碳要高　　　　　　　B. 灰分、挥发分和硫、磷、氮等杂质含量要低

    C. 干燥，干净　　　　　　　D. 粒度要适中

4. 转炉用增碳剂要求，下列不正确的是（　　）。D

    A. 转炉炼钢用增碳剂要求固定碳要高，灰分、挥发分等含量低。

B. 转炉炼钢用增碳剂要求硫、磷、氮等杂质元素含量低。

C. 增碳剂要求干燥、粒度适中，对水分要求严格。

D. 增碳剂要求因钢种而定，对高碳钢要求粒度要细，容易溶解。

5. 增碳剂要求因钢种而定，对高碳钢要求粒度要细，容易熔化。（　　）×

6. 转炉增碳剂对粒度有一定要求，一般要求粒度不大于10mm。（　　）×

7. 增碳剂的粒度太细容易烧损，太粗加入后浮在钢液表面，不容易被钢水吸收。（　　）√

8. 对顶吹转炉炼钢用增碳剂的要求是固定碳要高，灰分、挥发分和硫、磷、氮等杂质含量要低，并要干燥，干净，粒度要适中。（　　）√

9. 转炉增碳剂对粒度有一定要求，一般要求粒度为（　　）。C

　　A. ≥1mm　　　　B. ≤10mm　　　　C. 1～5mm　　　　D. 5～10mm

10. 碳粉使用前要进行烘烤，以去除水分，一般使用时要求水分（　　）。B

　　A. ≤1.0%　　　　B. ≤0.5%　　　　C. ≤0.3%　　　　D. ≤2.0%

11. 通常是使用石油焦为增碳剂，粒度为（　　），太细容易烧损，太粗加入后浮在钢液表面，不容易被钢液吸收。B

　　A. 4～8mm　　　　B. 1～5mm　　　　C. 5～10mm　　　　D. 5～8mm

12. 转炉冶炼中、高碳钢种时，使用含杂质很少的石油焦作为增碳剂。（　　）√

13. 转炉用增碳剂要求，增碳剂要求因钢种而定，对高碳钢要求粒度要细，容易熔化。（　　）×

+·+

2.4.2　钢包渣改质剂

钢包渣改质分为稀释法和渣洗法。

稀释法使用活性石灰、萤石和硅铁、锰铁粉或碳化硅粉等原料配成合成渣料，出钢后投放到钢包顶渣上，达到降低钢包渣氧化铁含量的作用。稀释法的第一种是各厂普遍采用的石灰—萤石基稀释剂，操作简单、成本低，但由于熔化吸热，成渣速度慢、渣量大，造成钢水成分不可控制，没有根本解决 FeO 含量高的问题；第二种是脱氧效果好的铝基钢包渣改质剂，但成本较高，脱氧产物 Al_2O_3 呈弱酸性，降低渣碱度，容易造成水口套眼；第三种是脱氧效果最好的电石基钢包渣改质剂，脱氧产物是气体，脱氧效果好，且有脱硫作用，但会造成钢水部分增碳。

渣洗法是将改质剂在出钢前放在钢包底部或出钢时加到钢流冲击处，利用钢流冲击动能，使改质剂与钢水快速混合，熔化且与钢水发生脱硫、脱氧、吸收并促使夹杂上浮、改善夹杂物形态等反应，同时起到改变钢包顶渣的作用。

钢包渣改质剂除了表2-6中的性能成分要求外，还应减少含粉量，避免影响出钢观察和造成污染。

表2-6　一种典型的钢包渣改质剂

要求	化学成分/%						熔点/℃	熔化时间/s	粒度/mm	粒度小于1mm的比例/%
	Al_2O_3	CaO	SiO_2	MgO	金属 Al	H_2O				
钢包渣改质剂	35～45	30～40	4～6	5～8	≥10	≤0.5	<1300	25	≤35	≤5

练 习 题

1. 转炉用三元合成渣的主要成分不包括 CaF_2。（　　）×

2. 合成渣在转炉出钢过程中主要起部分脱硫，稀释转炉渣，为精炼渣系创造条件等作用。（　　）√

3. （多选）可作为转炉炉内用合成造渣剂的原料的是（　　）。ABC

    A. 石灰　　　　　　B. 氧化铁皮　　　　　　C. 萤石　　　　　　D. 生铁块

4. （多选）炼钢对合成造渣剂的要求（　　）。ACD

    A. 熔点低　　　　　B. 碱度低　　　　　　C. 成分均匀　　　　D. 成渣速度快

5. 出钢过程加入钢包渣改质剂，可以降低熔渣氧化性，提高脱硫效率，吸收上浮的夹杂物。（　　）√

6. 出钢过程加入钢包渣改质剂，会降低钢水温度，所以出钢过程中应该尽量不加钢包渣改质剂。（　　）×

7. （多选）开发和使用钢包渣改质剂的目的是（　　）。AC

    A. 降低熔渣的氧化性　　　　　　　　B. 提高挡渣效率

    C. 形成合适的脱硫、吸收上浮夹杂物的精炼渣

8. （多选）属于渣还原处理法的钢包改质剂的是（　　）。CD

    A. 石灰 + 萤石　　B. 石灰 + 铝矾土　　C. 石灰 + 铝粉　　D. $Al + Al_2O_3 + SiO_2$

9. （多选）出钢过程向钢包内加钢包渣改质剂的目的是（　　）。ABC

    A. 降低钢包渣的氧化性　　　　　　　B. 形成具去除杂质元素的钢包渣

    C. 形成具吸收上浮夹杂的钢包渣　　　D. 提高钢水温度的均匀性

10. 转炉用合成造渣剂的特点是熔点（　　）、碱度（　　）、成分均匀、粒度（　　），在高温下易碎裂，成渣速度（　　），因而减轻了转炉造渣的负担。D

    A. 低；高；小；慢　　　　　　　　B. 低；低；大；快

    C. 高；高；小；慢　　　　　　　　D. 低；高；小；快

11. （多选）石灰质合成造渣剂的特点是（　　）。CD

    A. 熔点高　　　　　B. 碱度低　　　　　　C. 成分均匀　　　　D. 成渣速度快

12. 转炉出钢过程中加入合成渣，主要起部分脱硫，稀释转炉渣，为精炼渣系创造条件等作用。（　　）√

2.4.3 焦炭

开新炉烘烤炉衬用焦炭，要求：$C \geq 80\%$，$S \leq 0.7\%$，水分小于 7%，块度应为 10～40mm。

练习题

（多选）转炉炼钢发热剂包括（   ）。ABCD

A. 铝   B. 硅铁   C. 煤   D. 焦炭

2.4.4 炼钢厂常用气体

表 2-7 列出了炼钢厂常用气体种类及输气管道标志颜色。

表 2-7 炼钢厂常用气体种类及输气管道标志颜色

气 体	水蒸气	氧 气	氮 气	煤 气	氩 气	压缩空气
标 志	红	天 蓝	黄	黑	专用管道	深 蓝

2.4.4.1 氧气

氧气是转炉炼钢的主要氧化剂，现代炼钢工业用氧气是由空气分离制取的。当前炼钢用氧气的要求是：纯度要高，$O_2 > 99.6\%$（体积分数）；并要脱除水分，氧压应稳定。

2.4.4.2 氮气

氮气是转炉溅渣护炉和复吹工艺的主要气源。对氮气的要求是：满足溅渣和复吹需用的供气流量，气压稳定。纯度 $N_2 > 99.95\%$（体积分数），露点在常压下低于 $-40℃$，常温且干燥无油。

2.4.4.3 氩气

氩气是转炉炼钢复吹和钢包吹氩精炼工艺的主要气源。对氩气的要求是：满足吹氩和复吹用供气量，气压稳定，纯度 $Ar > 99.95\%$（体积分数），无油无水。

练习题

1. （多选）转炉炼钢使用（   ）作为供氧剂。CD

A. 石灰   B. 生铁块   C. 氧气   D. 铁矿石

2. 氧气是氧气转炉炼钢的主要氧化剂，通常要求（   ）。C

A. 氧气纯度不小于 99%，使用压力在 $0.8 \sim 1.5$ MPa

B. 氧气纯度不小于 99.5%，使用压力在 $0.6 \sim 1.2$ MPa

C. 氧气纯度不小于 99.5%，使用压力在 $0.8 \sim 1.5$ MPa

3. 转炉炼钢使用下列（   ）原料，可降低氧气消耗。A

A. 矿石   B. 石灰   C. 轻烧白云石

4. 转炉炼钢用氧气纯度要 90% 以上，并应脱去水分。（   ）×

5. （多选）炼钢用氧气的要求是（   ）。ACD

A. 纯度要高　　　　B. N_2 含量应大于5%　　　C. 氧压应稳定　　　　D. 脱除水分

6. 氧气是顶吹转炉炼钢的主要氧化剂。（　　）√

7. 对炼钢用氧气的要求是纯度要高，$O_2 > 99.6\%$。（　　）√

8. 氧气顶吹转炉氧气纯度应大于99.5%，供氧压力随炉子吨位增大而增加，且随炉龄增加、容积增大而提高。（　　）√

9. 氮气是转炉溅渣护炉和复吹工艺的主要气源，对氮气的要求是氮气的纯度大于99.95%，氮气在常温下干燥、无油。（　　）√

10. 溅渣护炉氮气的要求是（　　）。C

　　A. 氮气纯度不小于99%，使用压力在 0.8 ~ 1.5MPa

　　B. 氮气纯度不小于99.5%，使用压力在 0.6 ~ 1.2MPa

　　C. 氮气纯度不小于99.95%，使用压力在 0.8 ~ 1.5MPa

11. （多选）氮气是转炉溅渣护炉和复吹工艺的主要气源。对氮气的要求有（　　）。ABC

　　A. 纯度大于99.95%　　　B. 干燥　　　C. 无油　　　D. 纯度大于99.5%

12. 氩气是转炉炼钢复吹和钢包吹氩精炼工艺的主要气源，对氩气的要求是满足吹氩和复吹用供气量，气压稳定，氩气纯度大于99.95%。（　　）√

13. 氩气是转炉炼钢复吹和钢包吹氩精炼工艺的主要气源，对氩气的要求是满足吹氩和复吹用供气量，氩气纯度大于99.95%，但氩气对油渍没有严格要求。（　　）×

14. 转炉复吹用氩气的纯度大于99.95%，无油、无水。（　　）√

15. （多选）氩气是转炉炼钢复吹和钢包吹氩精炼工艺的主要气源。对氩气的要求是（　　）。ABCD

　　A. 满足吹氩和复吹用供气量　　　　　B. 气压稳定

　　C. 氩气纯度大于99.95%　　　　　　D. 无油、无水

2.4.5 炼钢精料

　　原材料是炼钢的物质基础，原材料质量的好坏对炼钢工艺和钢的质量有直接影响。国内外大量生产实践证明，采用精料以及原料标准化，是实现冶炼过程自动化、改善各项技术经济指标、提高经济效益的重要途径。根据所炼钢种、操作工艺及装备水平合理地选用和搭配原材料以达到低投入、高质量产出的目的。

　　原材料精料措施包括：铁水预处理，采用活性石灰合成渣料，控制废钢质量，各材料保证有效成分、控制杂质，连续铸钢、炉外精炼环节更要精料。

练 习 题

1. （多选）以下措施（　　）属于精料措施。ACD

　　A. 铁水预处理　　　B. 炉外精炼　　　　　C. 采用活性石灰　　D. 控制入炉废钢质量

2. （多选）以下措施（　　）属于精料措施。ABCD

　　A. 连铸控制原料　　B. 炉外精炼控制原料　　C. 采用软烧石灰　　D. 控制入炉废钢质量

3.（多选）转炉炼钢精料的原因是（　　）。ABD

　　A. 提高钢质量　　B. 缩短冶炼周期　　　　C. 提高热收入　　D. 提高技术经济指标

2.5　炼钢原材料供应设备

　　氧气转炉原材料供应包括铁水、废钢、散状材料及铁合金等的供应。

2.5.1　铁水的供应

　　铁水是转炉炼钢的主要原料。依照铁水来源不同可分为：化铁炉铁水供应及高炉铁水供应。没有高炉则以化铁炉供应铁水；高炉铁水不足时，也可以化铁炉铁水作为补充；由于化铁炉需二次化铁，能耗与熔损较大，因此在新建炼钢车间时不应采用。高炉的铁水供应方式有混铁车、铁水罐、铁水包直接热装等方式。

2.5.1.1　混铁车供应铁水

　　混铁车又称鱼雷罐车。高炉铁水直接进入混铁车，用铁路机车牵引至转炉车间的倒罐站地坑旁，将铁水倒入铁水包，称量后经过跨车进入炼钢跨，通过炼钢跨吊车兑入转炉。其工艺流程为：

　　高炉→混铁车→铁水包→称量→铁水预处理→扒渣→转炉

　　混铁车由罐体、罐体支承及倾翻机构和车体等部分组成，如图 2-1 所示。

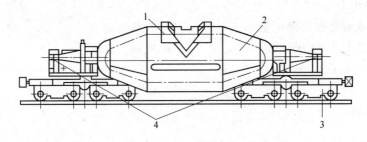

图 2-1　混铁车

1—铁口；2—罐体；3—罐车；4—支撑耳轴

　　混铁车供应铁水的优点是铁水运输过程热损少，能够适应转炉冶炼周期短、铁水需用量大、兑铁频繁的特点，所以混铁车供应铁水适用于大型、高速、高效现代钢铁工业的生产。

　　混铁车的容量根据转炉吨位确定，一般为转炉吨位的整数倍，并与高炉出铁量相匹配。

　　混铁车的公称吨位过大，势必要加大罐体直径和车身长度，相应的要加大铁轨的轨距与弯道半径，所以混铁车最大公称吨位受到了限制。我国目前使用的大型混铁车公称吨位为 300t 和 260t，国外最大公称吨位为 600t。

2.5.1.2　铁水包供应铁水

　　高炉铁水用铁水包车送到转炉车间，当转炉需要时，经扒渣称量后用铁水包将铁水直接兑入转炉，其工艺流程为：

高炉→铁水包车→扒渣→铁水预处理→扒渣→称量→转炉

铁水包直接热装铁水方式的设备简单，投资省，流程短，减少了兑铁过程的温降。铁水在运送及待装过程中要加盖以减少散热降温，且适用于铁水预脱硫。铁水包不要超装，以便于铁水预处理和扒渣。

2.5.1.3 铁水罐供应铁水

对于小吨位转炉，高炉铁水用铁水罐车送到转炉车间，当转炉需要时，铁水倒入转炉车间铁水包，称量后兑入转炉，其工艺流程为：

高炉→铁水罐车→前翻支柱或吊车→铁水包→称量→铁水预处理→扒渣→转炉

铁水罐直接热装方式往往是一包铁水供几炉转炉炼钢所需，因而铁水在待装过程中大量散热降温，同一罐铁水温度波动较大，常常发生粘罐现象。应改进罐口结构，加强其保温和加热设施，减少热损失。

铁水预处理装置一般设在高炉至转炉的运输线上，或在转炉车间主厂房附近。

练习题

1. （多选）目前采用较多的铁水供应方式有（   ）。AC

   A. 混铁炉供应　　B. 铁水罐直接热装　　　　C. 鱼雷罐车　　　D. 汽车供应

2. （多选）向转炉供应铁水的方式有（   ）。ABCD

   A. 混铁炉供应　　B. 混铁车供应　　　　　C. 鱼雷罐车供应　D. 铁水罐直接热装

3. 大型钢铁企业普遍采用的铁水供应方式是（   ）。B

   A. 混铁炉供应　　B. 鱼雷罐车(混铁车)供应　C. 铁水罐直接热装

4. 鱼雷罐车（混铁车）供应铁水的特点是（   ）。C

   A. 可协调高炉与转炉的生产周期不一的问题

   B. 起到均匀铁水成分与温度，稳定转炉冶炼的作用

   C. 热量损失少，能够满足转炉生产周期短、铁水需用量大、兑铁频繁及时的特点

   D. 投资费用较高

5. 鱼雷罐车在铁水运输过程中热量损失少，能够满足转炉生产周期短、铁水需用量大、兑铁频繁及时等特点，并省去了混铁炉设备等费用，在现代化钢铁企业中应用较多。

   （   ）√

6. 鱼雷罐车在铁水运输过程中虽然热量损失少，但容积较差，动力学条件不好，因此，鱼雷罐车供应铁水方式不适应于大型现代化钢铁生产企业的需要。（   ）×

7. 混铁炉的主要作用是储存铁水。（   ）×

8. 转炉用铁水供应方式分为鱼雷罐、铁水包、混铁炉等供应方式，其中采用铁水包进行"一包到底"供应方式，钢水温降较小，作业周期短，是一种较好的铁水供应方式。

   （   ）√

9. 炼钢厂中设置混铁炉的主要作用是储存铁水，使铁水（   ）。B

   A. 保温、升温　　B. 保温和均匀成分　　　C. 升温和成分均匀化

10. 转炉用铁水供应方式分为鱼雷罐、铁水包、混铁炉等供应方式，其中混铁炉供应方式进行脱硫处理容积较大，脱硫动力学条件较好。（　　）×

2.5.2　散状材料的供应

散状材料是指炼钢过程使用的造渣材料和部分冷却剂等，如石灰、萤石、白云石、铁矿石、氧化铁皮、焦炭等。氧气转炉用散状材料供应的特点是种类多、批量小、批数多；供料要求迅速、准确、连续、及时，设备可靠。供应系统包括车间外和车间内两部分。通过火车或汽车将各种材料运至主厂房外的原料间内，分别卸入料仓中。由料仓送往主厂房转炉的设备有运料提升设施、转炉上方高位料仓、称量和向转炉加料的设备等。

2.5.2.1　地下料仓

原料间内的料仓兼有部分储存和转运作用。料仓有地下式、地上式和半地下式三种，其中采用地下式料仓较多。各种散状料储存天数可根据材料的性质、产地的远近、购买是否方便等具体情况而定，一般为 10 ~ 30 天。例如：石灰料若为本厂自产，以 8 ~ 24h 的储量为佳；若外购一般储存 1 ~ 3 天，以防吸水变质。

2.5.2.2　散状材料的提升和运输

散状材料从地下料仓提升运送到转炉主要采用全胶带上料系统。如图 2-2 所示为全胶带上料系统，其作业流程如下：

原料间地下料仓→胶带输送机→高位料仓→振动给料器→称量料斗→汇集料斗→加料溜槽→转炉

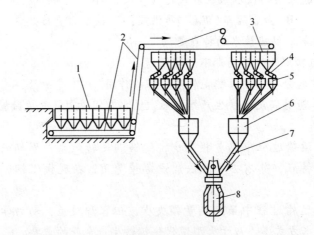

图 2-2　全胶带上料系统
1—地下料仓；2—胶带运输机；3—高位料仓；4—振动给料器；5—称量料斗；
6—汇集料斗；7—加料溜槽；8—转炉

全胶带上料系统的特点是上料速度快，运输能力大，原料破损少，安全可靠，有利于自动化；但上料和配料时有粉尘外逸现象，劳动条件不够好，需要配备二次除尘设备。

2.5.2.3 高位料仓

高位料仓用于临时储存材料，其储存量要求供24h使用。

高位料仓的布置有以下三种形式：

（1）共用料仓。两座转炉共用一组料仓，如图2-3所示。其优点是料仓数目少，方便停炉后料仓中剩余石灰的处理；缺点是称量及下部给料器的作业频率太高，出现临时故障会影响生产，因此采用者较少。

（2）独用料仓。每座转炉各有自己的专用料仓，如图2-4所示。主要优点是使用的可靠性比较大。但增加了料仓数目，停炉后料仓剩余石灰的处理问题需要合理解决。目前使用者居多。

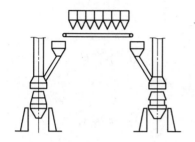

图2-3 共用高位料仓

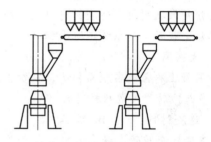

图2-4 独用高位料仓

（3）部分共用料仓。某些散料的料仓两座转炉共用，某些散料的料仓则单独使用，如图2-5所示。这种布置克服了前两种形式的缺点，基本上消除高位料仓下部给料器作业负荷过高的缺点，停炉后也便于处理料仓中的剩余石灰。

转炉双侧加料下料均匀，利于成渣，避免炉衬蚀损不均匀，应力求做到炉料下落在转炉中心部位。

目前大中型转炉均采用独用料仓，并且是双侧加料。

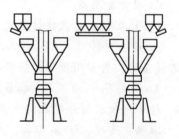

图2-5 部分共用高位料仓

2.5.2.4 给料、称量及加料设备

散料的给料、称量及加料设备是散状材料供应的关键部件。因此，要求它运转可靠，称量准确，给料均匀及时，易于控制，并能防止烟气和灰尘外逸。这一系统是由给料器、称量料斗、汇集料斗、水冷溜槽等部件组成的。

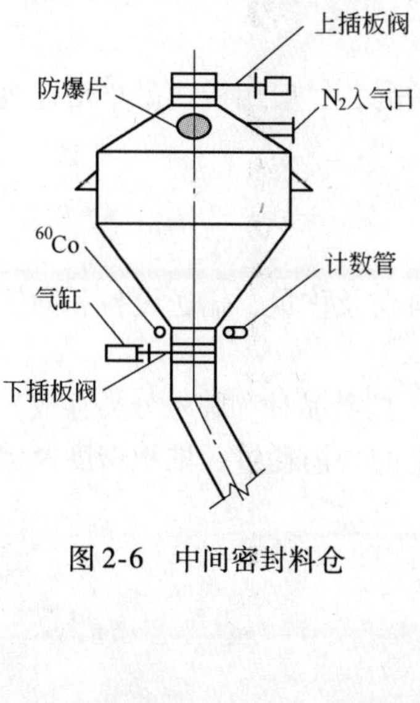

在高位料仓出料口处安装电磁振动给料器控制给料。电磁振动给料器是由电磁振动器和给料器组合而成，通过振动使散状材料沿给料槽进入称量漏斗。

称量漏斗用电子秤自动称量。为了便于控制，各种散状材料都有自己的称量装置，经称量后送入汇集料斗。汇集料斗又称中间密封料仓，它是由中间部分的长方筒体和上下部分的截头四棱锥体容器组成，如图2-6所示。为了防止烟气逸出，在料仓入口和出口分别装有气缸操作的插板阀，并通入氮气密封，加料时先将上插板阀打

图2-6 中间密封料仓

（图中标注：上插板阀、防爆片、N_2入气口、^{60}Co、计数管、气缸、下插板阀）

开，装入散状料后，再打开下插板阀，炉料即沿溜槽加入炉内，中间密封料仓顶部设有两片防爆片，万一发生爆炸可用于泄压，保护供料系统设备。在中间密封料仓出料口外面设有检测装置，可检测料仓内炉料是否卸完，并将信号传至主控室内，便于炉前控制。

加料溜槽通过固定烟罩投料孔投料，受高温、结渣、卡料、漏气等作用，工作条件恶劣。溜槽的倾斜角度不宜小于45°（活动溜槽不小于38°），以保证实现重力给料。溜槽需采用水冷构件，溜槽出口有氮气或蒸汽密封，以防煤气外逸。

练习题

1. 转炉用散状材料有造渣材料、调渣剂和部分冷却剂。（　　）√
2. 转炉全胶带上料系统占地面积（　　），投资费用（　　）。A
   A. 大；高　　　　　B. 大；低　　　　　C. 小；高　　　　　D. 小；低
3. 全胶带上料系统占地面积小，投资费用低。（　　）×
4. （多选）转炉用散状材料有（　　）。AD
   A. 造渣材料　　　　B. 铁水　　　　　C. 废钢　　　　　D. 调渣剂
5. （多选）全胶带上料系统的特点是（　　）。ABCD
   A. 占地面积大　　　　　　　　　B. 供料迅速、及时、准确、连续
   C. 投资费用高　　　　　　　　　D. 设备可靠
6. （多选）转炉用散状材料有（　　）。ABD
   A. 造渣材料　　　　B. 调渣剂　　　　C. 废钢　　　　　D. 冷却剂
7. （多选）转炉用散状材料供应特点是（　　）。ACD
   A. 种类多　　　　　B. 批量大　　　　C. 批数多　　　　D. 批量小
8. 转炉用散状材料供应特点是：种类多、批量小、批数多，因此要求供料迅速、及时、准确、连续，设备可靠，所以都采用全胶带输送机供料，也称全皮带供料系统。（　　）√

2.5.3　废钢的供应

废钢是转炉炼钢的主原料之一，是作为冷却剂装入转炉的，一般用桥式吊车吊运废钢槽倒入转炉，也可用废钢料槽车装入废钢。

2.5.4　铁合金的供应

铁合金的供应系统一般由炼钢厂铁合金料间、铁合金料仓及称量、输送设备和向钢包加料设施等部分组成。

铁合金在料间（或仓库）内储存并加工成合适块度后，按其品种和牌号分类存放，还应保存好其出厂化验单。储存料仓的容积主要取决于铁合金的日消耗量、堆积密度及储存天数。

铁合金由铁合金料间运到转炉车间的方式有以下两种：

（1）铁合金用量不大的炼钢车间。铁合金自卸式料罐用汽车运到主厂房转炉跨，再用吊车卸入转炉炉前的铁合金料仓，需要时经称量用铁合金加料车经溜槽或铁合金加料漏斗加入钢包。

（2）需要铁合金品种多且用量大的大、中型转炉炼钢车间。铁合金供应方式与散状材料相同，采用全胶带供料系统，这种系统工作可靠，运输量大，机械化程度高。

练习题

1. 大型转炉采用（   ）方式供应铁合金者居多。A

   A. 高位料仓供料   B. 平台料仓供料   C. 高位料仓与平台料仓相结合的供料

2. 随着冶炼优质钢和合金钢比例的提高，所用铁合金的种类（   ），用量（   ）。D

   A. 不变；变大   B. 变多；变少   C. 变少；变大   D. 变多；变大

3. （多选）铁合金的车间内部供料方式有（   ）。ABC

   A. 高位料仓供料   B. 平台料仓供料

   C. 高位料仓与平台料仓相结合的供料   D. 低位料仓供料

4. 随着冶炼优质钢和合金钢比例的提高，所用铁合金的种类增多，用量也大。（   ）√

学习重点与难点

学习重点：初级工、中级工学习重点是主原料、辅原料的种类和要求；高级工学习重点除
            了初、中级工要求外，增加合金料的要求以及精料措施。

学习难点：主原料、副原料的作用、主要成分和要求。

思考与分析

1. 转炉炼钢用原材料有哪些？为什么要精料？

2. 转炉炼钢对铁水成分和温度有什么要求？

3. 对铁水带渣量有什么要求？

4. 转炉炼钢用废钢的来源有哪些，对废钢的要求是什么？

5. 转炉炼钢对入炉生铁块的要求是什么？

6. 转炉炼钢对铁合金有哪些要求？常用铁合金的主要成分是怎样的？

7. 转炉炼钢用哪些增碳剂，有什么要求？

8. 转炉炼钢对石灰有什么要求？

9. 什么是活性石灰？活性石灰有哪些特点？使用活性石灰有什么好处？

10. 转炉用萤石起什么作用，对萤石有什么要求？

11. 转炉用白云石或菱镁矿的作用是什么，对白云石和菱镁矿有什么要求？

12. 转炉炼钢常用哪些冷却剂？

13. 转炉炼钢对铁矿石有什么要求？

14. 转炉炼钢对氧化铁皮有什么要求？

15. 转炉炼钢用合成造渣剂的作用是什么?

16. 氧气转炉炼钢对氧气有什么要求?

17. 转炉炼钢对氮气的要求是什么?

18. 转炉炼钢对氩气的要求是什么?

19. 转炉炼钢对焦炭的要求是什么?

20. 转炉用铁水供应方式有哪几种,各有什么特点?

21. 转炉用散料、合金料的供应方式有哪些,各有什么特点?

3 铁水预处理

教学目的与要求

1. 说出不同铁水脱硫、脱硅、脱磷处理方法和效果。根据质量要求提出对铁水预处理后入炉铁水的质量要求。
2. 说出不同脱硫剂的种类和脱硫特点。
3. 分析铁水预处理技术指标对炼钢质量的影响。

铁水预处理是指铁水在兑入炼钢炉之前，为去除或提取某种成分而进行的处理过程。例如对铁水的炉外脱硫、脱磷和脱硅（"三脱"），铁水提钒、提铌、提取稀土元素等都是铁水预处理。铁水进行"三脱"乃至"四脱"（"三脱"+脱锰）甚至"五脱"（"三脱"+脱锰+脱钛），可以改善炼钢主原料的状况，实现少渣或无渣操作，简化转炉炼钢操作工艺，达到经济有效地生产低磷、低硫优质钢，提高自动化水平。

练习题

1. 铁水预处理是指铁水兑入炼钢炉之前,为脱硫、脱磷、脱碳、脱硅而进行的处理过程。（　　）×
2. 从铁水中提取钒、铌等金属不属于铁水预处理。（　　）×
3. 铁水预处理"三脱"是指（　　）。C
   A. 脱硫、脱锰、脱磷　　　　　　B. 脱硫、脱碳、脱磷
   C. 脱硅、脱磷、脱硫　　　　　　D. 以上都不对
4. "三脱"铁水是指脱硅、脱磷和脱硫的铁水。（　　）√
5. （多选）铁水预处理包括（　　）。BC
   A. 脱碳　　　　B. 脱磷　　　　C. 脱硫　　　　D. 脱氧
6. （多选）铁水预处理包括（　　）。ABCD
   A. 脱硅　　　　B. 脱磷　　　　C. 脱硫　　　　D. 提取铌、钒
7. （多选）铁水脱硫处理的优越性是（　　）。ABCD
   A. 满足用户对超低硫、磷钢的需求，发展高附加值钢种
   B. 减轻高炉脱硫负担，放宽对硫的限制，提高产量，降低焦比
   C. 炼钢采用低硫铁水冶炼，可获得巨大的经济效益
   D. 减轻转炉脱硫负担，提高生产效率

3.1 铁水炉外脱硫

铁水炉外脱硫，是近些年钢铁生产流程中的革命性变革之一，今后有全量铁水脱硫预处理的趋势，这是由于：

（1）用户对钢的品种和质量要求提高，连铸技术的发展也要求钢中硫含量低（硫含量高容易使连铸坯产生裂纹）。铁水脱硫可满足冶炼低硫和超低硫钢种的要求。

（2）转炉炼钢整个过程是氧化气氛，只有 20% ~ 30% 的脱硫效率，而铁水中含有较多的碳、硅等元素，氧含量低，铁水中硫的活度系数高，脱硫效率高。

（3）减轻高炉脱硫负担后，可以低碱度、小渣量操作，有利于冶炼低硅生铁，使高炉稳定、顺行。

（4）铁水脱硫费用低于高炉、转炉和炉外精炼的脱硫费用，可有效地提高钢铁企业铁、钢、材的综合经济效益。

3.1.1 脱硫剂的选择

选择脱硫剂主要从脱硫能力、成本、资源、环境保护、对耐火材料的侵蚀程度、形成硫化物的性状、对操作的影响以及安全等因素综合考虑而确定。目前使用的脱硫剂有以下几种。

3.1.1.1 电石粉

主要成分为 CaC_2，是一种重要脱硫剂，其粒度为 0.1 ~ 1mm。加入铁水后与硫反应：

$$CaC_{2(固)} + [FeS] \rightleftharpoons CaS_{(固)} + [Fe] + 2[C]$$

其特点为：

（1）在高硫铁水中，CaC_2 分解出的 Ca 离子与 S 的结合力强，因此有很强的脱硫能力，又是放热反应，可减少脱硫过程铁水的温降，并强化低温脱硫效率。

（2）脱硫产物 CaS 的熔点很高，为 2450℃，在铁水液面形成疏松固体渣，不易回硫，易于除渣。同时对混铁车或铁水包内衬侵蚀较轻。

（3）脱硫过程中有石墨碳析出，同时还有少量的 CO 和 C_2H_2 气体逸出，并带出电石粉，因而污染环境，对除尘装置要求更高。

（4）电石粉是工业产品，因而价格较贵。

（5）CaC_2 吸收水分后会产生下列反应：

$$CaC_{2(固)} + 2H_2O \rightleftharpoons Ca(OH)_2 + \{C_2H_2\}$$

$$CaC_{2(固)} + H_2O \rightleftharpoons CaO_{(固)} + \{C_2H_2\}$$

产物乙炔 C_2H_2 是可燃气体，易产生爆炸。所以要特别注意电石粉在运输和储存过程的安全。

3.1.1.2 石灰粉

主要成分是 CaO。石灰粉加入铁水后产生如下反应：

$$4CaO_{(固)} + 2[FeS] + [Si] \rightleftharpoons 2(CaS) + 2[Fe] + (2CaO \cdot SiO_2)$$

$$2CaO_{(固)} + 2[FeS] + [Si] \rightleftharpoons 2(CaS) + 2[Fe] + (SiO_2)$$

其特点为：

（1）在脱硫的同时，铁水中的 Si 被氧化生成 $2CaO \cdot SiO_2$ 和 SiO_2，相应地消耗了有效 CaO，同时在石灰粉颗粒表面会形成了 $2CaO \cdot SiO_2$ 的致密层，阻碍了硫向石灰颗粒内部扩散，影响了石灰粉脱硫速度和脱硫效率，所以石灰粉的脱硫效率只是电石粉的 $1/4 \sim 1/3$。为此，可向石灰粉内配加适量的 CaF_2、Al、Na_2CO_3 等成分，破坏石灰粉颗粒表面的 $2CaO \cdot SiO_2$ 层，改善石灰粉的脱硫状况。例如，配加 $5\% \sim 10\%$ 的 Al 使石灰粉颗粒表面形成了低熔点的钙的铝酸盐，改善了还原气氛，提高脱硫效率约 20%；加入 Na_2CO_3 可以使 CaO 反应速度常数由 0.3 增长为 1.2；若加 CaF_2 反应速度常数可提高至 2.5。

（2）脱硫产物为固态，便于除渣，对铁水包内衬耐火材料侵蚀较轻，但渣量较大。

（3）石灰粉在罐体内的流动性较差容易堵料，同时石灰极易吸水潮解。

（4）石灰粉价格便宜。

3.1.1.3 石灰石粉

主要成分是 $CaCO_3$，属于石灰脱硫范畴。石灰石受热分解的反应式为：

$$CaCO_{3(固)} == CaO_{(固)} + \{CO_2\}$$

其特点为：

（1）石灰石分解排出的 CO_2 强烈地搅动了铁水，有利于脱硫反应；同时 $CaCO_3$ 在铁水深处分解时能生成极细的石灰粉粒，具有很高的活度，可提高脱硫效率。所以也可把 $CaCO_3$ 称为脱硫的促进剂。

（2）石灰石分解出的 CO_2 与铁水中 Si 反应会放出热量，其热量与 $CaCO_3$ 分解吸收的热量大体相当。因而，使用石灰石脱硫不会过分降温，与使用石灰粉脱硫大致相当。

（3）资源丰富，价格便宜。

3.1.1.4 金属镁和镁基材料

镁为碱土金属，其熔点与沸点都较低，熔点为 651℃，沸点是 1107℃，在铁水温度下呈气态。镁与硫的结合力很强。镁在铁水中的溶解度取决于铁水温度和镁的蒸气压，因此镁的溶解度随外压的增加而增大，随铁水温度的升高而大幅度下降。在 1 个大气压的条件下，当温度分别为 1200℃、1300℃ 和 1400℃ 时，镁的溶解度分别为 0.45%、0.22% 和 0.12%；在 2 个大气压下，相当于铁水液面以下 2m 处的压力，镁的溶解度增大 1 倍，分别为 0.90%、0.44% 和 0.24%。铁水只要溶入 $0.05\% \sim 0.06\%$ 的镁（相当 $0.5 \sim 0.6kg/t$ 铁），脱硫就足够了。可见，铁水溶解镁的能力比脱硫处理需要镁的数量要大得多。现在市场上的镁基材料有钝化金属镁、镁硅合金和镁焦等，多数厂家使用钝化镁。镁的脱硫反应如下：

$$Mg_{(固)} \longrightarrow Mg_{(液)} \longrightarrow \{Mg\} \longrightarrow [Mg]$$
$$[Mg] + [FeS] == (MgS) + [Fe]$$
$$\{Mg\} + [FeS] == (MgS) + [Fe]$$

其特点为：

（1）镁的脱硫能力很强，喷吹数量少，处理时间短。脱硫反应是放热反应，低温脱硫效率高，硫含量可控制在 0.001% 的精度。综合成本低。

（2）由于金属镁的沸点很低，在铁水温度下呈气态。为了减缓镁的蒸发速度，可降低铁水温度，加大喷枪插入的深度，通过载流气体喷入铁水，延长镁蒸气泡与铁水的接触时间。

（3）可实现自动控制。

（4）金属镁价格较贵，且金属镁活性很高，极易氧化，是易燃易爆品，镁粒必须经表面钝化处理后才能安全的运输、储存和使用，钝化处理使镁粒表面具有一层非活性的保护膜。

（5）产物硫化镁为液态，不易扒除，可加入部分石灰作为稠渣剂提高除渣效率。

3.1.1.5 苏打灰

主要成分是 Na_2CO_3，受热分解后 Na_2O 与铁水中的硫发生如下反应：

$$Na_2CO_{3(固)} = Na_2O_{(固)} + \{CO_2\}$$

$$\frac{3}{2}Na_2O_{(固)} + [FeS] + \frac{1}{2}[Si] = (Na_2S) + \frac{1}{2}(Na_2O \cdot SiO_2) + [Fe]$$

$$Na_2O_{(固)} + [C] + [FeS] = (Na_2S) + [Fe] + \{CO\}$$

苏打粉脱硫过程中产生的渣会腐蚀处理罐的内衬，并有烟尘污染环境，对人有害，且价格贵，因此很少单独使用。

以上这些脱硫剂可以单独使用，也可以几种配合使用，如电石粉 + 石灰粉、电石粉 + 石灰粉 + 石灰石粉、镁 + 石灰粉、镁 + 电石粉的复合剂，但其脱硫效率有较大的差别。再如，CaD 脱硫剂，是电石粉和氨基石灰的混合料，氨基石灰是 $CaCO_3 = 85\%$ 和 $C = 15\%$ 的混合材料。因此，CaD 中含有相当于 $CO_2 = 15\%$ 和 $C = 5\%$ 的成分。

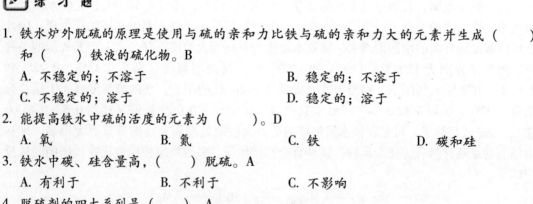

练 习 题

1. 铁水炉外脱硫的原理是使用与硫的亲和力比铁与硫的亲和力大的元素并生成（　　）和（　　）铁液的硫化物。B

    A. 不稳定的；不溶于   B. 稳定的；不溶于

    C. 不稳定的；溶于   D. 稳定的；溶于

2. 能提高铁水中硫的活度的元素为（　　）。D

    A. 氧   B. 氮   C. 铁   D. 碳和硅

3. 铁水中碳、硅含量高，（　　）脱硫。A

    A. 有利于   B. 不利于   C. 不影响

4. 脱硫剂的四大系列是（　　）。A

    A. 苏打（Na_2CO_3）系、电石（CaC_2）系、石灰（CaO）系、金属 Mg 系

    B. 苏打（Na_2CO_3）系、萤石（CaF_2）系、石灰（CaO）系、金属 Mg 系

    C. 苏打（Na_2CO_3）系、白云石（$CaCO_3$）系、石灰（CaO）系、金属 Mg 系

    D. 金属 Na 系、电石（CaC_2）系、石灰（CaO）系、金属 Mg 系

5. 铁水炉外脱硫采用镁剂脱硫剂喷吹所用的载气最好采用（　　）。A

    A. 氮气   B. 氢气   C. 空气   D. 无特殊要求

6. 以下不作为脱硫熔剂使用的是（　　）。D
    A. 电石粉（CaC₂）　　B. 颗粒镁　　　　C. 石灰粉　　　　D. 矿石

7. （多选）在生产中，常用的脱硫剂有（　　）。ABCD
    A. 苏打灰（Na_2CO_3）　B. 石灰粉（CaO）　C. 电石粉（CaC₂）　D. 金属Mg

8. （多选）常用的铁水炉外脱硫剂有（　　）。ABD
    A. 碳化钙　　　　B. 氧化钙　　　　C. 金属钙　　　　D. 金属镁

9. 用苏打脱硫，工艺和设备简单，但脱硫过程中产生渣会腐蚀渣罐内衬，产生烟尘污染环境，目前很少使用。（　　）√

10. （多选）关于用石灰粉（CaO）脱硫，表述正确的是（　　）。ABC
    A. 价格便宜，使用安全
    B. 石灰粉易形成高熔点致密层，容易限制脱硫进行
    C. 石灰渣量大，铁损和温降大
    D. 石灰不容易吸潮，保存方便

11. 用电石脱硫，铁水温度高时脱硫效率较高，铁水温度低时脱硫效率也很高，是非常好的脱硫剂，使用适应性较强。（　　）×

12. 铁水温度降到（　　）或更低时，CaC_2 就不是很好的脱硫剂了。A
    A. 1300℃　　　B. 1400℃　　　C. 1350℃　　　D. 1450℃

13. 第一代用鱼雷罐喷吹脱硫，脱硫剂为（　　）粉剂。C
    A. Na_2CO_3　　B. Mg　　C. CaO、CaC₂　　D. MgO

14. 用颗粒镁脱硫的优点是（　　）。A
    A. 镁在铁水的温度下与硫有极强的亲和力，脱硫效率高
    B. 颗粒镁是易燃易爆品，需钝化处理
    C. 颗粒镁价格较高，保存要防止吸潮

15. 经过镁脱硫的铁水温降比较（　　）。B
    A. 大　　　　B. 小　　　　C. 不一定

16. 喷吹颗粒镁脱硫后铁水温度会升高。（　　）√

17. 下列脱硫剂中（　　）脱硫效率最高。B
    A. 石灰粉　　　　B. 镁　　　　C. 苏打粉

18. 铁水溶解镁的能力比脱硫处理所需要的镁量（　　）。D
    A. 小得多　　　B. 相等　　　C. 小　　　　D. 大得多

19. 吹镁脱硫工艺，主要的脱硫反应是（　　）。D
    A. $\{Mg\}+[S]\Longrightarrow MgS_{(s)}$　　　B. $[Mg]+[S]\Longrightarrow MgS_{(s)}$
    C. $Mg+S\Longrightarrow MgS_{(1)}$　　　D. $[Mg]+[S]\Longrightarrow MgS_{(1)}$

20. 为保证输送、储存和生产操作安全，须对金属镁进行（　　）处理。C
    A. 钙化　　　B. 汽化　　　C. 钝化　　　D. 水化

21. 采用铁水包单吹颗粒镁脱硫技术与其他脱硫工艺相比较，达到相同的脱硫目标，脱硫剂单耗（　　）。D
    A. 无可比性　　B. 无差别　　C. 高　　　D. 低

22. 镁和硫的浓度积在1250~1400℃范围内差别不大，表明镁在较低的温度时也有（　　）

的脱硫能力。B

 A. 较差   B. 较好   C. 不变   D. 无法判断

23. 以下不属于颗粒镁脱硫优点的是（ ）。B

 A. 镁在铁水的温度下与硫有极强的亲和力，脱硫效率高

 B. 金属镁活性很高，极易氧化，是易燃易爆品

 C. 用镁脱硫，铁水的温降小，渣量及铁损均少且不损坏处理罐的内衬

24. （多选）镁脱硫剂的优点是（ ）。ABD

 A. 和硫的亲和力高，用量少，铁损少

 B. 脱硫处理用的设备投资低，且我国有便宜的镁资源

 C. 对于高温铁水，其脱硫效果更好

 D. 对高炉渣不敏感，无环境问题

25. 生产中常用的脱硫剂有苏打粉、石灰粉、电石粉和金属颗粒镁等，脱硫剂可以单独使用，也可以几种配合使用。（ ）√

26. （多选）铁水预处理脱硫剂（ ）扒渣容易。AC

 A. 石灰   B. 苏打   C. 电石   D. 金属镁

27. （多选）铁水预处理脱硫剂（ ）高温脱硫效果好。ABC

 A. CaO   B. CaC_2   C. Na_2CO_3   D. Mg

28. （多选）铁水预处理加入脱硫剂（ ）造成温度降低。ABC

 A. 石灰   B. 苏打   C. 电石   D. 金属镁

29. （多选）铁水预处理脱硫剂（ ）有爆炸、易燃危险。CD

 A. 石灰   B. 苏打   C. 电石   D. 金属镁

30. （多选）铁水预处理采用（ ）脱硫剂扒渣效率最高。AB

 A. CaO   B. CaC_2   C. Na_2CO_3   D. Mg

31. （多选）铁水预处理（ ）脱硫剂在液面深处脱硫效果好。ABCD

 A. CaO   B. CaC_2   C. Na_2CO_3   D. Mg

$A. CaO \quad B. CaC_2 \quad C. Na_2CO_3 \quad D. Mg$

3.1.2　脱硫方法

  迄今为止脱硫的方法不下 20 余种，目前主要使用的是搅拌法和喷吹法。

  （1）机械搅拌法是将搅拌器（也叫搅拌桨）沉入铁水包内部旋转，在铁水中央部位形成锥形涡流，使脱硫剂与铁水充分混合，无论是脱硫剂在铁水漩涡中下降还是在铁水中上浮，都可以与铁水发生反应，因而脱硫剂利用率高、稳定性好、脱硫周期短。KR 法、DO 法、RS 法和 NP 法等都是搅拌法。KR 法脱硫装置如图 3-1 所示。它是由搅拌器和脱硫剂输送装置等部分组成。搅拌器头部是一个十字形叶轮，内骨架为钢结构，外包砌耐火泥料。搅拌器以 150 ~ 300r/min 的速度旋转搅动铁水，1 ~ 1.5min 以后，使铁水形成旋涡，加入脱硫剂，通过搅动，铁水与脱硫剂密切接触，充分混合作用。

  若使用电石粉为脱硫剂，用量为 2 ~ 3kg/t(铁)；每次处

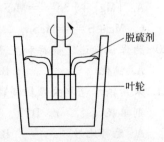

图 3-1　KR 法脱硫装置

理时间约为 10 ~ 15min，脱硫效率为 80% ~ 90%，最大可处理 350t，处理周期约为 30 ~ 35min。当铁水中［S］= 0.030% 时，耗量为 2kg/t（铁），处理后铁水中［S］可达 0.001% 的水平，其脱硫效率为 96% ~ 97%。KR 法铁水处理前后都必须除渣，第二次除渣前最好保持 3 ~ 5min 镇静时间，有利于脱硫产物上浮。

我国武钢二炼钢厂从日本引进了 KR 设备，经消化改造，现以 90% 石灰粉配加 10% 萤石为主要脱硫剂，当铁水中［S］= 0.050% 时，脱硫剂耗量最高为 10kg/t（铁），处理后铁水中［S］可达 0.002% 的水平，脱硫效率达 96%，效果不错。

（2）喷吹法是以干燥的空气或惰性气体为载流，将脱硫剂与气体混合吹入铁水中，同时也搅动了铁水，可以在混铁车或铁水包内处理。顶吹时常发生喷溅，因此铁水包应有不低于 400mm 高度的净空，并设置防溅包盖。图 3-2 为喷吹设备结构示意图。喷吹枪有倒 "T" 和倒 "Y" 两种类型，倒 "T" 型的喷吹效果较好，其构造如图 3-3 所示。喷枪垂直插入铁水液中，由于铁水的搅动，脱硫效果好。喷枪插入深度和喷吹强度直接关系到脱硫效果。宝钢在 20 世纪 80 年代从日本引进的脱硫技术就是喷吹法，也称 DTS 法，脱硫剂是电石粉。德国蒂森冶金公司开发的 ATH 法也属喷吹法。乌克兰则采用带混合室的喷枪喷吹脱硫剂。

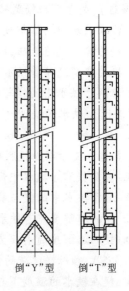

倒 "Y" 型　　倒 "T" 型

图 3-3　喷枪结构

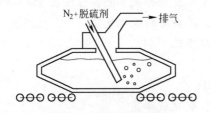

图 3-2　喷吹法脱硫装置

用金属镁作为脱硫剂，耗量 0.3kg/t（铁），铁水中［S］由 0.035% 降至 0.01%；当镁的耗量为 0.4kg/t（铁）时，终点［S］可降到 0.005%。一般处理周期为 30 ~ 40min。我国宝钢、鞍钢、本钢、首钢已采用镁基材料脱硫技术。

在铁水包中脱硫预处理效果比混铁车中好。

练习题

1. 不属于常用的铁水脱硫预处理方式为（　　）。C
   A. 搅拌脱硫　　　　　B. 颗粒镁脱硫　　　　　C. LF 炉脱硫　　　　　D. 喷粉脱硫

2. 铁水脱硫的主要方法有喷吹颗粒镁脱硫、KR 搅拌法脱硫、铁水包内脱硫、转炉预处理脱硫等。（　　）×

3. （多选）铁水脱硫工艺方法（　　）。ABC
   A. 投入法　　　　　B. 喷吹法　　　　　C. 搅拌法　　　　　D. 倒罐法

4. （多选）常用的铁水脱硫预处理方式为（　　）。AD

A. 搅拌脱硫　　　　B. 颗粒镁脱硫　　　　C. 转炉脱硫预处理　　　D. 喷粉脱硫

5. （多选）铁水预脱硫可采用的方式有（　　）法。BD
   A. 吹氧　　　　　　B. 机械搅拌　　　　　C. 加热　　　　　　D. 喷吹

6. 喷镁法、KR 法、复合喷吹法脱硫工艺，（　　）建设费用较低。A
   A. 喷镁法　　　　　B. KR 法　　　　　　C. 复合喷吹法

7. 铁水脱硫的主要方法有投入法、铁水容器搅拌脱硫法、搅拌器机械搅拌法、喷吹法等主要方法。（　　）√

8. （多选）影响铁水包脱硫镁消耗的因素有（　　）。AC
   A. 喷枪插入深度　　B. 铁水碳含量　　　　C. 铁水脱硫效率　　　D. 铁水硅含量

9. （多选）关于颗粒镁脱硫，正确的是（　　）。ACD
   A. 镁在铁水中的溶解度取决于铁水温度和镁的蒸气压
   B. 镁的溶解度随着压力的增加而降低
   C. 镁的溶解度随着铁水温度的上升而大幅度降低
   D. 溶解于铁水中的镁与硫反应生成固态 MgS，这是主要的脱硫反应

10. （多选）铁水预处理（　　）脱硫效率高。BC
    A. 搅拌法　　　　　B. 喷吹法　　　　　　C. KR 法　　　　　D. 投入法

11. （多选）关于颗粒镁脱硫，正确的是（　　）。ABC
    A. 金属镁溶于铁水中形成镁蒸气，与铁水中硫反应形成 MgS，能除去 3% ~8% 的硫
    B. 溶于铁水中的镁与硫反应生成固态 MgS，是主要的脱硫反应
    C. 镁的溶解度随着铁水温度的上升而大幅度降低
    D. 镁的溶解度随着压力的增加而减小

12. （多选）颗粒镁脱硫的优点是（　　）。ACD
    A. 镁在铁水的温度下与硫有极强的亲和力，脱硫效率高
    B. 金属镁活性很高，保存方便
    C. 用镁脱硫，铁水的温降小
    D. 金属镁脱硫，渣量少，铁损少且不损坏处理罐的内衬

13. （多选）铁水脱硫容器趋向于采用铁水包，与鱼雷罐相比（　　）。AB
    A. 铁水包脱硫动力学条件好，反应空间好
    B. 铁水包内铁水温度相对低，更促进脱硫效果
    C. 采用鱼雷罐脱硫，脱硫溶剂消耗小
    D. 鱼雷罐脱硫温降小，对脱硫有利

14. 铁水包脱硫优于鱼雷罐的原因是（　　）。A
    A. 几何形状好、铁水液面深　　　　　　B. 铁水量大、渣量小、易于扒渣
    C. 作业周期短、温降小、环境污染小　　D. 投资少、见效快、成本低

15. 以下不属于颗粒镁脱硫优点的是（　　）。B
    A. 镁在铁水的温度下与硫有极强的亲和力，脱硫效率高
    B. 金属镁活性很高，极易氧化，是易燃易爆品
    C. 用镁脱硫，铁水的温降小
    D. 渣量及铁损均少且不损坏处理罐的内衬

16. 采用单吹颗粒镁脱硫技术，脱硫渣（　　）。A

    A. 没有环境问题　　B. 污染严重　　　　　　C. 对人有害　　　　　　D. 易燃

17. 单吹颗粒镁脱硫工艺对高炉渣（　　）。B

    A. 要求严格　　　　B. 不敏感　　　　　　　C. 适应性差　　　　　　D. 无法判断

18. 与其他脱硫工艺相比，单吹颗粒镁脱硫产生的渣量（　　）。C

    A. 大　　　　　　　B. 相当　　　　　　　　C. 少　　　　　　　　　D. 无可比性

19. 采用铁水包单吹颗粒镁脱硫技术与其他脱硫工艺相比较，达到相同的脱硫目标，脱硫剂消耗（　　）。D

    A. 无可比性　　　　B. 无差别　　　　　　　C. 高　　　　　　　　　D. 低

20. 采用颗粒镁喷吹法脱硫，脱硫效率高，脱硫剂单耗低，形成渣量小，脱硫渣易扒除，转炉回硫量少，是冶炼高级别钢种理想的脱硫方法。（　　）×

21. 采用颗粒镁喷吹法脱硫，脱硫效率高，脱硫剂单耗低，形成渣量小，但脱硫渣不易扒除，往往造成转炉回硫值高，是冶炼品种钢存在的主要问题。（　　）√

22. 影响炉渣 MgO 饱和溶解度的主要因素是炉渣的碱度和温度。（　　）√

23. 在高温下，镁和硫的亲和力很强，溶于铁水中的镁和镁蒸气都能与铁水中的硫迅速发生反应，上浮进入渣中，镁蒸气与铁水中的硫反应，可以去除铁水中硫的 30% ~ 80%。（　　）×

24. 相比于喷吹颗粒镁法脱硫，KR 法脱硫（　　）。D

    A. 形成渣量小　　　　　　　　　　　　B. 脱硫剂消耗量少

    C. 温度损失小　　　　　　　　　　　　D. 易于扒渣可将硫控制在较低水平

25. KR 法脱硫的缺点是（　　）。D

    A. 搅拌能力强　　　　　　　　　　　　B. 脱硫前后能充分扒除渣子

    C. 脱硫剂利用率高　　　　　　　　　　D. 铁水温度损失较大

26. KR 法的主要目的是（　　）。A

    A. 搅拌脱硫　　　　B. 真空脱氧　　　　　　C. 去除非金属夹杂　　D. 搅拌脱磷

27. KR 法铁水脱硫属于（　　）。B

    A. 喷吹法　　　　　B. 机械搅拌法　　　　　C. 炉内法　　　　　　　D. 钢包法

28. KR 法脱硫与颗粒镁脱硫相比较显著优点是（　　）。A

    A. 渣量大，有利于扒除，减少转炉回硫

    B. 铁水温降大，利于脱除铁水中的硫

    C. 采用搅拌方式脱硫，脱硫效率高

    D. KR 法脱硫消耗成本低，价格便宜

29. 采用 KR 搅拌法脱硫，脱硫渣量比较大，铁水温降大，设备复杂，因此，与颗粒镁脱硫相比应用范围较少。（　　）×

30. 采用 KR 搅拌法脱硫，脱硫渣量比较大，脱硫渣易扒除，转炉回硫值低，比颗粒镁脱硫具有竞争优势。（　　）√

31. 采用 KR 搅拌法脱硫，是将石灰、萤石等脱硫剂加入铁水包内，然后采用叶轮搅拌的方法进行脱硫，脱硫渣量比较大，脱硫效率高，是冶炼高级别钢种的较好脱硫方法。（　　）√

32. （多选）KR 脱硫法表述，正确的是（   ）。ABC
    A. 将脱硫剂投入脱硫容器中，采用搅拌器搅拌脱硫
    B. KR 脱硫搅拌能力强，可将硫含量脱除至很低
    C. 脱硫前后能充分扒渣，转炉回硫量低
    D. 设备简单，铁水温降小
33. 对于要求铁水[S]≥0.015%的工厂，应采用（   ）脱硫工艺。A
    A. 喷镁法   B. KR 法   C. 复合喷吹法
34. 现代化转炉炼钢厂设置铁水预处理方法的原则是（   ）。C
    A. 根据铁水工艺条件确定的
    B. 根据铁水工艺条件和最佳效果因素确定的
    C. 根据铁水条件、产品大纲和最佳效果确定的
35. （多选）铁水预脱硫的发展方向是（   ）。ABCD
    A. 全量铁水预脱硫   B. 铁水包中脱硫   C. 喷吹法为主   D. 镁为脱硫剂

3.1.3 铁水预脱硫的注意事项

3.1.3.1 确定合适的脱硫目标值

铁水预处理的发展方向之一是入炉铁水全量预脱硫，要按照钢种质量要求确定合理的脱硫目标值，一般钢种脱硫目标值控制在 0.015% ~ 0.020%，高质量钢种目标值控制在 0.010%甚至 0.002%以下。目标值过严，会延长脱硫时间，增加脱硫剂单耗，成本上升。

3.1.3.2 预处理后必须除净渣

预处理脱硫后脱硫渣必须扒除，否则在转炉冶炼过程中会造成回硫，回硫多少视除渣效果好坏而定，一般回硫量在 0.003% ~ 0.010%之间。转炉内为氧化性气氛，铁水渣、生铁块、废钢、石灰中的硫进入钢水，反应为：

$$(CaS) + (FeO) =\!=\!= [FeS] + (CaO)$$

$$(MgS) + (FeO) =\!=\!= [FeS] + (MgO)$$

生铁块、废钢和铁水渣带入硫大约占炉料总硫量的60%以上，所以增硫成为生产超低硫钢种的重大障碍。因此根据钢种要求确定除渣率，钢水硫含量要求越低，除渣时扒净率越高，极限情况下要求除渣至红面。但除渣率越高，铁损越大，扒渣时间越长。

可以加入部分稠渣剂，利于渣铁分离，降低铁损；还要保证扒渣机性能、铁水包包嘴形状和倾角，减少死区；更要提高除渣操作人员的技能水平。

目前有一种捞渣机，由于采用两只机械手捞渣，比扒渣效率更高。

3.1.3.3 控制预处理时间

连铸钢水要求严格的时间管理，连浇炉次钢水成分波动控制非常严格，因此同一牌号高质量钢种连浇钢水，对铁水预处理带来了很大压力，为此，需要多台除渣机同时工作以减少除渣时间，必要时提前处理以满足生产需要。

3.2 铁水炉外脱磷

铁水炉外预脱磷已经发展到成为改善和稳定转炉冶炼工艺操作，降低消耗和成本的重

要技术手段。尤其当前热补偿技术研发成功，解决了脱磷过程中铁水的温降问题，所以应用铁水预脱磷的厂家越来越多，铁水预脱磷的比例越来越大。

铁水预脱磷与炉内脱磷的原理相同，即在低温、高氧化性、高碱度熔渣条件下脱磷。与钢水脱磷相比，铁水预脱磷具有低温、经济合理的优势。全量铁水预处理可以明显地改善转炉、精炼的负担，提高冶炼速度，100%达到成分控制的命中率，扩大钢的品种，大幅度提高钢的质量。

3.2.1 脱磷剂的选择

根据脱磷条件，目前的脱磷材料不外乎苏打系和石灰系脱磷剂。

苏打系脱磷剂苏打粉的主要成分为 Na_2CO_3，是最早用于脱磷的材料，其脱磷反应为：

$$Na_2CO_{3(固)} + \frac{4}{5}[P] = \frac{2}{5}(P_2O_5) + [C] + (Na_2O)$$

用苏打粉脱磷的碱度 $(Na_2CO_3)/(SiO_2) > 3$ 时，$(P_2O_5)/[P]$ 指数能达到 1000 以上，效率较高。但是在脱磷过程中苏打粉大量挥发，钠的损失严重，其反应是：

$$Na_2CO_{3(固)} + 2[C] = 2\{Na\} + 3\{CO\}$$

或

$$Na_2O_{(固)} + [C] = 2\{Na\} + \{CO\}$$

使用苏打粉脱磷的特点为：

(1) 苏打脱磷的同时还可以脱硫；

(2) 铁水中锰几乎没有损失；

(3) 金属损失少；

(4) 可以回收铁水中 V、Ti 等贵重元素；

(5) 处理过程中苏打粉挥发，钠的损失严重，污染环境，产物对耐火材料有侵蚀；

(6) 处理过程铁水温度损失较大；

(7) 苏打粉价格较贵。

石灰系脱磷剂主要成分是 CaO，配入一定比例的氧化铁皮、烧结矿粉和适量的萤石。研究表明，这些材料的粒度较细，吹入铁水后，由于铁水内各处氧化性的差别，也有同时脱磷脱硫的可能，能够同时脱磷和脱硫。

使用石灰系脱磷剂既能达到脱磷效果，其价格又便宜，成本低。

由于硅与氧的亲和力比磷与氧的亲和力大，无论是用苏打系或是石灰系材料脱磷，铁水中硅含量低对脱磷有利。为此在使用苏打系处理铁水脱磷时，要求铁水中 [Si] < 0.10%；而使用石灰系脱磷剂时，铁水中 [Si] < 0.15% 为宜。

3.2.2 脱磷方法

铁水脱磷方法以前是在铁水罐中喷射脱磷剂并吹氧脱磷，或者在鱼雷罐中喷射脱磷剂并吹氧脱磷，目前发展为在专用转炉中进行铁水脱磷。

用转炉进行铁水脱磷、脱硅预处理，有利于实现全量（100%）铁水预处理。该方法具有如下特点：

(1) 与喷吹法相比，放宽对铁水硅含量要求。用转炉"三脱"，控制铁水中 [Si] ≤ 0.3%，可以达到脱磷要求，而喷吹法脱磷铁水中 [Si] ≤ 0.15%。转炉"三脱"可以和高炉低硅铁冶炼工艺相结合，省去脱硅预处理工艺。

（2）控制中等碱度（$R = 2.5 \sim 3.0$）渣，可得到良好的脱磷效果。通常采用的技术有：回收脱碳转炉渣作为脱磷合成渣；提高底吹搅拌强度促进石灰熔化并适当增加萤石量；用石灰粉和转炉烟尘配制成高碱度低熔点脱磷剂。

（3）严格控制处理温度，加入轻薄废钢避免熔池升温，保证脱磷，抑制脱碳。

（4）增强熔池搅拌强度和弱供氧制度，顶吹供氧强度是一般转炉供氧强度的一半，适当增大底吹供气强度。

（5）减少渣量，缩短冶炼时间，加快生产节奏，使炉龄提高。

转炉双联铁水预处理工艺如图3-4所示。

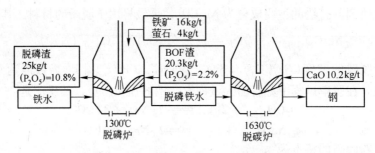

图3-4　转炉双联铁水预处理工艺示意图

练习题

1. （多选）一种新的炼钢工艺流程为：配置全量铁水脱硫，采用（　　）转炉—（　　）转炉双联法作业，并实现了转炉少渣冶炼，有利于冶炼纯净钢和降低炼钢综合成本。BD
   A. 脱硅　　　　　B. 脱磷　　　　　C. 脱锰　　　　　D. 脱碳

2. 采用转炉双联工艺进行预脱磷、脱碳，第一级转炉为脱磷炉，第二级转炉为脱碳炉。（　　）√

3. 采用专用转炉进行铁水预脱磷，反应动力学条件比鱼雷罐更好。（　　）√

4. 双联法铁水预脱磷相当于把转炉炼钢（　　）操作分在两个转炉中进行。B
   A. 单渣　　　　　B. 双渣　　　　　C. 留渣

5. 关于铁水磷和转炉脱磷效率，下列说法正确的是（　　）。B
   A. 磷含量小于0.30%为低磷铁水，转炉脱磷效率为55%～75%
   B. 磷含量大于1.50%为高磷铁水，转炉脱磷效率为85%～95%
   C. 磷含量大于0.70%为高磷铁水，转炉脱磷效率为85%～95%
   D. 磷含量小于0.70%为低磷铁水，转炉脱磷效率为55%～75%

3.3　铁水炉外脱硅

铁水预脱硅技术是基于铁水预脱磷技术而发展起来的。铁水中硅与氧的亲和力大于磷与氧的亲和力,当加入氧化剂脱磷时,硅先于磷氧化,形成的 SiO_2 大大降低渣的碱度。为此脱磷前必须将硅含量降至 0.15% 以下,这个值远远低于高炉铁水的硅含量,也就是说,只有当铁水中的硅大部分氧化后磷才能迅速被氧化去除。所以脱磷前必须先脱硅,降低铁水硅含量可以减少转炉炼钢的炉渣量,实现少渣或无渣工艺。降低铁水硅含量可以通过发展高炉冶炼低硅铁水,或采用炉外铁水脱硅技术。炉外脱硅技术是将氧化剂加到流动的铁水中,硅的氧化产物形成熔渣。处理后铁水中的 [Si] 可以达到 0.10%～0.15% 以下。

一般脱硅与脱磷同时进行,但也有在高炉出铁沟或出铁沟摆槽上脱硅的;炼钢用铁水预处理前后的硅、磷、硫含量变化见表 3-1。

表 3-1　铁水预处理前后成分变化　　　　　　　　　　　(%)

铁　水	[Si]	[P]	[S]
预处理前	0.30～1.25	0.08～0.20	0.02～0.07
预处理后	0.10～0.15	<0.01	<0.005

练 习 题

1.(多选) 铁水脱 Si 的重要意义是 (　　　)。ABC
　A. 铁水脱磷的必要条件
　B. 利于转炉减少石灰加入量和渣量
　C. 铁水脱 Si 可在低碱度下实现,因此成本低
　D. 铁水脱硫的重要条件

学习重点与难点

学习重点:中级工应重视铁水预处理的定义和优点,高级工应对铁水预处理脱硫、脱磷等内容加以关注。
学习难点:无。

思考与分析

1. 什么是铁水预处理?
2. 在炼钢生产中采用铁水预脱硫技术的必要性是什么?
3. 铁水脱硫常用的脱硫剂有几类,各有何特点?
4. 铁水脱硫的主要方法有哪些?铁水脱硫技术的发展趋势是怎样的?
5. 用金属镁进行铁水脱硫的机理是什么?
6. 采用金属镁脱硫为什么要对镁粒进行表面钝化处理,对颗粒镁有什么要求?
7. 铁水脱硫容器为什么趋向采用铁水包?

8. 铁水包单吹颗粒镁脱硫的工艺流程及基本工艺参数是怎样的？

9. 铁水包镁基复合喷吹脱硫的工艺流程及基本工艺参数是怎样的？

10. 喷镁脱硫要求铁水包净空是多少？

11. 采用铁水包喷吹镁剂脱硫与其他脱硫工艺比较具有哪些优点？

12. 铁水包喷吹颗粒镁脱硫，镁的单位消耗主要取决于哪些因素？

13. 铁水脱硫后兑入转炉前为什么必须扒渣？

14. 脱硫后的低硫铁水兑入转炉炼钢，为什么吹炼终点常常出现增硫现象？

15. 脱硫后扒渣时的铁损大小与哪些因素有关？

16. 铁水采用"三脱"（脱硅、脱磷、脱硫）预处理有何优缺点？

17. 为何铁水脱磷必须先脱硅？

18. 铁水脱硅有哪些方法，采用何种脱硅剂？

19. 铁水脱磷有哪些方法，采用何种脱磷剂？

20. 铁水"三脱"预处理，硅、磷、硫含量一般脱到什么水平？

21. 采用转炉双联工艺进行铁水预处理的特点是什么？

4 装入操作——装入制度

转炉炼钢冶炼工艺有五大制度：装入制度、供氧制度、造渣制度、温度制度、终点控制及脱氧合金化制度。

这五大制度执行的好坏，对冶炼过程控制、钢种质量、炉衬寿命都有很大影响。

4.1 装入制度内容及依据

装入制度就是确定转炉合理的装入量，合适的铁水废钢比。转炉的装入量是指主原料的装入数量，它包括铁水、废钢和生铁块。

✍ **练 习 题**

1.（多选）转炉炼钢装入制度研究的内容有（　　）。AD

　A. 铁水加入量　　　B. 石灰加入量　　　C. 矿石加入量　　　D. 废钢加入量

实践证明，每座转炉都必须有一个合适的装入量，装入量过大或过小都不能得到好的技术经济指标。若装入量过大，将导致吹炼过程中严重喷溅，造渣困难，冶炼时间延长，吹损增加，炉衬寿命降低。若装入量过小，不仅产量下降，而且由于装入量少，熔池变浅，在顶底气流的共同作用下控制不当，使炉底过早损坏，甚至烧穿，进而造成漏钢事故，对钢的质量也有不良影响。

在确定合理的装入量时，必须考虑以下因素：

（1）合适的炉容比。新转炉砌砖后的容积称为转炉的工作容积，它与公称吨位（平均出钢量）有一定的关系。以 $V(m^3)$ 表示转炉的工作容积，以 $T(t)$ 表示公称吨位，两者的比值 $V/T(m^3/t)$ 称为炉容比。一定公称吨位的转炉，要有一个合适的炉容比，即保证炉内有足够的冶炼空间，从而能获得较好的技术经济指标和劳动条件。炉容比过大，会增加设备重量、厂房高度和耐火材料消耗，因而使整个车间的费用增加，成本提高，对钢的质量也有不良影响；而炉容比过小，炉内没有足够的反应空间，势必引起喷溅，对炉衬的冲刷加剧，操作条件恶化，导致金属消耗增高，炉衬寿命降低，不利于提高生产率。因此在生产过程中应保持设计时确定的炉容比。

表 4-1 列出国内一些转炉的实际炉容比。

表 4-1　国内一些转炉炉容比

厂　名	太钢二炼	首钢前三炼	攀钢	本钢二炼	鞍钢三炼	首钢二炼	宝钢一炼
吨位/t	50	80	120	120	150	210	300
炉容比/$m^3 \cdot t^{-1}$	0.97	0.84	0.90	0.91	0.86	0.97	1.05

（2）合适的熔池深度。确定装入量除了考虑转炉要有合适的炉容比外，还应保持合适的熔池深度，避免炉底受氧气流股的冲击。为此熔池的深度必须大于氧气流股对熔池最大穿透深度。不同公称吨位转炉的熔池深度见表 4-2。

表 4-2　不同公称吨位转炉的熔池深度

公称吨位/t	50	80	100	210	300
熔池深度/mm	1050	1190	1250	1650	1949

（3）对于模铸车间，装入量应与锭型配合好；对连铸工艺，转炉装入量可根据实际情况在一定范围内波动。

此外，对于确定分阶段定量装入的转炉的装入量，还要受到钢包的容积、炉外精炼对钢包净空要求、转炉的倾动机构能力、浇注吊车的起重能力等因素的制约。所以在制订装入制度时，既要发挥现有设备潜力，又要防止片面的不顾实际的盲目超装，以免造成事故和浪费。

+—+

✎ 练习题

1.（多选）转炉金属装入量需要考虑的因素有（　　）。BCD
　　A. 炉容比　　　　　　　B. 熔池深度　　　　C. 倾动机构负荷　　　D. 钢包容量
2.（多选）转炉金属装入量需要考虑的因素有（　　）。ABCD
　　A. 炉容比　　　　　　　B. 熔池深度　　　　C. 天车起重能力　　　D. 精炼钢包净空要求
3. 装入量过大会造成（　　）、炉帽寿命缩短。B
　　A. 喷溅增加、化渣过快　　　　　　B. 喷溅增加、化渣困难
　　C. 转炉成分不均、出钢量过大　　　D. 炉渣碱度低、脱磷困难
4. 转炉装入量包括（　　）。D
　　A. 铁水、废钢、铁合金　　　　　　B. 石灰、矿石、铁水
　　C. 返矿、废钢、生铁块　　　　　　D. 铁水、废钢、生铁块

4.2 装入制度类型

氧气转炉的装入制度有：定量装入制度、定深装入制度和分阶段定量装入制度。其中定深装入制度即每炉熔池深度保持不变，由于生产组织困难，现已不使用。定量装入制度和分阶段定量装入制度在国内外得到广泛应用。

练 习 题

1. （多选）转炉炼钢装入制度的种类有（　　）。ABC
   A. 定量装入　　　B. 定深装入　　　C. 分阶段定量装入　　　D. 分阶段定深装入
2. 转炉炼钢的装入制度有定量装入和定深装入两种。（　　）×

4.2.1 定量装入制度

定量装入制度就是在整个炉役期间，每炉的装入量保持不变，这种装入制度的优点是：生产组织简便，操作稳定，有利于实现过程自动控制。但炉役前期熔池深、后期熔池变浅，不适合小型转炉。由于国内普遍采用溅渣护炉技术，炉型变化不明显，因此中型转炉也可采用定量装入制度。国内外大型转炉均用定量装入制度。

4.2.2 分阶段定量装入制度

在一个炉役期间，按炉膛扩大的程度划分为几个阶段，每个阶段定量装入。这样大体上使整个炉役具有比较合适的炉容比和熔池深度，又保持了各个阶段装入量的相对稳定，既能增加装入量，又便于组织生产。这是一种适应性较强的装入制度。我国各中、小型转炉普遍采用这种装入制度，见表4-3。

表4-3　100t转炉分阶段定量装入制度

炉龄区间	1~100	101~500	501~1000	>1000
装入量/t	90	100	104	109
出钢量/t	83	92	96	100

练 习 题

1. 全连铸的大型转炉装入制度应该是（　　）。C
   A. 分阶段定量装入　　　B. 定深装入　　　C. 定量装入
2. 全连铸的小型转炉钢厂转炉装入量应该是（　　）。A
   A. 分阶段定量装入　　　B. 定深装入　　　C. 定量装入

3. （多选）转炉炼钢装入制度（　　）生产组织方便。AC

    A. 定量装入　　　　　　B. 定深装入　　　C. 分阶段定量装入　　　　D. 分阶段定深装入

4. （多选）分阶段定量装入制度适用于（　　）。BC

    A. 大型转炉　　　　　　B. 中型转炉　　　C. 小型转炉　　　　　　D. 任何转炉

5. （多选）转炉炼钢装入制度（　　）适用于中型转炉。AC

    A. 定量装入　　　　　　B. 定深装入　　　C. 分阶段定量装入　　　　D. 分阶段定深装入

6. 定量装入制度，在整个炉役期，每炉的装入量不变。其优点是生产组织简便，操作稳定，易于实现过程自动控制，因此适用于各种类型的转炉。（　　）×

7. 全连铸的大型转炉炼钢厂转炉装入制度应该是定深装入。（　　）×

8. 在整个炉役期间保持金属熔池深度不变是定量装入。（　　）×

9. （多选）定量装入制度适用于（　　）。AB

    A. 大型转炉　　　　　　B. 中型转炉　　　C. 小型转炉　　　　　　D. 任何转炉

4.3　装入操作

执行装入操作应注意以下几点。

4.3.1　天车"十不吊"

使用天车应做到"十不吊"，即超负荷不吊；歪拉斜吊不吊；指挥信号不明不吊；安全装置失灵不吊；重物起过人头不吊；光线阴暗看不清不吊；埋在地下的物件不吊；吊物上站人不吊；捆绑不牢不稳不吊；重物边缘锋利无防护措施不吊。

练习题

1. 使用天车（　　）情况下可以吊运。B

    A. 埋在地下　　　B. 捆绑牢靠　　　C. 歪拉斜吊　　　　　　D. 吊物上站人

2. 两件重物用一根钢丝绳捆绑情况下可以使用天车吊运。（　　）×

3. 使用天车（　　）情况下可以吊运。C

    A. 轻微超载　　　B. 光线昏暗　　　C. 重物边缘锋利有防护措施　　D. 钢丝绳不合格

4. 重物边缘锋利有防护措施可以使用天车吊运。（　　）√

5. （多选）以下（　　）情况天车不得吊运。ABCD

    A. 超载或重物不清时　　　　　　B. 被吊物上有人或浮置物时

    C. 重物捆绑不牢或不平衡时　　　D. 安全装置失灵时

6. （多选）天车在（　　）情况下不得吊运。ABCD

    A. 斜拉重物时　　　　　　　　　B. 工作场地昏暗

    C. 重物棱角处和捆绑钢丝绳之间未加衬垫时

    D. 钢（铁）水包装得过满时

4.3.2　铁水、废钢的装入顺序

4.3.2.1　先兑铁水后装废钢

这种装入顺序可以避免废钢直接撞击炉衬，若炉内留有液态残渣时，兑铁水易发生喷溅。

4.3.2.2　先装废钢后兑铁水

这种装入顺序使废钢直接撞击炉衬，目前国内各厂普遍采用溅渣护炉技术，先装废钢可防止兑铁喷溅。但补炉后的第一炉钢可先兑铁水后加废钢。

练习题

1. 相比于先装废钢后兑铁水，先兑铁水后装废钢的优点为（　　）。A
   A. 可以避免废钢直接撞击炉衬　　　　B. 可以避免兑铁过程发生喷溅
   C. 氧枪枪位稳定　　　　　　　　　　D. 温度控制稳定
2. 先兑铁水后装废钢主要考虑（　　）。A
   A. 避免废钢撞击炉衬　　　　　　　　B. 便于生产调度
   C. 加强温度控制　　　　　　　　　　D. 避免兑铁喷溅
3. 先装废钢后兑铁水主要考虑（　　）。D
   A. 避免废钢撞击炉衬　　　　　　　　B. 便于生产调度
   C. 加强温度控制　　　　　　　　　　D. 避免兑铁喷溅
4. 先兑铁水后装废钢主要考虑避免兑铁喷溅。（　　）×
5. 先装废钢后兑铁水主要考虑便于生产调度。（　　）×
6. 为防止装入过程发生喷溅，一般采用的装入顺序是（　　）。B
   A. 先兑铁水后装废钢　　　　　　　　B. 先装废钢后兑铁水
   C. 先装生铁块后加废钢　　　　　　　D. 先装废钢后加生铁块
7. 转炉炼钢应该先装轻薄废钢后装重废钢。（　　）√

4.3.3　安全、防污染

兑铁水前转炉内应无液态残渣，转炉周围人员撤离，以避免喷溅造成人员伤害和设备事故。如果没有二次除尘设备，兑铁时转炉倾动角度小些，尽量使烟尘进入烟道。

4.3.4　准确控制铁水废钢比

准确控制铁水和废钢的装入数量，其中大型转炉中废钢比例可以大些。称量设备要准确可靠，并经常校验。增加废钢比可以减少铁水量、减少渣料和氧气消耗，各厂应根据钢种质量要求、热量平衡和成本确定合理的铁水废钢比。

练习题

1. 氧气转炉炼钢中影响废钢加入量的因素很多，其中大转炉比小转炉装入废钢的百分比更高些。（　　）√
2. 转炉装入铁水废钢比是根据废钢资源和吹炼热平衡条件确定的。（　　）√
3. 转炉装入铁水废钢比是根据铁水废钢的市场价格而确定的。（　　）×
4. 废钢加入量是根据物料平衡数据来确定的。（　　）×

4.4　转炉炉体结构与倾动机械

4.4.1　转炉炉体

氧气转炉的总图如图4-1所示，由转炉炉体、支撑系统和倾动系统组成。

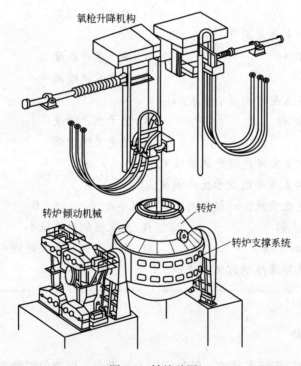

图4-1　转炉总图

4.4.1.1　炉壳

转炉炉壳要承受耐火材料、钢液、渣液的全部重量，并保持转炉的固定形状；倾动时承受扭转力矩作用。炉壳是由普通锅炉钢板，或低合金钢板焊接而成。根据修炉方式不同，炉底可分为固定炉底和可拆卸炉底两种。如图4-2所示为可拆卸炉底转炉炉壳。炉壳从上到下分为炉帽、炉身、炉底三部分。为了保证炉帽在高温下不变形，炉帽一般做成水冷炉口，如图4-3所示。

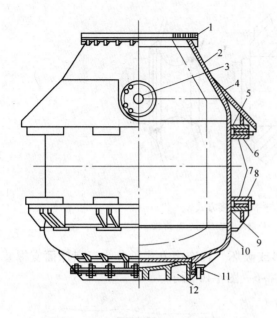

图 4-2 转炉炉壳

1—水冷炉口；2—锥形炉帽；3—出钢口；4—护板；

5，9—上、下卡板；6，8—上、下卡板槽；7—斜块；

10—圆柱形炉身；11—销钉和斜楔；12—可拆卸活动炉底

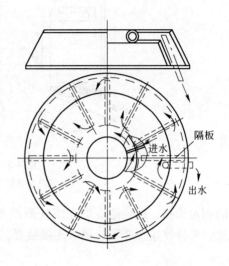

图 4-3 水冷炉口结构

炉底通常设计成球形。上修炉方式炉底为固定式死炉底，适用于大型转炉，若是下修炉方式则用可拆卸活动炉底。可拆卸炉底又有大炉底和小炉底之分。

4.4.1.2 托圈和耳轴

托圈和耳轴是用以支撑炉体和传递倾动力矩的构件，如图 4-4 所示因而它要承受以下几方面力的作用：

（1）承受炉壳、炉衬、炉液、托圈及冷却水的总重量。

（2）承受由于受热不一致，炉体和托圈在轴向所产生的热应力。

（3）承受由于兑铁水、加废钢、清理炉口粘钢、粘渣等不正常操作时所出现的瞬时冲击力。

因此，对托圈、耳轴的材质要求冲击韧性要高，焊接性能好，并具有足够的强度和刚度。

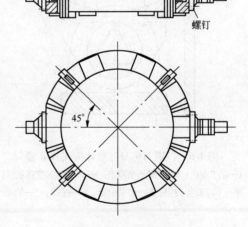

图 4-4 剖分式托圈

托圈与耳轴连接有法兰盘螺栓连接、焊接、静配合连接等三种方式，如图 4-5 所示。

4.4.1.3 托圈与炉壳连接

托圈与炉壳连接必须牢固可靠，同时又要适应炉壳和托圈热膨胀时在径向和轴向产生

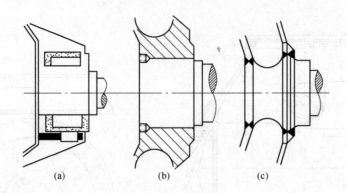

图 4-5 托圈与耳轴连接方式

（a）法兰盘螺栓连接；（b）静配合连接；（c）焊接

的相对位移，以免造成炉壳或托圈严重变形或破坏。其连接方式可分为三点球面支撑装置、夹持器连接装置、薄带连接装置，如图 4-6 ~ 图 4-10 所示。

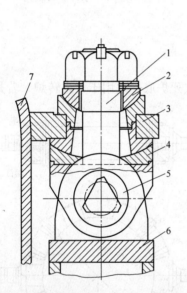

图 4-6 托圈与炉身三点球面支撑装置

1—活节螺栓；2—上球面垫圈组；3—炉体连接支撑法兰；

4—下球面垫圈组；5—水平销轴；6—托圈；7—炉壳

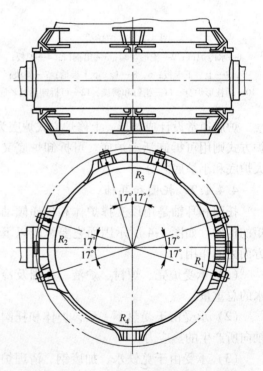

图 4-7 我国某厂 50t 转炉托圈与炉身连接装置

4.4.2 转炉炉型

转炉炉型是指转炉砌筑后的内部形状。

选择炉型应考虑：

（1）有利于炼钢物理化学反应的顺利进行，有利于金属、熔渣、炉气的运动，有利于熔池的均匀搅拌。

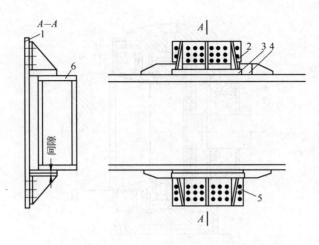

图 4-8 平面卡板夹持器连接结构

1—炉壳；2—上卡板；3—垫板；4—卡座；5—下卡板；6—托圈

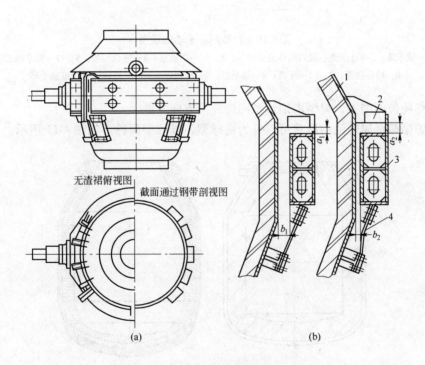

图 4-9 薄片钢带连接结构

（炉壳与托圈沿轴向膨胀差 $a = a_2 - a_1$；炉壳与托圈沿径向膨胀差 $b = b_2 - b_1$）

（a）薄钢带连接图；（b）薄钢带与炉体和托圈连接结构适应炉体膨胀情况

1—炉壳；2—周向支撑装置；3—托圈；4—钢带

（2）有较高的炉衬寿命。

（3）炉内喷溅物要少，金属消耗要低。

（4）炉衬砌筑和维护方便，炉壳容易加工制造。

（5）能够改善劳动条件和提高作业率。

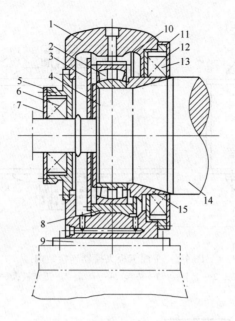

图 4-10　自动调心滚动轴承座

1—轴承座；2—自动调心双列圆柱滚动轴承；3，10—挡油板；4—轴承压板；5，11—轴承端盖；
6，13—毡圈；7，12—压盖；8—轴承套；9—轴承底座；14—耳轴；15—甩油推环

随公称吨位的增大，炉型由细长型向矮胖型方向发展。

转炉炉型按金属熔池的形状可以分为筒球型、锥球型两种。如图 4-11 所示。

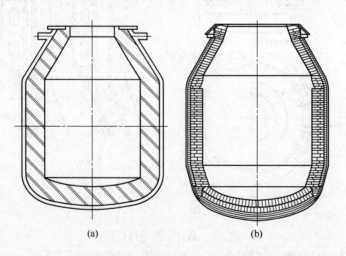

图 4-11　转炉常用炉型示意图

（a）筒球型；（b）锥球型

4.4.2.1　筒球型

筒球型熔池是由圆柱体和球缺体组合而成。它的优点是炉型简单，砌筑方便，炉壳制造容易。与相同吨位其他炉型的转炉相比，它有较大的直径，有利于反应的进行。一般中型转炉可选用这种炉型。例如我国鞍钢 150t 转炉、攀钢 120t 转炉和太钢 50t 转炉都是这种

炉型。图4-11(a)为筒球型转炉炉型示意图。

4.4.2.2 锥球型

熔池由球缺体和截头圆锥体组成。与相同吨位的筒球型比较，锥球型熔池有所加深，有利于保护炉底。其内型更适合于钢水的运动，利于物理化学反应。在同样熔池深度情况下，如底部尺寸适当，熔池直径会比筒球型增大，反应面积有所增加，有利于去除P、S。我国大型转炉均采用这种炉型，如宝钢300t转炉、首钢210t转炉均为锥球型。图4-11(b)为锥球型转炉炉型示意图。

练 习 题

1. (多选) 顶吹转炉炉型有 ( )。AB
   A. 筒球型　　　　　　 B. 锥球型　　　　　　 C. 圆锥型

2. (多选) 以下叙述 ( ) 是错误的。AC
   A. 转炉炉型是指转炉炉壳形状
   B. 转炉炉型是指由耐火材料所砌成的炉衬内型
   C. 转炉炉型是指生产过程中转炉内衬形状

3. 顶吹转炉炉型按金属熔池的形状可分为截锥型、筒球型和锥球型三种。( ) √

4. 转炉炉型是指 ( ) 的几何形状。B
   A. 砌砖前转炉　　 B. 砌砖后转炉　　 C. 转炉外部　　　 D. 转炉出钢口

5. 转炉炉型是指 ( )。B
   A. 转炉炉壳形状　　　　　　　 B. 由耐火材料所砌成的炉衬内型
   C. 生产过程中转炉内衬形状　　 D. 转炉设计炉壳形状

6. ( ) 更适合于炉液的运动，利于物理化学反应的进行。C
   A. 筒球型　　　 B. 圆球型　　　 C. 锥球型

7. (多选) 转炉炉体是由 ( ) 组成。ABC
   A. 炉帽　　　 B. 炉身　　　 C. 炉底　　　 D. 熔池

8. (多选) 关于转炉炉型的类型，目前常用 ( )。AB
   A. 筒球型　　 B. 锥球型　　 C. 截锥型　　 D. 圆筒型

9. 氧气顶吹转炉为避免炉底受高压氧射流的冲击，必须使熔池深度 ( ) 氧气流股对熔池最大的穿透深度。A
   A. 大于　　　 B. 等于　　　 C. 小于　　　 D. 无特殊要求

10. 转炉炉壳采用 ( ) 钢板制作。B
    A. 建筑用钢　 B. 优质低合金钢容器 C. 帘线钢　　 D. 碳素结构钢

11. (多选) 转炉炉壳的要求是 ( )。ABCD
    A. 高温下不变形　　　　　　 B. 在热应力作用下不破裂
    C. 具有足够的强度和刚度　　 D. 采用优质低合金钢容器钢板制作

12. (多选) 筒球型转炉的特点有 ( )。ABCD
    A. 炉型简单　　　　　　　　 B. 炉壳加工容易

C. 内衬砌筑方便　　　　　　　　D. 有利于炉内反应的进行

13. 筒球型顶吹转炉的熔池是由倒圆锥台体与球缺体组合而成的。(　　) ×

14. 熔池的深度等于氧气流股对熔池的最大穿透深度。(　　) ×

15. (多选) 炉底结构的类型有 (　　)。AB

A. 固定式死炉底　　B. 可拆卸式活炉底　　C. 悬挂式活炉底　　D. 筒锥型死炉底

16. 转炉炉体的组成，下列不属于的一项是 (　　)。B

A. 炉帽　　　　　B. 炉嘴　　　　　C. 炉底　　　　　D. 炉身

17. 转炉炉底结构有两种类型，即固定式死炉底和可拆卸式活炉底。(　　) √

18. 转炉炉体是由炉帽、炉身、炉底三部分组成。(　　) √

19. 转炉炉型指砌砖后转炉的内型的几何形状。(　　) √

20. 已投产的顶吹转炉炉型有筒球型和锥球型两种。(　　) √

4.4.3　炉型的主要参数

炉型的主要参数有：转炉的公称吨位、炉容比、高宽比等。

4.4.3.1　转炉的公称吨位

转炉的公称吨位又称公称容量，是炉型设计的重要依据，一般用转炉炉役平均出钢量表示。根据出钢量可以计算出装料量和良坯量，即：

$$出钢量 = \frac{装入量}{金属消耗系数}$$

$$装入量 = 出钢量 \times 金属消耗系数 \tag{4-1}$$

金属消耗系数是指吹炼 1t 钢所消耗的金属原料数量。由于原材料和操作方法的不同，其系数也不相同。表 4-4 所示为金属消耗系数与铁水硅、磷含量的关系。

表 4-4　金属消耗系数与铁水硅、磷含量的关系

铁水[Si]/%	<0.70	<0.90	<1.50
铁水[P]/%	<0.20	<0.60	<1.60
金属消耗系数	1.10	1.15	1.2

4.4.3.2　炉容比

转炉的炉容比又称为容积系数，以 V/T 表示，即转炉的工作容积与平均出钢量之比。它表示冶炼每吨钢所需转炉有效空间的体积，其单位是 m^3/t。

合适的炉容比，能够满足吹炼过程中炉内激烈的物理化学反应的需要，从而能获得较好的技术经济效果和劳动条件。炉容比过大，增加设备重量、厂房高度，耐火材料消耗也加大，因而使整个车间的费用增加，成本提高；若炉容比过小，炉内没有足够的冶炼空间，势必引起喷溅，加剧对炉衬的冲刷，操作条件恶化，冶炼周期延长，导致金属消耗增高，炉衬寿命降低，不利于提高生产率。

选择炉容比应考虑以下因素：

(1) 铁水比、铁水成分。随着铁水比和铁水中硅、磷、硫含量增加，炉容比应相应增大；若应用铁水预处理技术，可以小些。

（2）供氧强度。供氧强度大，吹炼速度较快，为了有足够的反应空间，又不引起喷溅，炉容比相应要大些。

（3）冷却剂的种类。采用铁矿石或氧化铁皮作冷却剂，成渣量大，炉容比也需相应增大些；若采用全废钢作冷却剂，成渣量小，则炉容比可适当选择小些。

另外，炉容比还与氧枪喷头结构有关。最近我国设计部门推荐的转炉新砌炉衬的炉容比为 0.90~1.05m³/t，小转炉取上限，大转炉则取下限。

4.4.3.3　高宽比

高宽比指转炉总高与炉壳外径之比，用 $H_总/D_壳$ 表示。一般是在炉型设计完成以后，对 $H_总/D_壳$ 进行核算。必须防止两种倾向：转炉炉体过于细长，必然导致厂房高度和相关设备的高度有所增加，使基建投资和设备费用增加；转炉炉体过于矮胖，炉内喷溅物易于喷出炉外，金属损失较大。因此，高宽比是衡量转炉设计是否合理、各参数选择是否恰当的一个尺度。

在转炉大型化的过程中，$H_总$ 和 $D_壳$ 随着炉容量的增大而增加，但其比值是下降的，炉子向矮胖型发展。新设计转炉的高宽比一般在 1.35~1.65 范围内选取，小转炉取上限，大转炉取下限。

+-+

✎ 练 习 题

1. （多选）转炉的主要参数有（　　）。ABC
   A. 公称吨位　　　　　B. 炉容比　　　　　C. 高宽比

2. （多选）选择转炉炉型应考虑的因素有（　　）ABCD
   A. 有利于炼钢过程物理化学反应的进行；有利于炉液、炉气运动；有利于熔池的均匀搅拌
   B. 喷溅要小，金属消耗要少
   C. 炉壳容易加工制造；炉衬砖易于砌筑；维护方便，炉衬使用寿命长
   D. 有利于改善劳动条件和提高转炉的作业率

3. （多选）选择炉型应考虑的因素有（　　）。ABC
   A. 利于熔池的反应顺利进行　　　　　B. 炉衬砌筑和维护方便
   C. 金属消耗低　　　　　　　　　　　D. 与氧枪喷头相适应

4. （多选）转炉的公称吨位是炉型设计的重要依据，可用（　　）表示方法表示。BC
   A. 转炉的平均铁水装入量
   B. 平均出钢量
   C. 转炉年平均炉产合格钢坯量
   D. 转炉的平均废钢

5. 转炉公称吨位可用炉役炉平均出钢量表示。（　　）√

6. 转炉公称容量是指该炉子的设计平均每炉出钢量。（　　）√

7. 转炉的公称吨位是用炉役平均装入量来量度的。（　　）×

8. （多选）关于转炉公称吨位的叙述，正确的是 （　　　）。AD

　　A. 转炉的公称吨位是用炉役炉平均出钢量来量度的

　　B. 受装入炉料中铁水比例的限制

　　C. 受浇注方法的影响

　　D. 转炉的公称吨位又称公称容量

9. 转炉公称吨位是用 （　　　） 来度量的，不受装入炉料中铁水比例的限制。A

　　A. 炉役炉平均出钢量　　　　　　　　B. 炉役炉平均装入量

　　C. 炉役炉平均铁水量　　　　　　　　D. 炉役炉平均坯产量

10. 盛钢桶容积确定原则只保证最大出钢量即可。（　　　）×

11. 关于炉容比的叙述，错误的有 （　　　）。C

　　A. 对于大容量的转炉，炉容比可以适当减小

　　B. 炉容比过小，供氧强度的提高受到限制

　　C. 炉容比一般取 0.3～0.7 之间

12. 转炉炉容比一般为 （　　　）。B

　　A. 0.6～0.8　　　　　B. 0.8～1.0　　　　　C. 1.4～1.6

13. 转炉内部自由空间的容积与金属装入量之比称为炉容比。（　　　）√

14. 装入量 (T) 与炉子的有效容积 (V) 之比 (T/V) 为炉容比。（　　　）×

15. 炉容比一般在 （　　　） 的范围。B

　　A. 1.36～1.65　　　B. 0.85～1.10　　　C. 0.32～0.64　　　D. 2～2.25

16. 炉容比是指金属装入量与有效容积之比。（　　　）×

17. 炉容比大的炉子，（　　　）。C

　　A. 容易发生喷溅　　　B. 不发生喷溅　　　C. 不易发生较大喷溅

18. 炉容比一般取 0.3～0.7 之间。（　　　）×

19. 转炉的炉容比是 （　　　）。B

　　A. 转炉不同炉龄时期的工作容积与公称吨位之比

　　B. 转炉砌筑后的工作容积与公称吨位之比

　　C. 转炉的装入量与转炉有效工作容积之比

20. （多选）选择炉容比应考虑的因素有 （　　　）。ABCD

　　A. 铁水比和铁水成分　　　　　　　　B. 供氧强度

　　C. 冷却剂种类　　　　　　　　　　　D. 氧枪喷嘴结构

21. 根据转炉的平均出钢量，可以计算出相应的装入量，（　　　）。B

　　A. 出钢量＝装入量＋金属消耗系数

　　B. 出钢量＝装入量/金属消耗系数

　　C. 出钢量＝装入量/钢铁料消耗×1000

4.4.4　转炉倾动机械

　　转炉倾动机械一般包括电动机、制动器、一级减速器和末级减速器，末级减速器的大

齿轮与转炉驱动端耳轴相连。就其传动设备安装位置可分为落地式、半悬挂式和全悬挂式等，还可以采用液压驱动。

目前新建厂主要采用全悬挂倾动装置，全悬挂式倾动机械二次减速器的大齿轮悬挂在转炉耳轴上，而电动机、制动器、一级减速器都装在悬挂大齿轮的箱体上。转炉整个倾动机械均为多点啮合柔性支撑传动，消除了以往倾动设备中齿轮位移啮合不良的现象。这种传动系统中还装有两根抗扭力臂，防止箱体旋转，并起缓震作用，而且这种抗扭装置能够快速装卸以适应检修的需要，其结构如图 4-12 所示。全悬挂式倾动机械具有结构紧凑、重量轻、占地面积小、运转安全可靠、工作性能好的特点。由于增加了啮合点，因此对加工、调整和轴承质量要求都较高。

我国上海宝钢 300t、首钢迁钢 210t 转炉等均采用了全悬挂式倾动机械。

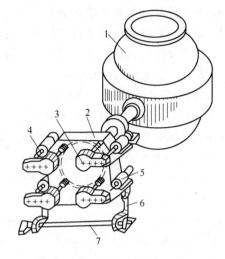

图 4-12　全悬挂式倾动机构

1—转炉；2—齿轮箱；3—三级减速器；4—联轴器；
5—电动机；6—连杆；7—缓震抗扭轴

练习题

1.（多选）转炉倾动机构类型有（　　）。ACD

　　A. 落地式　　　　　B. 吊装式　　　　　C. 半悬挂式　　　　　D. 全悬挂式

2.（多选）转炉的倾动机械是处于高温、多尘的环境下工作，其特点有（　　）。ABCD

　　A. 倾动力矩大　　　B. 速比高　　　　　C. 启动和制动频繁　　D. 承受较大的动载荷

3.（多选）转炉倾动机械主要由（　　）组成。ABCD

　　A. 驱动电动机　　　B. 制动器　　　　　C. 一级减速器　　　　D. 末级减速器

4.（多选）全悬挂式倾动机械的特点（　　）。ABCD

　　A. 结构紧凑　　　　B. 质量轻　　　　　C. 运转安全可靠　　　D. 工作性能好

5. 全悬挂倾动机械是（　　）。A

　　A. 多点啮合　　　　B. 单点啮合　　　　C. 两点啮合

6. 下列不属于支撑转炉炉体和传递倾动力矩的构件的是（　　）。C

　　A. 托圈　　　　　　B. 耳轴　　　　　　C. 炉身

7. 全悬挂倾动机械是多点啮合，从而消除了由于齿轮位移而引起的啮合不良现象。
（　　）√

8. 全悬挂式倾动机械（　　）。B

　　A. 除了耳轴上的大齿轮外，电动机、制动器和传动部件均安装在高台或地面基础上

　　B. 减速器的大齿轮装套在转炉的耳轴上，电动机、制动器、一级减速器都装在悬挂在耳轴大齿轮的箱体上

C. 减速器的大齿轮、电动机、制动器、一级减速器都装在悬挂的箱体上

9. 全悬挂倾动机械的特点是（　　）。A

　A. 全悬挂倾动机械是多点啮合，具有结构紧凑、质量轻、运转安全可靠的特点

　B. 全悬挂倾动机械是单齿轮啮合，具有结构紧凑、质量轻、运转安全可靠的特点

　C. 全悬挂倾动机械有时引起齿轮位移，具有工作性盲点等特点

10. （多选）全悬挂倾动机械的特点是（　　）。ABCD

　A. 结构紧凑　　　B. 工作性能好　　　C. 占地面积小　　　D. 运转安全可靠

11. 转炉倾动机构半悬挂式传动机构的电机挂在耳轴上。（　　）×

12. 全悬挂式倾动机构不受耳轴偏斜的影响。（　　）√

13. 转炉的倾动机构是由电动机、减速箱、联轴器制动装置组成的。（　　）√

14. 当接近预定位置时，转炉倾动速度采用（　　）运行。C

　A. 高速　　　　B. 中速　　　　C. 低速　　　　D. 任意速度

15. 根据转炉工艺操作的要求，转炉的倾动速度为无级调速，以满足各项操作的需要。（　　）√

16. 当空炉，或从水平位置竖起时，转炉均可采用较高的倾动速度，以减少辅助时间。（　　）×

学习重点与难点

学习重点：装入量的影响因素和装入操作安全是各级别的重点，中级工、高级工学习重点还有装入制度的种类和特点。

学习难点：无。

思考与分析

1. 装入制度都包括哪些内容？

2. 什么是转炉的炉容比？影响转炉炉容比的因素有哪些？

3. 确定转炉装入量的原则是什么？

4. 生产中应用的装入制度有哪几种类型，各有什么特点？

5. 转炉炉体由哪几部分组成？炉底结构有哪两种类型？各有什么特点？

6. 对转炉倾动速度和倾动角度有哪些要求？倾动机构由哪几部分组成？全悬挂倾动机构是怎样的，有哪些特点？

5 氧枪操作——供氧制度

教学目的与要求

1. 说出氧枪喷头的类型特点。

2. 说出供氧操作要求，会进行供氧操作，并根据实际合理调整枪位操作。

3. 说出减少气体含量的措施。

4. 说出减少吹损、喷溅的措施，控制喷溅发生。

5. 说出技术规程制订原则。根据钢种成分和工艺流程要求，制订冶炼技术规程及本工种各岗位技术操作规程。

5.1 顶吹供氧制度的内容

为完成脱碳、脱磷、硅锰氧化等反应，炼钢过程必须供氧。转炉的顶吹供氧制度就是使氧气射流最合理地供给熔池，创造良好的物理化学反应条件。它是控制整个吹炼过程的中心环节，直接影响吹炼效果和钢的质量。供氧是保证杂质去除速度、熔池升温速度、造渣速度、控制喷溅和去除钢中气体与夹杂的关键操作。此外，它还关系到终点碳和温度的控制，影响炉龄；对转炉强化冶炼、扩大钢的品种和提高质量也有重要影响。因此，供氧制度的主要内容包括确定合理的喷头结构、供氧强度、氧压和枪位控制。

练 习 题

1. 关于供氧制度的内容（   ）。D

   A. 供氧制度的主要内容包括确定合理的喷头结构、氧压和枪位控制

   B. 供氧制度的主要内容包括确定合理的供氧强度、氧压和枪位控制

   C. 供氧制度的主要内容包括确定合理的喷头结构和枪位控制

   D. 供氧制度的主要内容包括确定合理的喷头结构、供氧强度、氧压和枪位控制

2. 合理的供氧制度主要根据：炉子容量、铁水成分、冶炼的钢种等方面统筹确定。
   （   ）√

3. （多选）供氧制度包括（   ）。ACD

   A. 氧压和枪位控制   B. 炉容比

   C. 供氧强度   D. 确定合理的喷头结构

4. （多选）供氧制度的内容包括确定合理的（   ）操作，以便得到合适的穿透深度和反应面积。ABCD

    A. 喷头结构   B. 供氧流量   C. 氧压   D. 枪位

5. （多选）供氧制度包括的内容有（   ）。ABD

    A. 确定氧枪喷头结构   B. 确定氧流量   C. 确定供氧时间   D. 确定供氧强度

6. 吹氧工艺中，氧流量、压力和氧枪高度都会影响转炉的熔化能力，因而都会影响废钢的加入量。（   ）√

7. 供氧制度的目的是使冶炼过程能达到适时化渣、减少喷溅、缩短冶炼时间及准确拉碳等。（   ）√

8. 供氧制度包括（   ）。D

    A. 确定合理的喷头结构

    B. 确定合理的喷孔数量、供氧流量

    C. 确定合理的供氧时间、氧压和枪位控制

    D. 确定合理的喷头结构、供氧强度、氧压和枪位控制。

9. 合理的供氧制度主要根据：（   ）、（   ）、冶炼的钢种等方面统筹确定。B

    A. 炉子容量；铁水温度   B. 炉子容量；铁水成分

    C. 氧气压力；炉子容量   D. 氧气压力、流量；炉子容量

5.2　喷头的类型及特点

    转炉炼钢喷嘴的作用是将氧气的压力能转换为动能，形成超音速氧流。

    熔池供氧的主要设备是氧枪。氧枪由喷头和枪身两部分组成，并通冷却水冷却。喷头也叫喷嘴，大多数喷头是用紫铜锻造后切削加工而成，以前也有直接铸造成型的。枪身是无缝钢管。喷头与枪身通过焊接方式连接。

    由于动能与速度的平方成正比，因此，超音速氧射流具有很大的动能。只有当动能大到一定数值后，才能对熔池中金属液起到良好的乳化、搅拌作用。因此，氧气顶吹转炉炼钢必须使用超音速氧射流。

📝 练 习 题

1. 拉瓦尔型喷嘴的最显著特点是（   ）。A

    A. 形成超音速射流

    B. 是收缩—扩张型喷孔，可以形成稳定的射流

    C. 在相同射流穿透深度的情况下，可控制枪位较高，有利于改善氧枪条件

2. 拉瓦尔喷头出口氧压与进口氧压之比小于（   ）时，才能形成超音速射流。B

    A. 0.415   B. 0.528   C. 1.434   D. 1.258

3. 拉瓦尔喷头是（   ）型喷孔。A

    A. 收缩—扩张   B. 收缩   C. 扩张

4. 获得超音速流股的条件之一，必须是高压气体的流出，进出口压力差要大于临界压力差，即（   ）。B

A. $P_出/P_进<0.438$　　B. $P_出/P_进<0.528$　　C. $P_出/P_进<0.628$

5. 直筒型氧枪喷头与拉瓦尔氧枪喷头比较，（　　）。B

　A. 直筒型喷头在高压下能获得稳定的超音速射流

　B. 拉瓦尔喷头在高压下更能获得较稳定的超音速射流

　C. 两种喷头的效果差不多

6. （　　）不属于拉瓦尔型喷头结构的组成部分。B

　A. 扩张段　　　　　　B. 吹氧管　　　　　　C. 喉口　　　　　　D. 收缩段

7. （多选）拉瓦尔型喷头的特点是（　　）。BCD

　A. 拉瓦尔喷头是扩张—收缩型喷头，能够形成超音速射流

　B. 拉瓦尔型喷头可以在喉口处等于音速，在出口处达到超音速

　C. 拉瓦尔型喷头是靠将压力能最大限度地转换成速度能以获得超音速射流

　D. 在相同射流穿透深度的情况下，拉瓦尔型喷头枪位可以高些

8. （多选）关于拉瓦尔型喷头表述，正确的是（　　）。ABCD

　A. 形成超音速射流

　B. 是收缩—扩张型喷孔，可以形成稳定的射流

　C. 在相同射流穿透深度的情况下，有利于改善氧枪条件

　D. 可以将压力能最大限度地转化成速度能

9. （多选）拉瓦尔型喷头是（　　）。ACD

　A. 收缩—扩张型喷孔　　　　　　B. 多喷孔喷头

　C. 气流在喉口处速度等于音速　　D. 气流在出口处达到超音速

10. （多选）拉瓦尔管具有以下（　　）特点。ABCD

　A. 具有收缩段　　B. 具有扩张段　　C. 喉口速度等于音速　　D. 出口速度大于音速

11. （多选）拉瓦尔喷嘴必须包括（　　）。AC

　A. 收缩段　　　　　B. 直管段　　　　　C. 扩张段　　　　　D. 喉口段

12. （多选）拉瓦尔型喷头的结构必须由（　　）构成。AC

　A. 收缩段　　　　　B. 喉口　　　　　C. 扩张段　　　　　D. 枪身

13. （多选）拉瓦尔喷头的主要参数有（　　）。ABCD

　A. 喉口直径　　　　B. 出口直径　　　　C. 入口直径　　　　D. 扩张段长度和角度

14. 拉瓦尔型喷头能够把压力能（势能）最大限度地转换成速度能（动能），并能获得比较稳定的超音速射流。（　　）√

15. 拉瓦尔喷头是收缩—扩张型喷孔，当出口氧压与进口氧压之比 $P_出/P_进<0.528$ 时才能够形成超音速射流。（　　）√

16. 拉瓦尔喷头出口氧压与进口氧压之比小于1.5时，才能形成超音速射流。（　　）×

17. 氧枪喷头的作用是（　　）。A

　A. 压力能变成动能　B. 动能变成速度能　C. 搅拌熔池

18. 氧枪喷嘴就是压力—速度的能量转换器，也就是将高压低速气流转化为低压超音速的氧射流。（　　）√

19. 合理的氧枪喷嘴结构应使氧气流股的（　　）最大限度地转换成（　　）。A

　A. 压力能；动能　B. 流量能；动能　C. 氧化量；动能　D. 压力能；势能

20. 用紫铜制造氧枪的喷头，主要是紫铜的导热性能差。（　　）×
21. 氧枪喷头是用导热性能良好的（　　）制成的。B

A. 黄铜　　　　　B. 紫铜　　　　　C. 不锈钢

—+—

　　马赫数（Ma）是指气体的流速（v）与出口条件下音速（a）之比，即马赫数 $Ma = \frac{v}{a}$，显然，马赫数没有单位。当马赫数 $Ma < 1$ 时，为亚音速气流；马赫数 $Ma = 1$ 时，气流速度为音速，马赫数 $Ma > 1$ 时，为超音速气流。氧气转炉使用超音速氧流从熔池上方供氧。

　　马赫数过大则喷溅大，清渣费时，热损失加大，增大渣料消耗及金属损失，而且转炉内衬易损坏；马赫数过低，会造成搅拌作用减弱，氧气利用系数降低，渣中 FeO 含量增加，也会引起喷溅。当 $Ma > 2.0$ 时随马赫数的增长氧气的出口速度的增长变慢，要求更高理论设计氧压，这样，无疑在技术上不够合理，在经济上也不划算。目前国内推荐 $Ma = 1.9 \sim 2.1$。

　　高压氧气在输送管道中的流动速度较低，在 60m/s 以下。氧气流通过喷嘴后，形成 500m/s 以上的超音速氧气射流。射流是指高压气体从喷嘴喷出后所形成的定向流股。显然，喷嘴就是压力—速度的能量转换器，也就是将高压低速氧气流转化为低压高速的氧射流。合理的喷嘴结构应使压力能最大限度地转换成速度能，同时满足化渣速度快、不喷溅、不烧枪、不粘枪、枪位稳定、便于控制的要求。

　　选择合理的喷嘴结构是氧气转炉炼钢的关键之一。目前所用氧枪喷嘴都是拉瓦尔管型结构。拉瓦尔型喷头是收缩—扩张型喷孔，且 $P_{进}/P_{出} \geqslant 0.528$ 才能够形成超音速射流，如图 5-1(b) 所示。在拉瓦尔型喷头中，气流到达喉口处速度等于音速，在出口处达到超音速。

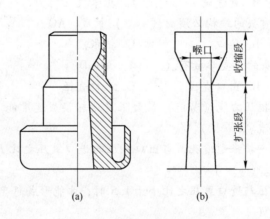

图 5-1　单孔拉瓦尔管喷嘴

　　由于氧气是可压缩流体，当高压低速氧气流经拉瓦尔管收缩段（图 5-1(b) 中收缩段）时，氧流速度提高，在到达音速时若继续缩小管径，氧流速度不再增高，只会造成氧气密度增大；此时要继续提高氧流速度，只能设法增大管径，降低氧压，减小密度，使其产生绝热膨胀过程。当氧压与外界气压相等时，就可以获得超音速的氧射流，压力能转变为动能。扩大管径，形成图 5-1（b）中的扩张段。由于拉瓦尔型喷头能够把压力能（势能）最大限度地转换成速度能（动能），并能获得比较稳定的超音速射流，在相同射流穿透深度的情况下，它的枪位可以高些，这就有利于改善氧枪的工作条件和炼钢的技术经济指标，因此拉瓦尔型喷头被广泛应用。

练习题

1. 关于马赫数概念的叙述正确的是（　　）。C
   A. 喷头氧气出口速度决定马赫数的大小
   B. 氧射流对熔池的冲击能量决定马赫数的大小
   C. 马赫数没有单位　　　　　　　　D. 马赫数过低，则喷溅大，清渣费时

2. 氧枪喷头的马赫数一般为（　　）左右。B
   A. 1.0　　　　　　　B. 1.9~2.1　　　　　　C. 3.0

3. 马赫数（Ma）是氧枪喷头的一个重要参数，它决定了氧气流股对熔池的冲击能力的大小，一般 Ma 都在（　　）。B
   A. 1.0 左右　　　　　B. 2.0 左右　　　　　C. 3.0 左右

4. 马赫数是（　　）。A
   A. 气流速度与当地温度条件下的音速之比
   B. 气流速度与当地温度条件下的亚音速之比
   C. 在 25℃ 下气流速度与音速之比
   D. 气流速度与当地温度条件下的超音速之比

5. 供氧制度中提及的亚音速气流是指（　　）。B
   A. 马赫数 Ma 大于 1　　　　　　　　B. 马赫数 Ma 小于 1
   C. 马赫数 Ma 等于 1　　　　　　　　D. 与马赫数无关

6. 氧枪喷头的马赫数为 Ma，氧气流速为 v，音速为 a，则马赫数表达式为（　　）。A
   A. $Ma = v/a$　　　　B. $Ma = a/v$　　　　C. $Ma = v \cdot a$

7. （多选）马赫数过大的影响（　　）。ABCD
   A. 喷溅大，清渣费时　　　　　　　　B. 转炉内衬易损坏
   C. 热损失加大　　　　　　　　　　　D. 增大渣料消耗及金属损失

8. （多选）马赫数过低的影响（　　）。ABCD
   A. 会造成搅拌作用减弱　　　　　　　B. 氧气利用系数降低
   C. 渣中 TFe 含量增加　　　　　　　　D. 会引起喷溅

9. （多选）跟马赫数大小有关的是（　　）。AB
   A. 喷头氧气出口速度　　　　　　　　B. 氧射流对熔池的冲击能力
   C. 供氧时间　　　　　　　　　　　　D. 供氧压力

10. （多选）符号 Ma 代表（　　）。BC
    A. 超音速氧射流　　　　　　　　　　B. 气流速度与临界条件下音速的比值

C. 马赫数   D. 音速

11. （多选）马赫数的大小，决定（   ）。AB

    A. 喷头氧气出口速度   B. 氧射流对熔池的冲击能量   C. 氧流速度

12. 马赫数没有单位。（   ）√

13. 马赫数的大小决定了氧气流股的出口速度的大小。（   ）√

14. 氧气顶吹转炉炼钢就是氧气以高速射流形式穿入熔池金属液中，从而实现对金属液的冶金过程。（   ）√

15. 音速是常数。（   ）×

16. 速度大于音速的氧流为超音速氧射流，超音速的程度通常用马赫数度量，马赫数的单位为 MPa。（   ）×

根据喷头的孔数可以分为单孔喷头和多孔喷头。多孔喷头有三孔、四孔、五孔、六孔、七孔等。单孔、三孔拉瓦尔型喷头转炉炼钢已经很少使用，80t 以上转炉均采用四孔及四孔以上喷头。

5.2.1   单孔拉瓦尔喷嘴

单孔拉瓦尔喷嘴结构如图 5-1(a) 所示。拉瓦尔管喷嘴内型分为两段，即收缩段和扩张段。两段相交处为最小断面，其直径为临界直径，又叫喉口，如图 5-1(b) 所示。

5.2.2   多孔拉瓦尔喷嘴

使用单孔拉瓦尔喷嘴时，氧气射流对熔池的冲击能力强，冲击面积小，所以化渣速度较慢，喷溅较大。为了进一步提高供氧强度，提高转炉的生产能力，满足大吨位转炉生产的需要，出现了多孔喷头。

多孔喷头的优点是：提高了供氧强度和冶炼强度；增大了冲击面积，利于成渣，操作平稳不易喷溅。但是，多孔喷头端面的中心区域（俗称"鼻子尖部位"）冷却效果较差，吹炼过程中该区域气压较低，钢液和熔渣易被吸入并黏附到喷头上而被烧坏。为了加强这个区域的冷却效果，采用中心水冷喷头，可延长使用寿命。

目前多使用四孔、五孔喷嘴。四孔、五孔喷嘴的结构有两种形式，一种是中心一孔，其余孔平均分布周围，中心孔与周围孔的孔径尺寸可以相同，也可以不同；另一种结构是各个孔平均分布在周围，中心无孔。其中，五孔喷嘴的使用效果是令人满意的。五孔以上的喷嘴由于加工不便，应用较少。

为了便于加工，可将喷头分为几部分，锻压加工后焊接组合而成，能有效地改善喷孔之间的冷却效果，提高喷头寿命，如图 5-2 所示。

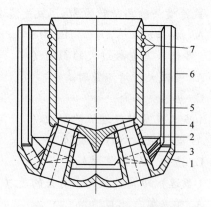

图 5-2   锻压组合式喷头结构

1—喷头端部及喷孔扩张段；2—喷孔喉口段；
3—导水板；4—进氧接管；5—中层管；
6—外层管；7—"O"形密封圈

练习题

1. （多选）顶吹氧枪多孔喷嘴与单孔喷嘴相比（　　）。ABCD
   A. 供氧强度高　　　　　B. 枪位稳定　　　　　C. 操作平稳　　　　　D. 化渣效果好

2. 多孔喷头与单孔喷头相比增大了氧气流股对熔池的冲击面积（　　）。B
   A. 增大了冲击深度，提高了供氧强度
   B. 减小了冲击深度，提高了供氧强度
   C. 减小了冲击深度，降低了供氧强度

3. （多选）多孔枪相对单孔枪的优点有（　　）。ACD
   A. 供氧强度高　　　　　　　　　　　B. 冶炼周期长
   C. 操作平稳　　　　　　　　　　　　D. 化渣效果好

4. （多选）单孔枪喷嘴氧流运动的规律是（　　）。ABC
   A. 形成冲击区　　　　　　　　　　　B. 形成三相乳浊液
   C. 部分氧流形成反射流股　　　　　　D. 各氧流向氧枪中心线汇聚

5. （多选）多孔喷头与单孔喷头相比（　　）。BC
   A. 增加了冲击深度　　　　　　　　　B. 增大了冲击面积
   C. 提高了供氧强度和冶炼强度　　　　D. 操作难度较大，易喷溅

6. 在相同条件下单孔喷枪的枪位控制比多孔喷枪（　　）。B
   A. 适当低些　　　　　B. 适当高些　　　　　C. 两者一样

7. 氧枪喷孔与氧枪中轴线之间的夹角增大，能够改善化渣效果，避免各氧气流股合并，减少喷溅。（　　）√

8. 转炉炼钢采用双流道氧枪可以做到（　　）。C
   A. 利于化渣　　　　　　　　　　　　B. 利于脱碳
   C. 利于多吃废钢　　　　　　　　　　D. 利于减少炉衬侵蚀

9. 双流道氧枪的主要特点是增加供氧强度、缩短吹炼时间和（　　）。C
   A. 不利于热补偿　　　B. 对热补偿无影响　　　C. 有利于热补偿　　　D. 尚无定论

10. 双流道氧枪的主要目的是促进二次燃烧。（　　）√

11. 双流道氧枪可以更好地加强熔池搅拌。（　　）×

5.3　氧气流出喷嘴后的运动规律

5.3.1　自由流股的运动规律

从喷嘴喷出的高速氧气形成的射流与周围的气体相接触，由于射流内气体的静压低于外界静止气体的压强，周围的气体被卷入。距喷嘴出口的距离越远，被卷入的气体数量越多，因此射流的流量不断增加，横截面不断扩大，同时流速不断降低，此现象称作射流的衰减，如图5-3所示。在同一横截面上速度的分布特点是射流中心轴线上的速度最大，离

中心轴线越远，各点的速度逐渐降低一直到零，如图5-4所示。在速度等于零的部位是射流的界面。

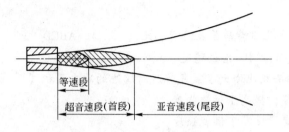

图5-3　自由流股示意图

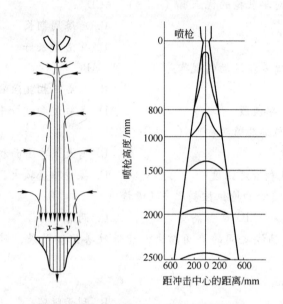

图5-4　氧气流股流量与速度变化示意图

5.3.2　多孔喷头氧气流股的运动规律

从多孔喷头喷出的氧气流是多股的，增加了与熔池的接触面积，使氧气逸出更均匀，吹炼过程更平稳。每一股氧流在与其他各流股相接触之前，保持着自由流股的特性。当各股氧流接触后，就有了动量的交换，相互混合，这种混合从流股的边缘逐渐向中心轴线发展，各单股氧流所具有的自由流股特性逐渐消失。最后，当多股氧流汇合成一股氧流时，就又形成了单股氧流，它仍然具有自由流股的特性。如果多股氧流在汇合前就与熔池液面相接触，这时对熔池的冲击力减小，冲击面积增大，枪位操作稳定，利于吹炼。

多股氧流的各流股是从其内侧开始混合的，混合后的射流内侧边缘卷入周围气体的数量比外侧少，内侧氧流速度下降较慢，外侧氧流速度下降较快，于是每个流股的最大速度点就偏离了氧流的几何中心轴线位置，偏向氧枪的轴线。这样也就出现了各个流股的轴线逐渐向氧枪中心线靠拢的趋势。

若喷头结构设计不够合理，多孔氧射流过早汇合，就与单个自由流股没有什么区别，减小了对熔池的冲击面积，对吹炼不利。因此，在设计多孔喷头时，就要合理地确定每个拉瓦尔喷孔与氧枪中心轴线的夹角，保证多孔喷头的优越性。

以上分析的是冷态下流股的运动规律。但在转炉内高温下的物理化学变化过程中，流股与炉气、炉渣、金属液滴发生作用，且逆上升炉气而向下推进，其衰减规律是十分复杂的。

5.3.3 氧气流股与金属熔池的相互作用

5.3.3.1 形成冲击区

氧气流股冲击到熔池液面时，液面被氧气流股挤开，形成了冲击区。受到冲击的熔池液面，形成一股股的波浪，同时在熔池内部也产生了强烈的循环运动。流股的动能越大，对熔池的冲击力越强，形成的冲击区深度就越深，熔池内的循环运动也越强烈，如图5-5所示。在这个区域内，氧气、熔渣、金属液密切接触，各种化学反应能够迅速进行，因而此区域的温度高达2000~2600℃，有人称此区域为"作用区"。如果"作用区"接近炉底，就会使炉底过早损坏，甚至烧穿。

5.3.3.2 形成三相乳化液

氧气流股冲击液面的同时，还能将金属液和熔渣击碎，溅出许多小液滴，液滴一部分被裹入炉气并随炉气一起运动，一部分返回熔池，参加循环运动。同时氧气流股本身也被破碎，与碳氧反应产物一起汇集形成了大量小气泡，气、渣、金属组成三相乳化液，也称泡沫渣，如图5-5所示。显然，氧气流股的动能越大，产生小液滴和气泡的数量也越多。同时参与了复杂的物理化学反应。

由于小液滴有很大的比表面积，大大增加了气、渣、金属的反应界面。这对加快转炉炼钢的反应速度起着十分重要的作用。熔池中所有的金属液几乎都会经历液滴形式，有的甚至多次经历液滴形式。由此可见，转炉内的化学反应不单在"作用区"内进行，更重要的是在形成的气、渣、金属三相乳化液中进行。所以有人指出金属中三分之二的碳是在泡沫渣中脱除的。

5.3.3.3 部分氧流形成反射流股

氧气流股与熔池接触后，一部分形成了反射氧流。这股反射氧流对液面可以起到搅动作用和氧化作用。反射氧流的最外圈所包围的熔池面积，就是通常所说的"冲击面积"，如图5-6所示。

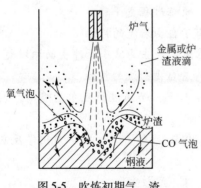

图5-5　吹炼初期气、渣、
金相对运动示意图

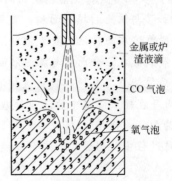

图5-6　碳激烈氧化期氧气、炉渣、
金属相对运动示意图

　　除去反射氧流外，氧气流股的大部分进入熔池，参与了化学反应。还有一部分氧气流股没来得及参加反应，继续向熔池内深入，随着动能的消耗，流股不能保持原来的形状，其末端被熔池液面割裂成许多小气泡，这些小气泡在上浮过程中，一方面可以搅动熔池，另一方面小气泡中的氧参与了熔池的化学反应，如图5-5所示。

　　显然，氧气流的动能越大，对液面的冲击力越强，那么被熔池吸收的氧越多，产生液滴和氧气泡的数量也越多，乳化越充分，反射气流就越少，化学反应速度也越快。如果氧气流的动能较小，化学反应速度也比较缓慢。

　　熔池的搅动不完全是靠氧气流股的能量，更重要的是由于碳氧反应产物CO排出时的搅动。图5-6是碳氧化激烈时，熔池内的运动状态示意图。

练习题

1. 高压氧气，通过氧枪喷头后会形成（　　）。C
   A. 亚音速氧射流　　　　　　B. 音速氧射流　　　　　　C. 超音速氧射流
2. 氧气流股喷出氧枪喷头后，（　　）越来越小。D
   A. 流量和压力　　　　　　　　　　B. 压力和反作用力
   C. 反应速度和产生的能量　　　　　　D. 气流速度
3. 氧气流股喷出氧枪喷头后，（　　）越来越大，（　　）也越来越小。D
   A. 流速；流量　　　　　　　　　　B. 压力；反作用力
   C. 反应速度；产生的能量　　　　　　D. 流量；气流速度
4. （多选）多孔枪喷嘴氧流与熔池运动的规律是（　　）。ABCD
   A. 形成冲击区　　　　　　　　　　B. 形成三相乳浊液
   C. 部分氧流形成反射流股　　　　　　D. 各氧流向氧枪中心线汇聚
5. （多选）影响氧气顶吹转炉熔池运动的因素有（　　）。ABCD
   A. 喷嘴直径　　　　　　　　　　　B. 供氧压力
   C. 熔池深度　　　　　　　　　　　D. 喷嘴间距离
6. （多选）多孔喷头氧气射流运动的特点是（　　）。ACD
   A. 增加了与熔池的接触面积，氧气逸出更均匀，吹炼过程更平稳
   B. 每股氧流在与其他各股氧流相汇交之后，具有了自由射流的特性
   C. 多股氧流在汇合前就与熔池液面相接触，对熔池的冲击力减小，冲击面积增大
   D. 每股氧流在与其他各股氧流相汇交之前，保持着自由射流的特性
7. 高压氧气在输氧管道中的流动速度一般在60m/s以下，而通过拉瓦尔型喷嘴后其出口速度为500~600m/s。（　　）√
8. 在吹炼过程中，形成的气渣金属液密切混合的三相乳化液（　　）炉内化学反应速度提高。A
   A. 促进　　　　　　　B. 延滞　　　　　　C. 无影响

5.4 炼钢过程的氧化反应

通过吹氧使金属中 Fe、C、Si、Mn、P 等元素氧化，运用基础理论合理控制元素的氧化反应，均匀升温，加速成渣，完成炼钢的基本任务；若控制不当会导致喷溅、烧枪和钢水质量问题。各氧化反应与熔池中氧的来源和传氧机理有关。

5.4.1 炼钢传氧

5.4.1.1 熔池内氧的来源

炼钢熔池内氧来源于两方面：一方面是供入的高压氧流和炉气中的氧化性气体，以 O_2、CO_2、H_2O 等形式存在；另一方面是固体氧化剂，如矿石及废钢中的铁锈，以 Fe_2O_3、Fe_3O_4 等形式存在。

在一定温度下，固体（液体）化合物分解出气体，达到平衡时气体产生的压强，叫做该化合物的分解压。化合物分解反应的平衡常数就用分解压表示，显然，元素越活泼，与氧的亲和力越强，其氧化物越稳定，越不易分解，氧化物分解压越小。温度升高，分解压增大。

在炉内氧的存在是以气态氧 $\{O_2\}$、渣中氧（Fe_2O_3）与（FeO）、钢中溶解氧 $[O]$ 或 $[FeO]$ 等形态存在。这三种形态的氧压或者氧化物分解压按气态氧压大于渣中氧化物分解压，又大于钢中氧化物分解压，所以氧从气态向熔渣，再向钢液传递。

在炼钢温度下，常见氧化物的分解压排列顺序如下：

$$P_{\{O_2\}(Fe_2O_3)} > P_{\{O_2\}(FeO)} > P_{\{O_2\}(CO)} > P_{\{O_2\}(MnO)} > P_{\{O_2\}(P_2O_5)} > P_{\{O_2\}(SiO_2)} >$$

$$P_{\{O_2\}(Al_2O_3)} > P_{\{O_2\}(MgO)} > P_{\{O_2\}(CaO)}$$

氧化物分解压力小的元素优先被氧化，即氧化顺序为：Ca、Mg、Al、Si、P、Mn、C、Fe。转炉内为多相反应，因此铁水中元素的氧化顺序还与其浓度有关，所以转炉内吹炼开始元素氧化顺序为 Fe、Si、Mn、P、C 等。

5.4.1.2 直接传氧和间接传氧

从传氧方式看氧气转炉内存在着直接传氧与间接传氧。直接传氧是氧气被钢液直接吸收，其反应过程是：

$$[Fe] + \frac{1}{2}\{O_2\} =\!=\!= [FeO]$$

$$[FeO] =\!=\!= [Fe] + [O]$$

间接传氧是氧气通过熔渣传入金属液中，其反应为：

$$(FeO) =\!=\!= [FeO]$$

$$[FeO] =\!=\!= [Fe] + [O]$$

氧气转炉传氧以间接传氧为主。

5.4.1.3 炼钢传氧载体

分解压不同是传氧的热力学条件，要加快传氧速度，需要动力学条件。其传氧载体有：

（1）金属液滴传氧。转炉炼钢氧流与金属熔池相互作用，形成许多金属小液滴。这些液滴被氧化形成一层富氧薄膜的金属液滴，大部分又返回熔池成为氧的主要传递者；金属液滴比表面积大，反应速度很快，熔池中的金属几乎都会经历液滴形式，有的甚至多次经历液滴形式。

（2）乳浊液传氧。转炉内形成的气、渣、金属三相乳浊液，极大地增加了接触界面，加快了传氧过程。

（3）熔渣传氧。熔池表面形成高氧化铁熔渣，这样的熔渣是传氧的良好载体。

（4）铁矿石传氧。加入的铁矿石，主要成分是 Fe_2O_3、Fe_3O_4，在炉内吸热分解，也是熔池氧的传递者。

氧气转炉主要靠金属液滴和乳化液传氧，所以冶炼速度快，时间短。

练习题

1. 在转炉炼钢中，氧的传递方式有（　　）。C

　　A. 直接传氧　　　　　　B. 间接传氧　　　　　　C. 直接传氧和间接传氧

2. 氧气顶吹转炉中氧的传递方式一般有（　　）。C

　　A. 顶吹传氧和底吹传氧、顶底复合传氧三种方式

　　B. 顶部传氧和底部传氧两种方式

　　C. 直接传氧和间接传氧两种方式

　　D. 沉淀传氧和扩散传氧两种方式

3. 高枪位，或低氧压吹炼时，将增加钢水中的氧含量。（　　）√

4. 转炉吹炼终点时钢水的氧含量多少称为钢水的氧化性。（　　）√

5. 吹炼过程的传氧方式直接传氧和间接传氧的两种。（　　）√

6. 氧气转炉中氧的传递方式一般有直接传氧和间接传氧两种方式，以直接传氧为主。（　　）×

7. 氧气转炉炼钢以间接氧化为主。（　　）√

8.（多选）转炉炼钢炉内有（　　）等多种氧形态与金属液发生反应。ABC

　　A. 气态氧　　　　　B. 渣中氧　　　　　C. 钢中溶解氧　　　　D. 耐火材料氧

9.（多选）转炉炼钢炉内硅能与（　　）等多种氧形态发生反应。AB

　　A. 气态氧　　　　　B. 渣中氧　　　　　C. 钢中溶解氧　　　　D. 耐火材料氧

10.（多选）转炉炼钢炉内碳能与（　　）等多种氧形态发生反应。ABC

　　A. 气态氧　　　　　B. 渣中氧　　　　　C. 钢中溶解氧　　　　D. 耐火材料氧

11. 氧气顶吹转炉供氧时，向金属传氧特别迅速的主要原因是（　　）。C

　　A. 产生大量的一氧化碳气体增加熔池的循环运动

　　B. 产生大量的带氧化亚铁薄膜的炉渣液滴参加熔池的循环运动

　　C. 产生大量的带氧化亚铁薄膜的金属液滴参加熔池的循环运动

　　D. 产生大量的带氧化亚铁薄膜的金属液滴减少炉渣"返干"

12. 炼钢炉内氧的存在形式主要是以气态和溶解在炉渣中两种形式存在。（　　）×

13. 氧气顶吹转炉炼钢中，氧通过炉渣向金属熔池传递的必要条件是（   ）。A

    A. $P_{O_2\{O_2\}} > P_{O_2(FeO)} > P_{O_2[FeO]}$

    B. $P_{O_2\{O_2\}} < P_{O_2\{O_2\}} < P_{O_2[FeO]}$

    C. $P_{O_2(FeO)} < P_{O_2[FeO]} < P_{O_2\{O_2\}}$

    D. $P_{O_2\{O_2\}} > P_{O_2[FeO]} > P_{O_2(FeO)}$

14. 炉渣向金属中传氧的条件是（   ）。C

    A. $[O]_{渣平} - [O]_{实} = 0$ B. $[O]_{渣平} - [O]_{实} < 0$ C. $[O]_{渣平} - [O]_{实} > 0$

15. 氧气顶吹转炉供氧时，向金属传递氧特别迅速的主要原因是产生大量的带氧化铁薄膜的金属液滴参加熔池的循环运动。（   ）√

16. 转炉炼钢由于采用超音速氧流，形成三相乳浊液和大量带氧化铁薄膜的金属液滴，加快了传氧速度，缩短了冶炼周期。（   ）√

17. （多选）转炉炼钢传氧的载体有（   ）。BCD

    A. 耐火材料   B. 炉渣传氧   C. 金属液滴   D. 乳浊液

5.4.2 硅的氧化与还原

炼钢碱性操作条件下，冶炼终点硅含量为"痕迹"。

5.4.2.1 硅的氧化

吹炼开始首先是 Fe、Si 被大量氧化，并放出热量，反应式为：

$$[Si] + \{O_2\} = (SiO_2) \qquad \Delta G^{\ominus} = -827.13 + 0.228T \text{ kJ}$$

$$[Fe] + \frac{1}{2}\{O_2\} = (FeO)$$

$$[Si] + 2(FeO) = (SiO_2) + 2[Fe] \qquad \Delta G^{\ominus} = -351.71 + 0.128T \text{ kJ}$$

从反应式可以看出，硅的氧化是界面反应，发生在气—钢、钢—渣界面上。吹炼初始金属液中碳含量高，氧含量极低，炉温低，Si 氧化速度很快，生成大量的酸性 SiO_2。当后期氧含量高时，[Si] 已经氧化完毕，故反应 $[Si] + 2[O] = (SiO_2)$ 在碱性操作条件下很少发生。

5.4.2.2 碱性操作条件下硅还原的可能性

碱性操作渣中存在着大量自由状态的（CaO），Si 的氧化产物 SiO_2 是酸性氧化物，与 CaO 等碱性氧化物形成类似（$2CaO \cdot SiO_2$）的复杂氧化物，渣中二氧化硅呈结合状态。熔渣分子理论认为，只有自由氧化物才有反应能力，因此在吹炼后期温度升高呈结合状态的 SiO_2 不可能被还原，钢中硅含量为"痕迹"。

可见碱性操作硅的氧化程度非常彻底。

📝 **练 习 题**

1. 转炉炼钢开吹 3 ~ 4min 后硅、锰就被氧化到很低的含量。（   ）√

2. 硅的氧化反应是放热反应，高温有利于硅的氧化。（   ）×

3. 硅在任何炼钢方法中都是在熔炼最初阶段被氧化的。（   ）√

4. 炼钢中硅和氧的化学反应是放热反应。（   ）√

5. 硅的氧化是放热反应，因此钢水温度越高残硅越高。（   ）×

6. 硅是转炉炼钢中重要的发热元素之一，铁水中硅含量高，转炉的热量来源高，可以提高废钢比，多加矿石，增加钢水收得率，因此铁水中含硅越高越好。（   ）×

7. 硅的氧化反应全部在炉气与金属、炉渣与金属界面上进行。（   ）√

8. 炼钢过程中吹炼开始首先被氧化的是S。（   ）×

9. 炼钢中硅和氧的化学反应是（   ）。A

   A. 放热反应   B. 吸热反应   C. 不吸也不放热反应   D. 还原反应

10. 炼钢过程中吹炼开始首先被氧化的是（   ）。A

    A. Si   B. Mn   C. C   D. S

11. 由于硅的氧化反应是强放热反应，因此利于硅的氧化的为（   ）。B

    A. 渣子碱度低   B. 低温   C. 低Σ(FeO)

12. 炼钢过程中，硅与吹入的氧直接氧化反应表达式为（   ）。B

    A. $[Si] + 2[O] \Longrightarrow (SiO_2)$

    B. $[Si] + \{O_2\} \Longrightarrow (SiO_2)$

    C. $[Si] + 2(FeO) \Longrightarrow (SiO_2) + 2[Fe]$

13. 转炉炼钢硅氧化在冶炼（   ）速度快。A

    A. 初期   B. 中期   C. 后期   D. 任何时间

—+—

5.4.3 锰的氧化与还原

5.4.3.1 锰的氧化

与硅相似，锰也很容易被氧化，反应式为：

$$[Mn] + \frac{1}{2}\{O_2\} \Longrightarrow (MnO) \qquad \Delta G^\ominus = -361.15 + 0.107T \text{ kJ}$$

$$[Mn] + (FeO) \Longrightarrow (MnO) + [Fe] \qquad \Delta G^\ominus = -123.35 + 0.056T \text{ kJ}$$

$$[Mn] + [O] \Longrightarrow (MnO) \qquad \Delta G^\ominus = -244.47 + 0.109T \text{ kJ}$$

锰的氧化产物（MnO）与氧化铁相似，可以帮助石灰的渣化。

—+—

📝 练 习 题

1. （多选）转炉炼钢炉内锰能与（   ）等多种氧形态发生反应。ABC

   A. 气态氧   B. 渣中氧   C. 钢中溶解氧   D. 耐火材料氧

2. （多选）转炉炼钢在冶炼期间从钢中氧化的元素有（   ）。ABC

   A. 碳   B. 硅   C. 磷   D. 硫

3. （多选）转炉炼钢锰氧化在冶炼（   ）速度快。AB
   A. 初期 　　　　　　B. 中期 　　　　　　C. 后期 　　　　　　D. 任何时间
4. （多选）炼钢炉内，低温有利于（   ）的氧化。BCD
   A. 碳 　　　　　　　B. 硅 　　　　　　　C. 锰 　　　　　　　D. 磷
5. （多选）已知[Mn]＋(FeO)＝(MnO)＋[Fe]是放热反应，（   ）条件下平衡向右移动。BCD
   A. 增高温度 　　　　B. 降低温度 　　　　C. 增加 TFe 　　　　D. 减少（MnO）
6. 转炉炼钢过程中，铁水中 Si、Mn、C 元素的氧化顺序为（   ）。C
   A. Si→C→Mn 　　　B. Mn→Si→C 　　　C. Si→Mn→C
7. 铁水在 1600℃时，其元素的氧化顺序为（   ）。C
   A. Si→P→Mn→Fe 　B. Si→Fe→P→Mn 　C. Si→Mn→P→Fe
8. 在氧化前期（   ）氧化，且氧化反应更为完全、彻底。C
   A. 锰比硅早 　　　　B. 硅与锰同时 　　　C. 硅比锰早
9. 炼钢过程中，锰与溶于金属中的氧作用表达式为（   ）。A

   A. $[Mn]+[O]＝(MnO)$ 　　　　　　　B. $[Mn]+\frac{1}{2}\{O_2\}＝(MnO)$

   C. $[Mn]+(FeO)＝(MnO)+[Fe]$

10. 锰的氧化反应是一个放热反应，所以高温有利于锰的氧化。（   ）×
11. 氧气顶吹转炉吹炼时铁水中各元素氧化顺序和元素与氧的亲和力有关，不随熔池温度变化而变化。（   ）×

5.4.3.2 锰的还原

锰的氧化产物是碱性氧化物，在冶炼前期所形成的（MnO·SiO₂），随着渣中（CaO）含量的增加，会发生如下反应：

$$(MnO \cdot SiO_2)+2(CaO)＝(2CaO \cdot SiO_2)+(MnO)$$

其中（MnO）呈自由状态，吹炼后期炉温升高后，（MnO）被还原并吸热，即：

$$(MnO)+[C]＝[Mn]+\{CO\} \quad 或 \quad (MnO)+[Fe]＝(FeO)+[Mn]$$

吹炼终了钢中锰含量称为余锰或残锰。余锰高，可以降低钢中硫的危害，也有利于降低含锰合金消耗。冶炼工业纯铁时，要求锰含量越低越好，可采取双渣或铁水预处理措施，以降低终点锰含量。

5.4.3.3 影响余锰量的因素

从锰还原反应式来看，影响平衡移动的因素，即影响余锰量的因素有：

（1）炉温高平衡利于（MnO）的还原，余锰含量高。

（2）碱度升高，可提高自由（MnO）浓度，余锰量增高。

（3）降低熔渣中（FeO）含量，可提高余锰含量。因此钢中碳含量高、减少后吹、降低平均枪位，都会使余锰含量增高。

5.4.3.4 金属液中锰硅含量的变化规律

通过以上的分析以及炼钢实际，炉内成分变化如图 5-7 所示，碱性操作条件下，冶炼初期硅、锰被氧化，冶炼中后期锰被还原，冶炼终了硅含量为"痕迹"。

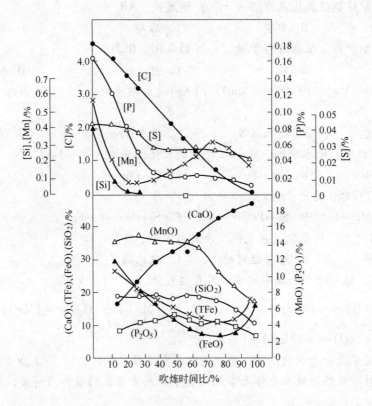

图 5-7　转炉吹炼过程中金属成分、炉渣成分的变化情况

练习题

1. （多选）转炉炼钢（　　）情况下余锰量降低。AD

   A. 后吹多　　　　　B. 后吹少　　　　　C. 终点碳高　　　　　D. 终点碳低

2. （多选）转炉炼钢（　　）情况下余锰量增高。AC

   A. 碱度高　　　　　B. 碱度低　　　　　C. 平均枪位低　　　　D. 平均枪位高

3. （多选）随着（　　）的升高，锰发生逆向还原。AC

   A. 碱度　　　　　　B. 氧化性　　　　　C. 温度　　　　　　D. 渣量

4. 碱性操作转炉冶炼过程中硅和锰的氧化都是完全的。（　　）×

5. 转炉吹炼终点，钢中的残锰量取决于终点碳含量。当终点碳高时，含锰量就高；当终点碳低时，含锰量就低。（　　）√

6. 提高炉渣碱度能够增加钢中余锰含量。（　　）√

7. 转炉炼钢回锰反应主要发生在冶炼（　　）期。C

   A. 前　　　　　　　B. 中　　　　　　　C. 中后　　　　　　D. 前中

8. 冶炼后期温度高，氧化性降低，不利于锰的氧化反应，余锰量增高。（　　）√

5.4.4 碳氧反应

5.4.4.1 碳氧反应的作用

炼钢的重要任务之一是脱碳,但炼钢过程中碳氧反应不仅完成脱碳任务,C-O 反应产物 CO 的排出还能起到以下作用:

(1) 加大钢渣界面,加速物理化学反应。

(2) 搅动熔池,使成分和温度均匀。

(3) 有利于非金属夹杂的上浮和有害气体的排出。

(4) 有利于熔渣的形成。

(5) 放热升温。

但爆发性的碳氧反应会造成喷溅。可见碳氧反应对炼钢任务的完成起到非常重要的作用。

📝 **练 习 题**

1. 碳氧反应重要意义不仅有降低钢水碳的作用,而更重要的是生成的二氧化碳气体有激烈搅拌熔池的作用。(　　) ×

2. 脱碳反应的意义就在于把钢水中的碳含量降低到多种规格要求范围内。(　　) ×

3. 碳是铁水中除铁以外的最主要元素,铁水中碳含量一般在 4.3% 左右,它对转炉炼钢的作用只是在降碳的同时为转炉提供了大量的热能。(　　) ×

4. 顶吹转炉熔池内金属熔液的运动主要靠氧枪喷出的氧气流股冲击熔池带动的。(　　) ×

5. 转炉内的碳氧反应生产的 CO 的搅拌使钢液中夹杂物(　　),使质点(　　),(　　)夹杂物的上浮。D

 A. 增加碰撞;集聚长大;不利于　　　　B. 减少碰撞;集聚长大;有利于

 C. 降低碰撞;减少集聚;不利于　　　　D. 增加碰撞;集聚长大;有利于

6. (多选) 碳氧反应的作用是(　　)。ABCD

 A. 脱碳　　　　　B. 搅拌熔池　　　　　C. 上浮夹杂气体　　　　　D. 利于脱硫

5.4.4.2 碳氧反应式

碳氧反应是转炉炼钢的主要热源,其产物 90% 是 CO,也有少量的 CO_2。转炉内碳氧反应式如下:

$$[C] + \frac{1}{2}\{O_2\} = \{CO\} \qquad \Delta G^\ominus = -152.57 + 0.034T \text{ kJ}$$

$$[C] + (FeO) = \{CO\} + [Fe] \qquad \Delta G^\ominus = -827.13 + 0.228T \text{ kJ}$$

$$[C] + [O] = \{CO\} \qquad \Delta G^\ominus = -22.2 - 0.03834T \text{ kJ}$$

碳氧反应中与 $\{O_2\}$ 反应是直接氧化;与渣中 (FeO) 反应是间接氧化,并以此为主，是吸热反应。

5.4.4.3 碳氧浓度乘积

反应达到平衡时生成物浓度（气体可用压强）的幂次方乘积与反应物浓度（气体可用压强）的幂次方乘积的比值称为平衡常数。$[C]+[O]=\{CO\}$ 的平衡常数 $K_P=\dfrac{P_{CO}}{[C]\cdot[O]}$，取 $P_{CO}=1atm$ 代入后得：$\dfrac{1}{[\%C][\%O]}=K_P$，温度一定，$K_P$ 是定值，若 $m=\dfrac{1}{K_P}$，则最后得出：

$$[C]\cdot[O]=m \tag{5-1}$$

1600℃下，$K_P\approx400$，$m=0.0025$，实际 m 在 $0.0020\sim0.0025$ 之间变化。

平衡时，钢中碳氧浓度的乘积 m 为一个常数。在坐标系中它表现为双曲线的一支，如图 5-8 所示。

由于这个碳氧反应是放热反应，随温度升高，K_P 值降低，m 值升高，曲线向坐标系右上角移动，如图 5-8 所示。

钢中实际氧含量比碳氧平衡时氧含量要高，由于在钢中还存在着 $[Fe]+[O]=(FeO)$ 反应，与 (FeO) 平衡的氧含量为 $[O]_{渣(FeO)平}$，钢中实际氧含量为 $[O]_{渣(FeO)平}>[O]_{实际}>[O]_{钢C-O平}$，如图 5-9 所示。

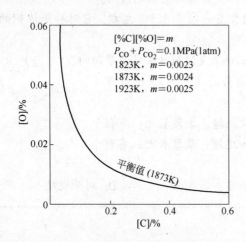

图 5-8　常压下碳氧浓度之间关系

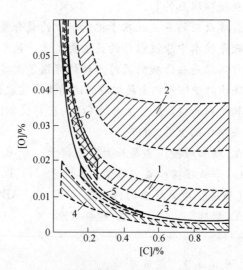

图 5-9　钢水中 [C] 和 [O] 的关系
1—终点钢水实际氧含量；2—与炉渣氧化铁平衡氧含量；3—碳氧平衡曲线；4—镇静钢氧含量；5—半镇静钢氧含量；6—沸腾钢氧含量

实际上在碳含量高时碳氧浓度乘积有偏差，这是由于钢中碳、氧的活度发生了变化。活度又称为有效浓度，用 a 表示。如钢中氧活度 $a_{[O]}=f_{[O]}[O]$，$f_{[O]}$ 称为活度系数。据测定，钢中 $f_{[C]}$ 随碳含量升高而增大，而 $f_{[O]}$ 随碳含量升高而减小，$f_{[O]}$ 减小的速度比 $f_{[C]}$ 增高的速度快，造成两个活度系数乘积 $f_{[C]}\cdot f_{[O]}$ 随碳含量增高而减小，因而 m 值有变化。

在真空条件下，碳氧浓度乘积会迅速减小。

练习题

1. 碳与渣中氧化亚铁反应生成一氧化碳和铁是一个吸热反应。（ ）√

2. 脱碳反应是氧化反应。（ ）√

3. 钢中 [C] 与炉渣中（FeO）反应是一个放热反应。（ ）×

4. 钢渣界面反应式为(FeO) + [C] = [Fe] + {CO}，是（ ）。B

    A. 放热反应   B. 吸热反应   C. 不吸热也不放热

5. 碳不完全燃烧的方程式为（ ）。C

    A. $CO_2 + C = 2CO$ B. $C + O = CO$ C. $2C + O_2 = 2CO$

6. 碳的氧化反应是贯穿于炼钢过程始终的一个重要反应，其反应产物主要是 CO 气体。（ ）√

7. 碳和氧的化学反应是强放热反应。（ ）√

8. 在 1600℃、1 个大气压下，$m = [\%C][\%O] = 0.0025$。（ ）√

9. 碳氧乘积 $m = [\%C][\%O]$，在一定温度下的 m 是一个常数，它表示金属熔池中碳氧的数量关系。在 $T = 1600℃$，$P_{CO} = 0.1MPa$ 时，$m = $（ ）。A

    A. 0.0025   B. 0.025   C. 0.25

10. 根据碳氧平衡，钢中碳含量高则氧含量（ ）。B

    A. 高   B. 低   C. 无规律   D. 不变

11. （多选）碳氧浓度乘积在（ ）条件下是一个常数。AB

    A. 温度一定   B. 外压一定   C. 浓度一定   D. 密度一定

5.4.4.4 碳氧反应的速度

化学反应的快慢称为化学反应速度，用单位时间内反应物浓度的减少量或生成物浓度的增加量来度量，同一化学反应按不同物质浓度计量的反应速度数值可能是不同的，在不同时间反应速度也是不一样的，初始反应速度最快，随着时间延长，反应速度减慢，一般只讨论平均反应速度。反应物浓度越高，反应速度越快；温度升高，反应速度急剧增大；反应物为气体，外压增大，反应速度加快。

化学反应的机理决定了任何化学反应都是分为若干步骤进行的，一般情况下单步反应至少分为：反应物向反应地点扩散、反应物彼此发生反应转变为产物、产物从反应地点移出。这就是接触—反应—排出理论。对于碳氧反应来说，反应步骤是：碳氧接触，碳氧反应生成 CO，CO 气泡排出。

在单相均一平静状态的金属熔池中，生成新相 CO 气泡很困难，需要极高的能量，因此该步骤是碳氧反应的限制性环节。由于转炉内存在多种相界面，抵消了碳氧反应限制性环节，加快了 C-O 反应速度。

    A   转炉炼钢碳氧反应速度变化规律

炼钢碳氧反应方式主要是[C] + (FeO) = {CO} + [Fe]，其正反应速度表达式是 $v_c = $

$k_{正}[C](FeO)$，反应速度随 [C] 和 (FeO) 浓度的升高而加快，(FeO) 浓度即为渣中 (FeO) 浓度。从图 5-10 来看，虽然在吹炼初期转炉内碳氧反应 (FeO) 高，但由于炉温较低，影响传氧，碳氧反应速度慢；吹炼后期金属中 [C] 低，碳氧反应速度也随之降低；只有吹炼中期能够保证碳氧反应以较高速度进行。

除此之外还存在着铁氧反应[Fe] + [O] ═ (FeO)，吹炼后期金属中 [C] 降低到 0.03% 以下，继续吹氧，碳氧反应速度可能低到趋近于零，此时只有铁的氧化反应。如果再想脱碳，可以采取底部供气吹氩强化搅拌等动力学手段或真空处理、氩氧混吹降低 CO 分压等热力学手段。

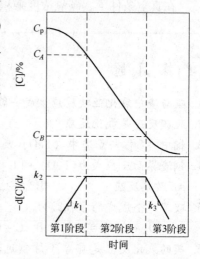

图 5-10　转炉内碳氧反应速度变化

B　转炉炼钢碳氧反应速度快的原因

转炉炼钢碳氧反应速度快的原因为：氧气转炉供工业纯氧，且供氧量大；具有其他炼钢方法不可比拟的相界面，以金属液滴、乳浊液传氧，传氧速度快；产物 CO 气体生成与排出条件好；升温快，热损小，有利于吸热反应[C] + (FeO) ═ {CO} + [Fe]的进行，所以碳氧反应速度快，一般每分钟可脱除碳 0.3% 以上，最高可脱碳 0.40% ~ 0.60%/min。

转炉炼钢碳氧反应速度快，生成的 CO 气泡上浮，熔池得到充分搅拌，有利于有害气体、非金属夹杂上浮排出，所以转炉钢中有害气体含量少，质量高。

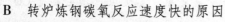

![练习题图标] **练习题**

1. 钢液中气泡形成，上浮的条件是气泡的压力要 (　　) 外界大气压力、钢液静压力及表面张力之和。C
   A. 小于　　　　　　　　B. 等于　　　　　　　　C. 大于
2. 在炼钢过程中，随着脱碳速度的提高，渣中 FeO 含量逐渐 (　　)。B
   A. 提高　　　　　　　　B. 降低　　　　　　　　C. 不变
3. 氧气顶吹转炉炼钢脱碳速度越快，炉渣的氧化性将 (　　)。B
   A. 增强　　　　　　B. 减弱　　　　　　C. 变化不大　　　　　　D. 无关
4. 加强搅拌能够加速化学反应进行。(　　) √
5. 吹炼 1t 金属料所需要的氧气量是可以通过计算求出来的。(　　) √
6. 碳氧反应决定了转炉炼钢的操作是否正常、冶炼周期长短、生产率的高低及钢水的质量，它是转炉炼钢中最重要的反应。(　　) √
7. 当钢液中存在气泡时，[C]、[O] 将向气泡表面扩散，并吸附在气泡表面进行化学反应。(　　) √
8. (多选) 转炉炼钢碳氧反应发生的地点有 (　　)。ABC
   A. 氧流冲击区　　　B. 钢液炉衬表面　　　C. 沸腾熔池气泡表面　　　D. 钢液中

9. （多选）转炉炼钢碳氧反应发生的地点有（　　）。AB

　　A. 钢渣界面　　　　　　B. 乳浊液　　　　　　　C. 铁矿石　　　　　D. 钢液中

10. （多选）转炉冶炼初期碳氧反应速度慢的主要原因是（　　）。AB

　　A. 碳同氧亲和力低于硅、锰与氧的亲和力

　　B. 渣中的氧化亚铁低

　　C. 熔池温度低，钢液搅拌不良

　　D. 转炉吹氧量不足

11. 转炉脱碳速度与渣中氧化亚铁含量的关系是（　　）。A

　　A. 脱碳速度快则氧化亚铁愈低

　　B. 渣中氧化亚铁含量愈高则脱碳速度愈低

　　C. 脱碳速度与渣中氧化亚铁含量无关

12. 关于氧气顶吹转炉中的碳氧反应，下列叙述中（　　）是正确的。B

　　A. 冶炼初、中、后期的脱碳速度是快、快、慢

　　B. 冶炼初期脱碳速度几乎是随着冶炼时间延长直线上升

　　C. 冶炼中期脱碳速度不仅仅取决于供氧强度

13. 转炉吹炼期间，碳氧化速度最快的时期是（　　）。B

　　A. 初期　　　　　　B. Si、Mn 基本氧化后，中期

　　C. 后期　　　　　　D. 速度在吹炼期间无太大变化

14. 转炉脱碳速度的变化规律呈现（　　）。B

　　A. 熔池碳含量由高变低，所以脱碳速度由高变低

　　B. 由转炉吹炼特点决定，脱碳速度呈低—高—低变化

　　C. 碳氧反应放热，熔池温度升高时脱碳速度降低

　　D. 熔池温度越高，脱碳速度越高

15. 转炉脱碳速度的变化规律是由于（　　）。B

　　A. 铁中碳含量由高变低，所以脱碳速度由高变低

　　B. 炉内温度和含碳量变化，其脱碳速度是低→高→低变化

　　C. 熔池温度由低→高，碳氧是放热反应，所以脱碳速度由高→低

　　D. 炉内氧化亚铁含量变化是高→低→高，其脱碳速度变化低→高→低变化

16. 转炉产生最大的炉气量应该在（　　）。B

　　A. 吹炼前期　　　　B. 吹炼 1/2～2/3 的中期　　C. 吹炼后期

17. 关于碳氧反应速度描述正确的是（　　）。B

　　A. 冶炼前期铁水碳含量最高，碳氧反应速度最快

　　B. 冶炼中期碳氧反应速度最快

　　C. 冶炼后期炉内温度最高，碳氧反应速度最快

18. 碳氧反应具有一定的开始氧化温度，因此，在氧气转炉中，当铁液中的硅首先被氧化以后且当熔池温度上升至一定值以后才开始有少量的碳开始被氧化。（　　）√

19. 转炉冶炼前期碳氧化反应速度慢的主要原因是碳同氧亲和力低于硅、锰和氧的亲和力。（　　）√

20. 顶吹转炉吹炼中期，钢水脱碳速度几乎只取决于供氧强度。（　　）√

21. 转炉冶炼全程脱碳速度的变化规律是由于铁中的碳含量由高到低，所以脱碳速度由高变低。（　　）×

22. 在冶炼中期，脱碳反应激烈，熔池得到良好的搅拌，这样钢中气体和夹杂得到很好去除，因此脱碳速度越快越好。（　　）×

23. 转炉冶炼前期碳氧反应速度慢的主要原因是熔池温度低，使钢液搅拌不良。（　　）×

24. 在转炉吹炼中期，如增大供氧量，熔池中氧含量不变。（　　）√

25. 转炉冶炼前期碳氧化反应速度慢的原因是渣中氧化铁含量低。（　　）×

26. 转炉冶炼中期脱碳速度越高，渣中（FeO）含量也越高。（　　）×

27. 整个吹炼过程中，中期脱碳速度最快。（　　）√

28. 冶炼低碳钢，钢中实际氧浓度高于碳氧平衡氧浓度的原因是活度系数降低，通过强化搅拌可以降低实际氧浓度。（　　）√

29. 在转炉吹炼中期，增加供氧量将提高（　　）。C

　　A. 脱硫速度　　　　　B. 脱硅速度　　　　　C. 脱碳速度　　　　　D. 熔池中氧含量

30. （多选）转炉炼钢冶炼分为（　　）。ABC

　　A. 吹炼前期　　　　　B. 吹炼中期　　　　　C. 吹炼后期　　　　　D. 出钢期

31. （多选）下面关于吹炼过程脱碳反应的论述，正确的是（　　）。BCD

　　A. 随着 Si 的氧化结束及熔池温度的升高，进入初期，即脱碳反应的第一阶段

　　B. 吹炼初期由于 Si 与氧的亲和力较大，Si 迅速氧化，脱碳速度较小

　　C. 第二阶段脱碳速度受到供氧强度控制，在供氧强度不变的情况下，脱碳速度几乎为一个常数

　　D. 第三阶段，碳的扩散为反应的限制性环节，所以随着碳含量的降低，脱碳速度降低

5.5　供氧工艺参数

5.5.1　氧气流量

　　氧气流量（Q）简称氧流量，是指在单位时间（t）内向熔池供氧的数量（V），常用标准状态下体积量度，其单位是 m^3/min(标态) 或 m^3/h(标态)。即：

$$Q = \frac{V}{t} \tag{5-2}$$

式中　Q——氧气流量，m^3/min(标态) 或 m^3/h(标态)。

　　　　V——一炉钢的氧耗量，m^3(标态)。

　　　　t——一炉钢吹炼时间，min 或 h。

　　例1　转炉装入量 132t，吹炼 15min，氧耗量（标态）为 6068m^3，求此时氧气流量？

　　解：
$$V = 6068 m^3 (标态)$$
$$t = 15 min$$

$$Q = \frac{V}{t} = \frac{6068}{15} = 404.53 m^3/min(标态) = 24272 m^3/h(标态)$$

　　答： 此时氧气流量（标态）为 24272m^3/h。

当出口马赫数确定后，氧流量只与喉口面积有关，一旦喉口面积确定，氧流量也就确定了。氧流量过大，就会使化渣、脱碳失去平衡，引发喷溅。氧流量过小，会延长吹炼时间，降低生产率。对于不同吨位转炉、原材料条件要确定合理的氧流量控制范围。

练 习 题

1. 氧气流量是（　　）。B

　A. 每炉钢向熔池供氧的数量，其单位是 m^3/炉

　B. 在单位时间内向熔池供氧的数量，其单位是 m^3/h（标态）或 m^3/min（标态）

　C. 每吨钢在单位时间内向熔池供氧的数量，t/min 或 t/h

　D. 每吨钢在单位时间内向熔池供氧的数量，m^3·t（标态）或 m^3·min·t（标态）

2. 在转炉吹炼过程中，氧流量（　　），就会使化渣、脱碳失去平衡，造成喷溅。A

　A. 过大　　　　　　B. 过小　　　　　　C. 适中

3. 以下符号（　　）代表氧流量。A

　A. Q　　　　　　B. T　　　　　　C. t　　　　　　D. I

4. 确定转炉炼钢的氧气流量，与下列（　　）因素无关。C

　A. 每吨金属料所需要的氧气量　　　　B. 金属装入量　　　C. 出钢时间

5. 确定氧气流量的依据是（　　）。C

　A. 吹炼每炉钢的金属料所需要的氧气量、金属装入量、冶炼周期

　B. 吹炼每吨金属料所需要的氧气压力、金属装入量、供氧时间

　C. 吹炼每吨金属料所需要的氧气量、金属装入量、供氧时间

　D. 吹炼每炉钢的金属料所需要的氧气压力、金属装入量、冶炼周期

6. 根据碳氧平衡的原理，在转炉吹炼中期，如增大供氧量将（　　）。C

　A. 增加熔池中的氧含量　　　　　　B. 降低熔池中氧含量

　C. 熔池中氧含量不变

7. （多选）氧气流量的单位是（　　）。AB

　A. m^3/min　　　　B. m^3/h　　　　C. m^3·min　　　D. m^3·h

8. （多选）关于氧流量的控制，正确的是（　　）。AD

　A. 氧流量过大，会使化渣、脱碳失去平衡，造成喷溅

　B. 氧流量过大，会延长冶炼时间，降低生产效率

　C. 氧流量过小，会使化渣、脱碳失去平衡，造成喷溅

　D. 氧流量过小，会延长冶炼时间，降低生产效率

9. （多选）确定氧气流量的因素是根据（　　）。ABC

　A. 吨金属氧耗量　　B. 金属装入量　　C. 供氧时间　　　D. 供氧压力

10. （多选）确定氧气流量的依据是（　　）。ABC

　　A. 金属装入量　　　　　　　　B. 供氧时间

　　C. 吹炼每吨金属料所需要的氧气量　　D. 炉容比

11. 由于炼钢中氧气消耗是以 m^3/h 为单位，因此必须配备流量表，而压力表可以没有。

（　　）×

12. 转炉炼钢氧流量是指单位时间内每吨金属装入量消耗的氧气量。（　　）×

13. 氧气流量指单位时间内通过喷嘴向熔池供氧的数量。（　　）√

14. 在转炉吹炼中期，增加供氧量将提高脱碳速度。（　　）√

15. 氧气流量的确定与供氧时间无关。（　　）×

5.5.2 吨金属氧耗量

吹炼1t金属料所需要的氧气量可以通过计算求出来。其步骤是：首先计算出熔池各元素氧化所需氧气量和其他氧耗量，然后再减去铁矿石或氧化铁皮带给熔池的氧量；根据特定条件物料平衡计算，吨金属氧耗量为64.11kg/t（金属料）；若氧气纯度为99.6%，密度为1.429kg/m³（标态），氧气利用率为90%，则每吨金属料的氧耗量是：

$$\frac{64.11}{99.6\% \times 1.429 \times 90\%} = 50.05 \text{m}^3/\text{t}(标态)$$

若吹损为8%，换算成吨钢水氧耗量（标态）为 $\frac{50.05}{1-8\%} = 54.4 \text{m}^3/\text{t}$（钢水）。

计算的结果与实际氧耗量（标态）为55~60m³/t（钢水）大致相当。

5.5.3 供氧强度

供氧强度（I）是单位时间内每吨金属氧耗量，它的单位是 m³/(t·min)（标态），可由下式确定：

$$供氧强度 = \frac{氧气流量}{金属装入量}$$

$$I = \frac{Q}{T_装} \tag{5-3}$$

式中　I——供氧强度，m³/(t·min)（标态）；

　　　Q——氧气流量，m³/min(标态)；

　　$T_装$——每炉钢金属装入量，t。

例2　根据例1的条件，求此时的供氧强度？若供氧强度提至3.6m³/(t·min)（标态），每炉钢吹炼时间可缩短多少？

解：$V = 6068 \text{m}^3$（标态），$T_装 = 132\text{t}$，$t = 15\text{min}$

$$供氧强度 I = \frac{Q}{T_装} = \frac{V}{tT_装} = \frac{6068}{15 \times 132} = 3.06 \text{m}^3/(\text{t} \cdot \text{min})（标态）$$

若 $I = 3.6 \text{m}^3/(\text{t} \cdot \text{min})$（标态）时

$$冶炼时间 t = \frac{V}{IT_装} = \frac{6068}{3.6 \times 132} = 12.769 \text{min}$$

每炉吹炼时间缩短：

$$\Delta t = 15 - 12.769 = 2.231 \text{min} \approx 134\text{s}$$

答：供氧强度（标态）为 3.06m³/(t·min)，提高供氧强度后，每炉吹炼时间可缩短 134s。

供氧强度也可用单位时间吨钢氧耗量计量。

供氧强度的大小应根据转炉的公称吨位、炉容比来确定。供氧强度过大，不易化渣，会产生严重的金属喷溅，氧枪容易粘钢而损坏，供氧强度过小则延长吹炼时间。通常在化好渣、不喷溅的情况下，尽可能提高供氧强度。目前国内转炉的供氧强度为3.0~4.5m³/(t·min)（标态），随着我国转炉向大型化、精料化发展，供氧强度可继续提高至4.5~5.0m³/(t·min)（标态），但是考虑转炉与铁水预处理、炉外精炼、连铸时间上的匹配，供氧强度提至 4.5m³/(t·min)（标态）以上的可能性较小。

📝 练 习 题

1. 供氧强度是（   ）。B

   A. 每小时每吨钢的氧耗量，它的单位是 m³/(t·h)（标态）

   B. 单位时间内每吨金属的供氧量，它的单位是 m³/(t·min)（标态）

   C. 单位时间内每炉钢的氧耗量，它的单位是 m³/t（标态）

   D. 单位时间内吹炼每吨钢所需要的氧耗压力，它的单位是 MPa

2. 转炉炼钢的供氧强度是指单位时间内每吨金属装入量消耗的氧气量。（   ）√

3. 吨位越大的转炉，其供氧强度也越大。（   ）×

4. 供氧强度(标态)(m³/(t·min)) = 氧气流量(标态)(m³/min)/铁水装入量(t)。（   ）×

5. 确定供氧强度的依据是（   ）。A

   A. 转炉的装入量、炉容比、化渣和喷溅情况

   B. 氧气压力、氧气流量、喷头结构

   C. 喷头结构、供氧流量、氧压和枪位控制

   D. 喷孔数量、供氧流量、氧压和枪位控制

6. 供氧强度的大小应根据转炉的（   ）来确定。C

   A. 喷孔结构   B. 氧压   C. 公称吨位和炉容比   D. 供氧流量

7. （多选）确定供氧强度的依据是（   ）。BC

   A. 氧气压力   B. 炉容比、化渣、喷溅   C. 转炉的公称吨位   D. 氧压和枪位控制

8. （多选）转炉供氧强度的可能值是（   ）。AD

   A. 2.5m³/(t·min)   B. 25m³/(t·min)

   C. 36m³/(t·min)   D. 3.6m³/(t·min)

9. 供氧强度越大，则冶炼时间越（   ）。B

   A. 长   B. 短   C. 不变

10. 供氧强度范围值为（   ）m³/(t·min)。B

   A. 2.4~3.4   B. 3.4~4.4   C. 4.4~5.4   D. 5.4~6.4

5.5.4 供氧时间

供氧时间是根据经验确定的，参考已投产同吨位转炉的数据，即转炉吨位大小、原料条件、造渣制度、吹炼钢种等情况来综合确定。供氧时间一般为 13~18min，大转炉吹氧时间长些。

5.5.5 氧压

炼钢操作氧压是氧气支管测定点的氧压，也叫工作氧压，以 $P_{用}$ 表示；氧气经过管道、金属软管及氧枪中心管，才能到达喷头喷孔前沿，氧气从测定点到喷头喷孔前这段距离会有一定的氧压损失。其氧压损失数值是可以测出来的，如图 5-11 所示。

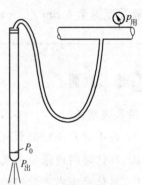

图 5-11　氧枪氧压测定点

喷孔前的氧压用 P_0 表示，出口氧压用 $P_{出}$ 表示，P_0 和 $P_{出}$ 都是喷嘴设计的重要参数。喷孔最佳操作氧压应等于或稍大于设计氧压，但绝对不能在低于设计氧压下吹炼。在设计压力下操作时，喷孔出口的氧压 $P_{出}$ 等于炉内环境压力，可以获得稳定的射流。

如果操作氧压高于设计氧压过多，则气流在到达喷孔出口时，尚未完成膨胀过程，出口后的氧流继续膨胀，形成膨胀波系，射流会产生激波，使氧流变得很不稳定，射流的能量损失较大，不利于吹炼，这种情况称为膨胀不足的喷嘴。

如果操作氧压低于设计氧压，氧流未到达出口之前提前完成了膨胀过程，出口气流氧压小于环境压力，形成收缩波系，射流能量也会产生激波，能量的损失比较大，射流轴心速度衰减加快，这种情况称为过度膨胀喷嘴。

喷孔前氧压 P_0 的值由出口马赫数确定，通常选取出口马赫数 $Ma = 1.9~2.1$，可以根据公式算出 P_0 值。出口氧压 $P_{出}$ 应稍高于或等于炉内环境压力。

在设计氧压下操作，喷孔出口的氧压 $P_{出}$ 等于炉内环境压力，可以获得稳定的射流，不会产生激波。所以通常选用 $P_{出} = 0.118~0.123MPa$。

喷嘴前氧压 P_0 值的选用应考虑以下因素：

（1）氧气流股出口速度要达到超音速（即 $450~530m/s$），即 $Ma = 1.9~2.1$。

（2）出口的氧压应稍高于炉膛内气压。

从图 5-12 可以看出，当 $P_0 > 0.8MPa$ 时，随氧压的增加，氧流速度显著增加；当 $P_0 > 1.2MPa$ 以后，氧压增加，出口氧流速度增加不多。所以通常喷嘴前氧压选择为 $0.8~1.2MPa$。

喷嘴前的氧压与流量有一定关系，若已知氧气流量和喷嘴尺寸，P_0 是可以根据经验公式计算出来的。当喷嘴结构及氧气流量确定以后，氧压也就确定了。

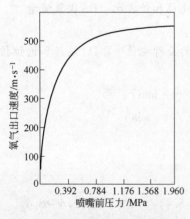

图 5-12　氧压与出口速度的关系

练 习 题

1. 供氧制度中规定的工作氧压是测定点的氧气压力，也就是（　　）。A

    A. 氧气进入喷枪管道前的压力　　　B. 氧气出口压力　　　C. 喷嘴前的压力

2. 吹炼过程中，枪位和氧压的控制直接影响炉渣的氧化性，一般（　　）使炉渣氧化性增强。B

    A. 高枪位或高氧压　　　　　　　B. 高枪位或低氧压　　　C. 低枪位或高氧压

3. 氧枪的操作氧压是指（　　）。C

    A. 氧气总管氧压　　　　　　　　　B. 氧气分管氧压

    C. 喷嘴前氧压　　　　　　　　　　D. 喷嘴出口处氧压

4. 氧枪喷头结构和尺寸确定之后，提高氧压，只能增加氧流量。（　　）√

5. 氧枪的操作氧压是指喷嘴出口处的压力。（　　）×

6. （多选）氧压对氧气射流的影响是（　　）。ABC

    A. 操作氧压高于设计氧压过多，射流会产生激波，喷溅增加

    B. 操作氧压过低时，熔池搅拌减弱，渣中 TFe 含量过高，氧气利用率降低

    C. 操作氧压高于设计氧压过多，能量损失大

    D. 操作氧压高于设计氧压过多，氧流稳定，但金属喷溅大

7. （多选）不同吨位转炉炼钢供氧制度（　　）参数总是接近的。CD

    A. 氧流量　　　　　　　　　　　B. 供氧强度

    C. 吨金属氧耗量　　　　　　　　D. 出口氧压

5.5.6　枪位

喷嘴的结构和尺寸确定以后，在氧压和流量一定的条件下，枪位也是吹炼工艺的一个重要参数。在实际生产中，可以通过变动枪位，改变喷嘴与熔池液面间的距离，或者调节氧压大小来调节氧流、熔渣、金属液三者的相对运动状态，以达到控制炉内反应的目的。

5.6　供氧操作

目前我国大多数是采用分阶段恒流量（恒压）变枪供氧操作。所谓恒流量（恒压）变枪操作，即在一炉钢的吹炼过程中，供氧流量（氧压）保持不变，通过调节枪位来改变氧流与熔池的相互作用从而控制吹炼；也可以在一炉钢的吹炼过程中，枪位基本上不变，通过调节氧流量来控制吹炼过程。

练 习 题

1. （多选）转炉炼钢供氧制度的类型有（　　）。ABC

A. 恒枪变压　　　　B. 恒压变枪　　　　C. 变压变枪　　　　D. 恒压恒枪

2. "恒压变枪"操作是指冶炼过程中工作氧压恒定，枪位发生变化。（　　）√

3. 一炉钢吹炼过程中枪位基本不变，通过调节工作氧压来控制冶炼过程是恒枪变压操作。（　　）√

4. 恒压变枪操作是在整个炉役过程中，氧压保持不变，改变枪位控制冶炼。（　　）×

5. 恒压变枪操作就是枪位基本不变，通过调节工作氧压来控制冶炼过程。（　　）×

5.6.1　枪位的确定因素

确定合适的枪位要考虑两个因素：一是要有一定的冲击面积；二是在保证炉底不被损坏的条件下，要有一定的冲击深度。

枪位是以喷头端面与平静熔池面的距离来度量。枪位 $H(\mathrm{mm})$ 与喷嘴喉口直径 $d_{喉}$（mm）的关系可参考以下经验公式确定：

多孔喷头 $$H = (35 \sim 50)d_{喉} \tag{5-4}$$

根据生产中的实际吹炼效果再加以调整。通常冲击深度 L 与熔池深度 H 之比为 $L/H = 0.5 \sim 0.75$。当 $L/H < 0.4$ 时，冲击深度过浅，脱碳速度和氧气利用率降低；当 $L/H > 0.75$ 时，冲击深度过深，易损坏炉底，造成严重喷溅。

✏ **练 习 题**

1. （多选）氧枪枪位的确定，应考虑（　　）。AD

A. 冲击面积　　　　B. 冲击区域　　　　C. 冲击角度　　　　D. 冲击深度

2. 确定合适的氧枪枪位的因素是（　　）。C

A. 喷头结构、氧气压力、炉型

B. 供氧强度、氧气压力、氧枪结构

C. 有一定的冲击面积和有一定的冲击深度

D. 炉型、装入量、冶炼周期

3. （多选）确定合适的枪位应考虑的主要因素有（　　）。BC

A. 氧气流量　　　　B. 冲击面积　　　　C. 冲击深度　　　　D. 氧气压力

4. 确定合适的氧枪枪位的因素是有合适的冲击面积和合适的冲击深度。（　　）√

5. 确定氧气喷枪的枪位高度主要考虑一个因素是：流股有一定的冲击面积。（　　）×

5.6.2　枪位对冶炼的影响

氧枪枪位对熔池搅动、渣中（FeO）含量、熔池温度都有影响。

5.6.2.1　枪位与熔池搅拌的关系

枪位低即硬吹，氧流对熔池的冲击力大，冲击深度深，氧气—熔渣—金属乳化充分，炉内的化学反应速度快，特别是脱碳速度加快，大量的 CO 气泡排出，熔池得到充分的搅动，同时降低了熔渣的（FeO）含量，长时间的硬吹炉渣容易"返干"，如图 5-13（a）所示。

枪位高即软吹，氧流对熔池的冲击力减小，冲击深度变浅，反射流股的数量增多，冲击面积加大，加强了对熔池液面的搅动；而熔池内部搅动减弱，脱碳速度减缓，因而熔渣中的（FeO）含量有所增加，如图 5-13（b）所示。

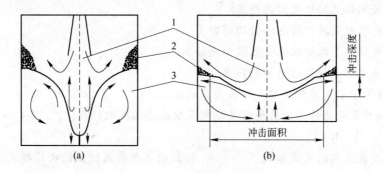

图 5-13　硬吹与软吹

（a）硬吹状态；（b）软吹状态

1—氧气；2—熔渣；3—金属液

枪位过高或者氧压很低的吹炼，氧流的动能低到根本不能吹开熔池液面，只是从表面掠过，这被称为"吊吹"。"吊吹"会使渣中（FeO）积聚，易产生爆发性喷溅，应严禁"吊吹"。

合理调整枪位，可以调节熔池液面和内部的搅拌作用。如果短时间内高、低枪位交替操作，还有利于消除炉液面上可能出现的"死角"，消除渣料成坨，加快成渣。

练 习 题

1. 氧枪枪位对熔池搅动的影响是（　　　）。A

   A. 硬吹时，冲击深度深，脱碳速度快，熔池搅动充分

   B. 硬吹时，冲击深度深，氧气—熔渣—金属乳化不充分，脱碳速度慢，熔池搅动充分

   C. 软吹时，冲击面积大，熔池内部搅动大，脱碳速度降低，容易引起喷溅，延长吹炼时间

   D. 软吹时，冲击面积加大，脱碳速度降低，因而熔渣中的 TFe 含量有所降低，但也容易引起喷溅，延长吹炼时间

2. 氧枪枪位过高的影响是（　　　）。A

   A. 冲击面积大　　　B. 易损坏炉底　　　C. 冲击深度加大　　　D. 渣中 TFe 含量减少

3. 关于炼钢过程中枪位控制的正确说法是（　　　）。C

   A. 如果枪位低或氧压很低时，氧气流股对熔池的冲击力量大，这种操作叫"硬吹"

   B. 枪位越高，反应速度越快，冶炼时间越短，热损失越少

C. 采用高枪位或采用低氧压操作时，氧气流股对熔池的冲击力较小，冲击面积大，冲击深度减小，这种操作叫"软吹"

4. 氧枪枪位过低的影响是（   ）。A

　A. 易损坏炉底　　B. 熔池搅拌减弱　C. 渣中 TFe 含量增加　D. 吹炼时间延长

5. 氧气顶吹转炉氧枪枪位是指氧枪喷头端部至转炉熔池渣面间的距离。（   ）×

6. 氧气顶吹转炉氧枪枪位是指（   ）。C

　A. 氧枪喷头端部至转炉底间的距离

　B. 氧枪喷头端部至转炉熔池渣面间的距离

　C. 氧枪喷头端部至转炉熔池金属液面间距离

　D. 氧枪喷头端部至转炉熔池间的距离

7. 熔池的深度等于氧气流股对熔池的最大穿透深度。（   ）×

8. 氧气顶吹转炉氧枪枪位是指氧枪喷头端部至熔池渣面间的距离。（   ）×

9. 软吹是（   ）。B

　A. 枪位低或氧压高的吹炼模式　　　B. 枪位较高或氧压较低的吹炼模式

　C. 枪位低或氧压较低的吹炼模式　　D. 枪位较高或氧压高的吹炼模式

10. 氧枪较高枪位吹炼称为软吹。（   ）√

11. 枪位低或氧压高的转炉炼钢吹炼模式是硬吹。（   ）√

12. （多选）硬吹的结果是（   ）。BC

　A. 表面搅拌强　　B. 内部搅拌强　　C. 冲击深度深　　　D. 冲击深度浅

13. （多选）软吹的结果是（   ）。AD

　A. 表面搅拌强　　B. 内部搅拌强　　C. 冲击深度深　　　D. 冲击深度浅

14. （多选）软吹的特点是（   ）。AD

　A. 枪位高　　　　B. 枪位低　　　　C. 氧压高　　　　　D. 氧压低

15. （多选）硬吹的特点是（   ）。BC

　A. 枪位高　　　　B. 枪位低　　　　C. 氧压高　　　　　D. 氧压低

16. 转炉炼钢采用"硬吹"吹炼模式时，熔池内的搅动较充分。（   ）√

17. 在转炉冶炼过程中，氧气采用低氧压或高枪位的操作方式称之为软吹。（   ）√

18. 软吹和硬吹都是相对的。（   ）√

19. "软吹"是枪位较低或氧气压力较高，形成较深冲击深度的吹炼方法。（   ）×

20. 硬吹时，冲击面积相对较小，因而炉内反应速度较慢。（   ）×

21. 氧气顶吹转炉炼钢生产中，氧枪距液面较远时形成冲击深度较深冲击面积较小。（   ）×

22. 硬吹和软吹是按供氧量的大小区分的。（   ）×

23. （多选）氧气顶吹转炉炼钢供氧操作有（   ）类型。AB

　A. 软吹　　　　B. 硬吹　　　　C. 轻吹　　　　D. 重吹

5.6.2.2　枪位与渣中（FeO）含量的关系

枪位不仅影响着（FeO）的生成速度，同时也关系着（FeO）的消耗速度。当枪位低到一定的程度，或长时间使用某一低枪位吹炼时，熔池内脱碳速度快，FeO 的消耗数量也多，因此熔渣中（FeO）的含量会减少，导致熔池"返干"，进而引起金属喷溅。高枪位吹炼时，熔池内的脱碳速度减缓，搅拌作用减弱，熔渣中 FeO 积聚，提高了（FeO）含量，有利于化渣；长时间高枪位吹炼也会引起喷溅。

在吹炼的不同阶段，根据任务的需要，通过枪位的改变控制渣中（FeO）含量。吹炼初期要求稍高枪位操作，渣中（FeO）含量高些可及早形成初期渣以脱除磷、硫；吹炼中期，适当地调节枪位，控制合适的（FeO）含量以防喷溅；吹炼后期最好降低枪位以降低渣中（FeO）含量，提高钢水收得率。

练 习 题

1. 氧枪吹炼枪位低时，熔池内脱碳速度快，FeO 的消耗数量也多，因此熔渣中 TFe 降低。（　　）√

2. 在一定的供氧强度下，枪位与渣中氧化铁的关系是（　　）。A
   A. 提高枪位，可以提高渣中氧化铁含量
   B. 降低枪位，可以提高渣中氧化铁含量
   C. 渣中氧化铁含量与枪位无关

3. 在转炉吹炼过程中，（　　）操作，会造成熔渣中的 TFe 含量有所增加。A
   A. 软吹　　　　　　B. 强吹　　　　　　C. 硬吹

4. （多选）氧枪枪位对渣中 TFe 含量的影响是（　　）。BD
   A. 枪位低时，熔池内脱碳速度慢，FeO 的消耗数量也多，因此熔渣中 TFe 含量会减少，导致熔池"返干"，进而引起金属喷溅
   B. 枪位不仅影响着（FeO）的生成速度，同时也关系着（FeO）的消耗速度
   C. 枪位高时，熔池内的化学反应速度快，熔渣中 FeO 积聚，起到提高（FeO）含量的作用
   D. 长时间高枪位吹炼也会引起金属喷溅

5. （多选）氧枪枪位对渣中 TFe 含量的影响正确的是（　　）。ABCD
   A. 枪位低时，熔池内脱碳速度快，FeO 的消耗数量也多，因此熔渣中（FeO）的含量会减少，导致熔池"返干"，进而引起金属喷溅
   B. 枪位不仅影响着（FeO）的生成速度，同时也关系着（FeO）的消耗速度
   C. 枪位高时，熔池内的化学反应速度慢，熔渣中 FeO 聚积，起到提高 FeO 含量的作用
   D. 长时间高枪位吹炼会引起金属喷溅

6. 在供氧强度一定情况下，枪位提高氧压降低时，炉渣的氧化性（　　）。A
   A. 增强　　　　　B. 减弱　　　　　C. 不变

7. 枪位与 TFe 的关系，正确的是（　　）。C
   A. 吹炼初期要求稍低枪位操作，渣中 TFe 含量高些可及早形成初期渣以脱除磷、硫
   B. 吹炼中期，适当提高枪位控制合适（TFe）含量以防爆发性喷溅
   C. 吹炼后期最好降低枪位以降低渣中 TFe 含量，提高钢水收得率

8. 高枪位操作时产生的 FeO 含量（　　）。A

　　A. 高　　　　　　　　　B. 低　　　　　　　　　C. 不变

9. 软吹氧气流股对熔池的冲击力减小，冲击深度变浅，对于熔池液面搅动有所增强，熔渣中的 TFe 含量有所增加。（　　）√

10. 在一定的供氧强度下，提高枪位或降低氧压会使炉渣氧化性增强。（　　）√

11. 所谓硬吹与软吹即指氧气流股对熔池冲击力的大小，从而引起不同的熔池作用，直接影响氧化铁的分配。（　　）√

12. 硬吹是指枪位低或氧压高的吹炼模式，硬吹会造成冲击深度深，冲击面积相对小，熔池搅动强烈，渣中 TFe 含量较低等现象。（　　）√

13. 软吹是指枪位较高或氧压较低的吹炼模式，熔池内部的搅动相应减弱，致使渣中 TFe 含量有所降低。（　　）×

5.6.2.3　枪位与熔池温度的关系

枪位对熔池温度的影响是通过炉内化学反应速度来体现的，低枪位操作，氧气、渣、金属液乳化充分，接触密切，化学反应速度快，熔池搅拌力强，升温速度快；吹炼时间短，热损失相对减少，炉温较高。

高枪位操作，熔池搅拌力弱，反应速度减慢，因而熔池升温速度也缓慢，延长吹炼时间，热损失部分相对增多，温度偏低。

练习题

1. 枪位对熔池温度的影响，正确的是（　　）。A

　　A. 枪位对熔池温度的影响是通过炉内化学反应速度来体现的

　　B. 采用高枪位操作，气—渣—金属液乳化充分，接触密切，化学反应速度快，熔池搅拌力强，升温速度快，吹炼时间短，热损失部分相对减少，炉温较高

　　C. 采用低枪位操作，熔池搅拌力弱，反应速度减慢，因而熔池升温速度也缓慢，吹炼时间延长，热损失部分相对增多，温度偏低

2. 氧枪枪位对熔池温度的影响是（　　）。D

　　A. 枪位低，升温速度快，炉温较低；枪位高，升温速度慢，热损失少，温度偏高

　　B. 枪位低，升温速度快，吹炼时间长，热损失多，炉温较低；枪位高，升温速度慢，吹炼时间短，热损失少，温度偏高

　　C. 枪位低，升温速度慢，吹炼时间短，热损失少，炉温较高；枪位高，升温速度快，吹炼时间延长，热损多，温度偏低

　　D. 枪位低，升温速度快，吹炼时间短，热损失少；枪位高，碳氧反应速度减慢，吹炼时间延长，热损失多

3. （多选）关于氧枪枪位的确定，以下表述正确的是（　　）。ABCD

　　A. 冲击深度过浅，脱碳速度和氧气利用率低

　　B. 冲击深度过浅，熔池搅拌减弱

C. 冲击深度过深，炉底易损害，造成严重金属喷溅

D. 冲击深度加大，渣中 TFe 含量减少，不利化渣

4. （多选）氧枪枪位不合适会造成（　　）。ABC

A. 烧枪 　　　　B. 烧炉底 　　　　C. 喷溅 　　　　D. 设备潜力浪费

5. 下列因素中不属于软吹特征的是（　　）。B

A. 软吹时，冲击面积大，熔池表面搅动大，脱碳速度降低，容易引起喷溅，延长吹炼时间

B. 软吹时，冲击深度深，氧气—熔渣—金属乳化不充分，脱碳速度快，熔池搅动充分

C. 软吹对熔池内部的搅动相应减弱，熔渣中的 TFe 含量增加

D. 软吹是指枪位较高或氧压较低的吹炼模式，氧气流股对熔池的冲击力减小，冲击深度变浅

6. 硬吹和软吹比较（　　）。C

A. 硬吹时，冲击面积相对较小，因而炉内反应速度较慢

B. 硬吹时，熔渣的 TFe 含量较高，易于化渣

C. 熔池搅拌剧烈，脱碳速度快

7. 硬吹和软吹是氧气顶吹转炉吹炼过程得以顺利进行的主要操作，因此，采用硬吹操作有利于（　　）。C

A. 降低熔池的搅拌力 　　　　　　B. 提高炉渣的氧化性

C. 提高熔池的升温速度

8. 下列因素中不属于硬吹特征的是（　　）。A

A. 硬吹时，冲击面积大，熔池内部搅动大，脱碳速度降低，延长吹炼时间

B. 硬吹时，冲击深度深，氧气—熔渣—金属乳化不充分，脱碳速度快，熔池搅动充分

C. 硬吹氧气流股对熔池的冲击力大，形成的冲击深度较深，炉内的化学反应速度快

D. 脱碳速度加快，大量的 CO 气泡排出，熔池搅动强烈，熔渣的 TFe 含量较低

9. 关于软吹的特点，下列叙述正确的是（　　）。D

A. 在软吹时，冲击面积相对较小 　　　　B. 在软吹时，炉内的化学反应速度快

C. 在软吹时，熔渣的 TFe 含量较低 　　　　D. 在软吹时，脱碳速度较慢

10. （多选）采用低枪位操作能（　　）。BC

A. 加速化渣 　　　　B. 加快升温 　　　　C. 加速脱碳 　　　　D. 加速脱磷

11. 吹炼时低枪位或高氧压时熔池搅拌能力强，FeO 消耗速度增加，升温速度快。（　　）√

5.6.3 开吹枪位的确定

开吹枪位的确定原则是多去磷、早化渣，保护炉衬，灵活控制。开吹前必须了解铁水温度和成分；了解总管氧压以及所炼钢种的成分和温度要求；了解炉役期及炉衬情况，并测量液面高度。确定合适的开吹枪位还要考虑以下情况：

（1）铁水成分。若硅含量高，则渣量大，易喷溅，枪位不要过高；铁水锰含量高，枪位可以低些；铁水磷、硫含量高时，应尽快成渣去除磷、硫，枪位可适当高些；废钢中生

铁块多导热性差，不易熔化，应降低枪位。

（2）铁水温度。遇到铁水温度偏低时，可先开氧吹炼后加头批料，即"低枪点火"；铁水温度高时，碳氧反应会提前进行，渣中（FeO）含量降低，枪位可以稍高些，以利于成渣。

（3）装入量。超装量多使熔池液面升高，应适当提高枪位。

（4）炉龄。开新炉，炉温低，适当降低枪位；炉役前期液面高，可适当提高枪位；炉役后期熔池液面降低面积增大，可在短时间内采用高、低枪位交替操作以加强熔池搅拌，以利于成渣。应用溅渣护炉技术后，有时炉底上涨，因此要在测量炉液面后，确定吹炼枪位。

（5）渣料。石灰量多，又加了调渣剂，枪位应稍高些，有利于石灰和调渣剂的渣化。使用活性石灰成渣较快，整个过程的枪位都可以稍低些。

铁矿石、氧化铁皮和萤石的用量多时，熔渣容易形成，同时流动性较好，枪位可以适当低些。

练习题

1. （多选）开吹枪位的确定原则是（　　）。ABC

　　A. 早化渣　　　　B. 多去磷　　　　C. 保护炉衬　　　　D. 获得较低 FeO 含量的炉渣

2. 枪位过高易造成大喷，枪位过低则难以化渣。（　　）√

3. 在正常条件下，高枪位操作易于化渣。（　　）√

4. 高枪位操作易于脱碳。（　　）×

5. 枪位低时，氧气流股强烈搅拌熔池，熔池动力学条件好，炉渣易于渣化。（　　）×

6. （多选）恒压变枪操作开吹（　　）应该提高枪位。ABC

　　A. 装入量大　　　　　　　　　B. 石灰过烧率大

　　C. 中高碳钢高拉碳　　　　　　D. 废钢生铁块多

7. （多选）恒压变枪操作开吹（　　）应该降低枪位。BC

　　A. 冶炼回炉钢　　B. 铁水温度低　　C. 开新炉　　　　D. 溅渣护炉炉底上涨

8. （多选）确定合适的开吹枪位应考虑的因素有（　　）。ABCD

　　A. 铁水成分　　B. 铁水温度　　C. 装入量　　　　D. 炉龄

9. （多选）确定合适的开吹枪位应考虑（　　）。ABCD

　　A. 铁水成分、铁水温度　　　　B. 渣料

　　C. 炉龄　　　　　　　　　　　D. 装入量

10. （多选）恒压变枪操作（　　）开吹应该降低枪位。CD

　　A. 前期炉　　B. 炉容比小　　C. 炉容比大　　　D. 装入量小

11. （多选）在以下（　　）情况下，氧枪枪位应升高。BCD

　　A. 铁水温度低　　B. 石灰量多　　C. 冶炼初期　　D. 炉渣"返干"

12. （多选）恒压变枪操作在（　　）条件下，开吹应该降低枪位。ABD

　　A. 石灰活性好　　B. 氧枪孔多　　C. 铁水磷硫高　　D. 铁水磷硫低

13. （多选）恒压变枪操作在（   ）条件下，开吹应该提高枪位。BD

    A. 铁水硅锰高　B. 铁水硅锰低　　C. 铁水带渣多　　　D. 少加萤石

14. 吹炼前期，如炉口火焰上来较晚，红烟多，则表明前期温度低。（   ）√

15. 氧气顶吹转炉吹炼前期原则应采用高枪位操作。（   ）√

16. 为了迅速化渣，在开吹或炉渣返干时适当用低枪位吹炼。（   ）×

17. 铁水温度低时，可采用低枪位点火。（   ）√

18. 当铁水温度低时，采用低枪位操作能加快熔池的升温速度。（   ）√

19. 当铁水温度偏低时，前期枪位控制应适当低些。（   ）√

20. 氧气顶吹转炉操作中，采用低枪位比高枪位操作的成渣速度要快。（   ）×

21. 当渣料质量差时，前期枪位应采用（   ）。B

    A. 基本枪位　　B. 高枪位　　　C. 低枪位

22. 确定合适的开吹枪位应考虑（   ）。A

    A. 铁水成分、铁水温度、装入量、炉龄、渣料

    B. 喷头结构、氧气压力、炉型、供氧强度

    C. 供氧强度、冲击面积、冲击深度

    D. 炉型、装入量、冶炼周期

23. 炉龄对开吹枪位的影响（   ）。C

    A. 开新炉，炉温低，应适当提高枪位

    B. 炉役前期液面高，可适当降低枪位

    C. 炉役后期熔池液面降低，面积增大，可在短时间内采用高、低枪位交替操作以加强

      熔池搅拌，以利于成渣

24. 铁水成分对开吹枪位的影响，正确的是（   ）。A

    A. 硅含量高、渣量大，则易喷溅，枪位不要过高

    B. 铁水锰含量高，枪位可以高些

    C. 铁水 P、S 含量高时，应尽快成渣去除 P、S，枪位应适当低些

    D. 废钢中生铁块多导热性差，不易熔化，应提高枪位

5.6.4　过程枪位的控制

    过程枪位的控制原则是：快速脱碳不喷溅、熔池均匀升温化好渣。在碳的激烈氧化期间，尤其要控制好枪位。枪位过低，会产生炉渣"返干"，造成严重的金属喷溅，有时甚至使喷头粘枪而损坏；枪位过高，渣中（FeO）含量较高，又加上脱碳速度快，同样会引起大喷或连续喷溅。

练习题

1. （多选）吹炼过程枪位高，射流的冲击面积大，造成的影响为（   ）。ABCD

    A. 冲击深度减小　　B. 熔池搅拌减弱　　C. 渣中 TFe 增加　　　D. 吹炼时间延长

2. （多选）过程枪位的控制原则是（　　）。ABCD

　　A. 熔渣不"返干"　　　　　　　　B. 不喷溅

　　C. 快速脱碳与脱硫　　　　　　　D. 熔池均匀升温

3. 在吹炼中期"返干"时，适当提高枪位的目的是（　　）。B

　　A. 降低渣中氧化铁　　　　　　　B. 增加渣中氧化铁

　　C. 增加炉内温度　　　　　　　　D. 提高熔池搅拌强度

4. 转炉冶炼过程中，炉渣"返干"最易在（　　）发生，应高枪位操作。C

　　A. 吹炼前期　　　　　B. 吹炼终点　　　　　C. 吹炼中期

5. 在转炉吹炼中，造成炉渣"返干"现象的主要原因是（　　）。C

　　A. 渣料量大　　　　　　　　　　B. 供氧量大于碳氧反应所耗氧量

　　C. 供氧量小于碳氧反应所耗氧量

6. 吹炼过程枪位的控制原则：化好渣，快速脱碳，熔池升温均匀。（　　）√

7. 吹炼中期"返干"时，要适当提枪操作是为了降低熔池搅拌强度、降低脱碳速度，提高 TFe。（　　）√

8. 转炉冶炼过程枪位控制的基本原则是早化渣，化好渣，快速脱碳。（　　）×

9. 在转炉吹炼中期，增加供氧量将提高脱碳速度和熔池中氧含量。（　　）√

10. 吹炼中期"返干"时，要适当提高枪位操作，这是因为高枪位可以提高熔池搅拌强度。（　　）×

11. 吹炼过程中若熔渣黏稠，可适当降枪改善熔渣流动性。（　　）×

12. 为了迅速化渣，在开吹或炉渣返干时适当用（　　）吹炼。B

　　A. 基本枪位　　　　　B. 高枪位　　　　　C. 低枪位

13. 吹炼前期原则是早化渣、化好渣，最大限度去磷；吹炼过程任务是继续化好渣、化透渣、快速脱碳、不喷溅、熔池均匀升温。（　　）√

5.6.5　吹炼后期的枪位操作

　　吹炼后期枪位操作要保证达到出钢温度、拉准碳、磷硫含量达到控制要求。有的操作分为两段，即提枪段和降枪段，这主要是根据过程化渣情况、所炼钢种、铁水磷含量高低等具体情况而定。

　　若过程熔渣黏稠，需要提枪改善熔渣流动性。但枪位不宜过高，时间不宜过长，否则会产生大喷。在吹炼中、高碳钢种时，可以适当地提高枪位，保持渣中有足够（FeO）含量，以利于脱磷；如果吹炼过程中熔渣流动性良好，可不必提枪，避免渣中（FeO）含量过高，不利于吹炼。

　　吹炼末期的降枪段，主要目的是使熔池钢水成分和温度均匀，加强熔池搅拌，稳定火焰，便于判断终点。同时可以降低渣中（FeO）含量，减少钢水中氧化物夹杂，减少铁损，提高钢水收得率，达到溅渣的要求。为了保证钢水质量，应保证终点前有 2.5min 以上的降枪时间。

练习题

1. （多选）在吹炼后期，枪位操作要保证合适的温度和成分，主要决定的因素为（　　　）。ABC

   A. 过程化渣情况　　　B. 所炼钢种　　　C. 铁水磷含量高低　　　D. 脱碳与升温情况

2. （多选）在吹炼后期降枪的主要目的是（　　　）。ABCD

   A. 成分和温度均匀　　　　　　　　B. 加强熔池搅拌

   C. 减少铁损　　　　　　　　　　　D. 降低渣中 TFe 含量

3. （多选）关于后期枪位，以下描述正确的是（　　　）。ABC

   A. 若过程熔渣黏稠，需要提枪改善熔渣流动性

   B. 在吹炼中、高碳钢种时，可以适当地提高枪位

   C. 如果吹炼过程中熔渣流动性良好，可不必提枪

   D. 在吹炼末期降枪，主要目的是减少铁损

4. （多选）终点前降枪的目的是（　　　）。AC

   A. 均匀熔池钢水成分和温度　　　　B. 提高锰的收得率

   C. 降低渣中氧含量，减少铁损　　　D. 减弱熔池搅拌，便于判断终点

5. （多选）终点前降枪操作的目的是（　　　）。BCD

   A. 升温　　　　　B. 均匀成分　　　C. 均匀温度　　　D. 降低氧化性

6. （多选）在吹炼末期降枪的主要目的是（　　　）。BCD

   A. 改善熔渣流动性　　　　　　　　B. 减少铁损

   C. 均匀钢水成分　　　　　　　　　D. 加强搅拌，均匀温度

7. 在转炉操作中，在其他条件不变的情况下，枪位的变化可以引起终点的变化。（　　　）√

8. 终点适当降枪是为了提高熔池温度。（　　　）×

9. 冶炼终点将氧枪适当降低的主要目的是均匀钢水温度和成分。（　　　）√

10. 在吹炼的不同时期，应根据吹炼的任务，通过枪位的改变控制渣中 TFe 含量。
    （　　　）√

11. 吹炼末期降枪，主要目的是使熔池钢液成分和温度均匀，稳定火焰，便于判断终点。
    （　　　）√

12. 吹炼末期的降枪操作，可降低渣中 TFe 含量，减少吹损，提高钢水收得率。（　　　）√

13. 终点适当降枪是为了提高脱硫效果。（　　　）×

14. 终点前降枪操作的目的主要是提温。（　　　）×

15. （多选）下列不属于后期枪位控制原则的是（　　　）。BCD

    A. 在吹炼后期，枪位操作要保证出钢温度、碳、磷、硫含量达到目标控制要求

    B. 后期枪位主要是根据过程化渣情况、所炼钢种、铁水磷含量高低等具体情况而定

    C. 若过程熔渣黏稠，需要降枪改善熔渣流动性

    D. 在吹炼中、高碳钢种时，可以适当地提高枪位，保持渣中有足够 TFe 含量

16. 恒压变枪操作终点枪位的控制原则是（　　　）。C

A. 早化渣，多去磷，灵活控制

B. 快速脱碳不喷溅，均匀升温化好渣

C. 保证拉准碳

17. 冶炼终点将氧枪适当降低的主要目的是（　　）。B

A. 降低钢水温度　　　　　　　　B. 均匀钢水成分、温度

C. 防止喷溅和钢水过氧化

18. 转炉终点钢水碳低、温度低应该（　　）补吹提温，以避免钢水过氧化。C

A. 加造渣剂　　　　B. 降低枪位　　　　C. 向炉内加入适量提温剂

5.6.6　定流量变枪操作模式

由于各厂的转炉吨位、喷嘴结构、原材料条件及所炼钢种等情况不同，氧枪操作也不完全一样。定流量变枪操作方式如下：

（1）高—低—高—低的枪位操作。图 5-14 表明，开吹枪位较高，以便及早形成初期渣；二批料加入后适时降枪，吹炼中期炉渣"返干"时又提枪化渣；吹炼后期先提枪化渣后降枪；终点拉碳出钢。大型转炉若原材料条件相对稳定，可根据日常操作按氧耗量或总结出的供氧时间与化渣效果关系的规律，自动调节枪位。

（2）高—低—低的枪位操作。开吹枪位较高，尽快形成初期渣；吹炼过程枪位逐渐降低，吹炼中期加入适量助熔剂调整熔渣流动性，终点拉碳出钢，如图 5-15 所示。

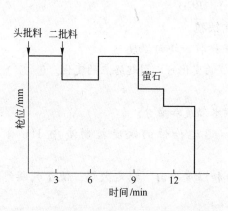

图 5-14　高—低—高—低的枪位操作示意图　　　图 5-15　高—低—低的枪位操作示意图

（3）恒枪位操作。从开吹到终点拉碳，枪位变化不大。

5.6.7　恒枪变流量操作

恒枪变流量操作模式，即在整个吹炼过程中枪位基本上不变，在吹炼不同时期，通过调整氧流量来改变氧气流股与熔池的作用，达到控制吹炼的目的。

5.7　氧枪喷头寿命

为了提高氧枪寿命和转炉作业率，需要了解氧枪喷嘴损毁原因，知道氧枪更换标准，

以便保持喷嘴参数的正确数值，提高氧枪寿命。

5.7.1　氧枪喷头损坏的原因

氧枪喷头损坏的原因有：

（1）高温钢渣的冲刷和急冷急热作用。喷头的工作环境极其恶劣，氧流喷出后形成的反应区温度高达约 2500℃，喷头受高温和不断飞溅的熔渣与钢液的冲刷，逐渐地熔损变薄；由于温度频繁地急冷急热，喷头端部产生龟裂，随着使用时间的延续龟裂逐步扩展，直至端部渗水乃至漏水报废。

（2）冷却不良。研究证明，喷头表面晶粒受热长大，损坏后喷头中心部位的晶粒与新喷头相比长大 5~10 倍；由于晶粒的长大引起喷孔变形，氧射流性能变坏。

（3）喷头端面粘钢。由于枪位控制不当，或喷嘴性能不佳而粘钢，导致端面冷却条件变差，寿命降低。多孔喷头射流的中间部位形成负压区，泡沫渣及夹带的金属液滴熔渣被不断地吸入，当高温、具有氧化性的金属液滴击中并黏附在喷头端面的一瞬间，铜呈熔融状态，钢与铜形成 Fe-Cu 固熔体牢牢地黏结在一起，影响了喷头的导热性（钢的导热性只有铜的 1/8），若再次发生炽热金属液滴黏结，会发生 [Fe]-[O] 反应，放出的热量使铜熔化，使喷头损坏。

（4）喷头质量不佳。铜的纯度、密度、导热性能、焊接性能变差，降低喷头寿命。经金相检验铜的夹杂物为（CuO），并沿着晶界成串状分布，有夹杂的晶界为薄弱部位，金属液滴可能由此浸入损坏喷头的端面。

5.7.2　氧枪喷头的停用标准

一旦喷头不能保持原设计时的射流特性，就应及时更换。如有的大型转炉氧枪喷头停用的标准是：

（1）喷孔出口变形不小于 3mm。

（2）喷孔蚀损变形，冶炼指标恶化要及时更换。

（3）喷头、氧枪出现渗水或漏水。

（4）喷头或枪身涮蚀不小于 4mm。

（5）喷头或枪身粘钢变粗达到一定直径，应立即更换。

（6）喷头被撞坏、枪身弯曲大于 40mm。

+·

📝 练 习 题

1. 氧枪喷头端部被侵蚀的主要原因是（　　）。C

　　A. 枪位正常但炉内温度高　　　　　B. 氧枪在炉内泡沫渣中吹炼时间长

　　C. 喷头端部粘钢，降低喷头熔点

2. 氧枪喷头端部被侵蚀的主要原因是（　　）。C

　　A. 枪位正常但炉内温度高　　　　　B. 氧枪在炉内泡沫渣中吹炼时间短

　　C. 喷头端部粘钢，降低喷头熔点　　D. 氧枪在炉内泡沫渣中吹炼时间长

3.（多选）喷头损坏的原因有（   ）。AB
    A. 冷却不良、喷头质量不佳　　　　B. 高温钢渣冲刷和激冷激热、喷头端面粘钢
    C. 氧压过低、吹炼时间长　　　　D. 长期软吹、终点温度高

4.（多选）氧枪喷头端部的侵蚀取决于（   ）。BCD
    A. 氧流量　　　　B. 枪位　　　　C. 喷头结构　　　　D. 化渣情况

5. 氧枪喷头的侵蚀机理是钢水液滴粘在喷头表面使铜的熔点下降。（   ）√

6. 氧枪多孔喷头最易烧坏部位是鼻子尖中心部位。（   ）√

7. 氧枪喷头损坏的主要原因是高温钢渣的冲刷和喷头急冷急热的作用。（   ）√

5.7.3　提高氧枪喷头寿命的措施

提高喷头寿命的措施如下：

（1）喷头设计合理，保证氧气射流的良好性能。

（2）采用高纯度无氧铜锻压组合喷头，确保质量，提高其冷却效果和使用性能，延长其寿命。

（3）确定合理的供氧制度，在设计氧压条件下工作，严防总管氧压不足。

（4）提高原材料质量和强度，保持其成分的稳定且符合标准。采用活性石灰造渣；当原材料条件发生变化时，及时调整枪位，保持操作稳定，避免烧坏喷头。

（5）提高操作人员水平，实施标准化操作。化好过程渣，严格控制好过程温度，提高终点控制的命中率；同时要及时测量液面，根据炉底状况，调整过程枪位。

（6）复合吹炼工艺底部供气流量增大时，顶吹枪位要相应提高，以求吹炼平稳。

练 习 题

1.（多选）提高喷头寿命的有效途径有（   ）。AB
    A. 合理的喷头设计
    B. 化好过程渣，严格控制过程温度
    C. 底吹增大时，适当降低氧枪枪位
    D. 尽量采用铸造喷头，保证冷却效果

2.（多选）氧枪喷头寿命应考虑（   ）。ABCD
    A. 成本　　　　B. 钢种质量　　　　C. 操作稳定性　　　　D. 安全

3.（多选）提高喷头寿命的途径有（   ）。ACD
    A. 喷头设计合理，保证氧气射流的良好性能
    B. 最好用铸造喷头代替锻压组合式喷头，提高其冷却效果和使用性能，延长喷头使用寿命
    C. 采用合理的供氧制度，在设计氧压条件下工作，严防总管氧压不足
    D. 提高操作水平，实施标准化操作

4. 提高岗位操作水平，实施标准化操作有利于提高氧枪喷头的使用寿命。（   ）√

5. 随着氧枪枪龄的提高, 喷头端部会出现侵蚀现象, 使化渣和脱碳效果受到影响。( ) √

6. 低氧压操作会造成氧枪喷头端部压力减小, 造成卷渣, 烧毁氧枪喷头。( ) ×

7. 使用氧枪枪龄超过一定限度, 会导致渣中 TFe 升高。( ) √

8. 应采用 ( ) 措施, 防止氧枪喷头损坏。D
  A. 长期低枪位操作　　　　　　B. 长期高枪位操作
  C. 溅渣护炉　　　　　　　　　D. 合理的枪位和加料

9. 提高喷头寿命, 操作方面的措施是 ( )。D
  A. 用锻压组合式喷头代替铸造喷头
  B. 采用活性石灰造渣　　　　　C. 喷头设计合理
  D. 严格控制好过程温度, 提高终点碳和温度控制的命中率

5.8 供氧设备

5.8.1 制氧基本原理

空气中含有 20.9% 的氧气、78% 的氮气和 1% 的稀有气体, 如氩、氖、氙等气体。在 101325Pa 下空气、氧气和氮气的物理性质见表 5-1。

表 5-1　气体的物理性质

气 体	空 气	氧 气	氮 气
密度/kg·m^{-3}	1.293	1.429	1.2506
沸点/℃	-193	-183	-195.8
熔点/℃	-218	-218	-209.86

从表 5-1 可知, 氧气和氮气具有不同的沸点。因此首先创造条件使空气液化, 然后加热精馏, 由于液氮的沸点较低故其先蒸发成氮气逸出, 剩下的液态空气含氧浓度相应升高, 将这种富氧液态空气再次蒸发, 使氮气成分继续逸出, 最后得到液态工业纯氧。

液态氧经气化就得到氧气, 其纯度达 98%~99.7%, 即工业纯氧, 其纯度越高对钢质量越好。

在近代制氧工业中, 还可获得氮气、氩气及少量的其他惰性气体副产品。氩气是复吹转炉底吹气源, 也是氩氧炉、吹氩精炼及连铸保护浇注的重要气源; 氮气可作为溅渣护炉、氧枪孔和加料孔的密封、顶底复吹底部气源或作为化肥原料。

练习题

1. 制氧厂加热液态空气, 氮气先挥发出来。( ) √

5.8.2 供氧系统工艺流程

供氧系统是由制氧机、加压机、中压储气罐、输氧管道、控制闸阀、测量仪器、氧枪等主要设备组成。我国某钢厂供氧系统流程如图 5-16 所示。

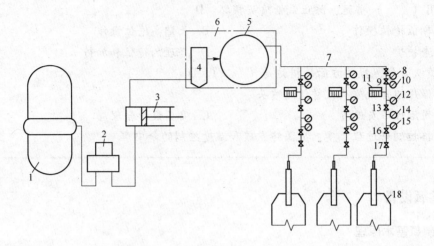

图 5-16 供氧系统工艺流程图

1—制氧机；2—低压储气柜；3—压氧机；4—桶型罐；5—中压储气罐；6—氧气站；7—输氧总管；

8—总管氧压测定点；9—减压阀；10—减压阀后氧压测定点；11—氧气流量测定点；

12—氧气温度测定点；13—氧气流量调节阀；14—工作氧压测定点；

15—低压信号连锁；16—快速切断阀；17—手动切断阀；18—转炉

低压储气柜用于储存从制氧机分馏塔出来的氧压为 0.0392MPa 左右的低压氧气，氧气柜的构造同煤气柜相似。

压氧机用于给氧加压。由制氧机分馏塔出来的氧气的氧压仅有 0.0392MPa，而炼钢要求工作氧压为 0.8~1.2MPa，需用压氧机给氧气加压，氧压提高后，中压储氧罐的储氧能力也相应提高。

中压储气罐用于储备 2.45~2.94MPa 的氧气，直接供转炉使用。转炉生产有周期性，而制氧机要求满负荷连续运转，因此通过中压储氧罐来平衡供求，解决了车间高峰用氧的问题。中压储气罐由多个组成，其型式有球型和长筒型（卧式或立式）等。

供氧管道包括总管和支管，在管路中设置有控制闸阀、测量仪器等，通常有以下几种：

（1）减压阀。它的作用是将总管氧压减至工作氧压的上限。如总管氧压一般为 2.45~2.94MPa，而工作氧压最高为 1.2MPa，则该减压阀就人为地调整输出氧压为 1.2MPa，工作性能好的减压阀可以起到稳压的作用，不需经常调节。

（2）流量调节阀。它根据吹炼过程的需要调节给氧数量，一般用薄膜调节阀。

（3）快速切断阀。这是吹炼过程供给氧枪的氧气开关，要求开关灵活，快速可靠，密封性好。一般采用杠杆电磁气动切断阀。

（4）手动切断阀。在管道和阀门出事故时，用手动切断阀开关氧气。

5.8.3 氧气管道防爆

燃烧必须具备可燃物、氧气、着火温度三个要素。氧气是助燃气体，遇可燃物及火种会引起剧烈燃烧，并放出大量的热。氧气管道爆炸是由于急剧燃烧，管壁达到熔化状态，气体体积瞬间急剧膨胀而引起的管道爆炸。具体有：

（1）氧气在管道内流速过高，管道内如有金属碎屑或砂石，管道内壁生锈，管道接口处，因制造工艺不好，存有突尖或粗糙之处，因摩擦产生火种。

（2）当氧气输送管道上的截止阀开启时，如阀前后压力差过大，氧气流速瞬间可达200m/s，一般碳钢就会燃烧起火引起爆炸。

（3）氧流在管道急转弯处，可冲击管壁，产生高温。

（4）氧气管道对接法兰等处漏氧，外来火源引燃爆炸。

（5）氧气管道和氧枪在制造和安装时，使用的润滑油脂未清除干净。

（6）剥落的橡胶管碎屑及其他外来可燃物进入管内。

（7）裸露的电线头搭在管道上，产生静电感应，因静电火花引起急剧燃烧，导致爆炸。

预防的措施有：

（1）氧气的流速应符合国家有关规范，即氧气输送管（碳钢）内氧气流速必须小于15m/s，氧枪内管氧气流速为40～55m/s，不得大于60m/s。

（2）氧气管道应清洁施工，管道焊接不准有渣粒、铁粒和任何其他物品进入管道内，接缝处不得有焊肉尖刺等出现。管道内壁不得含有任何油污和异物。

（3）氧气管道在安装、检修后或长期停用后再度使用前，应用无油干燥空气或氮气将管内残留的水分、铁屑、杂物等吹扫干净，直至无铁锈、尘埃及其他杂物为止，吹扫速度应不小于20m/s。

（4）氧气管网上设置的各种阀门必须是氧气专用阀门。对于直径大于70mm的手动阀门，只有阀前、后压差在0.3MPa以内，才可被允许工作。可采取降压、充气或设置旁通阀等方法缩小压差。

（5）避免氧气流超速撞击主管壁。如果急转弯不能避免，那么受冲击的管件要选用铜合金件，避免产生火花。

（6）氧气管道及阀门安装完毕后，应按规定进行系统强度、严密性及泄漏量试验。

（7）氧气管道应有导除静电的装置。

（8）连接氧枪的软管采用金属软管。

5.8.4 氧枪的构造

氧枪又称喷枪或吹氧管，它是转炉吹氧设备中的关键性部件，其结构如图5-17所示。

氧枪是由喷头、枪身和枪尾组成。转炉内反应区的温度高达2000～2600℃。在吹炼过程中，氧枪不仅要承受熔池中炉气及炉衬的辐射、对流和传导的复杂热交换作用外，还要承受因熔池内激烈的化学反应造成的钢液、熔渣对氧枪的冲刷作用。所以要求氧枪要有良好的水冷系统和牢固的金属结构，保证氧枪能够耐高温、抗冲刷侵蚀和振动、加工制造方便等。

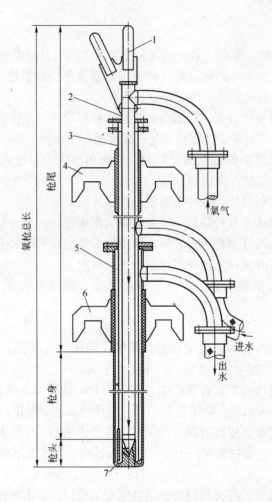

图 5-17　氧枪结构示意图

1—吊环；2—内层管；3—中层管；4—上卡板；5—外层管；6—下卡板；7—喷头

从图 5-17 中可知，枪身是由三层同心钢管组成。内管是氧气通道，内层管与中层管之间是冷却水的进水通道；中层管与外层管之间是冷却水的出水通道。

练 习 题

1. 氧枪冷却水从枪身中层管内侧流入，外侧流出是为了（　　）。C

  A. 提高冷却水的速度　　　　　　　B. 节约冷却水用量

  C. 提高冷却效果　　　　　　　　　D. 提高冷却水压力

2. 氧枪冷却水的回水速度与进水速度相比，一般进水速度（　　）回水速度。B

  A. 大于　　　　　　　B. 小于　　　　　　　C. 等于

3. 氧枪的冷却水是从氧气管与中层管间流入，从外套管与中层管间流出的。（　　）√

4. 氧枪的回水速度应与进水速度持平。（　　）×

5. 转炉冷却水采用（　　）。C

   A. 河水　　　　　B. 自来水　　　　　C. 软化水　　　　　D. 海水

6. （多选）氧枪的冷却水是从（　　）间流出的。CD

   A. 胶皮管　　　　B. 氧气管　　　　　C. 中层管　　　　　D. 外套管

5.8.5　氧枪升降和更换机构

5.8.5.1　对氧枪升降和更换机构的要求

转炉在吹炼过程中，氧枪需要多次升降以调整枪位。对氧枪的升降机构和更换装置提出以下要求：

（1）具有合适的升降速度，并且可以变速。为了缩短冶炼周期，在吹炼过程中氧枪应快速提升，炉口以上可快速下降；当氧枪进入炉口以下时，应慢速下降，以便控制熔池的反应和保证氧枪安全。目前转炉氧枪升降速度快速时为 26～40m/min，慢速时为 5～17m/min。

（2）保证氧枪升降平稳，控制灵活，操作安全，且结构简单，便于维护。

（3）可快速更换氧枪。

（4）具有安全连锁装置。

为了保证安全生产，氧枪升降机构设有与副枪及转炉等相关设备相应的连锁装置，例如：

（1）当转炉不在垂直位置（允许误差 ±2°）时，氧枪不能下降。当氧枪进入炉口后，转炉不能作任何方向的倾动。

（2）当氧枪下降到炉内经过氧气开、关点时，氧气切断阀自动打开，当氧枪提升通过此点时，氧气切断阀自动关闭。

（3）当氧压或冷却水水压低于规定值，或冷却水升温高于规定值时，氧枪能自动提升并报警。

（4）副枪与氧枪也应有相应连锁装置。

（5）车间临时停电时能使氧枪自动提升。

5.8.5.2　氧枪垂直升降机构

图5-18 为重锤提升装置，它包括氧枪、氧枪升降小车、导轨、平衡锤、卷扬机、横移装置、钢丝绳滑轮系统、氧枪高度指示标尺等部分。

氧枪 1 固定在氧枪小车 2 上，氧枪小车沿着固定轨道 3 上下运行，通过钢绳 5 和 9 将氧枪小车 2 与平衡锤 12 连接起来。

其工作过程为：当卷筒 8 提升平衡锤 12 时，氧枪 1 及氧枪小车 2 因自重而下降；当放下平衡锤

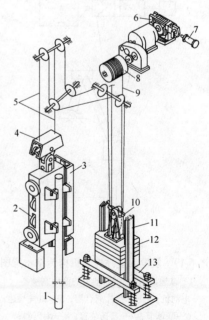

图5-18　氧枪升降机构

1—氧枪；2—升降小车；3—导轨；4—吊具；
5—平衡钢绳；6—制动器；7—气缸；8—卷筒；
9—升降钢绳；10—平衡杆；11—平衡导轨；
12—平衡锤；13—弹簧缓冲器

时，由平衡锤的重量将氧枪及氧枪小车提升。平衡锤的重量比氧枪＋氧枪小车＋冷却水＋胶皮软管等的总重量要重20%～30%，即过平衡系数为1.2～1.3。卷筒8和氧枪升降机构相连接，并设有行程指示，通过钢绳带动指示灯上下移动，以表明氧枪的具体位置。

在电动机后面设有制动器6与气缸装置7。当突然发生断电时，打开电磁制动器底部的阀门，使气缸的活塞杆顶开制动器，电动机便处于自由状态。此时，平衡锤将下落，使氧枪提出炉口。为了使氧枪获得不同的升降速度，采用了直流电机或交流变频器调速电机，通过调节电机的转速，达到氧枪升降的变速。

图5-19为无重锤氧枪提升机构传动示意图。电动机3通过减速器1带动卷筒7，经导向滑轮11使升降小车升降，氧枪12固定在升降小车上，并随升降小车而上下运动。卷筒的出轴端装有编码器8（脉冲发生器）或自整角机，以显示氧枪的升降位置。电机可用直流电机或交流电机；直流电机用可控硅调速，交流电机用变频器调速；当车间停电时，由氮气马达5慢速将氧枪提出炉口。

5.8.5.3　氧枪横移更换装置

为了快速更换氧枪，设氧枪横移装置和更换装置，如图5-20所示。

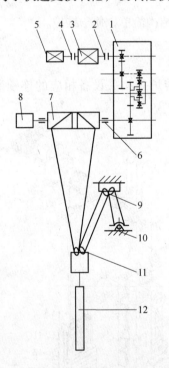

图5-19　氧枪无重锤提升机构传动示意图

1—减速器；2—带联轴节的液压制动器；
3—电动机；4—摩擦片离合器；5—氮气马达；
6—联轴节；7—卷扬装置；8—编码器；
9，11—滑轮组；10—钢绳断裂报警；12—氧枪

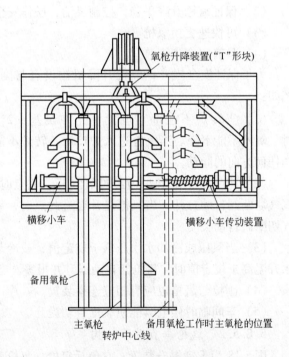

图5-20　氧枪横移和更换装置

在横移装置上并排安装有两套升降小车，其中一套工作，另一套备用。如果氧枪发生故障不能工作时，可以迅速开动横移小车，使备用氧枪小车对准工作位置，即刻投入生产，整个换枪时间约为1.5min。

为了保证工作可靠，氧枪升降小车采用了两根钢绳，当一条钢绳损坏，另一条钢绳仍能承担全部负荷，氧枪不致发生坠落损坏。

垂直氧枪升降和更换装置均布置在转炉的上方，这种方式的优点是：结构简单，运行可靠，换枪迅速。但由于枪身长，上下行程大，为布置上部升降机构及换枪设备，要求厂房高度要高。一般氧气转炉主厂房转炉跨的标高，主要是根据氧枪布置的要求确定的。因此垂直布置的方式适应于高速、高效的现代大型转炉生产。

5.8.6 氧枪各操作点的控制位置

转炉生产过程中，氧枪根据需要处于不同的控制位置，如图 5-21 所示。

氧枪各操作点标高的确定原则：

（1）最低点。最低点是氧枪下降的极限位置，取决于转炉的公称吨位，喷嘴端面距熔池液面一般为 250 ~ 400mm，大转炉应取上限。

（2）吹氧点。该点是氧枪开始进入正常吹炼的位置，又叫吹炼点。这个位置与转炉公称吨位、喷嘴类型、供氧压力等因素有关，一般根据生产实践经验确定。

（3）氧气开、关点。氧枪降至该点自动开氧，氧枪升至该点自动关氧。过早地开氧或过迟地关氧都会造成氧气的浪费，若氧气进入烟罩也会引起不良影响；过迟地开氧或过早地关氧也不好，易造成氧枪粘钢。一般氧气开、关点可与变速点在同一位置。

（4）变速点。在氧枪提升或下降到该点时就自动变速，该点位置的确定主要是要保证生产的安全，又能缩短氧枪提升、下降所占用的辅助时间。

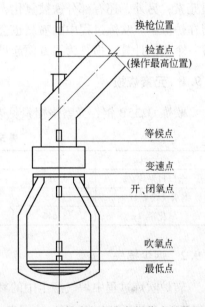

图 5-21 氧枪在行程中各操作点的位置

（5）等候点。等候点位于炉口以上。该点位置以不影响转炉的倾动为准，位置过高会增加氧枪升降所占用的辅助时间。

（6）最高点，又称检查点。该点是氧枪的最高极限位置，应高于烟罩氧枪插入孔的上缘。检修烟罩和处理氧枪粘钢时，需将氧枪提升到最高位置。

（7）换枪点。更换氧枪时，需将氧枪提升到换枪点，换枪点高于氧枪操作最高点的位置。

5.9 吹损

转炉的出钢量比装入量少，这说明在吹炼过程中有一部分金属消耗了，这部分消耗的数量就是吹损，一般用其占装入量的百分比来表示：

$$吹损 = \frac{装入量 - 出钢量}{装入量} \times 100\% = \left(1 - \frac{出钢量}{装入量}\right) \times 100\% \qquad (5-5)$$

$$钢水收得率 = \frac{出钢量}{装入量} \times 100\% = (1 - 吹损) \times 100\% \tag{5-6}$$

钢水收得率与钢铁料消耗有直接关系，目前国内先进钢厂钢铁料消耗指标已控制到 1041.87kg/t。

如果装入量为 132t，出钢量为 120t，则吹损为：

$$吹损 = \frac{装入量 - 出钢量}{装入量} \times 100\% = \frac{132 - 120}{132} \times 100\% = 9.2\%$$

氧气转炉主要是以铁水为原料。铁水吹炼成钢，要去除部分 C、Si、Mn、P、S 等杂质元素；另外，还有部分铁被氧化，铁的氧化产物氧化铁，一部分随炉气排走，另一部分留在炉渣中。吹炼过程中的喷溅也会损失部分金属。吹损就是由这些部分组成的。下面通过一个实例计算吹损，为了方便起见，以 100kg 金属料为计算单位。

5.9.1　元素烧损

吹炼 Q235B 钢，元素烧损量见表 5-2，100kg 金属烧损为 4.38kg。

表 5-2　100kg 金属料烧损量

项　目	C	Si	Mn	P	S
金属料平均/%	3.796	0.47	0.312	0.073	0.033
钢水（终点）/%	0.15	0	0.125	0.007	0.022
氧化量/kg	3.646	0.47	0.187	0.066	0.011

5.9.2　烟尘损失

转炉吹炼过程中炉气烟尘中的氧化铁约占 90%，而其中 $Fe_2O_{3尘} \approx 20\%$，$FeO_尘 \approx 70\%$。每 100kg 金属料产生 1.16kg 的烟尘，这 1.16kg 烟尘中金属损失是：

$$1.16 \times 70\% \times \frac{56}{72} + 1.16 \times 20\% \times \frac{112}{160} = 0.794kg$$

式中，"112" 表示两个铁原子的原子量，"160" 表示 Fe_2O_3 的分子量，"72" 表示 FeO 的分子量。

5.9.3　渣中 Fe_2O_3 和 FeO 的损失

吹炼过程铁的氧化物除了被炉气带走一部分外，还有一部分进入炉渣。渣量为金属量的 7.533%，若渣中（FeO）=9%，（Fe_2O_3）=3%，这部分铁的损失为：

$$100 \times 7.533\% \times \left(9\% \times \frac{56}{72} + 3\% \times \frac{112}{160}\right) = 0.686kg$$

5.9.4　渣中的金属损失

吹炼过程渣中悬浮的金属铁珠，随渣倒掉。若渣中金属铁珠占渣量的 8.5%，则铁的损失为：

$$100 \times 7.533\% \times \frac{8.5}{100 - 8.5} = 0.700kg$$

5.9.5　机械损失

由于控制不当而产生喷溅造成的金属损失，若按0.85%计算，则损失为：

$$100 \times 0.85\% = 0.85\text{kg}$$

综上所述，吹炼过程中总的金属损失为：

$$4.38 + 0.794 + 0.686 + 0.700 + 0.850 = 7.410\text{kg}$$

从以上数字来看，吹损的主要部分是氧化损失，即烧损；其次是机械损失。烧损是不可避免的，其数值的大小将随所炼钢种和铁水成分的不同而有所区别。机械损失是可以通过控制喷溅减少的。

练习题

1.（多选）吹损的形式包括有（　　）。ABCD

　A. 化学烧损　　　　B. 烟尘损失　　　　C. 机械喷溅损失　　　　D. 渣中铁损

2. 装入转炉的铁水量与出炉钢水量的差值再与装入转炉铁水量相除即得到转炉吹损率。（　　）×

3. 当转炉吹炼平衡不发生喷溅则无吹损。（　　）×

4. 转炉吹炼过程中化学吹损往往是不可避免的。（　　）√

学习重点与难点

学习重点：枪位对冶炼的影响是各级别的重点，高级工学习重点还有碳氧反应、供氧制度参数、供氧制度种类装入制度的种类和特点。

学习难点：包括喷嘴结构、氧流运动规律、碳氧反应、硅锰氧化、去气反应等炼钢原理。

思考与分析

1. 供氧制度包括哪些内容？
2. 什么是拉瓦尔型喷头？拉瓦尔型喷头有什么特点？
3. 氧气自由射流的运动规律是怎样的？
4. 多孔喷头氧气射流运动的特点是怎样的？
5. 什么是氧气流量？确定氧气流量的依据是什么？
6. 什么是供氧强度？确定供氧强度的依据是什么？
7. 如何确定每吨金属料的氧气消耗量？
8. 如何确定氧压？氧压过高或过低对氧气射流有何影响？
9. 确定氧枪枪位应考虑哪些因素？枪高为多少合适？
10. 氧枪枪位对熔池搅动、渣中TFe含量、熔池温度有什么影响？
11. 如何确定开始吹炼枪位？

12. 如何控制过程枪位？

13. 如何控制后期枪位？终点前为什么要降枪？

14. 什么是恒流量变枪位操作，有几种操作模式？

15. 什么是变枪位变流量操作？

16. 氧枪喷头损坏的原因和停用标准是什么？如何提高喷头寿命？

17. 氧枪喷头的主要尺寸是如何计算和确定的？

18. 什么是气体在钢中的溶解度？什么是平方根定律？

19. 气体在钢中的溶解度与哪些因素有关系？

20. 氢对钢有哪些危害？

21. 钢中氢的来源有哪些方面？

22. 降低钢中氢含量有哪些途径？

23. 氮对钢的性能有哪些影响？

24. 钢中氮的来源有哪几方面？怎样降低钢中氮含量？

25. 什么是超音速氧射流？什么是马赫数，确定马赫数的原则是什么？

26. 氧气射流与熔池的相互作用的规律是怎样的？

27. 氧气顶吹转炉的传氧载体有哪些？

28. 什么是硬吹，什么是软吹？

29. 转炉内金属液中各元素氧化的顺序是怎样的？

30. 在碱性操作条件下，为什么吹炼终点钢液中硅含量为痕迹？

31. 在碱性操作条件下吹炼终了钢液中为什么会有"余锰"，余锰含量高低受哪些因素影响？

32. 在炼钢过程中碳氧反应的作用是什么？

33. 平衡时碳和氧的关系是怎样的，如何表示？转炉熔池内实际碳氧含量的关系是怎样的？

34. 熔池中脱碳速度的变化是怎样的，与哪些因素有关？

35. 转炉用氧气的制取原理是怎样的？

36. 氧枪的构造是怎样的？

37. 转炉用氧气喷头的作用是什么，其结构形式是怎样的？

38. 氧气喷头的主要参数有哪几个？

39. 转炉吹炼过程中氧枪有哪些控制点？

40. 转炉对氧枪的升降机构和更换装置有什么要求？

41. 氧枪升降机构的传动是怎样的？

42. 怎样更换氧枪？

6　加渣料——造渣制度及脱磷脱硫

　　氧气转炉的供氧时间仅仅十几分钟，在此期间必须形成具有一定碱度、良好流动性、合适（FeO）和（MgO）含量、正常泡沫化的熔渣，以保证炼出合格的优质钢水，并减少对炉衬的侵蚀。

　　造渣制度就是要确定合适的造渣方法、渣料的加入数量和时间，以及如何快速成渣。

练习题

1. 炼好钢首先要炼好渣。（　　）√

2. 转炉炼钢的造渣制度包括造渣方法、加料时间和数量、适时化渣等方面。（　　）√

3. 造渣制度就是要确定造渣方法、渣料的加入数量和时间，以及如何加速成渣。（　　）√

4. 炼钢炉渣的化学成分是十分复杂的，而且在炼钢过程中还会不断发生变化，但主要的成分是由氧化物组成。（　　）√

5. 氧气顶吹转炉炼钢炉渣的主要成分是（　　）。D

   A. CaO、CaF_2、SiO_2　　　　　B. Al_2O_3、CaO、MnO

   C. FeO、P_2O_5、CaO　　　　　D. CaO、SiO_2、FeO

6. （多选）造渣制度是（　　）。ABCD

   A. 确定合适的造渣方法　　　　　B. 渣料的种类

   C. 渣料的加入数量和时间　　　　D. 加速成渣的措施

7. （多选）造渣制度研究的内容有（　　）。BC

   A. 铁水加入量　　　　　　　　　B. 石灰加入量

   C. 白云石加入量　　　　　　　　D. 合金加入量

8. （多选）转炉炼钢造渣制度研究的内容包括（　　）。ABCD

   A. 石灰加入量　　　　　　　　　B. 石灰加入时间

   C. 白云石加入量　　　　　　　　D. 白云石加入时间

9. （多选）炼钢炉渣的有利作用有（　　）。ABCD

A. 减少吸气   B. 减少烧损   C. 保温   D. 保证碳氧反应顺利进行

10.（多选）炼钢炉渣的有利作用有（   ）。ABCD

A. 去除磷、硫   B. 保护炉衬   C. 减少喷溅   D. 吸收夹杂及反应产物

11.（多选）炼钢炉渣的有害作用有（   ）。ABC

A. 侵蚀炉衬   B. 增加夹杂   C. 吸热喷溅   D. 吸收气体

12.（多选）转炉炼钢造渣的目的是（   ）。ABCD

A. 脱磷、脱硫   B. 保护炉衬   C. 防止喷溅   D. 减少钢液氧化

13.（多选）转炉要快速形成一定碱度的炉渣，因为对（   ）。AD

A. 去除磷、硫有好处   B. 抑制碳氧反应有利

C. 降低终点余锰有利   D. 提高炉龄有好处

6.1 造渣方法

根据铁水成分及吹炼钢种的要求确定造渣方法，有单渣操作、双渣操作、留渣操作等。

6.1.1 单渣操作

单渣操作就是在冶炼过程中只造一次渣，中途不倒渣、不扒渣、直到终点出钢。

当入炉铁水 Si、P、S 含量较低，或者钢种对 P、S 含量要求不严格，以及冶炼低碳钢种，均可以采用单渣操作。

单渣操作工艺比较简单，吹炼时间短，劳动条件好，易于实现自动控制。单渣操作的脱磷效率在 90% 左右，脱硫效率为 20% ~ 30%。

📝 练习题

1. 下列关于单渣操作的说法正确的是（   ）。A

A. 单渣操作就是在吹炼过程中只造一次渣，中途不倒渣、不扒渣，直到吹炼终点出钢

B. 入炉铁水 Si、P、S 含量较高，或者钢种对 P、S 含量要求严格，以及冶炼高碳钢时，均可以采用单渣操作

C. 采用单渣操作，工艺比较简单，吹炼时间短，劳动条件好，易于实现自动控制。单渣操作一般脱磷效率为 30% ~ 40%

2. 单渣操作就是在整个冶炼过程中（   ）。C

A. 渣料一次性加入   B. 中途倒一次渣

C. 只造一次渣，中途不倒渣、扒渣，直至终点出钢

3. 转炉炼钢劳动条件最好的是（   ）。A

A. 单渣法   B. 双渣法   C. 三渣法   D. 双渣留渣法

4. 转炉炼钢最适合自动控制的是（   ）。A

A. 单渣法   B. 双渣法   C. 三渣法   D. 双渣留渣法

5. 单渣法是开吹时一次将造渣剂加入炉内的方法。（　　）×

6. （多选）单渣法的优点有（　　）。BCD

　　A. 石灰消耗少　　　B. 劳动条件好　　　C. 操作简单　　　D. 冶炼周期短

6.1.2 双渣操作

　　双渣操作是在冶炼中途倒出或扒出 1/2～2/3 的炉渣，然后加入渣料重新造渣。根据铁水成分和所炼钢种的要求，也可以多次倒渣造新渣。

　　在入炉铁水磷、硅含量高，为防止喷溅，或者吹炼低锰钢种防止回锰等均可采用双渣操作。但当前有的转炉终点不能一次拉碳，多次倒炉并添加渣料补吹，也可看做一种变相的双渣操作，补吹对钢的质量、消耗以及炉衬都十分不利。

　　双渣操作脱磷效率可达 95% 以上，脱硫效率约 40%。双渣操作会延长吹炼时间，增加热量损失，降低金属收得率，也不利于过程自动控制，恶化劳动条件，最好采用铁水预处理"三脱"技术。

练习题

1. 采用双渣操作法主要是为了提高转炉的（　　）效率。D

　　A. 脱碳　　　　　B. 脱硫　　　　　C. 热　　　　　D. 脱磷

2. 双渣法是指吹炼过程中（　　）炉渣，再重新（　　）造渣。D

　　A. 倒出或扒出部分；加萤石

　　B. 倒出金属液并排掉；入炉加石灰

　　C. 倒出或扒出部分；加脱氧剂和石灰

　　D. 倒出或扒出部分；加石灰

3. 无铁水预处理装置冶炼低硫钢除了采用精料外，另一措施是采用（　　）造渣制度。B

　　A. 单渣法　　　B. 双渣法　　　　C. 留渣法　　　　D. 无渣法

4. 采用双渣操作法主要是为了提高转炉的脱碳效率。（　　）×

5. 采用双渣操作，中途倒渣可以消除大渣量引起的喷溅。（　　）√

6. 双渣法就是冶炼过程中倒去 1/2～2/3 的炉渣再重新加入渣料进行造渣。（　　）√

7. 双渣法是指吹炼过程中倒出或扒出部分炉渣，再重新加石灰造渣。（　　）√

8. 双渣法是冶炼过程中将造渣剂分两批加入炉内的方法。（　　）×

9. 单渣法脱硫率可达 40% 以上。（　　）×

10. （多选）双渣法的优点有（　　）。AC

　　A. 提高脱硫效率　　B. 化渣快　　　　C. 减少喷溅　　　D. 冶炼周期短

11. （多选）双渣法的优点有（　　）。ACD

　　A. 减少回磷　　　B. 化渣快　　　　C. 减少喷溅　　　D. 减少炉衬侵蚀

6.1.3 留渣操作

留渣操作就是将上炉终点炉渣的一部分或全部留给下炉使用。终点熔渣的碱度高，温度高，并且有一定 TFe 含量，留到下一炉，有利于初期渣及早形成，并且能提高前期去除 P、S，尤其脱 P 的效率，有利于保护炉衬，节省石灰用量。留渣操作还要定期更换炉渣。

留渣操作在兑铁水前首先要加石灰或小块废钢稠化、凝固熔渣，避免兑铁水时产生喷溅而造成事故。

根据以上的分析比较，单渣操作是简单稳定的，有利于自动控制。因此，对于 Si、S、P 含量较高的铁水，最好经过铁水预处理，使其进入转炉之前就符合炼钢要求。这样生产才能稳定，有利于提高劳动生产率，实现过程自动控制。

练 习 题

1. 脱磷效率较高的造渣方法是（ ）。C
   A. 单渣法   B. 双渣法   C. 留渣法

2. 不属于造渣工艺方法的是（ ）。A
   A. 无渣法   B. 单渣法   C. 双渣法   D. 留渣法

3. 使用留渣法的缺点是（ ）。A
   A. 兑铁容易喷溅   B. 渣料消耗量大   C. 脱硫效率低   D. 劳动条件差

4. 冶炼纯铁时，铁水锰含量较高应采用（ ）造渣制度。B
   A. 单渣法   B. 双渣法   C. 留渣法   D. 无渣法

5. 减渣护炉是一种变相的（ ）。C
   A. 单渣法   B. 双渣法   C. 留渣法

6. 转炉炼钢具有最高的去除磷、硫效率的是（ ）。D
   A. 单渣法   B. 双渣法   C. 三渣法   D. 双渣留渣法

7. 转炉炼钢热效率最高的是（ ）。D
   A. 单渣法   B. 双渣法   C. 三渣法   D. 双渣留渣法

8. 转炉炼钢化渣速度最快的是（ ）。D
   A. 单渣法   B. 双渣法   C. 三渣法   D. 双渣留渣法

9. 造渣方法有单渣法和双渣法。（ ）×

10. 造渣制度有单渣法、双渣法和留渣法三种。（ ）√

11. 造渣方法有单渣法、双渣法、双渣留渣法。（ ）√

12. 留渣操作主要是用来保护炉衬。（ ）×

13. （多选）留渣法的优点有（ ）。ABCD
    A. 石灰消耗少   B. 化渣快   C. 脱磷效率高   D. 热效率高

14. （多选）关于炼钢的造渣方法，正确的是（ ）。AD
    A. 转炉炼钢操作方法有单渣法、双渣法和留渣法
    B. 采用单渣法操作，工艺简单，但脱磷效果差，脱磷率达到 60%左右

C. 采用双渣法操作，脱磷效率较高，脱磷率可以达到80%

D. 双渣操作会延长吹炼时间，增加热量损失，降低金属收得率

15. 转炉留渣操作主要是为了（　　）。C

A. 保护炉衬　　　　　　　　　　B. 减少渣量

C. 有利于前期造渣，从而达到较好的去磷效果

16. 采用溅渣护炉的炉座，溅渣后可不倒渣，采用留渣操作，兑铁前（　　）。A

A. 加白灰稠渣，确认无液态渣　　B. 确认渣中高 TFe 已反应掉

C. 加废钢，使渣完全被废钢稀释

6.2 渣料加入量确定

6.2.1 石灰加入量确定

根据铁水中 Si、P 含量及炉渣碱度 R 来确定石灰加入量。

铁水磷含量较低（$[P]<0.30\%$）时，按下式计算石灰量：

$$石灰加入量(kg/t) = \frac{2.14 \times [Si]}{(CaO)_{石灰} - R \times (SiO_2)_{石灰}} \times R \times 1000 \tag{6-1}$$

铁水磷含量较高（$[P]>0.30\%$）时，可按下式计算石灰加入量：

$$石灰加入量(kg/t) = \frac{2.14 \times [Si] + 2.29 \times [P]}{(CaO)_{石灰} - R \times (SiO_2)_{石灰}} \times R \times 1000 \tag{6-2}$$

式中　　　　　　　2.14——SiO_2 与 Si 的相对分子质量的比值，它的含义是 1kg 的 Si 氧化后生成 2.14kg 的 SiO_2；

2.29——P_2O_5 与 P 的相对分子质量的比值，它的含义是 1kg 的 P 氧化后生成 2.29kg 的 P_2O_5；

R——炉渣碱度，$R = \dfrac{(CaO)}{(SiO_2)}$；

$(CaO)_{石灰} - R \times (SiO_2)_{石灰}$——石灰中的有效氧化钙，其中 $R \times (SiO_2)_{石灰}$ 相当于石灰中的 SiO_2 占用的 CaO 量。

若废钢的硅含量高，也应该按照式（6-1）计算废钢需补加石灰的数量。

根据矿石加入量及矿石成分也要补加石灰，即：

$$补加石灰量(kg/kg(矿石)) = \frac{R \times (SiO_2)_{矿}}{(CaO)_{石灰} - R \times (SiO_2)_{石灰}} \tag{6-3}$$

若矿石中 $(SiO_2)_{矿} = 6\%$，渣碱度 $R = 3.5$ 时，每 100kg 矿石大约补加 27kg 石灰。

除了加入矿石需要补加石灰外，加入萤石、贫锰矿、白云石、菱镁矿、煤块、硅石等含 SiO_2 的辅原料，都应该补加石灰，补加量计算方法与式（6-3）相似。

石灰加入总量应是铁水所需石灰加入量与各种原料需补加石灰量的总和。

例1 1t 金属料中铁水占85%，废钢占10%，生铁块占5%，每吨金属料加铁矿石 5kg，萤石 3kg，铁水带渣量0.5%，石灰熔化率85%，各原料成分如下：

原料	铁水	废钢	生铁块	铁水带渣	石灰	矿石	萤石
[Si]/%	0.50	0.10	1.40	—	—	—	—
CaO/%	—	—	—	37.5	83	—	—
SiO$_2$/%	—	—	—	36	2.5	6.0	5.0

炉渣碱度 $R = 3.5$。计算 1t 金属料所需石灰加入量。

金属料所需石灰量按式（6-1）计算：

$$\text{金属料}\atop\text{石灰加入量} = \frac{2.14 \times ([Si]_{铁水} \times 铁水量比 + [Si]_{废钢} \times 废钢量比 + [Si]_{生铁块} \times 生铁块量比)}{(CaO)_{石灰} - R \times (SiO_2)_{石灰}} \times R \times 1000$$

$$= \frac{2.14 \times (0.50\% \times 85\% + 0.10\% \times 10\% + 1.4\% \times 5\%)}{83\% - 3.5 \times 2.5\%} \times 3.5 \times 1000$$

$$= 50.94 \text{kg/t}$$

故每吨金属料需石灰量是 50.94kg。

铁水带渣量为：

$$1000 \times 85\% \times 0.5\% = 4.25 \text{kg}$$

铁水带渣带入的 SiO_2 应考虑铁水渣中与 CaO 相当的 SiO_2 量：

$$(SiO_2)_{有效,铁水渣} = (SiO_2)_{铁水渣} - \frac{(CaO)_{铁渣}}{R} = 36\% - \frac{37.5\%}{3.5} = 25.29\%$$

辅原料及铁水带渣所需石灰量用式（6-3）计算：

$$补加石灰量 = \frac{R \times ((SiO_2)_{矿石} \times 矿石量 + (SiO_2)_{萤石} \times 萤石量 + (SiO_2)_{有效,铁水渣} \times 铁水带渣量)}{(CaO)_{石灰} - R \times (SiO_2)_{石灰}}$$

$$= \frac{3.5 \times (5 \times 6\% + 3 \times 5\% + 4.25 \times 25.29\%)}{83\% - 3.5 \times 2.5\%} = 7.19 \text{kg}$$

因此可得石灰加入总量为：

$$石灰总加入量 = \frac{50.94 + 7.19}{85\%} = 68.39 \text{kg/t}$$

故每吨金属料应加入 68.39kg 的石灰。

-+-

练习题

1. 计算石灰中有效 CaO 量的公式正确的是（   ）。A

 A. 石灰有效 CaO% = 石灰 CaO% − 石灰 SiO$_2$% × R

 B. 石灰有效 CaO% = 石灰 CaO% − 石灰 SiO$_2$%

 C. 石灰有效 CaO% = 石灰 SiO$_2$% × R − 石灰 CaO%

2. 石灰中的有效氧化钙 = $(CaO)_{石灰} - R \times (SiO_2)_{石灰}$。（　　）√

3. 转炉炼钢用石灰加入量的计算方法是（　　）。B

　　A. $(2.14 \times [Si\%]/CaO\%) \times R \times 1000$

　　B. $(2.14 \times [Si\%]/CaO_{有效}\%) \times R \times 1000$

　　C. $(2.14 \times [Si\%]/CaO_{有效}\%) \times R \times 100$

4. 造渣需要加入的石灰量主要取决于（　　）。D

　　A. 废钢中 Si、P 含量　　　　　　　　B. 生铁块中 Si、P 含量

　　C. 矿石中 Si、P 含量　　　　　　　　D. 铁水中 Si、P 含量

5. 已知：铁水装入量为200t，铁水 Si 0.40%，石灰成分：CaO 78%，SiO_2 1.0%，终渣碱度 $R = 3.5$，石灰损失系数 $K = 1.1$，石灰加入量为（　　）t。A

　　A. 8.04　　　　　B. 11.02　　　　　C. 13.33　　　　　D. 14.50

　　$([2.14 \times 0.4\% \times 3.5/(78\% - 3.5 \times 1.0\%)] \times 1000 \times 1.1 \times 200)$

6. （多选）石灰加入量的影响因素是（　　）。ABCD

　　A. 石灰氧化钙量　　B. 石灰二氧化硅量　　C. 炉渣碱度　　　　D. 金属料硅含量

7. （多选）石灰加入量的确定因素有（　　）。ABCD

　　A. 铁水中 Si、P 含量　　　　　　　　B. 废钢中 Si、P 含量

　　C. 生铁块中 Si、P 含量　　　　　　　D. 炉渣碱度

8. （多选）关于石灰加入量的确定，正确的是（　　）。ABCD

　　A. 石灰加入量是根据铁水、废钢、生铁块中 Si、P 含量及炉渣碱度来确定

　　B. 加入铁矿石需要补加石灰，加入萤石等也需补加石灰

　　C. 石灰加入总量应是铁水需石灰加入量与各种原料需补加石灰量的总和

　　D. 加入白云石可代替部分石灰，需要调整石灰加入量

9. （多选）石灰加入量应该考虑（　　）。ABCD

　　A. 铁水带渣量　　B. 矿石带入 SiO_2　　C. 高磷铁水磷含量　　D. 废钢生铁块 SiO_2 量

10. （多选）计算石灰加入量应该考虑（　　）因素。ABCD

　　　A. 渣碱度　　　　B. 石灰有效氧化钙　　C. 石灰利用率　　D. 金属料硅含量

11. （多选）计算石灰加入量应该考虑（　　）因素。ABCD

　　　A. 金属料硅含量　　B. 散料带入 SiO_2 量　　C. 铁水带渣量　　D. 白云石相当石灰量

12. 石灰加入量只需考虑铁水硅含量、散料带入 SiO_2、炉渣碱度、石灰熔化率就可以了。（　　）×

13. 造渣需要加入的石灰量主要取决于铁水中 Si、P 含量。（　　）√

6.2.2　萤石加入量确定

萤石的助熔反应为：

$$2(CaF_2) + 3(SiO_2) == \{SiF_4\} + 2(CaO \cdot SiO_2)$$

$$3(CaO) + \{SiF_4\} == 2(CaF_2) + (CaO \cdot SiO_2)$$

萤石作为助熔剂的优点是化渣快，效果明显；但用量过多，对炉衬有侵蚀作用，对环

境也有污染，有时容易形成严重泡沫渣而造成喷溅。另外，萤石也是贵重资源，所以要尽量少用。

铁矿石、烧结矿、OG 泥烧结矿和 LT 的尘饼等都可代替萤石，但由于它们又是冷却剂，加入量要根据熔池温度而定。有条件的也可采用贫锰矿作助熔剂。

6.2.3 白云石及菱镁矿加入量确定

从国内外实践来看，采用白云石或菱镁矿造渣，对提高炉龄起了很大作用。

6.2.3.1 加白云石、菱镁矿的目的

加入白云石或菱镁矿调渣剂，是给炉渣提供足够数量的 MgO，使其溶解度达到饱和或过饱和。可以减轻初期渣对炉衬的侵蚀量，并且显著增大终渣黏度，便于挂渣和溅渣，有利于延长炉衬的使用寿命。

终点渣 MgO 含量一般在 8% ~ 14%，目前有的厂使用高镁石灰，因此白云石或菱镁矿的加入数量也不一样。

6.2.3.2 用计算方法确定生白云石加入量

例 2 计算条件：终渣成分要求（MgO）= 9.66%，渣量为金属装入量的 8.2%，炉衬侵蚀量是装入量的 0.05%，其他条件同例 1，原料及炉衬组分含量如下：

原 料	石 灰	生白云石	炉 衬
CaO/%	83	30	
SiO$_2$/%	2.5	2.0	
MgO/%	4.09	21	85

计算白云石加入量及石灰调整量。

炉渣中 MgO 主要来自加入的生白云石、石灰带入的 MgO 以及被侵蚀炉衬中的 MgO。从终渣要求的 MgO 量中减去炉衬和石灰带入的 MgO 量，差值除以白云石中 MgO 含量可计算出白云石的加入量。

（1）根据装入量计算白云石加入量。由例 1 计算的结果是不加白云石时石灰加入量为 68.39kg/t，石灰、炉衬侵蚀带入 MgO 量为：

$$石灰带入 MgO 量 = 68.39 \times 4.09\% = 2.80kg$$

$$炉衬蚀损带入 MgO 量 = 1000 \times 0.05\% \times 85\% = 0.425kg$$

根据 1t 装入量计算终渣 MgO 量：

$$1000 \times 8.2\% \times 9.66\% = 7.92kg$$

所以生白云石加入量为：

$$生白云石加入量 = \frac{终渣要求 MgO 量 - 炉衬侵蚀 MgO 量 - 石灰带入 MgO 量}{白云石 MgO 含量}$$

$$= \frac{7.92 - 2.80 - 0.425}{21\%} = 22.36 \text{kg}$$

（2）根据式（6-3）可计算生白云石需补加石灰量：

$$补加石灰量 = \frac{R \times (SiO_2)_{白云石} \times 白云石量}{(CaO)_{石灰} - R \times (SiO_2)_{石灰}} = \frac{3.5 \times 2\% \times 22.36}{83\% - 3.5 \times 2.5\%} = 2.11 \text{kg}$$

（3）计算生白云石相当的石灰量：

$$生白云石相对应的石灰量 = \frac{22.36 \times 30\%}{83\% - 3.5 \times 2.5\%} = 9.03 \text{kg}$$

$$石灰加入总量 = 68.39 + \frac{2.11 - 9.03}{85\%} = 60.24 \text{kg}$$

如果保持终点渣（MgO）=9.66%，每吨金属料需要加入白云石 22.36kg。

用生白云石或菱镁矿作为调渣剂，还要考虑熔池的温度。

在生产中，由于出现的特殊情况，需要补加石灰时，应随之成比例地增补生白云石或菱镁矿。

6.2.3.3 生白云石或菱镁矿加入的时间

由图6-1可知，当 $R = 0.7$ 时，炉衬的蚀损最严重；当 $R > 1.2$ 时，炉衬的蚀损量才显著下降。根据这个结果来看，生白云石或菱镁矿应早加为好，保持初期渣中（MgO）≥8%，减少炉衬蚀损，加速炉渣熔化。吹炼后期或出钢后根据溅渣的要求，确定是否补加白云石或菱镁矿调渣。

采用高镁石灰造渣，可减少白云石加入量；白云石造渣也可代替部分石灰造渣。

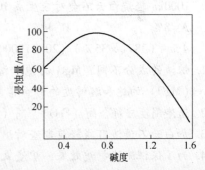

图6-1 初期渣碱度与炉衬侵蚀量的关系

练习题

1.（多选）白云石造渣的目的是（　　）。AC

   A. 保护炉衬　　　　　B. 减少氧化性　　　　　C. 保证化渣　　　　　D. 增加氧化性

2.（多选）影响炉渣 MgO 饱和溶解度的主要因素是（　　）。CD

   A. 炉渣 CaO 含量　　　B. 炉渣 SiO_2 含量　　　C. 炉渣碱度　　　　　D. 钢水温度

3.（多选）关于炉渣 MgO 含量的叙述，正确的是（　　）。ABCD

   A. 加入轻烧白云石调渣，是给炉渣提供足够的 MgO，使其达到饱和或过饱和

   B. 炼钢终渣 MgO 含量范围控制在8%～10%的范围内

   C. MgO 含量达到饱和，可以减轻初期渣对炉衬的侵蚀

   D. 加入石灰能减少白云石加入量

4. 加白云石造渣最好应在（　　）加。A

   A. 吹炼前期　　　　B. 吹炼中期　　　　C. 吹炼后期

5. 轻烧白云石或菱镁矿应在转炉吹炼的（　　）加为好，以保持初期渣中（MgO）≥8%，

　　减少炉衬蚀损，加速炉渣熔化。A

　　A. 早期　　　　　　　B. 中期　　　　　　　C. 晚期

6. 加入白云石造渣可增加渣中（　　）量。B

　　A. CaO　　　　　　　B. MgO　　　　　　　C. FeO

7. 初期渣中 MgO 的作用是（　　）。C

　　A. 使渣变黏，形成炉渣保护层　　　　B. 参与初期脱磷反应

　　C. 减轻初期渣对炉衬的侵蚀

8. 轻烧白云石造渣的作用是（　　）。A

　　A. 保护炉衬　　　　　　　　　　　　B. 保证渣中有足够的 TFe

　　C. 防止炉底上涨和粘枪现象

9. 炉渣中氧化镁含量增加，吹炼中后期易（　　）。B

　　A. 化渣　　　　　　　B. 粘枪　　　　　　　C. 降低（FeO）

10. 已知，石灰带入和炉衬侵蚀使炉渣中（MgO）含量为 4%，在加入 3871kg（MgO）含量为 35% 的轻烧白云石后，炉渣量变为 20t，此时含（MgO）为（　　）。（假设加入 1000kg 轻烧白云石会对应生成 1000kg 渣子）C

　　A. 8%　　　　　　　B. 9%　　　　　　　C. 10%　　　　　　　D. 12%

　　$(4\% + (3871 \times 35\%)/(20 \times 1000))$

11. 熔渣的成分不同，MgO 的饱和溶解度也不一样，在高碱度下，熔渣中的 TFe 含量对（MgO）的饱和溶解度的影响非常明显。（　　）×

12. 造渣制度应符合高（FeO）、高（CaF$_2$）、高（CaO）条件才有利于炉龄延长。（　　）×

13. 加白云石造渣可减轻前期渣对炉村的侵蚀。（　　）√

14. 为了保证溅渣护炉效果，炉渣氧化镁越高越好，白云石加入量应该增高。（　　）×

15. 碱度为 3.2，炉渣的 MgO 含量饱和溶解度在 8% 左右。（　　）√

16. 炉渣中 MgO 越高对保护炉衬越有利。（　　）×

17. 转炉渣中含有一定数量的 MgO，能降低转炉渣的熔点，改善渣的流动性。（　　）√

18. 在转炉冶炼过程中，经常需要加入轻烧白云石，其主要作用是提高炉渣中的 CaF$_2$ 含量。（　　）×

19. 氧气顶吹转炉炼钢过程热量有富余，因而根据热平衡计算需加入一定数量的冷却剂，以准确地命中终点温度。其中生白云石既可作为冷却剂又可作为化渣剂。（　　）×

6.3　炼钢脱磷与脱硫反应

　　对于大多数钢种来说，磷、硫均为有害元素，磷会引起钢的"冷脆"，硫则会引起钢的"热脆"，所以在炼钢过程中，都存在着不同程度的脱磷、脱硫任务。

　　鉴于磷、硫对钢的不良影响，因此不同用途的钢，对磷、硫含量都有严格规定，例如：非合金钢中普通质量钢 [P]≤0.045%，[S]≤0.050%；优质钢 [P]≤0.035%，[S]≤0.040%；特殊质量钢 [P]≤0.030%，[S]≤0.020% ~ 0.030%，有的甚至要求 [P]≤0.020%，[S]<0.005%，甚至更低。

但是，有些钢种如炮弹钢、耐腐蚀钢等，是要加入合金元素磷的。而硫易切钢，要求 [S] = 0.08% ~ 0.20%，甚至高达 0.30%。

📝 **练 习 题**

1. 磷是钢中有害元素，随磷含量的增加常出现（　　）。B

    A. 热脆   B. 冷脆   C. 蓝脆

2. 下列叙述正确的是（　　）。B

    A. 冷脆现象随着钢中碳、氧含量的增加而减弱

    B. 冷脆现象的出现是因为磷能显著扩大液相线与固相线之间的两相区

    C. 钢液凝固结晶时，晶轴中的磷含量偏高，而晶界处磷含量偏低

3. 对一般钢种来说，（　　）的存在会使钢产生冷脆现象。B

    A. S   B. P   C. H

4. 磷在钢中存在会（　　）。D

    A. 降低钢的塑性、韧性，出现热脆现象，并降低钢的强度

    B. 降低钢的塑性、韧性，出现热脆现象，使钢的强度过高

    C. 降低钢的塑性、韧性，出现冷脆现象，并使钢的熔点增加

    D. 降低钢的塑性、韧性，出现冷脆现象，并降低钢的强度

5. 钢中磷高易引起"冷脆"现象，并且随钢中碳、氮、氧含量的增加而加剧。（　　）√

6. 磷（P）在钢中以 Fe_3P 或 Fe_2P 形态存在，因而使钢的强度、硬度增高。（　　）×

7. 磷的存在会使钢产生热脆，即在常温或低温条件下出现钢的脆裂断裂现象。（　　）×

8. 磷在转炉吹炼中也是强发热元素之一，因此希望铁水中磷含量愈高愈好。（　　）×

6.3.1　炼钢脱磷

6.3.1.1　脱磷反应

炼钢过程的脱磷反应是在金属液与熔渣界面进行的，反应式如下：

$$2[P] + 5(FeO) = (P_2O_5) + 5[Fe]$$

(P_2O_5) 与渣中 CaO，生成稳定的磷酸钙：

$$(P_2O_5) + 4(CaO) = (4CaO \cdot P_2O_5)$$

或

$$(P_2O_5) + 3(CaO) = (3CaO \cdot P_2O_5)$$

碱性氧化渣脱磷综合反应式为：

$$2[P] + 5(FeO) + 4(CaO) = (4CaO \cdot P_2O_5) + 5[Fe]$$

$$\Delta G^{\ominus} = -678.002 - 0.27516T \text{ kJ}$$

或

$$2[P] + 5(FeO) + 3(CaO) = (3CaO \cdot P_2O_5) + 5[Fe]$$

$$\Delta G^{\ominus} = -767.16285 + 0.28835T \text{ kJ}$$

以上反应均为放热反应。

6.3.1.2 磷的分配系数与脱磷效率

当反应达到平衡时，其平衡常数用浓度表示可以写成：

$$K_P = \frac{(P_2O_5)}{[P]^2(FeO)^5(CaO)^4} \quad \text{或} \quad K_P = \frac{(P_2O_5)}{[P]^2(FeO)^5(CaO)^3}$$

在炼钢条件下，若渣中（FeO）、（CaO）成分一定，则脱磷效果可用磷的分配系数 L_P 表示，即熔渣与金属中磷浓度的比值。其表达式如下：

$$L_P = \frac{(4CaO \cdot P_2O_5)}{[P]^2} \tag{6-4}$$

或

$$L_P = \frac{(P_2O_5)}{[P]} \tag{6-5}$$

磷的分配系数大小主要取决于熔渣成分和温度。它表明了熔渣的脱磷能力，分配系数越大说明渣中磷相对含量高，钢中 [P] 低，脱磷能力越强，脱磷效果越好。

脱磷效果还可以用脱磷效率来表示，它是指脱磷的程度，其表达式为：

$$\eta_P = \frac{P_{原料} - [P]}{P_{原料}} \times 100\% \tag{6-6}$$

式中 $P_{原料}$——入炉原料中磷含量，%；

[P]——终点钢中磷含量，%。

✏ 练 习 题

1. 同样渣条件下，温度一定，磷的分配系数是一个常数，是根据化学反应平衡常数推出的。（   ）√

2. 炼钢中脱磷反应是（   ）。A

   A. 放热反应   B. 吸热反应   C. 不吸热也不放热的反应

3. 磷的分配系数（   ）表示炉渣脱磷能力。该比值越（   ），脱磷能力越（   ）。A

   A. $L_P = (P_2O_5)/[P]$；大；大   B. $L_P = (P)/[P]$；大；小

   C. $L_P = [P]/(P_2O_5)$；大；大   D. $L_P = [P]/(P)$；大；小

4. 磷的分配系数表示炉渣的脱磷能力。该比值越小，则表示金属去磷能力越（   ）。B

   A. 大   B. 小   C. 没有直接关系

6.3.1.3 脱磷的条件

根据化学平衡移动的原理，从脱磷反应式可以看出，升高反应物（FeO）和（CaO）浓度、降低生成物磷酸钙浓度有利于平衡向右移动，适当降温有利于平衡向放热反应方向移动，这些条件都对脱磷有益。因此，脱磷条件是：

（1）高（FeO）含量、高碱度。（FeO）是氧化剂，且能加速石灰的溶解，TFe 升高是脱磷反应的必要条件，而（CaO）使渣中（P_2O_5）稳定，（CaO）是充分条件。提高碱度是增加（CaO）的有效浓度，有利于提高脱磷效率，但碱度不是越高越好，若加入过多的石灰，则不利于渣化，影响熔渣的流动性，反而对脱磷不利。

（2）适当温度。脱磷反应是强放热反应，因而炉温过高，对脱磷不利；但炉温过低，又不利于石灰的渣化，熔渣黏度欠佳，也阻碍脱磷反应的进行。为此转炉炼钢在 1450℃ 以下，转炉双联法脱磷炉在 1350℃ 以下对脱磷反应较为合适。

（3）良好的熔渣流动性和充分的熔池搅动。脱磷是钢—渣界面反应，熔渣黏度大影响扩散速度，减小活度系数 γ，因此炉渣流动性良好，充分的熔池搅动，会增大钢—渣界面，有利于加速脱磷反应，提高脱磷效率。

少量（MgO）可以降低熔渣的黏度，但大量的（MgO）会提高渣黏度，当前采用溅渣护炉技术，渣中 MgO 含量较高，要注意调整好熔渣流动性，否则对脱磷也有影响。

（4）合适的渣量。反应式中（P_2O_5）浓度增加，则磷的分配系数 L_P 减小，需增大渣量降低渣中（P_2O_5）浓度，但渣量过大渣层过厚，磷的扩散速度变慢，对去磷反应不利。所以，对磷含量高的铁水，可采用双渣操作，或适当加大渣量，相对降低了磷酸钙浓度，反应可向右进行，对脱磷有利。

因此，有利于脱磷的熔渣条件是：高氧化性、高碱度、适当的炉温、渣量和良好流动性的熔渣以及充分的熔池搅拌。

在转炉的吹炼前期，应抓紧有利时机提高 TFe、早化渣、多脱磷。吹炼后期终点碳低时，炉渣已化透，渣中适当提高氧化铁含量，减少回磷，有利于冶炼低磷钢。

练习题

1. 脱磷的基本要素是（　　）。C

　A. 高碱度，高氧化铁，适当高温

　B. 高碱度，低氧化铁，适当低温

　C. 高碱度，高氧化铁，适当低温

2. 转炉炼钢主要的反应是（　　）反应。磷的氧化反应是（　　）反应，低温有利于磷的氧化。A

　A. 氧化；放热　　　　B. 还原；放热　　　　C. 氧化；吸热　　　　D. 物理；放热

3. （　　）的说法不正确。C

　A. 高温有利于去硫　　B. 低温有利于去磷　　C. 低 FeO 含量利于去磷

4. 脱 P 的基本条件中关于温度要求为（　　）。C

　A. 高温　　　　　　　B. 低温　　　　　　　C. 适当低温

5. 影响脱磷反应的因素很多，根据脱磷反应的平衡条件和磷的分配系数可以确定，主要影响因素是（　　）。A

　A. 炉渣成分和温度　　B. 炉渣黏度和渣量　　C. 炉渣成分和炉料磷含量

6. 脱磷的热力学条件是（　　）。B

  A. 碱度高、渣量大、炉温高、氧化铁含量低

  B. 氧化铁含量高、渣量大、碱度高、炉温适当低

  C. 大渣量、碱度高、炉温低、氧化铁含量低

7. 炉渣黏度与脱磷反应速度之间关系为（　　　）。A

  A. 炉渣黏度越小，反应速度越快

  B. 炉渣黏度越大，反应速度越快

  C. 炉渣黏度越小，反应速度越慢

8. （多选）转炉炼钢脱磷的条件是（　　　）。AC

  A. 高碱度　　　　　　　B. 低碱度　　　　　　C. 高氧化性　　　　　　D. 低氧化性

9. （多选）炼钢炉内，低温有利于（　　　）的氧化。BCD

  A. 碳　　　　　　　　　B. 硅　　　　　　　　C. 锰　　　　　　　　　D. 磷

10. 脱磷反应是吸热反应，温度低有利于脱磷。（　　　）×

11. 吹炼前期影响脱磷的主要因素是炉渣的氧化性。（　　　）√

12. 提高炉渣碱度，增加炉渣 TFe，有利于脱磷反应平衡向正反应方向移动，改善脱磷效果。（　　　）√

13. 根据脱硫的热力学和动力学条件，炉渣的氧化铁含量越低越有利于去磷。（　　　）×

14. 在吹炼前期影响脱磷的主要因素，不是渣中氧化亚铁，而是碱度。（　　　）×

15. 转炉炼钢过程中，确保合适的炉渣碱度，只要做到不发生严重的"返干"，脱磷就可以正常进行。（　　　）√

+·+

6.3.1.4　回磷反应

转炉炼钢脱磷效率较高，但控制不当，磷也有出格现象，这是由于出现了回磷现象。

  A　回磷的原因

所谓回磷，就是磷从渣中返回钢液的现象。回磷反应是脱磷的逆反应，凡是不利于脱磷的条件都会促进回磷反应。熔渣碱度及氧化铁含量降低，石灰渣化不好，冶炼前期熔渣黏，后期炉温过高等均会造成回磷现象；在吹炼终点、出钢、脱氧、浇注过程中操作不当也会出现回磷现象。

  B　回磷反应

由于脱氧，熔渣碱度、TFe 含量降低，会发生如下回磷反应：

$$2(FeO) + [Si] \Longrightarrow (SiO_2) + 2[Fe]$$

$$(4CaO \cdot P_2O_5) + 2(SiO_2) \Longrightarrow 2(2CaO \cdot SiO_2) + (P_2O_5)$$

分解出的 (P_2O_5) 可以被 Si、Mn、Al 等合金元素所还原，脱氧元素也可能直接还原磷，例如：

$$2(P_2O_5) + 5[Si] \Longrightarrow 5(SiO_2) + 4[P]$$

$$(P_2O_5) + 5[Mn] \Longrightarrow 5(MnO) + 2[P]$$

$$3(P_2O_5) + 10[Al] \Longrightarrow 5(Al_2O_3) + 6[P]$$

$$3(4CaO \cdot P_2O_5) + 10[Al] \Longrightarrow 6[P] + 5(Al_2O_3) + 12(CaO)$$

C 预防回磷的措施

由于钢包内脱氧，镇静钢回磷现象比沸腾钢严重得多。采取挡渣出钢，在出钢过程中尽量避免下渣，或向钢水包中加小块清洁石灰，稠化包内熔渣，减弱反应能力等，均可降低回磷现象，见表6-1。

表6-1 回磷原因及预防措施

回 磷 原 因	预 防 措 施
钢液温度过高	终点温度不能过高，保持高碱度炉渣
（TFe）降低，"返干"	保持（FeO）含量大于8%，防止"返干"
脱氧合金加入不当，生成大量（SiO$_2$），降低炉渣碱度	向钢包内加入钢包渣改质剂，使包内脱氧合金化，最好在出钢至2/3前加完
浇注系统耐火材料中的 SiO$_2$ 溶于渣中降低了碱度	用碱性包衬，包内加入少量小块石灰
出钢过程中下渣或钢渣混冲	挡渣出钢，严防下渣；加入小块清洁石灰，稠化包内熔渣，挡渣不好时在精炼前扒除钢包渣

转炉炼钢内脱磷反应接近平衡，其脱磷效率一般在85%以上。有人发现应用溅渣护炉技术后大型转炉钢中实际磷含量为：

$$[P]_{钢} = -0.0208 + 0.0025\ln t + \frac{0.00299}{(TFe)} + \frac{0.000791}{(P_2O_5)} + \frac{0.00105}{R} + 0.0000134(MgO) +$$

$$\frac{0.00682}{W_{废钢}} + 0.00468[P]_{铁} + \frac{0.00899}{W_{渣}} + 0.1928[C]_{钢}^3 \tag{6-7}$$

式中 t——钢水温度，℃。

✎ **练 习 题**

1. 对于钢水回磷，（　　）的说法不对。B

　　A. 下渣量大，回磷严重　　　　　　B. 温度越低，回磷越严重

　　C. 炉渣（FeO）越低，回磷越严重

2. 转炉出钢下渣过多，容易造成钢水（　　）。C

　　A. 回硫　　　　　　B. 回硅　　　　　　C. 回磷

3. 减少盛钢桶内回磷的措施是（　　）。C

　　A. 把温度降到最低限度　　　　　　B. 把磷降到最低限度

　　C. 把出钢下渣量降到最低限度　　　D. 多加脱氧剂

4. 回磷的现象是由（　　）引起。A

　　A. 高温　　　　　　B. 低温　　　　　　C. 与温度无关

5. HRB 与 Q235 相比，出钢时 HRB 的回磷幅度比 Q235 要（　　）。A

　　A. 大　　　　　　B. 小　　　　　　C. 相同

6. 防止钢包回磷的主要措施有（　　）。B

　　A. 出钢过程向钢包内投入少量石灰粉，稠化炉渣，降低碱度

B. 挡渣出钢，控制下渣量

C. A、B 均可

7. （多选）关于回磷的叙述，正确的是（　　）。AB

A. 回磷是磷从熔渣中返回钢中，是脱磷的逆反应

B. 转炉在出钢过程中会发生回磷现象

C. 炼钢的过程是脱磷的过程，转炉炉内不发生回磷

D. 回磷是炉渣中的磷回到钢水中，炉渣碱度与渣中氧化铁对回磷无影响

8. （多选）关于回磷的叙述，不正确的是（　　）。BCD

A. 回磷是磷从熔渣中返回钢中，是脱磷的逆反应

B. 转炉在出钢过程中会发生回磷现象，如果向钢包内加铝粒能避免回磷

C. 炼钢的过程是脱磷的过程，转炉炉内不发生回磷

D. 回磷是炉渣中的磷回到钢水中，炉渣碱度与渣中氧化铁对回磷无影响

9. （多选）转炉炼钢减少回磷的有效措施是（　　）。ACD

A. 不炼高温钢　　　　B. 少加合金　　　　C. 出钢加合成渣料　　　　D. 挡渣出钢

10. （多选）防止和减少钢包钢水回磷的方法和措施有（　　）。BC

A. 出钢过程严禁向钢包内加入钢包渣改质剂

B. 维护好出钢口，避免出钢下渣

C. 采取挡渣出钢，减少出钢带渣量

D. 增加硅铁加入量，提高脱氧效果

11. 出钢时钢包"回磷"的主要原因是碱度降低，而（FeO）降低对其的影响小些。
（　　）×

12. 出钢时钢包有"回磷"现象。（　　）。√

13. 氧气顶吹转炉炼钢生产实践证明，沸腾钢在钢包中的回磷现象比镇静钢严重得多。
（　　）×

14. 因为炉渣中的（FeO）低易造成回磷，所以实际生产中，镇静钢在钢包内回磷现象比
沸腾钢严重。（　　）√

15. 镇静钢的回磷较多，而沸腾钢的回磷较少，是因为沸腾钢中残留的氧 [O] 也较低。
（　　）×

16. 转炉出钢过程中，钢包回磷现象是不可避免的。（　　）√

17. 转炉炼钢中的回磷现象与温度无关。（　　）×

18. 在炼钢冶炼生产中，为了减少回磷，一般是保证炉渣为高碱度，并化好渣，保持适当
的（FeO）含量。（　　）√

19. （多选）造成终点磷高的原因不外乎（　　）等因素。ABD

A. 炉渣化得不透、流动性差　　　　　　B. 碱度低

C. 终点温度低　　　　　　　　　　　　D. 终点温度高

20. （多选）转炉炼钢吹炼中期可完成（　　）。BD

A. 脱硅　　　　　　B. 脱磷　　　　　　C. 脱锰　　　　　　D. 脱碳

21. （多选）转炉炼钢应采取（　　）措施保证脱磷效果。ACD

A. 前期利用低温保证化渣多去磷

B. 中期利用高温多去磷

C. 后期利用低碳高氧化性减少回磷

D. 利用双渣多去磷

22. （多选）一般情况下，转炉炼钢脱磷主要在冶炼（　　）进行。AB

A. 初期　　　　　　B. 前中期　　　　　　C. 后期

23. 关于铁水磷和转炉脱磷效率，下列说法正确的是（　　）。B

A. 磷含量小于0.30%为低磷铁水，转炉脱磷效率为55%~75%

B. 磷含量大于1.50%为高磷铁水，转炉脱磷效率为85%~95%

C. 磷含量大于0.70%为高磷铁水，转炉脱磷效率为85%~95%

D. 磷含量小于0.70%为低磷铁水，转炉脱磷效率为55%~75%

24. 根据脱磷的热力学原理，转炉脱磷的最佳时期一般在吹炼（　　）。A

A. 前期　　　　　　B. 中期　　　　　　C. 后期

25. 氧气顶吹转炉炼钢法的脱硫效率一般为（　　）左右，脱磷效率一般为（　　）左右。B

A. 10%~20%；40%~50%　　　　　　B. 30%~40%；70%~90%

C. 30%~40%；100%　　　　　　D. 60%~70%；70%~90%

6.3.2　炼钢脱硫

硫与磷一样，原则上也是炼钢要去除的有害元素之一。

硫在钢中是以 [FeS] 形式存在，硫会造成钢的"热脆"。FeS 熔点为 1193℃，而 Fe 与 FeS 组成的共晶体，其熔点只有 985℃。液态铁中 Fe 与 FeS 可以无限互溶，但 FeS 在固态铁中的溶解度很小，仅为 0.015%~0.020%，所以当钢的硫含量超过 0.02% 时，钢水在冷凝过程中，由于存在偏析，Fe-FeS 以低熔点的共晶体呈网状集中分布于晶界处。钢的热加工温度为 1250~1350℃，在此温度下晶界处共晶体熔化，受压后造成晶界处的破裂，这就是钢的"热脆"。当钢中氧含量较高时，FeO 与 FeS 形成的共晶体熔点更低，只有 940℃，会加剧钢的"热脆"现象。

除此之外，硫会明显地降低钢的焊接性能，引起高温龟裂，并使金属焊缝中产生许多气孔和疏松结构，从而降低焊缝处的强度；当其含量超过 0.06% 时，显著恶化了钢的耐腐蚀性。对于工业纯铁和硅钢来说，随着钢中 S 含量的提高，磁滞损失增加，影响钢的电磁性能。同时，铸坯（锭）凝固结构中硫的偏析最为严重。

但是，有些钢种硫是作为合金元素加入的。例如：硫易切钢则要求 [S] = 0.08%~0.20%，甚至高达 0.30%。

练 习 题

1. 钢材在高温条件下受力而发生晶界破裂从而产生热脆现象是因为钢中含（　　）。C

A. H　　　　　　B. P　　　　　　C. S

2. 通常规定钢中锰硫比应大于（　　）。C

　　A. 5　　　　　　　　B. 10　　　　　　　　C. 15

3. 硫在钢中是以 FeS 和 MnS 形态存在，当钢水凝固时，FeS 和 Fe 形成低熔点共晶体，熔点是（　　）。B

　　A. 895℃　　　　　　B. 985℃　　　　　　C. 1050℃

4. "热脆"现象是指钢材在高温条件下受力而发生晶界破裂的现象。（　　）√

5. 硫是钢中偏析度最小的元素，因而影响了钢材的使用性能。（　　）×

6.3.2.1　脱硫反应

A　熔渣脱硫

硫在钢中以 FeS 形式存在，FeS 既溶于钢液，又溶于熔渣中。脱硫的基本反应为：首先钢液中硫扩散至熔渣中，即 $[FeS] \rightarrow (FeS)$；而后与熔渣中 CaO 或 MnO 结合成稳定的、只溶于熔渣的 CaS 或 MnS。因此，脱硫反应式是：

$$[FeS] = (FeS)$$

$$+) \quad (FeS) + (CaO) = (CaS) + (FeO)$$

总反应式：

$$[FeS] + (CaO) = (CaS) + (FeO)$$

$$\Delta G^{\ominus} = 95.161 - 0.10307T \text{ kJ}$$

或

$$[FeS] + (MnO) = (MnS) + (FeO)$$

上述反应均为强吸热反应。

B　气化脱硫

转炉内有气化脱硫，约占脱硫总量的 10%～40%。由于硫与氧的亲和力比碳、硅与氧的亲和力低得多，所以钢液中只要有碳、硅存在，硫被直接氧化的可能性很小。氧气转炉内的气化脱硫是建立在熔渣脱硫的基础上的，所以气化脱硫也要求熔渣必须具有良好的性能。其反应式如下：

$$(CaS) + 3(Fe_2O_3) = (CaO) + 6(FeO) + \{SO_2\}$$

$$(CaS) + 3/2\{O_2\} = (CaO) + \{SO_2\}$$

6.3.2.2　硫的分配系数

按照平衡常数推导，在一定温度下，硫在熔渣与钢液中的溶解达到平衡时，其质量分数之比是一个常数，这个常数就称为硫的分配系数。其表达式为：

$$L_S = \frac{(S)}{[S]} \tag{6-8}$$

或

$$L_S = \frac{(CaO)}{[FeS]} \tag{6-9}$$

L_S 只与温度有关，其数值越高，说明熔渣的脱硫能力越强。转炉炼钢过程硫的分配系

数 L_S 为 7~10，最高也只有 12~14。但是，碱性电弧炉还原渣的电石渣中（FeO）极低，为 0.3%~0.5%，此时 L_S 可高达 100；即使脱氧后的白渣，L_S 也可达到 20~80。这说明还原渣脱硫能力强。

脱硫效率是表述脱硫的程度，可用下式表达：

$$\eta_S = \frac{S_{原料} - [S]}{S_{原料}} \times 100\% \qquad (6\text{-}10)$$

式中　$S_{原料}$——原料中 S 含量；

　　　$[S]$——终点钢中 S 含量。

练 习 题

1. 转炉炼钢过程脱硫形式是（　　）。C

   A. 搅拌脱硫　　　　　　　B. 还原脱硫　　　　　　C. 炉渣脱硫　　　　　　D. 扩散脱硫

2. 炉渣脱硫能力表示式是（　　）。B

   A. $L_S = [S\%]/(S\%)$　　B. $L_S = (S\%)/[S\%]$　　C. $L_S = (S\%)/[S]^2$

3. 若硫的分配系数小于 10，根据分配定律，石灰中硫含量为 0.040%，冶炼终点硫含量上限为 0.005% 的钢理论上是（　　）。A

   A. 可行的　　　　　　　B. 不可行的　　　　　　C. 无法判定的

4. 若硫的分配系数小于 10，根据分配定律，冶炼终点硫含量上限为 0.003% 的钢，从理论上应选择石灰中硫含量小于（　　）。C

   A. 0.050%　　　　　　　B. 0.040%　　　　　　C. 0.030%　　　　　　D. 0.003%

5. 根据分配定律，渣中硫越高，钢中硫（　　）。A

   A. 越高　　　　　　　　B. 越低　　　　　　　　C. 没有关系

6. 氧化钙（　　）和硫化亚铁（　　）起化学反应生成硫化钙（　　）和氧化亚铁（　　），该反应是（　　）。D

   A. CaO；Fe_2S；CaS；Fe_2O；放热反应

   B. CaOH；FeS；$CaSO_2$；FeO；吸热反应

   C. CaO；FeS_2；CaS；FeO；放热反应

   D. CaO；FeS；CaS；FeO；吸热反应

7. 转炉炼钢炉内脱硫主要是以炉渣脱硫为主。（　　）√

8. 转炉炼钢脱磷和脱硫主要是通过造渣来完成的。（　　）√

9. 脱硫反应属于氧化反应。（　　）×

10. 在硫分配系数一定的条件下，钢中的硫含量取决于炉料中的硫含量和渣量。（　　）√

11. 温度一定，反应达到平衡时，渣中硫含量与钢中硫含量的比值是一个常数。（　　）√

12. （多选）炼钢过程的（　　）均应用分配定律。BC

    A. 脱碳反应　　　　　　B. 脱硫反应　　　　　　C. 扩散脱氧反应　　　　D. 脱氮反应

13. (多选) 转炉炼钢脱磷、脱硫相同的条件是 (　　)。CD
　　A. 高氧化性　　　　B. 低氧化性　　　　C. 高碱度　　　　D. 大渣量

6.3.2.3　脱硫条件

从熔渣脱硫的基本反应方程式分析平衡移动条件可知, 高 (CaO)、高温、低 (FeO), 有利于平衡向右移动, 有利于脱硫。脱硫也是界面反应, 因此熔渣必须有良好流动性, 充分的熔池搅拌, 以加快其扩散速度和反应速度; 适当的大渣量对脱硫也有利。

高温不仅有利于石灰的渣化, 还可改善熔渣流动性并加速扩散。从图 6-2 的实例可以看出, 转炉 A 在吹炼初期石灰就渣化了, 即成渣速度快, 钢中 [S] 含量也就随之开始降低; 可是, 转炉 B 成渣晚, 直至吹炼后期石灰才急剧渣化, 钢中 [S] 含量才随着降低。由此可见, 两座转炉内 [S] 的动态完全不同, 这充分表明石灰的渣化, 即成渣速度对脱硫是非常重要的。

电炉和 LF 精炼炉还原渣的 FeO 含量很低, 电石渣中 TFe 为 0.3% ~ 0.5%, 脱硫能力极强; 然而, 转炉冶炼为氧化性操作, 熔渣 (TFe) 含量高达 25% ~ 30%; 但 (TFe) 对石灰渣化、改善熔渣流动性却是有利的。转炉炼钢时碱性氧化渣, 脱硫效果有限, 最好采用铁水炉外脱硫技术。

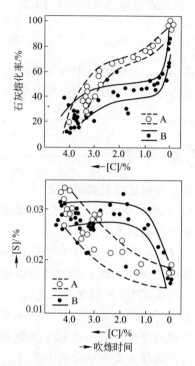

图 6-2　吹炼过程成渣速度与脱硫的关系
A—成渣快; B—成渣慢

转炉炼钢单渣脱硫效率一般为 20% ~ 30%。有人发现应用溅渣护炉技术后大型转炉钢中实际硫含量为:

$$[S]_{钢} = 8.137 \times 10^{-2} - 4.186 \times 10^{-3}t + 0.282[S]_{铁} + 1.457 \times 10^{-4}(TFe) +$$
$$2.412 \times 10^{-2}(MgO) - 7.33 \times 10^{-4}R + 9.663 \times 10^{-5}W_{渣} +$$
$$4.732 \times 10^{-2}(S) \tag{6-11}$$

式中　t——钢水温度, ℃。

练习题

1. 氧气顶吹转炉脱硫的热力学条件是 (　　)。A
　　A. 高温、高碱度、适量 (FeO) 和大渣量
　　B. 低温、高碱度、高 (FeO) 和大渣量
　　C. 高温、低碱度、高 (FeO) 和大渣量
2. 炉渣中 (　　) 含量高对脱硫有利。C
　　A. SiO₂　　　　　　B. Al₂O₃、P₂O₅、MgO　　　C. CaO、MnO

3. （多选）转炉炼钢脱硫的条件是（　　　）。AD

    A. 高碱度　　　　　B. 低碱度　　　　　　C. 高氧化性　　　　D. 低氧化性

4. （多选）有利于脱硫的因素有（　　　）。AB

    A. 适当高的温度　　B. 高碱度　　　　　　C. 降低渣量　　　　D. （FeO）含量高

5. 脱硫反应是吸热反应，所以温度升高有利于脱硫。（　　）√

6. 根据脱硫的热力学和动力学条件，转炉炉渣的氧化铁含量越低越有利于去硫。（　　）×

7. 高温、适当低氧化亚铁、高碱度、大渣量有利于硫的去除。（　　）√

8. 提高炉渣碱度有利于脱硫，但不利于提高硫的分配比。（　　）×

9. 脱硫的基本条件是高（FeO）、低（CaO）、高温。（　　）×

10. 顶吹转炉中去硫必须要求高温、高碱度。（　　）√

11. 对吹炼末期来说，炉渣碱度越高越有利于去磷。（　　）√

12. 炉渣的氧化性强，有利于去硫而不利于去磷。（　　）×

13. 因为高碱度对脱硫有利，所以碱度越高越好。（　　）×

14. 渣中 FeO 含量越高，越有利于脱硫。（　　）×

15. （多选）冶炼终点 [S] 含量高的原因有（　　）。ABC

    A. 铁水、废钢硫含量超标　　　　　　　　B. 造渣剂和冷却剂含硫高

    C. 冶炼操作不正常，化渣状况不好　　　　D. 吹炼过程大喷，使钢水硫升高

16. （多选）脱硫后的低硫铁水兑入转炉炼钢，吹炼终点出现增硫现象，是因为炼钢过程中（　　　）中的硫进入钢水，而吹炼过程脱硫量低于增硫量所致。ABCD

    A. 铁水渣　　　　　B. 铁块　　　　　　　C. 废钢　　　　　　D. 石灰

17. 采用软吹提高渣中 TFe 含量对于转炉脱硫既能改善热力学条件也能促进动力学条件。
（　　）×

6.4　炉渣的形成

    转炉的吹炼时间很短，快速成渣就成为转炉炼钢的核心问题之一。炉渣不仅要满足炼钢的要求，还应该对炉衬的侵蚀最小。因此，在吹炼过程中要遵循"初期渣早化，过程渣化透，终点渣作黏，出钢挂上粘住"的原则。

6.4.1　成渣过程

    石灰在炉内渣化过程规律是通过试验及对未熔透石灰块的成分分析得到的。

    石灰的渣化速度关系着成渣速度，而成渣速度又可以通过吹炼过程成渣量的变化来体现。从图 6-3 可以看出，吹炼前期和后期成渣较快，也说明石灰渣化量较多；而中期成渣速度缓慢。

    开吹后，各元素的氧化产物 FeO、SiO₂、

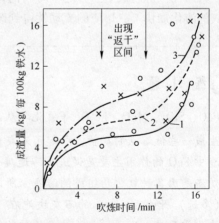

图 6-3　吹炼过程中渣量变化

1—枪位 700mm；2—枪位 800mm；3—枪位 900mm

MnO、Fe_2O_3 等形成了熔渣。加入的石灰块就浸泡在初期渣中，被这些氧化物包围着。这些氧化物从石灰表面向其内部渗透，并与 CaO 发生化学反应，生成一些低熔点的矿物，引起了石灰表面的渣化。这些反应不仅在石灰的外表面进行，而且也在石灰气孔的内表面进行着。石灰就是这样逐渐被渣化的。

转炉炼钢炉渣碱度大于 3.0，其成分点在 CaO-FeO-SiO_2 三元相图 1600℃等温截面图（见图 6-4）上，处于Ⅲ、Ⅳ区，石灰在渣化过程中其表面可能会形成质地致密的高熔点的 $2CaO \cdot SiO_2$，阻碍着石灰进一步的渣化。若渣中含有足量的 FeO，可使 $2CaO \cdot SiO_2$ 解体，其成分点移至Ⅱ区（液相区）。MnO 和 Fe_2O_3 同样也能够破坏 $2CaO \cdot SiO_2$ 的生成。CaF_2 和少量 MgO 能够扩大 CaO-FeO-SiO_2 三元相图液相区域，对渣化有利。

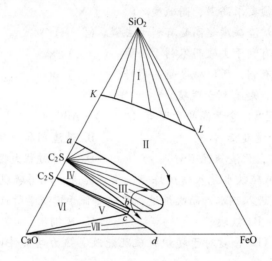

图 6-4　CaO-FeO-SiO_2 相图 1600℃的等温截面图

吹炼前期由于（FeO）含量高，虽然炉温不太高，石灰也可以部分渣化；在吹炼中期，由于碳的激烈氧化，（FeO）被大量消耗，熔渣的矿物组成发生了变化，由 $2FeO \cdot SiO_2 \rightarrow CaO \cdot FeO \cdot SiO_2 \rightarrow 2CaO \cdot SiO_2$，熔点升高，石灰的渣化有些停滞，出现"返干"现象。大约在吹炼的最后三分之一时间内，碳氧化的高峰已过，（FeO）又有所增加，因而石灰的渣化加快了，熔渣的流动性得到改善。

✎ 练 习 题

1. FeO、SiO_2、MnO、Fe_2O_3 等氧化物从石灰表面向其内部渗透，并与 CaO 发生化学反应，生成一些低熔点的矿物，引起了石灰表面的渣化。（　　）√

2. 渣中 FeO 的作用主要是促进成渣速度，而与炉内各元素氧化反应无关。（　　）×

3. 炉渣是由各种氧化物组成的溶液，所以它没有一个固定的熔点。（　　）√

4. （多选）开吹后，加入的石灰块泡在（　　）等形成初期渣中，这些氧化物与 CaO 发生化学反应，生成一些低熔点的矿物，引起了石灰表面的渣化。ABCD

　　A. FeO　　　　　　　B. SiO_2　　　　　　C. MnO　　　　　　D. Fe_2O_3

5. （多选）石灰的渣化包括（　　）。ABC
 A. 高温熔融　　　　　　　　　B. 生成低熔点化合物的渣化
 C. 物理溶解　　　　　　　　　D. 气化

6. 炉温低是转炉吹炼前期成渣速度较慢的主要原因。（　　）×

7. 适量的 MgO 含量对化好初期渣有促进作用。（　　）√

8. SiO_2 对化好初期渣没有促进作用。（　　）√

9. 吹炼前期为了保证化渣除了采用较高枪位操作外，还要注意铁水温度不过低。（　　）√

10. 高温可以加快石灰的外部、内部传质，所以对石灰迅速熔化起决定作用。（　　）×

11. 对化好初期渣没有促进作用的是（　　）。C
 A. SiO_2　　　　B. MnO　　　　C. CaO　　　　D. FeO

12. 炉渣中 MgO 含量在（　　）左右时，有助于初期渣早化。A
 A. 6%　　　　B. 12%　　　　C. 18%　　　　D. 24%

13. 控制成渣过程的主要目的是快速成渣，使熔渣具有一定的（　　），以便尽快去除杂质。C
 A. 黏度　　　　B. 氧化性　　　　C. 碱度

14. 渣中（　　）含量从 9% 提高到 30% 时，熔渣的初始流动温度从 1642℃ 降低到 1350℃，变化幅度很大。B
 A. SiO　　　　B. TFe　　　　C. MgO　　　　D. CaO

15. （多选）转炉炼钢吹炼过程中石灰起到（　　）。BC
 A. 化渣剂　　　　B. 造渣剂　　　　C. 冷却剂　　　　D. 护炉剂

16. （多选）能够破坏石灰表面 $2CaO \cdot SiO_2$ 硬壳的物质有（　　）。ABCD
 A. CaF_2　　　　B. MnO　　　　C. FeO　　　　D. Fe_2O_3

17. 渣"返干"的定义为（　　）。B
 A. 在冶炼前期，由于硅的激烈氧化使渣中氧化锰浓度降低很多，导致炉渣的熔点显著降低到与当时的熔池非常接近的温度，使炉渣变得黏稠不活跃的现象
 B. 在冶炼中期，由于碳的激烈氧化使渣中氧化铁浓度降低很多，导致炉渣的熔点显著升高到与当时的熔池非常接近的温度，使炉渣变得黏稠不活跃的现象
 C. 在冶炼中期，由于碳的激烈氧化使渣中氧化铁浓度降低很多，导致炉渣的熔点显著降低到与当时的熔池非常接近的温度，使炉渣变得黏稠不活跃的现象
 D. 在冶炼中期，由于碳的激烈氧化使渣中氧化铁浓度降低很多，导致炉渣的熔点显著降低到与当时的熔池非常接近的温度，使炉渣变得活跃的现象

18. C_2S 代表渣中（　　）成分。C
 A. 硫化二碳　　　B. 二硅酸钙　　　C. 硅酸二钙　　　D. 硅酸二铁

19. 冶炼中期出现炉渣的"返干"现象，渣中主要成分是游离氧化钙、游离氧化镁和（　　）。A
 A. 硅酸二钙　　　B. 氧化铁　　　C. 铁酸钙　　　D. 铁酸镁

20. 炉渣返干渣中成分的变化是（　　）。B
 A. $2CaO \cdot SiO_2 \rightarrow CaO \cdot FeO \cdot SiO_2 \rightarrow 2FeO \cdot SiO_2$
 B. $2FeO \cdot SiO_2 \rightarrow CaO \cdot FeO \cdot SiO_2 \rightarrow 2CaO \cdot SiO_2$

  C. $CaO \cdot FeO \cdot SiO_2 \rightarrow 2CaO \cdot SiO_2 \rightarrow 2FeO \cdot SiO_2$

  D. $2CaO \cdot SiO_2 \rightarrow 2FeO \cdot SiO_2 \rightarrow CaO \cdot FeO \cdot SiO_2$

21. （多选）冶炼中期"返干"的原因是（　　）。AB

  A. 枪位低   B. 氧化铁低   C. 氧化钙低   D. 温度低

22. （多选）吹炼中期炉渣特点是（　　）。BD

  A. 炉内金属液［C］含量低   B. 炉渣容易出现"返干"

  C. 碱度高，氧化亚铁含量高   D. 碱度高，氧化亚铁含量低

23. （多选）吹炼中期炉渣的矿物组成是（　　）。ABC

  A. 主相为硅酸二钙和硅酸三钙

  B. 当石灰加入量大时，有较多的游离 CaO

  C. 碱度越高时，硅酸三钙量越大，游离 CaO 越多

  D. 碱度越高时，硅酸三钙量越少，游离 CaO 越多

24. 炉渣"返干"时熔点高的物质是 $2CaO \cdot SiO_2$。（　　）√

25. 炉渣"返干"时，应及时降枪化渣。（　　）×

26. 炉渣"返干"使炉渣黏度升高，因而不易喷溅。（　　）×

27. 在转炉吹炼中，造成炉渣"返干"现象的主要原因是供氧量小于碳氧化反应所耗氧量。（　　）√

28. 吹炼中期碳氧反应速度快，会大量消耗渣中氧化铁，造成炉渣"返干"。（　　）√

29. 转炉炼钢冶炼中期的"返干"现象是不可避免的，金属喷溅也是不可避免的。（　　）×

30. 吹炼过程中，石灰结块时可从炉口火焰或炉膛响声中发现，要及时处理。（　　）√

31. 在碳激烈氧化期，（FeO）含量往往较低，炉渣容易出现（　　）。B

  A. 喷溅   B. 返干   C. 没有影响

+·+

6.4.2　加快石灰渣化的途径

  加快石灰渣化的途径有：

  （1）改进石灰质量，使用软烧活性石灰。这种石灰气孔率高，比表面积大，可以加快石灰的渣化。

  （2）适当改变助熔剂的成分。增加 MnO、CaF_2 和少量的 MgO 成分，都有利于石灰的渣化。

  （3）提高开吹温度。前期温度高，会加快初期渣中石灰的渣化速度。以废钢为冷却剂时，是在开吹前加入，前期炉温提高较慢。如果是用矿石作为冷却剂，矿石可以分批加入，有利于前期炉温的提高，也有助于前期成渣。

  （4）合适的吹炼枪位既能促进石灰的渣化，又可避免发生喷溅，即在碳的激烈氧化期熔渣不会"返干"。

  （5）采用合成渣可以促进熔渣的快速形成。

  （6）补炉后渣中（MgO）含量较高，碳含量也高，造成渣中（TFe）降低，加上温度偏低，渣量增大，容易造成化渣困难，需要适当提高枪位，必要时增加化渣剂用量，保证石灰渣化。

练习题

1. 萤石化渣作用较快，但持续时间短。（　　）√

2. 萤石作为化渣剂具有短时间化渣快的效果。（　　）√

3. 萤石本身没有脱硫能力，是因为 CaF_2 本身为酸性物质。（　　）×

4. 大量使用萤石能提高炉龄，但会增加喷溅。（　　）×

5. 萤石的重要作用是降低炉渣熔点，改善炉渣流动性，帮助石灰迅速溶解。（　　）√

6. 萤石本身没有脱硫能力，是因为 CaF_2 本身为（　　）。C
   A. 酸性　　　　　B. 碱性　　　　　C. 中性　　　　　D. 惰性

7. （多选）关于萤石使用，正确的是（　　）。ABC
   A. 萤石作为助熔剂，化渣快，效果明显
   B. 萤石对环境有污染，容易形成泡沫性造成喷溅
   C. 萤石对炉衬有侵蚀作用，尽量少用
   D. 萤石对脱硫效果有利，在冶炼过程中应保证用量以利于脱硫

8. （多选）可代替萤石化渣的是（　　）。ACD
   A. 铁矿石　　　　B. 镁碳球　　　　C. 烧结矿　　　　D. OG 泥烧结矿

9. 萤石化渣作用快，且不降低炉渣碱度，不影响炉龄。（　　）×

10. 萤石加入渣中并不影响炉渣的碱度，而大大地提高了炉渣的反应能力。（　　）√

11. 造渣制度应符合高（FeO）、高（CaF_2）、高（CaO）条件才有利于炉龄延长。（　　）×

12. 提高石灰的活性度和气孔率可以加速石灰的渣化。（　　）√

13. 可以采用多种途径加速石灰熔解。（　　）√

14. 转炉炼钢用活性石灰的作用是（　　）。C
   A. 提高炉龄　　　B. 提高碱度　　　C. 利于成渣　　　D. 利于脱碳

15. 对石灰渣化不利的是（　　）。B
   A. FeO　　　　B. $2CaO \cdot SiO_2$　　　　C. MnO　　　　D. MgO

16. 活性石灰具有（　　）、（　　）、晶粒细小等特性，因而易于熔化、成渣速度快。C
   A. 气孔大；粒度小　　　　　　　B. 气孔小；粒度大
   C. 气孔率高；比表面积大　　　　D. 气孔率高；CaO 含量高

17. （FeO）可以促进石灰的渣化速度。（　　）√

18. 在转炉炼钢过程中，（FeO）含量一般要控制在 20% 以上。（　　）×

19. 过晚造渣容易造成过程温度高，而终点温度低。（　　）√

20. （多选）加快石灰熔化的途径有（　　）。ABCD
   A. 增大石灰比表面积和加强熔池搅拌　　B. 使用活性石灰
   C. 适当增加 MnO 和 CaF_2　　　　　　D. 提高开吹温度和合适的氧枪枪位

21. （多选）转炉炼钢加速化渣的措施有（　　）。ACD
   A. 提高渣中氧化锰　　　　　　　B. 加过烧率高的石灰

　　C. 加入铝矾土　　　　　　　　　　　　D. 提高温度

22. （多选）转炉炼钢加速化渣的措施有（　　）。ACD

　　A. 软烧石灰　　　　B. 加生烧率高的石灰　　C. 高枪位　　　　　　D. 提高温度

23. （多选）加速石灰熔化的途径是（　　）。BC

　　A. 降低初期渣的氧化铁含量

　　B. 使用活性石灰，减少石灰生过烧率

　　C. 保证石灰适当的粒度和粒度的均匀

　　D. 全过程低温控制

24. （多选）加快石灰渣化的途径有（　　）。ABD

　　A. 加萤石　　　　　B. 加矿石，提高枪位　　C. 减少渣中 TFe　　D. 提高石灰活性

25. （多选）对成渣速度有直接影响的是（　　）。AC

　　A. 渣料的加入批量　　B. 废钢加入量　　　　　C. 渣料的加入时间　　D. 炉容比

26. （多选）转炉炼钢加速化渣的措施有（　　）。ABC

　　A. 活性石灰　　　　B. 合成渣　　　　　　　C. 留渣操作　　　　　D. 双渣操作

27. 补炉后转炉冶炼，炉渣中的 MgO 含量会增加，因此，炉渣不容易化渣。（　　）√

28. 补炉后冶炼，渣中 MgO 含量增加，在冶炼过程中，采用低枪位冶炼，或加入部分萤石，以促使转炉化渣。（　　）×

29. 补炉后冶炼，炉衬温度偏低，前期温度随之降低，要注意及时提枪，控制渣中（TFe）含量，以免喷溅。（　　）√

30. 补炉后冶炼，钢水冲刷炉衬导致钢水中碳含量升高，冶炼后期注意终点温度和成分控制的均匀性和准确性。（　　）√

31. 补炉后第一炉，造渣制度应（　　）。C

　　A. 增加轻烧白云石用量　　　　　　　　B. 减少矿石用量

　　C. 适当增大渣量

32. 补炉后第一炉，以下叙述正确的是（　　）。B

　　A. 因为补炉的温度损失大，入炉铁水的硅含量越高越好

　　B. 吹炼操作中应适当提高渣中 TFe 含量

　　C. 适当降低底吹流量，减少温度损失

　　D. 增加轻烧白云石加入量，达到增大渣量、提高脱磷效果的目的

33. 补炉后冶炼，渣中（　　）含量增加，在冶炼过程中，采用较（　　）枪位冶炼，或加入部分矿石或萤石，以促使转炉化渣。D

　　A. SiO_2；低　　　B. CaO；低　　　　　C. Al_2O_3；高　　　D. MgO；高

34. 补炉后冶炼，炉衬温度（　　），前期温度随之（　　），要注意及时（　　），控制渣中（TFe）含量，以免喷溅。C

　　A. 较高；提高；降枪　　　　　　　　　B. 较高；提高；提枪

　　C. 偏低；降低；降枪　　　　　　　　　D. 偏低；降低；提枪

35. 补炉后冶炼，钢水冲刷炉衬导致钢水中（　　）含量升高，冶炼后期注意终点（　　）控制的均匀性和准确性。C

　　A. 碳；温度　　　　B. MgO；温度　　　　C. 碳；碳　　　　　　D. MgO；MgO

36. 石灰的渣化需要的条件有（　　）。C
    A. 足够的温度、多孔的石灰、较低的（TFe）
    B. 较低的温度、多孔的石灰、较高的（TFe）
    C. 足够的温度、多孔的石灰、较高的（TFe）
    D. 较低的温度、多孔的石灰、较低的（TFe）
37. 阻碍石灰渣化最严重的是（　　）成分。D
    A. CaO　　　　　B. SiO_2　　　　　C. $CaO \cdot SiO_2$　　　　D. $2CaO \cdot SiO_2$
38. 炉渣中下列化合物熔点最高的是（　　）。B
    A. $CaO \cdot SiO_2$　　B. $2CaO \cdot SiO_2$　　　　C. $CaO \cdot 2SiO_2$　　　D. $MgO \cdot SiO_2$
39. （多选）人工判断炉渣化好的特征是（　　）。BD
    A. 声音尖锐　　　　B. 声音柔和　　　　　C. 喷出物带铁珠　　　D. 炉口火花少

6.5　渣料加入时间

　　渣料的加入批量和时间对成渣速度有直接的影响。若在开吹时将渣料一次全部加入炉内，熔池温度必然偏低，熔渣不易形成，并且还会抑制碳的氧化。所以采用单渣操作，渣料一般都是分两批加入，第一批渣料是总量的一半或一半以上，其余的在第二批加入。如果需要调整熔渣或炉温，才有所谓第三批渣料。

　　正常情况下，第一批渣料是在开吹的同时加入。第二批渣料是在 Si、Mn 氧化基本结束，第一批渣料基本化好，碳焰初起时加入。第二批渣料可以一次加入，也可以分小批多次加入。分小批多次加入不会过分冷却熔池，对石灰渣化有利，也有利碳氧的均衡反应。但最后一小批料必须在终点拉碳前一定时间内加完，否则渣料来不及渣化就要出钢了。

　　如果炉渣熔化得好，炉内 CO 气泡排出受到金属液和炉渣的阻碍，噪声强度小；当炉渣熔化不好时，CO 气泡从石灰块的缝隙穿过排出，噪声强度大；采用声呐装置接收这种声音信息便可以判断炉内炉渣熔化情况，并将信息送入计算机处理，进而指导枪位控制。

　　人工判断炉渣化好的特征为炉内声音柔和，喷出物不带铁，无火花，呈片状，落在炉壳上不黏附；否则噪声尖锐，火焰散，喷出石灰和金属粒，并带火花。

　　第二批渣料加得过早和过晚都对吹炼不利。加得过早，炉内温度低，第一批渣料还没有化好，又加冷料，熔渣就更不容易形成，有时还会造成石灰结坨，影响炉温的提高。加得过晚，正值碳的激烈氧化期，（TFe）低，当第二批渣料加入后，炉温骤然降低，不仅渣料不易熔化，还抑制了碳氧反应，会产生金属喷溅，当炉温再度提高后，就会产生大喷溅。所以当炉温低时应适当降枪，当炉温高时应适当提前分批加入第二批料加以调节。

　　第三批渣料的加入时间要看炉渣渣化情况的好坏及炉温的高低而定。炉渣化得不好，可适当加入少量萤石进行调整；炉温较高时，可加入部分石灰或生白云石加以调整。溅渣护炉调节熔渣也有加入调渣剂（即第三批料）。

练习题

1. 在转炉单渣法操作过程中，为促进成渣速度，渣料一般分（　　）加入。B

　　A. 一批　　　　　　　　B. 两批　　　　　　　　C. 四批

2. 造渣料的加入批数和加入时间描述正确的是（　　）。B

　　A. 造渣材料一般在冶炼过程的前期、中期、后期分三批均匀加入

　　B. 渣料基本上是分两批加入，第一批渣料是在开吹的同时加入，第二批渣料加入是在
　　　硅、锰氧化基本结束，头批料基本化好，碳焰初起时加入较为合适。视炉渣情况也
　　　可酌情加入第三批料

　　C. 造渣料的加入没有必要分批加入，只要均匀加入即可

3. 单渣法第二批渣料加入时机选择在（　　）。A

　　A. Si、Mn 氧化基本结束时加入　　　　　　B. 炉渣"返干"时加入

　　C. 拉碳前加入

4. 渣料的加入数量和时间对化渣速度有直接的影响（　　）。B

　　A. 渣料全部一次加入炉内，化渣快

　　B. 渣料全部一次加入炉内，化渣慢

　　C. 渣料分批加入炉内，化渣慢

　　D. 渣料分批加入炉内，化渣不受影响

5. 关于单渣法第二批渣料，以下说法正确的是（　　）。B

　　A. 在需要调整熔渣或炉温时，才有第二批渣料

　　B. 单渣操作时，渣料一般都是分两批加入

　　C. 第一批渣料是总量的 1/3 ~ 1/2

6. （多选）转炉炼钢（　　）时候加入三批料。BC

　　A. 兑铁前　　　　　　B. 调温时　　　　　　C. 调整炉渣时　　　　D. 开吹时

7. （多选）转炉炼钢头批料可在（　　）时候加入。AB

　　A. 兑铁前　　　　　　B. 开吹同时　　　　　　C. 冶炼中期　　　　D. 冶炼后期

8. （多选）关于渣料加入时间叙述，正确的是（　　）。ABC

　　A. 第一批料在开吹的同时加入

　　B. 第二批料在 Si、Mn 氧化基本结束，碳焰初起时加入

　　C. 单渣操作时，渣料一般分两次加入炉内

　　D. 第一批渣料加入总量的 1/3 或以下

9. （多选）关于渣料加入时间叙述，不正确的是（　　）。BD

　　A. 第一批料在开吹的同时加入

　　B. 第二批料在 Si、Mn 氧化结束前加入

　　C. 单渣操作时，渣料一般分两次加入炉内

　　D. 第一批渣料加入总量的 1/3 或以下

10. 渣料一般是分两批加入的，其中第二批料在吹炼中期碳氧反应剧烈时加入为宜。（　　）×

11. 若在开吹时将渣料全部一次加入炉内，必然导致熔池温度偏低，熔渣不易形成，并且还会抑制碳的氧化。（ ）✓

12. 双批加料中，第二批渣料加入时机选择在炉渣"返干"时加入。（ ）×

13. 单渣操作时，渣料一般都是分两批加入。（ ）✓

14. 在正常的冶炼条件下，渣料一般情况是一批就加入转炉内。（ ）×

15. 为了在吹炼前期尽快形成一定碱度的炉渣，造渣料必须在开吹同时一次性加入。（ ）×

16. 单渣操作就是在整个冶炼过程中渣料一次性加入转炉内。（ ）×

17. 造渣材料一般在冶炼过程的前期、中期、后期分三批均匀加入。（ ）×

18. 一次将所有渣料加入炉内，化渣速度慢，对化渣效果有影响。（ ）✓

6.6 泡沫渣

吹炼过程中，由于氧气流股对熔池的作用，产生了许多金属液滴，而这些金属液滴落入炉渣后，与（FeO）作用生成大量的 CO 气泡，并分散于炉渣之中，形成了气—熔渣—金属密切混合的乳浊液。分散在炉渣中的小气泡的总体积，往往超过炉渣本身的体积。炉渣成为薄膜，将气泡包住并使其隔开，引起炉渣发泡膨胀，形成泡沫渣。在正常情况下，泡沫渣的厚度经常有 $1 \sim 2m$ 甚至 $3m$。

由于炉内的乳化作用大大发展了气—渣—金属的界面，加快了炉内化学反应速度，从而达到了良好的吹炼效果。但若控制不当，严重的泡沫渣也会导致喷溅事故。

6.6.1 影响泡沫渣形成的基本因素

泡沫渣中的气体来源于供给炉内的氧气和碳氧化生成的 CO 气体，而且主要是 CO 气体。泡沫渣是否稳定存在，还与熔渣的性质有关。

SiO_2 和 P_2O_5 都是表面活性物质，能够降低熔渣的表面张力，它们生成的吸附薄膜常常成为稳定泡沫的重要因素。但单独的 SiO_2 或 P_2O_5 对稳定气泡的作用不大，若两者同时存在，效果最好。因为 SiO_2 能增加薄膜的黏性，而 P_2O_5 能增加薄膜的弹性，这都会阻碍小气泡的聚合和破裂，有助于气泡稳定在炉渣中。FeO、Fe_2O_3 和 CaF_2 含量的增加也能降低熔渣的表面张力，有利于泡沫渣的形成。

另外，炉渣中固体悬浮物对稳定气泡也有一定作用。当熔渣中存在着如 $2CaO \cdot SiO_2$、$3CaO \cdot P_2O_5$、CaO 和 MgO 等固体微粒时，它们附着在小气泡表面上，能使气泡表面薄膜的韧性增强，黏性增大，也能阻碍小气泡的合并和破裂，从而使泡沫渣的稳定期延长。如果熔渣中析出大量的固体颗粒时，气泡膜就变脆而破裂，炉渣就出现了"返干"现象。所以熔渣的黏度对炉渣的泡沫化有一定的影响，但也不是熔渣越黏越有利于泡沫化。另外，低温也有利于炉渣泡沫的稳定。总之，影响炉渣泡沫化的因素是多方面的，不能单独强调某一方面，而应综合各方面因素加以分析。

6.6.2 吹炼过程中泡沫渣的形成及控制

吹炼初期炉温低熔渣碱度低，并含有一定量的（FeO）、（SiO_2）、（P_2O_5）等，主要是这些表面活性物质稳定了气泡。

吹炼中期碳激烈氧化产生大量的 CO 气体，由于炉渣碱度提高，形成了硅酸盐及磷酸盐等高熔点矿物，表面活性物质减少，主要是固体悬浮微粒稳定了气泡。此时如果控制得当，避免或减轻熔渣"返干"现象，就能得到合适的泡沫渣。

吹炼后期脱碳速度降低，只要熔渣碱度不过高，稳定泡沫的因素就大大减弱了，一般不会产生严重的泡沫渣。

吹炼过程中氧压低，若枪位过高，渣中（FeO）大量增加，使泡沫渣发展，严重时还会产生泡沫性喷溅或溢渣；若枪位过低，尤其是在碳氧化激烈的中期，（FeO）低，又会导致熔渣的"返干"而造成金属喷溅。所以，只有控制得当，才能够保持正常的泡沫渣。

练习题

1. （多选）有利于泡沫渣存在的因素是（　　　）。ACD

　　A. 提高枪位　　　　　B. 适当高温　　　　　C. 适当低温　　　　　D. 适量 $2CaO \cdot SiO_2$

2. （多选）有利于破坏泡沫渣的因素是（　　　）。BD

　　A. 提高枪位　　　　　B. 适当高温　　　　　C. 适当低温　　　　　D. 降低枪位

3. （多选）冶炼（　　　）需要形成良好的泡沫渣。AB

　　A. 初期　　　　　　　B. 中期　　　　　　　C. 后期　　　　　　　D. 出钢期

4. （多选）希望有良好泡沫渣保证加速钢渣反应的时期是（　　　）。AB

　　A. 冶炼初期　　　　　B. 冶炼中期　　　　　C. 冶炼后期　　　　　D. 出钢阶段

5. （多选）转炉炼钢稳定泡沫渣存在的条件是（　　　）。AB

　　A. 较高 TFe　　　　　B. 适当炉渣黏度　　　C. 较低 TFe　　　　　D. 较小炉渣黏度

6. 泡沫渣就是 CO 气泡大量弥散在炉渣中产生很厚的炉渣。（　　　）√

7. 泡沫渣形成的主要原因是炉温过高。（　　　）×

8. 泡沫渣有利于热传导。（　　　）×

9. 泡沫渣与表面张力有如下关系：表面张力越大，越容易形成泡沫渣。（　　　）×

10. 氧气顶吹转炉炼钢生产中，炉渣泡沫化将增加喷溅和降低去磷效果。（　　　）×

11. 氧气顶吹转炉吹炼后期，只要炉渣碱度不过高，就不会产生严重的泡沫渣。（　　　）√

12. 发生泡沫性喷溅，可以适当提高氧枪枪位，控制渣中 TFe 含量，降低泡沫性喷溅的发生概率。（　　　）×

13. 炉渣中（FeO）越高其表面张力越小，越有利于泡沫渣的形成。（　　　）√

14. 转炉炼钢冶炼（　　　）需要降低渣中氧化性，破坏泡沫渣。C

　　A. 初期　　　　　　　B. 中期　　　　　　　C. 后期　　　　　　　D. 出钢期

15. 转炉的脱碳反应过程中，生成的（　　　）可使炉渣形成（　　　），有利于（　　　）之间的化学反应。B

　　A. CO_2；"返干"；碳和锰

　　B. CO；泡沫渣；渣和金属液滴

　　C. FeO；流动性较好的炉渣；渣和金属液滴

D. CO；"返干"；渣和金属液滴

16. 泡沫渣形成的主要原因是（　　）。C

　　A. 炉渣温度高　　　　B. 炉渣温度低　　　　C. 大量的 CO 气体弥散在炉渣中

17. 吹炼后期，泡沫渣的特点是（　　）。C

　　A. 一定量的 FeO、SiO_2、P_2O_5 等表面活性物质稳定了气泡

　　B. 表面活性物质减少，主要是固体悬浮微粒稳定了气泡

　　C. 稳定泡沫的因素就大大减弱了，一般不会产生严重的泡沫渣

6.7　渣量计算

大渣量操作虽然能适当地提高脱磷、脱硫效率；但害处很多，除了渣料消耗量加大，容易造成喷溅外，还会增加热损失和吹损，同时加剧对炉衬的冲刷侵蚀，降低炉龄。所以在保证最大限度的去除 P、S 的条件下，渣量越少越好。

一般情况下，转炉炼钢渣量占金属量的 10% 以上，但经过"三脱"预处理的铁水，硅、磷、硫含量都很低，大大减轻了转炉炼钢脱磷、脱硫的负荷，转炉只承担脱碳和升温的任务，能够做到少渣操作。

石灰加入量在 20kg/t 以下，形成渣量小于 30kg/t 为少渣操作。

少渣操作的优点是：

（1）由于铁水硅含量很低（[Si]≤0.15%），为保证炉渣碱度，所需的石灰加入量也可减少，降低了渣料消耗和能耗，减少了污染物的排放。

（2）转炉渣量少，氧的利用率高，终点氧含量低，余锰高，铁损少，提高了合金元素吸收率。

（3）减少对炉衬侵蚀，喷溅也少。

渣量很难直接称量，但可以通过计算得出。影响渣量的因素很多，主要是铁水 Si、P 的含量、石灰质量、炉渣碱度、矿石成分和用量以及炉衬的蚀损量等等，所以转炉炼钢要通过精料减少渣量。

渣量可以用元素平衡法计算。铁水中各元素一部分被氧化，一部分残留在钢中。如果知道某一元素在钢水中的数量，该元素其余部分全部进入了炉渣，则通过这个元素在渣中的百分含量，就可以计算出炉渣的数量。

铁水中除 Fe 元素外，还有 C、Si、Mn、P、S 等五大元素。选择哪个元素作为计算的依据较为合适呢？

C 氧化后的产物是 CO 和 CO_2 气体，它们几乎全部进入了炉气；S 有部分生成含硫的气体进入炉气，不能全部进入炉渣；渣中 SiO_2 的来源较多，除了铁水中 Si 元素的氧化产物外，石灰、铁矿石及被侵蚀的炉衬中的 SiO_2 也都进入了炉渣。所以 C、S、Si 元素都不宜作为计算的依据。

Mn 和 P 两元素，从渣料及炉衬中的来源很少，其数量可以忽略不计，因而可以用 Mn 或 P 的平衡来计算渣量。

由于废钢的来源很广，其中的 Mn 和 P 含量很难取代表样分析，只能估计。钢水的数

量可以通过浇注的铸坯量及残钢量计算出来，也可以根据吹损计算出来。现以单渣操作作为计算渣量的实例，见表6-2。

表 6-2   渣量计算

装入量/kg		Mn		P		Fe	
		%	kg	%	kg	%	kg
装入料数据	铁水 195000	0.30	585	0.08	156		
	废钢 28000	0.40	112	0.02	5.6		
	铁矿石 1300	1.10	14.3	0.10	1.3	63.0	819
	小　计		711.3		162.9		819
终点数据	组　分	(MnO)/%	[Mn]/%	(P$_2$O$_5$)/%	[P]/%		
	钢　水		0.125		0.007		
	炉　渣	3.450	2.683	1.992	0.870		
计　算	金属装入总量　　　　　　195000+28000+819=223819kg 出钢量（按装入量的90%计算①）　　　　　　223819×90%=201437kg 钢水中 Mn 量　　　201437×0.125%=252kg 钢水中 P 量　　　201437×0.007%=14.1kg 进入渣中 Mn 量　　　711.3−252=459.3kg 进入渣中 P 量　　　162.9−14.1=148.8kg 用 Mn 平衡法　　　渣量=$\dfrac{459.3}{2.683\%}$=17122kg 炉渣与装入量的百分比　　　$\dfrac{17122}{223819}$×100%=7.65% 用 P 平衡法　　　渣量=$\dfrac{148.8}{0.87\%}$=17103kg 炉渣与装入量的百分比　　　$\dfrac{17103}{223819}$×100%=7.64%							

①装入铁水中，氧化4%左右的碳，1%左右的硅和锰，5%左右的铁。

通过计算，说明渣量约占金属量的 7.64%，由于铁水预处理的普及，实现少渣操作时渣量还可减少。

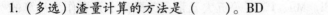

练习题

1. （多选）渣量计算的方法是（　　）。BD
   A. 碳平衡法　　　　B. 磷平衡法　　　　C. 硫平衡法　　　　D. 锰平衡法

2. 在保证去磷去硫和避免喷溅的条件下，应采用（　　）的渣量操作。B
   A. 尽可能大　　　B. 最小　　　C. 可多可少

3. 转炉炼钢渣量占金属量的百分比是（　　）。D
   A. <5%　　　B. <3%　　　C. >15%　　　D. <10%

4. 炉渣的重量一般采用（　　）元素平衡法计算。C
   A. S　　　B. Si　　　C. Mn

5. 已知：（1）铁水量140t，含 Mn 0.20%；（2）废钢量20t，含 Mn 0.45%；（3）产生钢

水量150t，含残 Mn 0.10％；（4）终点炉渣含 Mn 2.4％。根据锰平衡计算转炉渣量为（　　）t。B

    A. 10　　　　　　　　B. 9.2　　　　　　　　C. 8.5　　　　　　　　D. 6.9

6. 计算转炉炼钢渣量可用锰平衡法和（　　）法。D

    A. 硅平衡　　　　　　B. 碳平衡　　　　　　C. 硫平衡　　　　　　D. 磷平衡

6.8　半钢吹炼的造渣

    经过双联法预脱磷、脱硅或提钒后的铁水称为半成品，也叫半钢。半钢吹炼成钢与常规炼钢基本相同，只不过必须考虑吹炼的热源和造渣的问题。因此要求入炉半钢应具有一定的过热度及较高的碳含量。

    半钢中的 Si、V、Mn 含量很低，几乎为痕迹，碳含量也有降低，且温度不高；其冶炼特点是热源少，成渣困难。因此，要求半钢入炉温度大于1350℃，最好[C] >3.5％。

    半钢中 Si、Mn 含量低，吹炼一开始就是碳的激烈氧化期。渣中（FeO）与（SiO_2）含量都低，石灰的渣化困难，成渣速度慢，因此尽量少用萤石。可以配加适量多组分的石英砂、矾土、玄武石和萤石作为化渣剂加速成渣。石英砂主要成分是 SiO_2，矾土、玄武石主要成分是 SiO_2、Al_2O_3，加入后调整炉渣碱度、流动性和渣量，加速石灰渣化，也可防止粘枪。

学习重点与难点

学习重点：脱磷、脱硫反应及条件是各级别的重点，也是难点；在不同原材料、设备条件下，合理快速的化渣是操作水平的体现。

学习难点：炼钢炉渣的基础知识、脱磷脱硫条件分析与应用，造渣方面的计算。

思考与分析

1. 造渣制度包括哪些内容？

2. 什么是单渣操作，有什么特点？

3. 什么是双渣操作，有什么特点？

4. 什么是留渣操作，有什么特点？

5. 石灰的加入量如何确定？

6. 渣料的加入批量和时间应怎样考虑，为什么？

7. 转炉炼钢造渣为什么要少加、不加萤石或使用萤石代用品？

8. 渣量的大小对冶炼有哪些影响？如何用锰平衡法计算渣量？

9. 什么是少渣操作？转炉炼钢为什么要采用少渣操作？

10. 石灰渣化的机理是怎样的？

11. 吹炼过程中加速渣化的途径有哪些？

12. 泡沫渣是怎样形成的，对吹炼有什么影响，如何控制？

13. 吹炼过程中为什么会出现熔渣"返干"现象？

14. 用白云石或菱镁矿作为调渣剂，其加入量怎样确定？
15. 白云石或菱镁矿的加入时间如何考虑？
16. 为什么要脱除钢中磷？对钢中磷含量有什么要求？
17. 炼钢过程脱磷反应是怎样进行的，写出其平衡常数。
18. 什么是磷的分配系数，怎样表示？什么是脱磷效率，怎样表示？
19. 影响脱磷的因素有哪些？
20. 什么是回磷现象，为什么会出现回磷现象？
21. 炼钢为什么要脱硫？对钢中硫含量有什么要求？
22. 炼钢过程中脱硫反应是怎样进行的？
23. 脱硫的基本条件是什么？
24. 什么是硫的分配系数，怎样表示，什么是脱硫效率，怎样表示？
25. 顶吹转炉吹炼过程中脱磷与脱硫有什么特点？

7 温度制度

温度制度主要是指过程温度控制和终点温度控制。吹炼任何钢种，对其出钢温度都有要求。如果出钢温度过低，可能造成水口冻流，钢包粘钢，甚至要回炉处理。若出钢温度过高，不仅会增加钢中夹杂、气体含量和回磷量，影响钢的质量，而且还会增加铁的烧损，降低合金元素吸收率，缩短炉衬和钢包内衬寿命，造成连铸坯多种缺陷，甚至浇注漏钢。因此，达到钢种出钢温度也是转炉吹炼操作的一个重要任务。控制好过程温度是确保终点温度合格的关键。

练习题

1. 关于炼钢过程温度控制的说法正确的是（   ）。A

   A. 为了脱硫，中、后期的温度应控制的适当高些

   B. 为了脱硫，前、中期的温度应控制的适当高些

   C. 上述说法都不对

2. 转炉的温度控制是指（   ）。C

   A. 吹炼终点温度控制   B. 吹炼过程温度控制

   C. 吹炼过程温度和吹炼终点温度控制

3. （多选）温度制度研究的内容包括（   ）。AB

   A. 出钢温度确定   B. 冷却剂加入量   C. 冷却水流量   D. 冷却水压力

4. 所谓温度制度，是指对终点温度的控制。（   ）×

5. 温度控制主要是指吹炼过程温度和吹炼终点温度的控制。（   ）√

6. 冶炼过程温度控制的目标是希望（   ）。A

   A. 吹炼过程温度均衡升温，吹炼终点时，钢水温度、成分同时达到出钢要求

   B. 吹炼过程快速升温，吹炼终点时钢水温度、成分同时达到出钢要求

   C. 过程升温速度可快可慢，只要终点时，钢水温度、成分同时命中即可

7.1　热平衡

7.1.1　热量来源与热量支出

氧气转炉炼钢的热量来源于铁水的物理热和化学热。铁水的物理热是铁水带入的热量，与铁水温度有直接关系；铁水的化学热就是铁水中各元素氧化、成渣所放出的热量，它与铁水的化学成分有关。

在炼钢温度下，各种元素每氧化 1kg 所放出的热量不一样，能使熔池升温的幅度也不相同。在不同的温度下，元素氧化放出的热量也有差异，可以计算出所有元素的数值，见表 7-1。

表 7-1　氧化 1kg 元素熔池吸收的热量及氧化 1% 元素熔池的升温

反　应		氧气吹炼反应温度/℃		
		1200	1400	1600
$[C] + \{O_2\} = \{CO_2\}$	升温/℃	305	300	295
	吸热/kJ	33070	32526	31981
$[C] + \frac{1}{2}\{O_2\} = \{CO\}$	升温/℃	104	103	102
	吸热/kJ	11302	11177	11051
$[Fe] + \frac{1}{2}\{O_2\} = (FeO)$	升温/℃	38	37	37
	吸热/kJ	4073	4019	3968
$[Mn] + \frac{1}{2}\{O_2\} = (MnO)$	升温/℃	58	58	58
	吸热/kJ	6342	6329	6321
$[Si] + \{O_2\} + 2(CaO) = (2CaO \cdot SiO_2)$	升温/℃	191	178	164
	吸热/kJ	20679	19298	17833
$2[P] + \frac{5}{2}\{O_2\} + 4(CaO) = (4CaO \cdot P_2O_5)$	升温/℃	237	226	215
	吸热/kJ	25744	24530	23358

注：本表升温数据仅为计算值，未经实测。

从表 7-1 可以看出，碳的发热量因其燃烧的完全程度而异，完全燃烧发热量比 Si、P 高。但是在氧气转炉中，碳只有 10% ~ 15% 完全燃烧生成 CO_2，大部分是不完全燃烧。

哪些元素是主要热源，不单看它的热效应大小，还要取决于该元素被氧化的总量是多少。由于铁水中碳含量高，因此碳元素仍然是炼钢的主要热源。吹炼低磷铁水时，供热最多的元素是碳，其次是硅。若吹炼高磷铁水，供热最多的元素则是碳和磷。铁水"三脱"处理后转炉内主要热源是碳。

7.1.2　转炉炼钢热平衡

为了准确地控制转炉的吹炼温度，需要知道铁水中各元素氧化反应放出的总热量；这些热量除了将熔池加热到出钢温度外，富余多少，需要加多少冷却剂，这要经过热平衡计算才能得出。

7.1.3 热平衡分析

根据转炉吹炼过程中热量的收入与支出,作出热平衡计算见表7-2。

表7-2 热量平衡表

项　目		热收入/%	项　目	热支出/%
铁水物理热		57.52	钢水物理热	74.30
元素氧化热	C	28.02	炉渣物理热	9.52
	Si	7.55	炉气物理热	8.35
	Mn	0.68	烟尘物理热	1.04
	P	1.30	渣中金属铁珠物理热	0.52
	Fe	1.83	喷溅金属物理热	0.65
SiO_2 成渣热		1.04	轻烧白云石分解热	0.30
烟尘氧化热		2.05	其他热损失	4.00
			矿石分解吸热	1.32
合　计		100	合　计	100

从表7-2可以清楚地知道热量的来源,即铁水的物理热和化学热大约各占一半,因此铁水的温度与化学成分对转炉炼钢热量的来源有直接影响,对转炉用铁水的温度和化学成分必须有一定的要求。

热量支出中钢水的物理热约占70%,这是一项主要的支出,熔渣带走的热量大约占10%,它与渣量的多少有关。因此我们要在保证去除P、S的要求下进行少渣操作。渣量过大不仅增大了渣料的消耗,也增加了热量的损失,这就要求铁水预处理时应该适当脱硅,既可实现少渣操作,同时在操作过程中还要尽量减少和避免喷溅。缩短吹炼时间,以及减少炉与炉的间隔时间,都可以减少热损失,有利于提高转炉的热效率。热效率提高以后,可以多加废钢,提高废钢比,或多加冷却剂铁矿石,以提高金属收得率。

其总热效率为:

$$总热效率 = \frac{有效热}{总热量} \times 100\% \tag{7-1}$$

式中,有效热包括钢水物理热与矿石分解吸热。

代入表7-2中的数值,可得:

$$总热效率 = \frac{74.30 + 1.32}{100} \times 100\% = 75.62\%$$

一般转炉真正有用的热量约占整个热量收入的70%左右,在提高热量的利用率上还是有一定潜力的,应努力提高热效率。

练 习 题

1. 从热量来源看,铁水的物理热占比例接近60%,铁水的温度直接关系转炉炼钢热量的

来源，所以对转炉用铁水的温度必须有一定的要求，但对化学成分要求不是很严格。（　　）×

2. 吹炼高磷铁水时，铁水中（　　）是主要发热元素。C

　　A. 碳　　　　　　　　B. 磷　　　　　　　　C. 碳和磷

3. 根据热平衡表分析，铁水中的各元素，碳的发热能力最小。（　　）×

4. 吹炼低磷铁水时，铁水中（　　）元素的供热量最多。A

　　A. 碳　　　　　　　　B. 磷　　　　　　　　C. 铁

5. 磷和硅是转炉中最主要的发热元素。（　　）√

6. 从热量支出来看，钢水的物理热约占（　　），这是一项主要的支出。B

　　A. 60%　　　　　　　B. 70%　　　　　　　C. 80%　　　　　　　D. 90%

7. 从热量支出来看，熔渣带走的热量大约占（　　），因此为减少热量损失，在保证去除P、S的同时，宜用最小的渣量。B

　　A. 5%　　　　　　　　B. 10%　　　　　　　C. 15%　　　　　　　D. 20%

8. 转炉炼钢的物理热是指铁水中各元素氧化成渣放出的热量。（　　）×

9. 转炉内热量的来源主要依靠铁水中各元素氧化所放出大量化学热。（　　）×

10. 吹炼低磷铁水时，供热量多的元素是硅，其次是碳。（　　）×

11. 炼钢的主要热源来自于铁水中C、Mn、Si、P等元素氧化时发生的化学热。（　　）×

12. （　　）的情况下可以增加废钢比。B

　　A. 铁水温度低　　　　B. 铁水硅含量高　　　　C. 采用三孔直筒型氧枪喷头

13. 热平衡的计算原理是（　　）。B

　　A. 质能守恒　　　　　B. 能量守恒　　　　　C. 质量守恒　　　　　D. 动量守恒

14. 顶吹氧气转炉炼钢中热的主要来源是（　　）。B

　　A. 铁水碳、硅、锰、磷元素还原放出的热

　　B. 金属料的物理热和化学热

　　C. 铁水的温度高

　　D. 氧化铁与铁水中碳的反应热

15. 物料平衡的计算原理是（　　）。C

　　A. 质能守恒　　　　　B. 能量守恒　　　　　C. 质量守恒　　　　　D. 动量守恒

16. （　　）计算能够确定转炉炼钢多种工艺参数。C

　　A. 合金　　　　　　　B. 渣料　　　　　　　C. 物料平衡热平衡　　D. 供氧

17. 热平衡计算可以决定（　　）。C

　　A. 供氧量　　　　　　B. 合金加入量　　　　C. 冷却剂加入量　　　D. 渣料加入量

18. 按照（　　）计算可以计算出吨金属耗氧量。C

　　A. 合金加入量　　　　B. 供氧强度　　　　　C. 反应方程式　　　　D. 凝固点

19. 按各元素氧化反应放热能力，铁水中常存在元素每千克发热量大小顺序为（　　）。C

　　A. C、Si、Mn、P、Fe　　　　　　　　　B. Si、Mn、C、Fe、P

　　C. P、Si、C、Mn、Fe

20. 物料平衡计算中，加入炉内参与炼钢过程的全部物料，除铁水、废钢、渣料外，还包括（　　）。C

A. 氧气　　　　　　　B. 被侵蚀的炉衬　　　　　C. 氧气和炉衬

21. 铁水的物理热与（　　）有直接关系。C

A. 铁水中发热元素含量　　　　　　　B. 铁水化学成分　　　C. 铁水温度

22. 转炉炼钢热量的主要支出是（　　）。D

A. 熔渣带走热量　　　B. 炉气物理热　　　　　C. 喷溅物理热　　　　D. 钢水物理热

23. 热容是（　　）。D

A. 在发生化学变化和相变时，体系温度升高1℃所吸收的热量

B. 在不发生化学变化时，体系温度升高1℃所吸收的热量

C. 在发生化学变化和相变时，体系温度升高1℃所吸收的热量

D. 在不发生化学变化和相变时，体系温度升高1℃所吸收的热量

24. （多选）转炉炼钢采取（　　）措施可以提高废钢比。ABCD

A. 减少石灰加入量　　B. 减少喷溅　　　　　C. 缩短冶炼周期　　　D. 终点碳低

25. （多选）转炉炼钢采取（　　）措施可以提高废钢比。ABCD

A. 铁水温度高　　　　B. 提高铁水硅锰含量　C. 降低平均枪位　　　D. 减少后吹

26. （多选）转炉炼钢热量支出包括（　　）。ABCD

A. 炉衬冷却水带走热　B. 铁珠喷溅带走热　　C. 烟尘带走热　　　　D. 矿石分解热

27. （多选）转炉炼钢的热量支出为（　　）。ABCD

A. 钢水的物理热约占70%　　　　　　　B. 熔渣带走的热量大约占10%

C. 炉气物理热也约占10%

D. 金属铁珠及喷溅带走热、炉衬及冷却水带走的烟尘物理热，生白云石及矿石分解热
　　等其他热损失总共约占10%

28. 转炉炼钢热量的主要来源是铁水的物理热和化学热。（　　√　　）

29. （多选）铁水热收入来源包括（　　）。AD

A. 物理热　　　　　　B. 熔化热　　　　　　C. 溶解热　　　　　　D. 化学热

30. （多选）转炉炼钢热量收入包括（　　）。AB

A. 铁水物理热　　　　B. 铁水化学热　　　　C. 炉渣物理热　　　　D. 炉气物理热

31. （多选）氧气顶吹转炉炼钢的热量来源有（　　）。AB

A. 铁水的化学热　　　　　　　　　　　　B. 铁水的物理热

C. 生白云石的分解热　　　　　　　　　　D. 石灰石的分解热

32. 氧气顶吹转炉炼钢的热量来源是铁水的物理热和化学热，铁水的物理热占热量收入的
30%左右，铁水的化学热所占比例接近70%。（　　×　　）

33. （多选）在转炉冶炼过程中，可以通过（　　）来提高转炉总的热效率。ACD

A. 减少渣量　　　　　B. 增加废钢加入量　　C. 增加矿石加入量　D. 缩短冶炼时间

34. （多选）通过物料平衡和热平衡计算可以确定（　　）工艺参数。ABD

A. 氧耗量　　　　　　B. 矿石加入量　　　　C. 氧枪枪位　　　　　D. 热效率

35. （多选）渣量过大增加了（　　）。AC

A. 原材料的消耗　　　B. 氧压　　　　　　　C. 热损失　　　　　　D. 氧流量

36. 渣量过大只增加了原材料的消耗，不一定增加热损失。（　　×　　）

37. 转炉炼钢的热量支出来看，熔渣带走的热量大约占10%。（　　√　　）

38. 转炉炼钢物料平衡是炼钢过程中加入炉内参与炼钢过程的全部物料与炼钢过程的产物之间的平衡关系。( ) √

39. 通过物料平衡和热平衡计算可以确定很多重要的工艺参数，对于指导生产和改进冶炼工艺、设计炼钢厂都有重要作用。( ) √

40. 转炉炼钢热平衡是炼钢过程的热量来源与支出之间的平衡关系。( ) √

41. 转炉炼钢过程中采用少渣量操作，可减少热量损失。( ) √

42. 正确控制吹炼过程温度，可以减少喷溅，从而进一步强化吹炼效果，并且可以提高脱磷、脱硫的效果。( ) √

43. 氧气顶吹转炉炼钢热的来源包括元素氧化放出的热。( ) √

44. 在转炉冶炼过程中，可以通过缩短冶炼时间来提高转炉总的热效率。( ) √

45. 铁水的物理热是指铁水带入的热量，与铁水温度没有直接关系。( ) ×

46. 物料平衡是炼钢过程中加入炉内参与炼钢过程的全部物料与炼钢出钢钢水之间的平衡关系，而热平衡则是炼钢过程的热量来源与钢水支出热量之间的平衡关系。( ) ×

7.2 出钢温度的确定

终点钢水温度主要根据以下原则确定：

（1）所炼钢种的液相线温度。液相线温度要根据钢种的化学成分而定。

钢水的液相线温度又称凝固温度，也叫熔点，有多种经验计算公式，下面是常见的两种：

$$T_凝 = 1536 - (78[C] + 7.6[Si] + 4.9[Mn] + 34[P] + 30[S] + 5.0[Cu] + 3.1[Ni] + 2.0[Mo] + 2.0[V] + 1.3[Cr] + 18[Ti] + 3.6[Al]) \tag{7-2}$$

$$T_凝 = 1536 - (100.3[C] - 22.4[C]^2 - 0.61 + 13.55[Si] - 0.64[Si]^2 + 5.82[Mn] + 0.3[Mn]^2 + 0.2[Cu] + 4.18[Ni] + 0.01[Ni]^2 + 1.59[Cr] - 0.007[Cr]^2) \tag{7-3}$$

式中，[C]、[Si] 等为各元素的质量分数浓度，计算时只代入百分数的分子值。式(7-2)适用于各钢种，而式 (7-3) 适用于特殊钢种。

练习题

1. 在一般的情况下，随着温度的升高，纯铁液的( )。B
   A. 碳含量升高　　B. 密度下降　　C. 密度不变　　D. 碳含量降低

2. 碳、硅、锰和硫等四个元素中，对纯铁凝固点影响最大的是( )。C
   A. 锰　　B. 硅　　C. 碳　　D. 硫

3. 锰溶于铁水中使铁的熔点( )。B
   A. 升高　　B. 降低　　C. 无变化　　D. 不确定

4. 普通碳素结构钢中，含碳量高的钢熔点比含碳量低的钢熔点要（　　）。B

　　A. 高　　　　　　　　B. 低　　　　　　　　C. 好控制　　　　　　D. 容易浇注

5. 下列钢种中，熔点最高的是（　　）。A

　　A. Q195　　　　　　　B. Q235　　　　　　　C. HRB335

6.（多选）普通碳素结构钢种，含（　　）量高的钢熔点比较低。BCD

　　A. 铁　　　　　　　　B. 硅　　　　　　　　C. 锰　　　　　　　　D. 碳

7. 钢的熔化温度是随着钢中化学成分变化而变化的，溶于钢中的化学元素含量越高，钢的熔点就越高。（　　）×

8. 钢的液相线温度指结晶器内钢水温度。（　　）×

9. 钢中加入高熔点元素（如钨、钼等）会使钢的熔点升高。（　　）×

10. 合金元素含量高，钢种液相线温度就高。（　　）×

11. 普通碳素结构钢中，碳含量高的钢熔点比碳含量低的钢熔点要高。（　　）×

12. 纯铁的凝固温度肯定高于钢的凝固温度。（　　）√

13. 不同化学成分的钢种的凝固温度不同。（　　）√

14. 任何合金元素加入钢中都将使钢的熔点下降。（　　）√

15. 凝固是液态金属转变为固态金属的过程。凝固是金属原子从有序状态过渡到无序状态。（　　）×

16. 钢水温度越高，钢液黏度越大。（　　）×

17. 温度越高，炉渣黏度越小，流动性越好。（　　）√

18. [N]、[O]、[S] 降低钢的流动性，[C]、[Si]、[Mn]、[P] 则提高钢的流动性。（　　）√

（2）合适的浇注温度。

（3）出钢过程中，钢水在钢包内镇静、精炼直至浇注时钢水的温降数值。这些数值主要是根据各厂的生产条件和经验确定的。一般来说，与出钢时间、镇静时间、精炼方式、钢包的大小和内衬使用程度、烘烤温度以及钢包内有无冷钢等因素有关。

（4）浇注方式。模铸和连铸出钢温度不同。

（5）钢水精炼方法及时间，炉外精炼有无加热设备对出钢温度影响甚大，如果炉外精炼没有加热装置，精炼时间越长，要求出钢温度越高。

出钢温度可由下式计算：

$$T_{出} = T_{凝} + \alpha + \Delta t_1 + \Delta t_2 + \Delta t_3 + \Delta t_4 + \Delta t_5 \tag{7-4}$$

式中　α——浇注钢水过热度，℃；连铸钢水过热度与钢种、坯型有关，如低合金钢方坯取20~25℃，板坯取15~20℃；

　　　Δt_1——出钢过程温降，℃；包括钢流温降和加入合金温降，大容量钢包出钢过程温降为20~40℃，中等容量钢包出钢过程温降为30~60℃；

　　　Δt_2——出钢完毕至精炼开始之前的温降，℃；

　　　Δt_3——钢水精炼过程温降，℃；

　　　Δt_4——钢水精炼完毕至开浇之前的温降，℃；

Δt_5——钢水从钢包至中间包的温降,℃。

转炉炼钢出钢后各阶段温降如图 7-1 所示。钢水在钢包中镇静过程平均温降,与钢包容量有关,50t 钢包平均温降 1.3~1.5℃/min,100t 钢包平均温降 0.5~0.6℃/min,200t 钢包平均温降 0.3~0.4℃/min,300t 钢包平均温降 0.2~0.3℃/min。

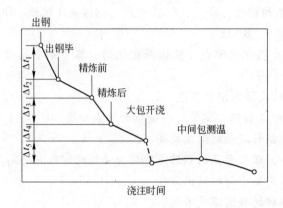

图 7-1　炼钢出钢后各阶段温降

在实际生产中,各厂家可根据本厂的实际来确定各个阶段的温降数值。

例如,冶炼 Q345A,钢种规格成分如下:

w/%	[C]	[Si]	[Mn]	[P]	[S]	Al
Q345A	0.12~0.20	0.20~0.55	1.20~1.60	0.015~0.045	0.015~0.045	0.003~0.006
中限	0.16	0.375	1.30	0.020	0.020	0.0045

根据式 (7-2) 以钢种成分中限计算出液相线温度为:

$$T_{凝} = 1536 - (78[C] + 7.6[Si] + 4.9[Mn] + 34[P] + 30[S] + 5.0[Cu] +$$
$$3.1[Ni] + 2.0[Mo] + 2.0[V] + 1.3[Cr] + 18[Ti] + 3.6[Al])$$
$$= 1536 - (78 \times 0.16 + 7.6 \times 0.375 + 4.9 \times 1.30 + 34 \times 0.020 +$$
$$30 \times 0.020 + 3.6 \times 0.0045) = 1512℃$$

所以 Q345A 液相线温度是 1512℃。

以某厂 210t 转炉为例,浇注板坯,过热度取 20℃,出钢时间为 6min,加入 Mn-Si 合金 22kg/t,温降为 51℃;出钢完毕到精炼站的时间在 10min 以内,温降速度为 0.8℃/min;吹氩精炼温降为 37℃,吹氩完毕到钢包回转台间隔 10min,温降速度为 0.4℃/min;连浇时钢水包到中间包钢水温度降为 25℃。

综上所述,求解过程如下:

$$\alpha = 20℃$$
$$\Delta t_1 = 51℃$$
$$\Delta t_2 = 10 \times 0.8 = 8℃$$
$$\Delta t_3 = 37℃$$

$$\Delta t_4 = 10 \times 0.4 = 4℃$$

$$\Delta t_5 = 25℃$$

根据式（7-4），可得：

$$T_出 = T_凝 + \alpha + \Delta t_1 + \Delta t_2 + \Delta t_3 + \Delta t_4 + \Delta t_5$$

$$= 1512 + 20 + 51 + 8 + 37 + 4 + 25 = 1657℃$$

上述计算表明，在上述条件下，Q345A 钢种的出钢温度应控制在 1657℃ 左右。

为便于控制出钢温度，将几个有代表性的钢种的液相线温度列于表 7-3。

表 7-3 几个有代表性的钢种的液相线温度

钢 种	计算液相线温度所用成分/%					液相线温度/℃	
	[C]	[Si]	[Mn]	[P]	[S]	下限	上限
YT1F	≤0.04	≤0.03	≤0.10	≤0.015	≤0.025	1531	1536
H08A	≤0.10	≤0.03	0.30~0.55	≤0.030	≤0.030	1523	1535
P1①	≤0.06	≤0.04	≤0.35	0.05~0.08	≤0.020	1526	1534
DW3	≤0.005	1.55~1.70	0.20~0.35	0.015~0.035	≤0.005	1520	1523
Q235A	0.14~0.22	≤0.30	0.30~0.65	≤0.045	≤0.050	1510	1524
HRB335	0.17~0.25	0.40~0.80	1.20~1.60	≤0.045	≤0.045	1500	1514
Q345A	≤0.20	≤0.55	1.00~1.60	≤0.045	≤0.045	1506	1531
ML25	0.22~0.30	≤0.20	0.30~0.60	≤0.035	≤0.035	1506	1517
45	0.42~0.50	0.17~0.37	0.50~0.80	≤0.035	≤0.035	1488	1499
65	0.62~0.70	0.17~0.37	0.50~0.80	≤0.035	≤0.035	1472	1484
U71	0.64~0.77	0.13~0.28	0.60~0.90	≤0.040	≤0.050	1467	1482
80	0.77~0.85	0.17~0.37	0.50~0.80	≤0.035	≤0.035	1461	1472
GCr15	0.95~1.05	0.15~0.35	0.25~0.45	≤0.025	≤0.025	1526	1536

①考虑了 $[Al]_s = 0.02\% \sim 0.07\%$。

✎ **练 习 题**

1. （多选）影响转炉出钢温度的因素有（　　）。ABCD

   A. 钢种　　　　　　B. 钢包状况　　　　　C. 出钢时间　　　　　D. 转炉空炉时间

2. （多选）决定钢水出钢温度的因素是（　　）。ABCD

   A. 钢水成分　　　　　　　　　　　　B. 钢水过热度

   C. 精炼至浇注过程中的温度降　　　　D. 出钢至精炼过程中的温度降

3. 合理的转炉出钢温度主要是（　　）。B

   A. 提高炉龄　　　　B. 保证浇钢顺利　　　　C. 节约能源　　　　D. 节约周期

4. 合理的转炉出钢温度主要是（　　）。B

   A. 提高转炉寿命　　　B. 保证浇钢顺利　　　　C. 节约能源　　　　D. 减少废品

5. 合适的出钢温度 = $T_{液}$ + α + Δt_1 + Δt_2 + Δt_3 + Δt_4 + Δt_5，其中 $T_{液}$ 是指钢水的
（　　）。B
    A. 开浇温度　　　　　　B. 凝固温度　　　　　　C. 过热度

6. 在保证连铸工艺顺行和连铸坯质量的前提下，要尽可能（　　）。B
    A. 提高出钢温度　　B. 降低出钢温度　　C. 缩短出钢时间　　D. 延长出钢时间

7. 新更换的出钢口炉次的出钢温度应适当（　　）。A
    A. 提高　　　　　　　　B. 不变　　　　　　　　C. 降低

8. 铸机浇注时的过热度应当（　　）。D
    A. 越低越好　　　　　　B. 越高越好　　　　　　C. 不必控制　　　　　　D. 合理控制

9. 出钢温度取决于所炼钢种的凝固温度，而凝固温度要根据钢种的化学成分而定，根据凝固温度以及各个生产工序的温降情况可确定出钢温度。（　　）√

10. 出钢温度取决于各个生产工序过程的温降，确定出钢温度采用温度倒推的方法，与钢水的化学成分无关。（　　）×

11. 影响钢包过程温降的主要因素是钢包容积、包衬材质以及使用状况，采用高效烘烤、加快钢包周转、钢水表面添加覆盖材料、钢包加盖等措施可以有效减少钢包温降。（　　）√

7.3　温度控制对策

出钢温度减去液相线温度是出钢后钢水各阶段温度降总和，为保证连铸钢水浇注温度符合要求，钢水温度控制有三种控制对策：

（1）最大能量损失原则：

$$出钢温度 - 液相线温度 > 各温度降总和$$

显然，这种控制对策是提高出钢温度能量损失最大，路线最不合理的，现在已经被淘汰。

（2）优化能量损失原则：

$$出钢温度 - 液相线温度 = 各温度降总和$$

这种控制对策对生产调度要求很高，如果出精炼站钢水延误时间长会造成低温冻流。

（3）最小能量损失原则：出钢温度减去液相线温度比各温度降总和稍低，即按照稍低的出钢温度出钢，在炉外精炼、中包时应用加热技术补充热量。

这种控制对策由于出钢温度降低，减少了热量损失，体现了能耗最小原则，但需要有加热设施对钢水补充热量，且需要考虑补热对钢水质量的影响。

7.4　温度控制

温度控制实际上就是确定冷却剂加入的数量和时间。

7.4.1　影响终点温度的因素

在生产条件下影响终点温度的因素很多，必须综合考虑后，再确定冷却剂加入的数

量。影响终点温度的因素有：

（1）铁水成分。铁水中 Si、P 是强发热元素，其含量过高，虽然增加热量，但也会给冶炼带来诸多问题，因此有条件的应进行铁水预处理脱 Si、P。当［Si］含量增加 0.1% 时，可升高炉温 15℃。

（2）铁水温度。铁水温度的高低直接关系到带入物理热的多少，所以在其他条件不变的情况下，入炉铁水温度每升高 10℃，钢水终点温度可提高 6℃。

（3）铁水装入量。铁水装入量的增加或减少，均使其物理热和化学热有所变化，若其他条件一定的情况下，铁水比越高，终点温度也越高。

（4）炉龄。转炉新炉衬温度低、出钢口又小，因此炉役前期终点温度要比正常吹炼高 20～30℃，才能获得相同的浇注温度，所以冷却剂用量要相应减少。炉役后期炉衬薄，炉口大，热损失多，所以除应适当减少冷却剂用量外，还应尽量缩短辅助时间。

（5）终点碳含量。碳是转炉炼钢重要发热元素。根据某厂的经验，终点碳在 0.24% 以下时，每降低 0.01% 碳，则出钢温度也要相应升高 2～3℃，因此，吹炼低碳钢时应考虑这方面的影响。

（6）炉与炉的间隔时间。间隔时间越长，炉衬散热越多。在一般情况下，炉与炉的间隔时间为 4～10min。间隔时间在 10min 以内，不必调整冷却剂用量；而超过 10min 要相应减少冷却剂的用量。另外，由于补炉而空炉时，根据补炉料的用量及空炉时间来考虑减少冷却剂的用量。

（7）枪位。低枪位操作使炉内化学反应速度加快，尤其是脱碳速度加快，供氧时间缩短，单位时间内放出的热量增加，热损失相应减少。

（8）喷溅。喷溅会增加热损失，因此对喷溅严重的炉次，要特别注意调整冷却剂的用量。

（9）石灰用量。石灰的冷却效应与废钢相近，石灰用量大则渣量大，造成吹炼时间长，影响终点温度。所以当石灰用量过大时，也要相应调整冷却剂用量。

（10）出钢温度。根据上一炉出钢温度的高低来调节下一炉的冷却剂用量。

—+—·—+—·—+—·—+—·—+—·—+—·—+—·—+—·—+—·—+—·—+—·—+—·—+—·—+—·—+—·—+—·—+—·—+—·—+—

📝 练 习 题

1. 铁水温度高应增加冷却剂用量。（　　）√

2. 冷却剂用量应随铁中 Si、P 含量增加而减少。（　　）×

3. 在冶炼过程中出现熔池温度低，可加入硅铁，快速升温。（　　）√

4. 实现红包出钢可减少出钢过程和浇钢过程的温降。（　　）√

5. 为了改善钢水流动性，钢水温度越高越好。（　　）×

6. 终点控制对钢水中 C、P、S 含量作了严格的规定，而对出钢温度不作要求。（　　）×

7. 转炉装入铁水废钢比是根据（　　）。B

　A. 废钢资源多少确定的

　B. 废钢资源和吹炼热平衡条件确定的

　C. 铁水废钢的市场价确定的

8. 向钢水中加入硅铁合金，会造成钢水温度（　　）。A

    A. 升高   B. 降低   C. 不变

9. 钢包吹氩时向钢水中加入小块洁净钢头目的是（　　）。B

    A. 增加钢水量   B. 降低温度   C. 提高钢水质量   D. 减少废钢的浪费

10. 钢水中 $2[Al] + 3(FeO) = (Al_2O_3) + 3[Fe]$ 的反应是（　　）。A

    A. 放热反应   B. 吸热反应   C. 既不放热也不吸热   D. 分解反应

11. 转炉炼钢是一个能量有富余的炼钢方法，（　　）是衡量转炉炼钢能量的重要指标。D

    A. 蒸汽回收   B. 水消耗   C. 煤气回收   D. 转炉工序能耗

12. 当炉气回收的总热量大于转炉生产消耗的能量时，实现了（　　）。B

    A. 炼钢厂负能炼钢   B. 转炉工序负能炼钢

    C. 负能炼钢   D. 转炉工序能量过剩

7.4.2 冷却剂的冷却效应

7.4.2.1 各种冷却剂的比较

从热平衡计算知道，转炉炼钢的热量有富余，必须加入适量的冷却剂。常用的冷却剂有废钢、铁矿石、氧化铁皮等。这些冷却剂可以单独使用，也可以搭配使用。当然，加入的石灰、生白云石、菱镁矿等也能起到冷却剂的作用。

（1）废钢。废钢杂质少，用废钢作为冷却剂，渣量少，喷溅小，冷却效应稳定，因而便于控制熔池温度。但加废钢必须用专门设备，占用装料时间，不便于过程温度的调整。用废钢作冷却剂，可以减少渣料消耗量，降低成本。废钢加入量还要考虑废钢资源和成本，生产高质量钢种应考虑回硫量，少加或不加高硫废钢。

（2）铁矿石。与废钢相比，使用铁矿石作冷却剂不需要占用装料时间，能够增加渣中TFe，有利于化渣，同时还能降低氧气和钢铁料的消耗，吹炼过程调整方便。但是以铁矿石作为冷却剂会增大渣量，若操作不当会易于喷溅，同时铁矿石成分的波动会引起冷却效应的波动。如果是全矿石冷却，加入时间不能过晚。

（3）氧化铁皮。它与矿石相比，成分稳定，杂质少，因而冷却效应也比较稳定。但氧化铁皮的密度小，在吹炼过程中容易被气流带走。

由此可见，要准确控制熔池温度，用废钢作为冷却剂效果最好，但为了促进化渣，提高脱磷效率，可以搭配一部分铁矿石或氧化铁皮。目前我国各厂采用"定矿石调废钢"或"定废钢调矿石"等冷却制度。

7.4.2.2 各种冷却剂的冷却效应

在一定条件下，加入 1kg 冷却剂所消耗的热量就是冷却剂的冷却效应。

冷却剂消耗的热量包括将冷却剂提高温度所消耗的物理热和冷却剂参加化学反应消耗的化学热两个部分，即：

$$Q_冷 = Q_物 + Q_化 \tag{7-5}$$

其中 $Q_物$ 取决于冷却剂的性质以及熔池的温度：

$$Q_物 = c_固(t_熔 - t_0) + \lambda_熔 + c_液(t_出 - t_熔) \tag{7-6}$$

式中 $c_固$，$c_液$——分别为冷却剂在固态和液态的比热容，kJ/(kg·℃)；

   t_0——室温，℃；

   $t_出$——给定的出钢温度，℃；

   $t_熔$——冷却剂的熔化温度，℃；

   $\lambda_熔$——冷却剂的熔化潜热，kJ/kg。

$Q_化$不仅与冷却剂本身的成分和性质有关，而且与冷却剂在熔池内参加的化学反应有关。不同条件下，同一冷却剂可以有不同的冷却效应。

A　铁矿石的冷却效应

铁矿石的冷却效应包括物理和化学两部分冷却效应。物理冷却吸热是从常温加热至熔化后直至出钢温度的过程中吸收的热量，化学冷却吸热是矿石分解吸热。

铁矿石的冷却效应可以通过式（7-7）计算：

$$Q_矿 = M\left(c_矿 \Delta t + \lambda_矿 + (Fe_2O_3) \times \frac{112}{160} \times 6459 + (FeO) \times \frac{56}{72} \times 4249\right) \quad (7\text{-}7)$$

式中　　M——铁矿石质量，kg；

   $c_矿$——铁矿石比热容，kJ/(kg·℃)，$c_矿 = 1.016$kJ/(kg·℃)；

   Δt——铁矿石加入熔池后需升温度数，℃；

   $\lambda_矿$——铁矿石的熔化潜热，$\lambda_矿 = 209$kJ/kg；

   160——Fe_2O_3 的分子量；

   112——两个铁原子的原子量；

   56——铁原子的原子量；

   72——FeO 的分子量；

 6459，4249——分别为在炼钢温度下，由液态 Fe_2O_3 和 FeO 还原出 1kg 铁时吸收的热量。

若铁矿石成分为：$(Fe_2O_3) = 81.4\%$，$(FeO) = 0$。矿石一般是在吹炼前期加入，所以温升取 1350℃。则 1kg 铁矿石的冷却效应是：

$$Q_矿 = 1 \times \left[1.016 \times (1350 - 25) + 209 + 81.4\% \times \frac{112}{160} \times 6459 + 0 \times \frac{56}{72} \times 4249\right]$$

$$= 5236\text{kJ/kg}$$

Fe_2O_3 的分解热所占比重很大，铁矿石冷却效应随 Fe_2O_3 含量的变化而变化。

B　废钢的冷却效应

废钢的冷却作用是物理热，即从常温加热到全部熔化，并提高到出钢温度所需要的热量。可用式（7-8）计算：

$$Q_废 = M[c_熔 t_熔 + \lambda + c_液(t_出 - t_熔)] \quad (7\text{-}8)$$

1kg 废钢在出钢温度为 1680℃时的冷却效应是：

$$Q_废 = 1 \times [0.699 \times (1500 - 25) + 272 + 0.837 \times (1680 - 1500)] = 1454\text{kJ/kg}$$

式中　0.699，0.837——分别为固态钢和液态钢的平均比热容，kJ/(kg·℃)；

   1500——废钢的熔化温度，℃；

   25——室温，℃；

272——熔化潜热，kJ/kg；

1680——出钢时钢水温度，℃。

练 习 题

已知：废钢熔化温度为 1510℃，废钢熔化潜热为 271.7kJ/kg，固体废钢的平均比热容为 0.7kJ/(kg·℃)；钢液的平均比热容为 0.84kJ/(kg·℃)。因此，1t 废钢从 20℃加热到 1650℃需要吸收（　　）kJ 热量。C

A. 2700.7　　　　B. 1432.3　　　　C. 1432300　　　　D. 2700700

$([0.7 \times (1510 - 20) + 271.7 + 0.84 \times (1650 - 1510)] \times 1000)$

C　氧化铁皮的冷却效应

氧化铁皮的冷却效应与矿石的计算方法基本上一样。如果铁皮的成分为：（FeO）= 50%，（Fe_2O_3）=40%，其他氧化物为 10%。则 1kg 铁皮的冷却效应是：

$$Q_{铁皮} = 1 \times \left[1.016 \times (1350 - 25) + 209 + 40\% \times \frac{112}{160} \times 6459 + 50\% \times \frac{56}{72} \times 4249 \right]$$

$$= 5016kJ/kg$$

氧化铁皮的冷却效应与矿石相近。

用同样的方法可以计算出生白云石、石灰等材料的冷却效应。

如果规定废钢的冷却效应为 1.0 时，铁矿石的冷却效应则是 5236/1454 =3.60；铁皮为 5016/1454 =3.45。由于冷却剂的成分有变化，所以冷却效应也在一定的范围内波动。从以上计算可以知道 1kg 铁矿石的冷却效应相当于 3kg 废钢的冷却效应。为了使用方便，将各种常用冷却剂的冷却效应换算参考值列于表 7-4。

表 7-4　常用冷却剂的冷却效应换算参考值

冷却剂	重废钢	轻薄废钢	压　块	铸铁件	生铁块	金属球团
冷却效应	1.0	1.1	1.6	0.6	0.7	1.5
冷却剂	烧结矿	铁矿石	铁　皮	石灰石	石　灰	白云石
冷却效应	3.0	3.0~4.0	3.0~4.0	3.0	1.0	1.5
冷却剂	无烟煤	焦炭	Fe-Si	菱镁矿	萤　石	OG 泥烧结矿
冷却效应	-2.9	-3.2	-5.0	1.5	1.0	2.07

练 习 题

1. 废钢、生铁块和矿石三种冷却剂，按冷却效果高低排列为（　　）。B

A. 废钢＞生铁块＞矿石　B. 矿石＞废钢＞生铁块　C. 生铁块＞废钢＞矿石

2. 下列各项冷却剂中，冷却能力最强的是（ ）。B
   A. 轻烧白云石 　　　　　 B. 铁矿石 　　　　　 C. 石灰 　　　　　 D. 废钢

3. 下面冷却剂冷却效应最大的是（ ）。D
   A. 氧化铁皮 　　　　　 B. 烧结矿 　　　　　 C. 生白云石 　　　　　 D. 铁矿石

4. 氧气顶吹转炉炼钢过程热量有富余，因而根据热平衡计算需加入一定数量的冷却剂，以准确地命中终点温度。其中（ ）既可作为冷却剂又可作为化渣剂。B
   A. 生铁块 　　　　　 B. 铁矿石 　　　　　 C. 石灰石 　　　　　 D. 生白云石

5. 关于铁矿石，以下叙述错误的是（ ）。C
   A. 铁矿石主要成分为 Fe_2O_3 或 Fe_3O_4
   B. 铁矿石的熔化和铁被还原都吸收了热量，因而能起到调节熔池温度的作用
   C. 铁矿石的加入增加了氧气消耗量
   D. 铁矿石带入脉石，增加渣量和石灰消耗量

6. 按冷却效果由大到小排列为：矿石、生铁块、石灰石、废钢。（ ） √

7. 冷却效应是指一定条件下加入 1kg 冷却剂所消耗的热量。（ ） √

8. 停炉时间越长冷却剂用量越少。（ ） √

9. 在炼钢过程中，温度的控制实际上就是确定冷却剂加入的时间和数量。（ ） √

10. 铁水温度高应增加冷却剂用量。（ ） √

11. 氧化铁皮能增加炉渣的氧化性，帮助化渣，同时也能降低炉温。（ ） √

7.4.3 确定冷却剂用量的经验数据

　　通过物料平衡和热平衡计算确定冷却剂加入数量比较准确，但很复杂，很难快速计算。若采用电子计算机就可以依据吹炼参数的变化快速进行物料平衡和热平衡计算，准确地控制温度。目前仍然有些厂家根据经验数据进行简单计算来确定冷却剂调整数量。

　　我们知道了各种冷却剂的冷却效应和影响冷却剂用量的主要因素以后，就可以根据上炉情况和对本炉温度有影响的各个因素的变动情况综合考虑，进行调整，确定本炉冷却剂的加入数量。吹炼过程可根据炉口火焰特征，并参考氧枪冷却水进出水温度差判断熔池的温度。过程温度的控制首先应根据终点温度的要求，确定冷却剂加入总量，然后在一定时间内分批加入。废钢是在开吹前一次加入；铁矿石和氧化铁皮还能起到助熔剂的作用，可随造渣材料同时加入。若发现熔池温度不合要求，凭经验数据加入提温剂或冷却剂加以调整。表 7-5 和表 7-6 列出 210t 转炉的温度控制经验数据。

表 7-5　210t 转炉的温度控制经验数据

因　素	铁水［C］	铁水［Si］	铁水［Mn］	铁水温度	铁水比	停吹温度	停吹［C］
变动量	±0.10%	±0.10%	±0.10%	±10℃	±0.10%	±10℃	见表 7-6
调整废钢比/%	±0.53	±1.33	±0.21	±0.88	±0.017	±0.55	见表 7-6

变动因素	开新炉					检修后				停炉后（空炉时间）/min			
	第1炉	第2炉	第3炉	第4炉	第5炉	第1炉	第2炉	第3炉	第4炉	30	60	90	120
调整废钢比/%	-3.5	-3.0	-1.5	-0.5	0	-2.5	-1.0	-0.5	0	-0.5	-1.0	-1.5	-2.0

表 7-6 停吹 [C] 变化对废钢比的影响

停吹[C]/%（×10000）	4	5	6	7	8	9	10	11
废钢比/%	1.6	0.7	0	-0.6	-1.1	-1.6	-2.0	-2.4
停吹[C]/%（×10000）	12	13	15	16	17	18	19	20
废钢比/%	-2.7	-2.9	-3.3	-3.4	-3.5	-3.6	-3.7	-3.8

例如，废钢加入量应考虑以下因素。

由于铁水成分变化引起废钢加入量的变化：

$$铁水碳\ a = [（本炉铁水碳[C] - 参考炉铁水碳[C]）/0.1\%] × 0.53\%$$

$$铁水硅\ b = [（本炉铁水硅[Si] - 参考炉铁水硅[Si]）/0.1\%] × 1.33\%$$

$$铁水锰\ c = [（本炉铁水锰[Mn] - 参考炉铁水锰[Mn]）/0.1\%] × 0.21\%$$

由于铁水温度变化引起废钢加入量的变化：

$$d = [（本炉铁水温度 - 参考炉铁水温度）/10] × 0.88\%$$

由于铁水加入量变化引起废钢加入量的变化：

$$e = [（本炉铁水比 - 参考炉铁水比）/1] × 0.017$$

由于目标停吹温度变化引起废钢加入量的变化：

$$f = [（本炉目标停吹温度 - 参考炉目标停吹温度）/10] × 0.55\%$$

$$本炉废钢加入量 = 上炉废钢加入量 + a + b + c + d + e + f + \cdots$$

除表 7-5 所列数据以外，还有其他情况下温度控制的修正值，如：铁水入炉后等待吹炼、终点停吹等待出钢、钢包粘钢等，这里就不再一一列举了。但在出钢前若发现温度过高或过低时，应及时在炉内处理，决不能随便出钢。

7.4.4 吹炼过程温度控制

温度对吹炼过程影响很大，例如，为了脱磷，吹炼初期和中期温度应控制得适当低些；为了脱硫，前中期的温度应控制高些；当炉渣成分进入 $2CaO \cdot SiO_2$ 区域时，炉温应与炉渣成分相适应，如果炉温低就会发生金属喷溅，因此必须控制好过程温度。总的原则是，首先根据终点温度的要求，确定冷却剂加入总量，然后在一定时间内分批加入，即废钢是在开吹前一次加入；铁矿石和氧化铁皮还能起到助熔剂的作用，可以与造渣材料同时加入。

7.4.5 半钢吹炼的温度控制

倘若余碳高些，半钢温度大于 1350℃，一般不需外加提温剂，也可以将半钢直接吹炼成低碳钢，也可吹炼中、高碳钢种（例如重轨钢）。若半钢温度与含碳量都较低或炉与炉间隔时间过长，导致热量不足时，需加提温剂。提温剂可用 Fe-Si、Fe-Al 或焦炭均可。碳含量低时，半钢出钢时可以增碳。

学习重点与难点

学习重点：出钢温度的计算是各级别的重点。

学习难点：冷却效应换算值，根据实际情况灵活调整冷却剂种类和用量，达到终点双命中，物料平衡与热平衡计算。

思考与分析

1. 转炉炼钢的温度制度包括哪些内容，它对冶炼有什么影响？
2. 吹炼过程中熔池热量来源与支出各有哪些方面？
3. 什么叫转炉的热效率，如何提高热效率？
4. 什么是转炉炼钢的物料平衡与热平衡？物料平衡与热平衡计算的原理是什么，有什么意义？
5. 出钢温度是怎样确定的？
6. 什么是冷却剂的冷却效应？各冷却剂的冷却效应是怎样换算的？
7. 吹炼过程中怎样控制熔池温度，如何调整熔池温度？
8. 调整冷却剂用量的经验数据有哪些？
9. 由于铁水因素的变动，如何调整冷却剂用量？

8 终点控制

终点控制就是指终点温度和成分的控制。

8.1 终点的标志

转炉兑入铁水后，通过供氧、造渣操作，经过一系列物理化学反应，钢水达到了所炼钢种成分和温度要求的时刻，称之为"终点"。到达终点的具体标志是：

（1）钢中碳含量达到钢种的控制范围；

（2）钢中磷、硫含量低于规格下限要求的一定范围；

（3）出钢温度保证能顺利进行浇注；

（4）氧含量达到钢种的控制要求。

出钢时机主要是根据钢水的碳含量和温度，所以终点也称作"拉碳"。通常把钢水的碳含量和温度达到吹炼目标时，终止供氧操作称作"一次拉碳"。一次拉碳钢水中碳和温度达到目标要求称为"命中"，碳和温度同时达到目标要求范围叫"双命中"。

一次拉碳未达到控制的目标值需要进行补吹，补吹也称为后吹。终点碳高，硫、磷高于目标值，或者温度低于目标值均需要进行补吹。因此，补吹是对未命中目标进行处理的手段。补吹产生的严重危害有：

（1）钢水碳含量降低，钢中氧含量升高，从而使钢中夹杂物增多，降低了钢水纯净度，影响钢的质量。

（2）渣中 TFe 增高、降低炉衬寿命。首钢曾对 47 炉补吹操作进行统计，发现补吹后的炉渣中 TFe 和（MgO）含量都有所增加，见表 8-1。

表 8-1　二次拉碳前后（FeO）、（Fe$_2$O$_3$）和（MgO）含量的变化

炉渣成分	（Fe$_2$O$_3$）$_{补吹后}$ － （Fe$_2$O$_3$）$_{补吹前}$	（FeO）$_{补吹后}$ － （FeO）$_{补吹前}$	（MgO）$_{补吹后}$ － （MgO）$_{补吹前}$
平均增加量/%	0.81	1.20	1.07
最大增加量/%	2.79	6.25	5.58
平均增加量/%	28.78	14.80	18.28

注：未采用白云石造渣的数据。

（3）增加了金属铁的氧化，降低金属收得率，使钢铁料消耗增加。

（4）延长了吹炼时间，降低转炉生产率。

（5）增加了铁合金和增碳剂消耗量，氧气利用率降低，成本增加。

例如终点碳高于目标值，需要补吹，渣中 TFe 高，金属消耗增加，降低炉衬寿命；若终点碳低于目标值，不得不改钢号或增碳，这样既延长了吹炼时间，也打乱了车间的正常生产秩序，还影响钢的质量。

若终点温度低于目标值，也需要补吹，这样会造成碳偏低，必须增碳，且渣中 TFe 高，对炉衬不利；若终点温度高于目标值，钢水气体含量会增高，浪费能源，侵蚀耐火材料，增加夹杂物和回磷量，降低钢质量。

所以要准确地控制终点，达到双命中。

练习题

1. 判断终点基本条件是钢水碳、温度、渣的碱度三要素。（　　）×

2. 造成冶炼终点时硫含量高的主要原因是吹炼过程中渣子化得不好。（　　）×

3. 造成终点磷含量高的原因不外乎炉渣化得不透，流动性差，碱度低，或者终点温度过高等因素。（　　）√

4. 终点控制主要是指终点温度和成分的控制。对转炉终点的精确控制不仅要保证终点碳、温度的精确命中，确保 S、P 成分达到出钢要求，而且要求控制尽可能低的钢水氧含量。（　　）√

5. 一次拉碳钢水中，碳含量和硫含量同时达到目标要求范围叫"双命中"。（　　）×

6. 判断吹炼终点基本条件是终点碳、终点磷硫和终点温度三要素。（　　）√

7. （多选）氧气炼钢转炉冶炼终点钢水的氧含量与（　　）有关。ABCD

    A. [C]含量　　　　B. 炉渣氧化性　　　　C. 供氧参数　　　　D. 熔池搅拌

8. （多选）到达终点的具体标志是（　　）。ABCD

    A. 钢中碳含量达到所炼钢种要求的控制范围　　B. 钢中 P、S 含量达到规格要求

    C. 出钢温度保证能顺利进行精炼和浇注　　　　D. 达到钢种要求控制的氧含量

9. （多选）低碳钢终点应控制（　　）成分。ACD

    A. C　　　　　　　B. Si　　　　　　　　C. P　　　　　　　D. O

10. （多选）终点控制需要控制（　　）。AD

    A. 碳含量　　　　B. 硅含量　　　　　　C. 锰含量　　　　D. 温度

11. （多选）终点控制基本要素是（　　）。ABC

    A. 合适的温度　　　　　　　　　　　　　B. 碳含量达到所炼钢种的控制范围

    C. 磷和硫含量低于钢种要求下限　　　　　D. 钢水量合适

12. 到达终点的具体标志不包括（　　）。C

    A. 钢中碳含量达到所炼钢种要求的控制范围　　B. 达到钢种要求控制的氧含量

    C. 达到钢种要求控制的铝含量　　　　　　　　D. 出钢温度保证能顺利进行精炼和浇注

8.2　终点碳控制方法

终点碳控制的方法有一次拉碳法、增碳法和高拉补吹法。

8.2.1　一次拉碳法

按出钢要求的终点碳和终点温度进行吹炼，当达到要求时提枪。这种方法要求终点碳和温度同时到达目标，否则需补吹或增碳。一次拉碳法优点颇多，主要有：

(1) 无后吹终点渣 TFe 低，钢水收得率高，对炉衬侵蚀量小；

(2) 钢水中有害气体少，不加增碳剂，钢水洁净；

(3) 余锰高，合金消耗少；

(4) 氧耗量小，节约增碳剂。

但是一次拉碳法对操作技术水平要求高，操作人员技术水平不同会使钢种质量稳定性受影响。一般只适合终点碳控制在 [C] = 0.08% ~ 0.20% 的范围。

8.2.2　增碳法

增碳法有低碳低磷操作和高拉碳低氧操作。

8.2.2.1　低碳低磷操作法

终点碳的控制目标是根据终点钢中硫、磷含量而定，只有在低碳状况下炉渣才更利于充分脱磷；由于碳含量低，在出钢过程中必须进行增碳，到精炼工序再微调成分以达到最终目标成分要求。

除超低碳钢种外的所有钢种，终点碳均控制在 [C] = 0.05% ~ 0.08%，然后根据钢种规格要求加入增碳剂。其优点是：

(1) 终点碳低，炉渣 TFe 含量高，脱磷效率高；

(2) 操作简单，生产率高；

(3) 操作稳定，易于实现自动控制；

(4) 可提高废钢比。

8.2.2.2　高拉碳低氧操作法

高拉碳要根据成品对磷的要求，决定高拉碳范围，既能保证终点钢水氧含量低，又能达到成品对磷的要求，并减少增碳量。高拉碳的优点是：终渣氧化铁含量降低，钢中氧化物夹杂减少，提高了金属收得率，氧耗低，合金吸收率高，钢水气体含量少。在中、高碳范围拉碳终点的命中率也较低，通常需要等成分确定才能确定是否补吹。冶炼中高碳钢采用高拉碳低氧操作法质量更加稳定，一般终点碳控制在 [C] = 0.20% ~ 0.40% 的范围。

8.2.3　高拉补吹法

早年冶炼中、高碳钢种时，按钢种规格稍高一些进行拉碳，待测温、取样后根据分析结果与规格相差的程度决定补吹时间。

吹炼过程在中、高碳 ([C] > 0.40%) 钢种的碳含量范围内，脱碳速度较快，火焰没有明显变化，火花也不好观察，终点人工拉碳一次准确判断是不容易的，所以采用高拉补吹的办法。根据火焰和火花的特征，参考供氧时间及氧耗量，根据所炼钢种碳规格要求稍高一些来拉碳，通过结晶定碳和钢样化学分析，再按这一碳含量范围内的脱碳速度补吹一段时间，以达到要求的终点。高拉补吹方法只适用于中、高碳钢的吹炼。转炉炼钢动态控制也可看做一种变相的高拉补吹。

练 习 题

1. 终点碳控制方法有（　　）。A
   A. 一次拉碳法、低碳低磷增碳和高拉碳低氧增碳法
   B. 一次拉碳法、一次拉准法和二次拉准法
   C. 一次拉碳法、后吹低碳法和高拉补吹法
   D. 一次拉碳法、二次拉准法和低碳增碳法。

2. 转炉炼钢冶炼（　　）钢宜用直接拉碳法。A
   A. Q235　　　　　B. 45　　　　　C. 65　　　　　D. 45SiMnV

3. 可以消除后吹危害的终点控制方法是（　　）。A
   A. 一次拉碳操作　　B. 低碳低磷增碳操作　　C. 高拉碳低氧操作

4. 目前最常用的转炉炼钢终点控制类型有（　　）。B
   A. 拉碳法　　　　B. 增碳法　　　　C. 高拉补吹法　　　　D. 后吹法

5. 消耗增碳剂最多的终点控制方法是（　　）。B
   A. 一次拉碳操作　　B. 低碳低磷增碳操作　　C. 高拉碳低氧操作

6. 转炉冶炼后吹次数增加，会使炉衬寿命（　　）。B
   A. 提高　　　　　B. 降低　　　　　C. 不影响

7. 当转炉终点钢水碳低，温度低，应该（　　）补吹提温，以免过氧化。C
   A. 加造渣剂　　　B. 降低枪位　　　C. 加提温剂

8. 综合考虑钢中夹杂控制和脱磷效果，在符合钢种要求的条件下，转炉吹炼终点应采用（　　）措施。C
   A. 高氧化铁、高温　B. 高氧化铁、低温　C. 低氧化铁、低温　D. 低氧化铁、高温

9. 有关后吹的说法，错误的是（　　）。C
   A. 后吹是因为终点温度低或硫磷较高等原因而被迫采取的
   B. 后吹使炉渣的氧化性大大提高
   C. 后吹期的熔池升温速度较快，因此可以提高转炉生产率

10. 当转炉终点温度高于目标值，往炉内加入大量冷却剂调温时，要降枪点吹，以防渣料结团和炉内温度不均匀。（　　）√

11. 当转炉终点温度高、碳含量不高时，可用矿石调温。（　　）×

12. 低碳低磷操作比高拉碳低氧控制的钢中夹杂更少。（　　）×

13. 吹炼终点的一次拉碳率低，后吹次数增加，多次倒炉，钢水中氧化物夹杂会增加。（　　）√

14. 吹炼终点的一次拉碳率低，后吹次数增加，多次倒炉，炉衬使用寿命会降低。（　　）√

15. 冶炼熔池碳含量小于 0.10% 时，进行后吹，不仅增加钢中氧化物夹杂，还会增加氮含量。（　　）√

16. 当转炉终点钢水碳低、温度低时应该降低枪位补吹提温以避免钢水过氧化。（　　）√

17. 后吹对钢水质量影响不大，主要是对转炉炉衬影响严重。（　　）×

18. （多选）终点碳控制方法有（　　）。ABC

　　A. 一次拉碳法　　B. 低碳低磷增碳法　　C. 高拉碳低氧法　　D. 一次拉准法

19. （多选）一次拉碳法具有（　　）的特点。AC

　　A. 金属收得率高　　B. 余锰少　　　　　C. 技术水平要求高　　D. 质量稳定

20. （多选）低碳低磷操作的优点是（　　）。ABCD

　　A. 操作简单　　　　B. 生产率高　　　　C. 废钢比大　　　　D. 脱磷效率高

21. （多选）高拉碳低氧操作的优点是（　　）。BD

　　A. 操作简单　　　　B. 夹杂量少　　　　C. 废钢比大　　　　D. 脱磷效率高

22. （多选）后吹的影响有（　　）。AB

　　A. 钢中氧含量升高，夹杂物增多，降低钢水纯净度

　　B. 渣中 TFe 增高，钢铁料消耗增加，降低炉衬寿命

　　C. 对降低钢中 P、S、N 有利，但降低转炉生产率

　　D. 增加了铁合金和增碳剂消耗量，成本增加，但氧气利用率有提高

23. （多选）高拉碳低氧操作的优点是（　　）。ACD

　　A. 终渣氧化铁含量低　　　　　　　　B. 操作稳定，易于实现自动控制

　　C. 金属收得率高　　　　　　　　　　D. 钢水气体含量少

8.3　人工判断方法

目前我国还有部分小型转炉厂家仍然是凭经验操作，人工判断终点。

8.3.1　碳的判断

8.3.1.1　取钢样

在正常吹炼条件下，吹炼终点拉碳后取钢样。将样勺表面的覆盖渣拨开，倒入样模或直接在样勺中看碳，钢水发生 $[C]+[O]=\{CO\}$ 反应，这是微弱的放热反应。样模、样勺内由于钢水温度降低，破坏了原有的平衡状态，C-O 反应生成 CO 气体。CO 气体带出钢液滴在空气中继续氧化，生成 CO 气体将钢液滴炸开产生火花。碳含量越高，产生的 CO 气体越多，火花越密集且分叉越多，这是看碳的原理。根据钢水沸腾情况和火花可判断终点碳含量。如样模看碳：

（1）当 $[C]=0.3\%\sim0.4\%$ 时，钢水沸腾，火花分叉较多且碳花密集，弹跳有力，射程较远。

（2）当 $[C]=0.18\%\sim0.25\%$ 时，火花分叉较清晰，一般分 $4\sim5$ 叉，弹跳有力，弧度较大。

（3）当 $[C]=0.12\%\sim0.16\%$ 时，火花较稀，分叉明晰可辨，分 $3\sim4$ 叉，落地呈

"鸡爪"状,跳出的火花弧度较小,多呈直线状。

(4) 当[C]<0.10%时,火花弹跳无力,基本不分叉,呈球状颗粒。

(5) 若[C]更低,火花呈麦芒状,短而无力,随风飘摇。

同样,由于钢水的凝固和在这过程中的碳氧反应,在钢液表面发生沸腾,不同碳含量在钢样结膜表面出现不同的气泡或毛刺,根据毛刺的多少可以凭经验判断碳含量。

经验看碳,在有利于C-O反应的条件下,会造成碳低时,C-O反应速度快,显得碳还很高,造成拉碳偏低,如采用火花判断碳含量,必须与钢水温度结合起来,如果钢水温度偏高,在同样碳含量条件下,火花分叉比温度低时多。因此在炉温较高时,估计的碳含量可能高于实际碳含量。若炉温偏低,判断碳含量会比实际值偏低些。

终点取样应注意:样勺要烘烤,粘渣均匀,钢水表面必须有熔渣覆盖,取样部位要有代表性,以便准确判断碳。

练习题

1. 当炉口火焰明显收缩时的熔池碳含量为0.1%~0.2%。(　　)√

8.3.1.2　结晶定碳

终点钢水中主要元素是Fe与C,碳含量的高低影响着钢水的凝固温度,反之,根据凝固温度不同也可以判断碳含量。如果在钢水凝固的过程中连续地测定钢水温度,当到达凝固温度时,由于凝固潜热补充了钢水降温散发的热量,所以温度随时间变化的曲线出现了一个平台,如图8-1所示,这个平台的温度就是钢水的凝固温度,根据凝固温度可以反推出钢水的碳含量。因此吹炼中、高碳钢的终点控制采用高拉补吹,就可使用结晶定碳来确定碳含量。

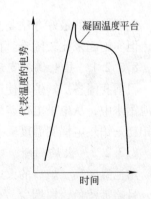

图8-1　钢液凝固过程温度随时间变化曲线

除上述方法外,有通过炉口被炉气带出的金属小粒爆裂的碳花,按样模看碳原理判断碳含量;根据炉口火焰的颜色、亮度、形状、长度及炉内脱碳量和脱碳速度的变化,判断钢水碳含量;还可以通过供氧时间与氧耗量判断终点。当喷嘴结构尺寸一定时,采用定流量变枪操作,单位时间内的供氧量是一定的。在装入量、冷却剂加入量、吹炼钢种及枪位等条件都相对稳定时,吹炼1t金属所需要的氧气量相差不多,因此吹炼一炉钢的供氧时间和氧耗量变化也不大。这样就可以根据上几炉的供氧时间和氧耗量,作为本炉拉碳的参考。当然,每炉钢的情况不可能完全相同,如果生产条件有变化,其参考价值就要降低;即使是生产条件完全相同的相邻炉次,也要与看碳花等办法结合起来综合判断。

随着技术的进步,红外、光谱等成分快速测定手段的应用,可以验证经验判断的准确性。

练 习 题

1. （多选）终点含碳量的判定有（　　）。ABCD
   A. 炉口火焰和火花观察法　　　　　B. 高拉补吹法
   C. 结晶定碳法　　　　　　　　　　D. 耗氧量与供氧时间方案参考法
2. （多选）可以通过（　　）判断终点碳。ABC
   A. 火焰　　　　　B. 火花　　　　　C. 供氧时间　　　　　D. 枪位
3. 当温度低时，取样看碳，碳含量的判断容易偏低。（　　）×
4. 相同条件下，如果渣子不化，则火焰发冲，这时应晚拉碳。（　　）×
5. 依靠炉口火焰看碳，枪位高拉碳易偏高，枪位低拉碳易偏低。（　　）√
6. 炉膛增大时，炉内反应速度比较慢，火焰显得较软弱、收缩早，应注意早点拉碳。（　　）×
7. 转炉脱碳速度的变化规律是由于（　　）。B
   A. 铁中碳含量由高变低，所以脱碳速度由高变低
   B. 炉内温度和含碳量变化，其脱碳速度变化为：低→高→低
   C. 熔池温度由低到高，碳氧是放热反应，所以脱碳速度变化为：高→低

8.3.2　温度的判断

判断温度的最好办法是连续测温并自动记录熔池温度变化情况，以便准确地控制炉温，但实施起来比较困难。目前最常用的是插入式热电偶并结合经验来判断终点温度。

8.3.2.1　热电偶测定温度

目前我国各厂转炉均使用高温测温精度高的钨—铼插入式热电偶，吹炼终点直接插入熔池钢水中，从电子电位差计上得到温度的读数，该法迅速可靠。炉外精炼和连铸工序是用铂铑—铂热电偶测温度。

8.3.2.2　火焰判断

熔池温度高，炉口的火焰白亮而浓厚有力，火焰周围有白烟；温度偏低，火焰透明淡薄，且略带蓝色，白烟少，火焰形状有刺无力，喷出的炉渣发红，常伴有未化的石灰粒；温度更低时，火焰发暗，呈灰色。

8.3.2.3　取样判断

取出钢样后，样勺内覆盖渣很容易拨开，样勺周围有青烟，钢水白亮，倒入样模内，钢水活跃，结膜时间长，说明钢水温度高。如果覆盖渣不容易拨开，钢水暗红色，混浊发黏，倒入模内钢水不活跃，结膜时间也短，说明钢水温度低。

另外，也可以通过秒表计算样勺内钢水结膜时间来判断钢水温度的高低。但是取样时样勺需要烘烤透，粘渣均匀，样勺中钢水要有熔渣覆盖，同时取样的位置应有代表性。

8.3.2.4　通过氧枪冷却水温度差判断

在吹炼过程中可以根据氧枪冷却水出口与进口的温度差来判断炉内温度的高低。当相邻的炉次枪位相仿，冷却水流量一定时，氧枪冷却水的出口与进口的温度差和熔池温度有

一定的对应关系。若温差大，反映出熔池温度较高；温差小，则反映出熔池温度低。

8.3.2.5 根据炉膛情况判断

倒炉后通过观察炉膛情况帮助判断炉温。温度高则炉膛发亮，往往还有泡沫渣涌出。如果炉内没有泡沫渣涌出，渣子发死，同时炉膛不那么白亮，说明炉温偏低了。

根据以上几方面温度判断的经验及热电偶的测温数值来确定终点温度。

练习题

1. （多选）测温时应注意（　　）。ABC
   A. 测温头和保护纸管应保持干燥
   B. 保持测温枪插接件线路安全可靠
   C. 测温枪应插在炉内钢液面以下中心深处部位，严禁插在钢液或渣层表面以及靠近炉衬部位
   D. 保持测温枪插接件具有一定湿度
2. （多选）可以通过（　　）判断终点温度。ACD
   A. 火焰　　　　B. 火花　　　　C. 氧枪冷却水温差　　　　D. 钢样颜色
3. 相同条件下，熔池温度越高，炉口火焰越明亮有劲。（　　）√

8.4 挡渣操作

少渣或挡渣出钢是生产高质量钢的必要手段之一。其目的是有利于准确控制钢水成分，有效地减少钢水回磷，提高合金元素吸收率，减少合金消耗；有利于降低钢中夹杂物含量，提高钢包精炼效果；还有利于降低对钢包耐火材料的蚀损。同时，也提高了转炉出钢口的寿命。目前，某些炉外精炼方法要求钢包渣层厚度小于50mm，渣量小于3kg/t 钢。

8.4.1 转炉出钢时对出钢口的要求

出钢口应保持一定的直径、长度和合理的角度，以维持合适的出钢时间。若出钢口变形扩大，出钢时间短，出钢易散流，还会大流下渣，这不仅会导致回磷，还降低合金吸收率；出钢时间太短，加入的合金未得到充分熔化，分布也不均匀，影响合金吸收率的稳定性。出钢时间过长，加剧钢流二次氧化，加重脱氧负担，温降也大，同时也影响转炉的生产率。一般出钢时间控制在 3～8min，大型转炉取值偏上，小型转炉取值偏下。

出钢口要定期更换，可整体更换也可重新做出钢口。出钢口的修复不仅应注意外形，也要注意出钢口在炉内不形成凹坑。在生产中为延长出钢口的使用寿命，除提高出钢口材质外，更应加强维护，在不影响质量的前提下，造粘渣减少熔渣对出钢口的侵蚀、冲刷。挡渣出钢也能延长出钢口的使用寿命。

8.4.2 挡渣方法

挡渣有用挡渣帽阻挡一次下渣；阻挡二次下渣采用挡渣球法、挡渣塞法、气动挡渣器

法、气动吹渣法等。图 8-2 是其中几种挡渣方法的示意图。

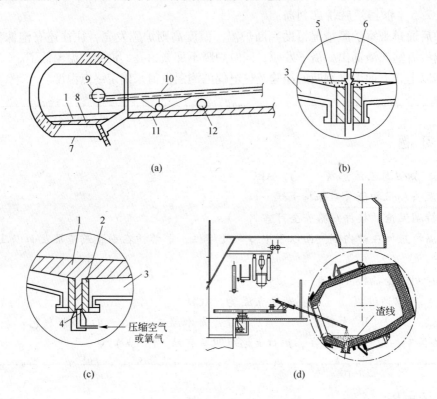

图 8-2   几种挡渣方法示意图

(a) 挡渣球加入示意图;(b) 挡渣塞挡渣器;(c) 气动挡渣器;(d) 气动吹渣法
1—炉渣;2—出钢口砖;3—炉衬;4—喷嘴;5—钢渣界面;6—挡渣锥;7—炉体;
8—钢水;9—挡渣球;10—挡渣小车;11—操作平台;12—平衡球

主要的挡渣方法及装置如下:

(1)挡渣帽。在出钢口外口堵以薄钢板制成的锥形挡渣帽,挡住开始出钢时的一次熔渣。

(2)挡渣球。挡渣球的密度介于钢水与熔渣之间,临近出钢结束时投入炉内出钢口附近,随钢水液面的降低,挡渣球下沉而堵住出钢口,避免随之而至的熔渣进入钢包,如图 8-2(a)所示。

(3)挡渣塞。挡渣塞能有效地阻止熔渣进入钢流;挡渣塞的结构由塞杆和塞头组成,如图 8-2(b)所示。其材质和密度与挡渣球相同或稍低。塞杆上部是用来夹持定位的钢棒,下部包裹耐火材料;出钢即将结束时,按照转炉出钢角度,严格对位,用机械装置将塞杆插入出钢口;出钢结束时,塞头就封住出钢口;塞头上有沟槽,炉内剩余钢水可通过沟槽流出,钢渣则被挡在炉内。由于挡渣塞比挡渣球挡渣效果好,目前得到普遍应用。

挡渣效果的好坏与出钢口的维护、出钢口与转炉的夹角、挡渣时机、渣况有密切关系。应按计划及时修补出钢口,确保挡渣效果,保证圆流出钢,出钢时间在 3~8min 内;出钢口与转炉夹角要保证出钢终了出钢口中心线与水平线垂直;利用电磁感应或者红外装置判断是否下渣,自动将塞杆插入出钢口;若挡渣效果不好可在下渣时刻移动钢包车错车，避免熔渣进入钢包。终渣黏稠可减少下渣和回磷，但要兼顾溅渣护炉对渣况的要求。

（4）气动挡渣器。出钢将近结束时，由机械装置从转炉外部用挡渣器喷嘴向出钢口内吹气，阻止熔渣流出。此法对出钢口形状和位置要求严格，并要求喷嘴与出钢口中心线对中，如图8-2(c)所示。

（5）气动吹渣法。挡住出钢后期的涡流卷渣最难，涡流一旦产生，容易出现钢渣混出。因此，为防止出钢后期产生涡流，或者有涡流出现，可用气动吹渣法，通过高压气体将出钢口上部钢液面上的钢渣吹开挡住，达到除渣的目的。该法能使钢包渣层厚度达到15～55mm，如图8-2(d)所示。

（6）滑板挡渣法。在转炉出钢口上装滑动水口，利用滑板可以快速有效地切断钢流，达到良好的挡渣效果。

（7）红外线下渣预报。由于地球自转产生的惯性，出钢临近结束时液态钢水从出钢口流出，会产生两次旋涡，将炉渣卷入钢流造成下渣。第一次旋涡产生的时间很短，带出的钢渣量也较少，但人工判断观察第一次旋涡下渣非常困难，因此采用根据钢、渣温度不同，发射的红外线波长不同的原理，使用红外线下渣预报装置，发出信号结合滑板挡渣、气动挡渣或挡渣塞，可以起到良好的挡渣效果。

为了达到更好的钢渣分离效果和冶炼洁净钢的要求，在挡渣出钢后可以考虑真空吸渣措施。

练习题

1. 出钢过程中下渣过多会产生（　　）。D
   A. 回硫　　　　B. 回碳　　　　　　　C. 回锰　　　　　D. 影响LF炉操作
2. （　　）对延长出钢口使用寿命不利。D
   A. 提高出钢口材质　B. 增加熔渣黏度　　　C. 挡渣出钢　　　　D. 提高出钢温度
3. 为了提高挡渣出钢的效果，最有效的是采用（　　）措施。D
   A. 控制渣黏度　　　B. 控制余锰量　　　　C. 控制TFe　　　　D. 出钢口下渣监测
4. 转炉炼钢减少回磷的最有效措施是（　　）。D
   A. 不炼高温钢　　　B. 少加合金　　　　　C. 出钢加合成渣料　D. 挡渣出钢
5. 挡渣出钢的最主要目的是（　　）。A
   A. 减少回磷　　　　B. 有利于钢水二次精炼　C. 减少降温
6. 挡渣出钢能够（　　）钢水回磷。B
   A. 增加　　　　　　B. 减少　　　　　　　C. 不影响
7. 为了防止钢包回磷，出钢下渣量应该（　　）。B
   A. 增加　　　　　　B. 控制到最少　　　　C. 不作控制
8. 出钢过程中下渣过多会产生（　　）。B
   A. 回硫　　　　　　B. 回磷　　　　　　　C. 回锰
9. 出钢过程中下渣过多会产生（　　）。B
   A. 回硫　　　　　　B. 夹杂增加　　　　　C. 回锰　　　　　D. 增碳

10. 良好的挡渣出钢效果，最主要与出钢口的（　　）、长度和角度有关。B
    A. 外径　　　　　　B. 内径　　　　　　C. 材质　　　　　　D. 寿命

11. 为了提高挡渣出钢的效果，最有效的是采用（　　）措施。B
    A. 控制渣黏度　　　　　　　　　　　B. 控制出钢时间
    C. 控制合金加入时间　　　　　　　　D. 控制合成渣加入量

12. 出钢挡渣，控制下渣量不超过（　　）kg/t，才有利于 LF 炉操作。B
    A. 10　　　　　　　B. 5　　　　　　　C. 20　　　　　　　D. 都不对

13. 挡渣球的密度是影响挡渣球命中率与及时挡渣的关键因素，挡渣球的密度一般为（　　）g/cm^3。C
    A. 1.7~2.0　　　　　B. 3.5~3.8　　　　C. 4.2~4.5

14. 出钢口应保持一定的直径、长度和合理的角度，以（　　）。C
    A. 减轻钢流二次氧化　　　　　　　　B. 减少钢水温降
    C. 维持合适的出钢时间　　　　　　　D. 减少熔渣的侵蚀

15. 转炉挡渣出钢的主要方式不包括（　　）。D
    A. 挡渣塞　　　　　　B. 挡渣球　　　　　C. 挡渣帽　　　　　D. 挡渣砖

16. （多选）转炉挡渣出钢的主要方式包括（　　）。ABC
    A. 挡渣塞　　　　　　B. 挡渣球　　　　　C. 挡渣帽　　　　　D. 挡渣砖

17. （多选）转炉挡渣的工具有（　　）。ABCD
    A. 挡渣球　　　　　　B. 挡渣锥　　　　　C. 挡渣塞　　　　　D. 挡渣帽

18. （多选）转炉挡渣出钢的方法有（　　）。ABCD
    A. 挡渣球法　　　　　B. 挡渣塞法　　　　C. 气动挡渣器法　　　D. 气动吹渣法

19. （多选）挡渣方法有（　　）。ABCD
    A. 挡渣帽、挡渣球　　B. 挡渣塞　　　　　C. 气动吹渣法　　　　D. 气动挡渣器

20. （多选）氧化渣进入钢包，在精炼过程中，会引起（　　）。ABCD
    A. 脱氧剂烧损　　　　B. 延长精炼时间　　C. 产生二次氧化夹杂物　D. 造成回磷

21. （多选）（　　）对挡渣效果有重要影响。ABCD
    A. 炉渣的流动性　　　B. 挡渣时机　　　　C. 出钢口状况　　　　D. 出钢口角度

22. （多选）下列说法正确的是（　　）。ABCD
    A. 出钢口应保持一定的直径、长度和合理的角度，以维持合适的出钢时间
    B. 若出钢口变形扩大，出钢易散流，还会大流下渣，出钢时间缩短等，这不仅会导致回磷，而且降低合金吸收率
    C. 出钢时间太短，加入的合金未得到充分熔化，分布也不均匀，影响合金吸收率的稳定性
    D. 出钢时间过长，加剧钢流二次氧化，加重脱氧负担，而且温降也大，同时也影响转炉的生产率

23. （多选）转炉炼钢减少回磷的有效措施是（　　）。ACD
    A. 不炼高温钢　　　　B. 少加合金　　　　C. 出钢加合成渣料　　D. 挡渣出钢

24. （多选）下面关于挡渣出钢的论述，正确的是（　　）。ABD
    A. 准确控制钢水成分，有效地减少钢水回磷

B. 挡渣出钢是生产纯净钢的必要手段之一

C. 有利于降低钢包耐材的蚀损，但减弱了钢包精炼效果

D. 有利于提高转炉出钢口的寿命

25. （多选）挡渣出钢的目的是（　　）。ABC

A. 减少合金消耗　　　B. 减少包衬侵蚀　　　C. 减少回磷　　　D. 减少温降

26. （多选）延长出钢口寿命的措施是（　　）。ABC

A. 提高出钢口材质　　　B. 增加熔渣黏度　　　C. 挡渣出钢　　　D. 提高出钢温度

27. （多选）为了减少出钢下渣，应该（　　）。ABC

A. 提高出钢口材质　　　B. 增加熔渣黏度　　　C. 挡渣出钢　　　D. 提高出钢温度

28. （多选）关于挡渣出钢，正确的是（　　）。AC

A. 挡渣出钢是生产纯净钢的必要手段之一，有利于准确控制钢水成分

B. 采用挡渣出钢，可以减少转炉回硫，提高合金元素吸收率

C. 采用挡渣出钢，可以降低钢中夹杂物含量，提高钢包精炼效果

D. 采用挡渣出钢，可以降低对耐火材料的蚀损，但会降低出钢口寿命

29. （多选）对挡渣效果有重要影响的是（　　）。ABC

A. 炉渣的流动性　　　B. 出钢时间　　　C. 渣量　　　D. 合成渣加入量

30. （多选）出钢挡二次渣效果好的方式有（　　）。AC

A. 气动挡渣　　　B. 挡渣球　　　C. 挡渣锥　　　D. 挡渣帽

31. 出钢前戴挡渣帽是为了防止炉渣进入钢包。（　√　）

32. 出钢挡渣的目的是防止或减少转炉的高氧化铁终渣在出钢过程中流入钢包。（　√　）

33. 氧气顶吹转炉在冶炼镇静钢时，下渣易引起回磷。（　√　）

34. 挡渣球的密度介于钢水与炉渣之间。（　√　）

35. 常用的挡渣方法有挡渣帽、挡渣球、挡渣塞和气动挡渣器。（　√　）

36. 控制出钢下渣量，能够减少钢包回磷。（　√　）

37. 挡渣出钢是生产纯净钢的必要手段之一，其目的是有利于准确控制钢水成分，有效地减少钢水回磷，提高合金元素吸收率。（　√　）

38. 钢口应保持一定的直径、长度和合理的角度，以维持合适的出钢时间。（　√　）

39. 出钢口要定期更换，可采用整体更换的办法，也可采用重新做出钢口的办法，在生产中对出钢口应进行严格的检查维护。（　√　）

40. 挡渣出钢非常重要，氧化渣进入钢包，在精炼过程中，会引起脱氧剂烧损、产生二次氧化夹杂物、造成回磷。（　√　）

41. 挡渣出钢的方法有：用挡渣帽法阻挡一次下渣；阻挡二次下渣采用挡渣球法、挡渣塞法、气动挡渣器法、气动吹渣法等。（　√　）

42. 挡渣出钢能提高合金吸收率。（　√　）

43. 挡渣出钢是生产纯净钢的必要手段之一，其目的是有利于准确控制钢水成分，减少钢中夹杂物，有效地减少钢水回磷，提高合金元素吸收率。（　√　）

44. 转炉出钢过程，要严格控制下渣量，主要是为了防止回硫。（　×　）

45. 钢中氧含量的多少与下渣量的多少无关。（　×　）

46. 挡渣球的密度小于 $2.5g/cm^3$。（　×　）

47. 钢水的密度为（　　）g/cm³。B

　　A. 6.5　　　　　　　　B. 7.0　　　　　　　　C. 7.8

48. 挡渣球挡渣，挡渣球的密度应该比钢水的密度稍大些，以便在出钢过程中能顺利阻挡炉渣，确保挡渣质量。（　　）×

49. 出钢过程的挡渣帽，在出钢口外堵以钢板制成的锥形挡渣帽，可以挡住开始出钢时的二次熔渣。（　　）×

50. 转炉出钢时要求钢包净空至少控制在250~350mm之间。（　　）√

51. 出钢过程中钢流发散，易造成钢液二次氧化（　　）。B

　　A. 降低　　　　　　　　B. 增加　　　　　　　　C. 不变

52. （　　）元素最易被氧化。C

　　A. 硅　　　　　　　　B. 锰　　　　　　　　C. 铝

53. 钢液的二次氧化，将使钢中有害气体氮、氧含量（　　）。A

　　A. 增加　　　　　　　　B. 降低　　　　　　　　C. 保持不变

8.5　钢包渣改质剂或合成渣的应用

挡渣出钢是避免高氧化性终渣进入钢包的措施之一，在提高挡渣效果的同时，开发应用了钢包渣改质剂，其目的一是降低熔渣的氧化性，减少其污染；二是形成合适的具有去除杂质元素、吸收上浮夹杂的精炼渣。

在出钢过程中加入预熔合成渣，经钢水混冲，完成熔渣改质和钢水脱硫的冶金反应，此法称为渣稀释法。改质剂由石灰、萤石或铝矾土等材料合成。

另一种熔渣改质是渣还原处理法，即出钢结束后，添加如 CaO + Al 粉或 Al + Al_2O_3 + SiO_2 等改质剂。

钢包渣改质后的成分是：碱度 $R \geqslant 2.5$；$(FeO + MnO) \leqslant 4\%$；$(SiO_2) \leqslant 10\%$；$\dfrac{(CaO)}{(Al_2O_3)} =$ 1.2~1.5；脱硫效率为30%~40%。

钢包渣中$(FeO + MnO)$含量的降低，形成还原性熔渣，是具有良好吸附夹杂的精炼渣，为最终达到精炼效果创造了条件。

练习题

1. 为了避免影响连铸操作，钢包渣改质剂要避免加到（　　）位置。D

　　A. 钢包底部　　B. 出钢钢流冲击部位　　C. 钢包透气砖上方　　D. 滑动水口上方

2. 为了避免影响精炼效果，钢包渣改质剂要避免加到（　　）位置。C

　　A. 钢包底部　　B. 出钢钢流冲击部位　　C. 钢包透气砖上方　　D. 滑动水口上方

3. 钢包合成渣在转炉出钢过程中的主要作用是（　　）。A

　　A. 转炉出钢过程中加入合成渣，主要起部分脱硫，稀释转炉渣，为精炼渣系创造条件等作用

B. 转炉出钢过程中加入合成渣，主要起部分脱硫，稀释转炉渣，降低炉渣碱度的作用

C. 转炉出钢过程中加入合成渣，主要起稀释定渣，为精炼创造条件，减少炉渣泡沫性作用

4. 转炉用合成渣的主要成分中超过50%的是（　　　）。A

　　A. CaO　　　　　B. CaF₂　　　　　　　C. FeO　　　　　　　D. Al₂O₃

5. 渣洗与钢渣混冲均属（　　　），其脱氧效率较高，但需要足够时间以保证氧的扩散。A

　　A. 扩散脱氧　　　B. 真空脱氧　　　　　C. 沉淀脱氧

6. 转炉用二元合成渣的主要成分不包括（　　　）。C

　　A. CaO　　　　　B. CaF₂　　　　　　　C. FeO

7. （多选）转炉出钢用三元合成渣的主要成分包括（　　　）。ABD

　　A. CaO　　　　　B. CaF₂　　　　　　　C. FeO　　　　　　　D. Al₂O₃

8. （多选）转炉出钢过程中加入合成渣，可以起（　　　）。ABC

　　A. 部分脱硫，稀释转炉渣，为精炼渣系创造条件的作用

　　B. 提高炉渣碱度的作用

　　C. 稀释顶渣，为精炼创造条件，减少炉渣泡沫性作用

9. 转炉出钢过程中渣洗使用的合成渣的主要成分是CaO。（　　　）√

10. 转炉出钢过程中，向钢包内加入钙质合成渣"渣洗"的作用之一是脱硫。（　　　）√

11. 转炉出钢用三元合成渣的主要成分不包括CaF₂。（　　　）×

12. 转炉出钢用三元合成渣的主要成分不包括（　　　）。C

　　A. CaO　　　　　B. CaF₂　　　　　　　C. FeO　　　　　　　D. Al₂O₃

+·+

学习重点与难点

学习重点：初级工重点是终点控制方法和挡渣出钢操作，中高级工在初级工的基础上加上终点自动控制重点内容。

学习难点：终点自动控制原理。

思考与分析

1. 什么是终点控制？终点的标志是什么？

2. 终点控制有几种方式？后吹有什么不好？

3. 终点碳控制方法有哪几种，各有什么优缺点？

4. 如何判断终点钢水中的碳含量？

5. 终点温度过高或过低如何调整？

6. 转炉终点控制简易计算的参考参数有哪些？

7. 转炉出钢时对出钢口有什么要求？

8. 为什么要挡渣出钢？有哪几种挡渣方法？

9. 出钢过程为什么向钢包内加钢包渣改质剂？

10. 如何防止和减少钢包钢水的回磷？

11. 红外碳硫分析仪的工作原理是怎样的？
12. 热电偶测量温度的原理是怎样的，测温时应注意什么？
13. 计算机控制炼钢的优点有哪些？
14. 什么是静态模型？
15. 什么是动态模型？
16. 副枪有哪些功能，其探头有哪几种类型？
17. 结晶定碳的原理是怎样的？
18. 应用副枪测量熔池液面高度的工作原理是怎样的？
19. 测定熔池钢中氧含量的原理是怎样的？
20. 副枪的构造是怎样的？对副枪有哪些要求？
21. 副枪探头的结构是怎样的？
22. 副枪的安装位置怎样确定？副枪测试的时间应如何考虑？
23. 如何依据炉气连续分析来动态控制转炉终点？

9 脱氧合金化及夹杂物排除

教学目的与要求

1. 选择合适的脱氧制度与脱氧操作降低消耗、保证钢水质量要求。
2. 合理配加合金。
3. 控制夹杂物含量与形态。

吹炼过程向熔池供氧，当到达终点钢水中溶入了过量的氧，钢中实际氧含量高于碳氧平衡值，两者之差称为过剩氧；1600℃平衡状态下碳氧浓度积为 0.0025，终点碳含量越低，钢中过剩 [O] 含量也越高。因此在碳进入规格的同时，脱除钢中多余的氧。否则，会造成以下危害：

（1）钢中氧含量过高，[O]实际 > [O]平衡，浇注冷却结晶过程中，钢中碳氧反应生成 CO 气体，产生皮下气泡、疏松等缺陷。

（2）钢中氧含量高，[FeO] 与 [FeS] 形成低熔点共晶，加剧硫的热脆危害。

（3）氧在固体钢中的溶解度小，在凝固过程中，氧以氧化物夹杂的形式析出，降低钢的塑性和冲击韧性。

脱氧合金化是转炉冶炼过程的最后一项操作，也是炼好一炉钢的成败关键之一，如果操作不当造成废品，前功尽弃。因此必须认真仔细。

吹炼终点钢水氧含量也称为钢水的氧化性。影响钢水氧含量的因素主要有：

（1）钢中氧含量主要受碳含量制约，碳含量高，氧含量就低；碳含量低则氧含量相应就高；服从碳—氧平衡规律。

（2）钢水中的残锰含量也影响钢中氧含量。在[C] < 0.1% 时，锰对氧化性的影响比较明显。

（3）钢水温度高，钢水的氧含量增加。

（4）操作工艺对钢水的氧含量也有影响。例如高枪位，或低氧压，熔池搅拌减弱，将增加钢水的氧含量，当[C] < 0.15% 时，进行补吹会增加钢水氧含量；拉碳前加铁矿石、或氧化铁皮等调温，也会增加钢水氧含量。因此，钢水要获得正常的氧含量，首先应该稳定吹炼操作。

9.1 脱氧理论

9.1.1 脱氧的任务

氧在钢中以单原子形式存在的溶解氧和以氧化物夹杂形式的化合氧，二者之和称为综合氧（总和氧），见下式：

$$[O]_总 = [O]_{溶解} + [O]_{化合} \tag{9-1}$$

所以脱氧任务包括两方面：

（1）根据钢种的要求，将钢中溶解的氧降低到一定程度，并形成稳定的氧化物。

（2）最大限度地排除钢水中的脱氧产物。改变夹杂物的形态和性质，使成品钢中非金属夹杂物含量最少，分布合适，形态适宜，以保证钢的各项性能。

总之，要清除钢水中一切形式的氧。

练习题

1. （多选）钢的合金化任务是（　　）。ACD
   A. 使加入的合金元素尽快地溶解于钢液中
   B. 减少合金元素氧化物的上浮
   C. 均匀分布并得到较高且稳定的收得率
   D. 尽可能减少合金元素的烧损

2. （多选）炼钢脱氧的任务是去除（　　）。AD
   A. 溶解氧　　　　　B. 气态氧　　　　　C. 耐火材料氧　　　　D. 化合氧

3. （多选）炼钢脱氧的任务是脱除（　　）。AB
   A. 溶解氧　　　　B. 夹杂物中氧　　　C. 气体中氧　　　　D. 渣中氧

4. （多选）炼钢脱氧任务依靠（　　）完成。ABCD
   A. 在钢水中加合金　B. 真空处理　　　C. 在渣中加合金　　　D. 软吹氩搅拌

5. 关于脱氧任务，说法错误的是（　　）。D
   A. 保证得到正确的凝固组织结构
   B. 减少夹杂物含量，保证钢的各项性能
   C. 得到细晶粒组织
   D. 保证钢水浇注顺利

6. 合金化的任务就是使加入的合金元素尽快地溶解于钢液中，均匀分布并得到较高且稳定的收得率，尽可能减少合金元素的烧损。（　　）√

7. 钢包内加入铁合金的目的只是按冶炼钢种的化学成分要求配加合金元素，保证钢的物理和化学性能。（　　）×

8. 脱氧的主要目的就是去除钢中过剩的氧，但脱氧时还要完成调整钢的成分和合金化的任务。（　　）√

9. 钢包内加入铁合金的目的去除钢中多余的氧和按冶炼钢种的化学成分要求配加合金元素，保证钢的物理和化学性能。（　　）√

10. 钢中氧含量不受碳含量影响。（　　）×

11. （多选）钢水氧含量（　　）。CD
    A. 也称炉渣的氧化性
    B. 对钢的液相线温度、合金吸收率有重要的影响

C. 也称钢水的氧化性

D. 对钢的质量、合金吸收率有重要的影响

12. （多选）影响钢水氧含量的因素主要有（　　）。ABC

A. 钢中氧含量主要受碳含量控制

B. 钢水中的残锰含量也影响钢中氧含量

C. 钢水温度高，增加钢水的氧含量

D. 操作对钢水的氧含量没有影响

9.1.2　对脱氧剂的要求

为了完成脱氧的任务，对加入的脱氧剂有以下要求：

（1）脱氧元素与氧亲和力大于铁与氧、碳与氧亲和力。脱氧元素与氧亲和力越大，其脱氧能力越大。在一定温度下，一定量的脱氧元素与溶解在钢中的氧相平衡时，用钢中氧含量的多少来表征脱氧元素的脱氧能力。若平衡时，钢中氧含量低，说明脱氧元素的脱氧能力强；反之，脱氧能力弱。

（2）脱氧剂的熔点应低于钢水温度，利于脱氧剂迅速熔化，并在钢液内均匀分布。

（3）脱氧剂应有足够的密度，以穿过渣层进入钢液，提高脱氧效率。

（4）脱氧产物易上浮。脱氧产物的上浮服从低熔点理论和吸附理论。

低熔点理论认为，在脱氧过程中只有形成低熔点液态脱氧产物，才容易由小颗粒碰撞合并、聚集、黏附而长大呈球形易于上浮，其中脱氧产物的颗粒大小对上浮速度影响最大，即 $v_{上浮} \propto r^2$。

吸附理论认为，熔点越高的脱氧产物与钢水间的界面张力越大，虽然脱氧产物的颗粒度细小，但其比表面积很大，也可以从钢水中排除。

（5）残留于钢中的脱氧元素应对钢性能无不良影响。

（6）价格便宜。

根据这些要求，常用的脱氧元素有 Mn、Si、Al、Ca、Ba 等并组成合金后使用，如 Fe-Mn、Mn-Si、Fe-Si、Ca-Si 合金、Al-Ba-Si 合金、Fe-Mn-Al 和金属铝等。

含 V、Ti、Cr、Ni、B、Zr 等元素的合金用于钢的合金化。

练习题

1. 一般来讲，钢中夹杂物含量高对于钢的性能是（　　）。A

A. 有害的　　　　　B. 有利的　　　　　C. 影响不大　　　　　D. 正常的

2. 一般认为夹杂物粒度小于 $50\mu m$ 称为（　　）夹杂物，大于 $50\mu m$ 称为（　　）夹杂物。D

A. 非金属；金属　　B. 非金属；宏观　　　C. 宏观；微观　　　D. 显微；宏观

3. （多选）大颗粒夹杂物的主要来源有（　　）。ABC

A. 钢液湍流对耐火材料的机械侵蚀

    B. 钢液湍流和二次氧化共同对中间包渣线的化学侵蚀和机械破坏

    C. 侵蚀性钢液对耐火材料的化学侵蚀和机械侵蚀

    D. 钢液冷却和凝固过程生成的产物

4. 夹杂物按来源可以分为内生夹杂和外来夹杂两种。（　　）√

5. 在脱氧合金化中，脱氧产物的颗粒增大，可加快脱氧产物的排除速度。（　　）√

6. 脱氧产物残留在钢水中形成的夹杂物属于外来夹杂。（　　）×

7. 钢中夹杂物数量、形状、尺寸的要求取决于钢种和产品用途，滚珠钢对夹杂物要求非常严格，要求材中 T[O] <0.015%，已经达到了较高的级别。（　　）×

8. 夹杂物的存在引起的应力集中是裂纹产生的发源点。（　　）√

9. 下述元素脱氧能力从强到弱排列正确的是（　　）。B

    A. Mn > Si > Al   B. Al > Si > Mn   C. Si > Mn > Al

10. 下列脱氧元素的脱氧能力按（　　）顺序增强。B

    A. Si < Mn < Al   B. Mn < Si < Al   C. Al < Mn < Si   D. Si < Al < Mn

11.（多选）脱氧能力比 Mn 强的元素有（　　）。BCD

    A. Fe   B. Si   C. Ca   D. Al

12. 在炼钢过程中，硅与锰对氧的亲和力表现为（　　）。A

    A. 硅大于锰   B. 锰大于硅   C. 相同

13.（　　）元素脱氧能力最弱。B

    A. 硅   B. 锰   C. 铝

14. 下列脱氧剂中，脱氧能力最强的是（　　）。C

    A. Fe-Si   B. Fe-Mn   C. Al

15. Mn、Al、Si 三元素的脱氧能力由强到弱的次序为（　　）。C

    A. Al、Mn、Si   B. Mn、Si、Al   C. Al、Si、Mn

16. 下列三种元素中，（　　）元素脱氧能力最强。C

    A. Mn   B. Si   C. Al

17. 脱氧能力依次减弱的顺序是（　　）。A

    A. Al、Si、C、Mn   B. Al、C、Si、Mn   C. Mn、C、Si、Al   D. Mn、Si、C、Al

18. 脱氧元素的脱氧能力是以一定温度下与溶于钢液中一定量脱氧元素相平衡的钢液中氧的浓度来表示的。和一定浓度的脱氧元素相平衡的氧含量越低，这种元素脱氧的能力（　　）。A

    A. 越强   B. 越弱   C. 适中

19. 对脱氧元素的要求，下列说法不对的是（　　）。B

    A. 脱氧产物要容易排除   B. 脱氧元素的密度要小于钢液密度

    C. 脱氧元素对氧的亲和力必须大于铁，且要尽可能大

20. 对脱氧剂的要求有（　　）。C

    A. 脱氧剂与氧的亲和力小于铁与氧的亲和力   B. 脱氧剂的熔点应高于钢液温度

    C. 脱氧产物密度和熔点低于钢液   D. 脱氧产物在钢液中溶解度要尽可能大

21. Ti 是（　　）的元素符号。B

    A. 铝   B. 钛   C. 锌   D. 钼

22. 关于脱氧与合金化描述，正确的是（　　）。C
    A. 先脱氧，后合金化　　　　　　　　　B. 先合金化，后脱氧
    C. 脱氧与合金化在炼钢过程中是同时完成的

23. 在一般情况下，脱氧与合金化的操作顺序是（　　）。A
    A. 同时进行的　　　　B. 先脱氧后合金化　　　　C. 先合金化后脱氧

24. 为了达到脱氧目的，确保脱氧任务的顺利完成，脱氧元素与氧的亲和力应（　　）碳和氧的亲和力。A
    A. 大于　　　　　　　　B. 小于　　　　　　　　C. 等于

25. 钢水中大部分元素在空气中都能发生氧化反应。（　　）√

26. 为了达到脱氧目的，脱氧元素对氧的化学亲和力必须比铁大。（　　）√

27. 由于脱氧反应都是放热反应，元素的脱氧能力随温度升高而升高，应高温出钢。（　　）×

28. （多选）转炉炼钢对脱氧剂的基本要求有（　　）。ABC
    A. 干燥　　　　　　B. 粒度均匀　　　　　　C. 成分合格　　　　　　D. 高温

29. （多选）关于脱氧元素的脱氧能力，正确的是（　　）。AD
    A. 一定的脱氧元素与溶解在钢中的氧相平衡时，用钢中氧含量的多少来表征脱氧能力
    B. 脱氧元素与氧的亲和力必须比铁与氧、碳与氧的亲和力小
    C. 为了加速脱氧产物的排除，脱氧产物的熔点要高，密度要小，与钢水界面张力小
    D. 脱氧剂要有足够的密度，能沉入钢包内，提高脱氧效率

30. （多选）（　　）的脱氧能力随温度的升高而降低。ABCD
    A. 硅　　　　　　　　B. 锰　　　　　　　　C. 铝　　　　　　　　D. 钙

31. （多选）关于脱氧元素的脱氧能力，不正确的是（　　）。BC
    A. 一定的脱氧元素与溶解在钢中的氧相平衡时，用钢中氧含量的多少来表征脱氧能力
    B. 脱氧元素与氧的亲和力必须比铁与氧、碳与氧的亲和力小
    C. 为了加速脱氧产物的排除，脱氧产物的熔点要高，密度要小，与钢水界面张力小
    D. 脱氧剂要有足够的密度，能沉入钢包内，提高脱氧效率

32. （多选）炼钢脱氧产物应满足（　　）要求。ABC
    A. 在钢液中的溶解度应尽可能小　　　　　　B. 熔点和比重应低于钢液
    C. 与钢液的界面张力较大　　　　　　　　　D. 与钢液界面张力较小

33. 在一般情况下，脱氧与合金化的操作是同时进行的。（　　）√

34. 脱氧合金元素与氧的亲和力均比铁与氧的亲和力要强，因此所有的合金元素对钢水均有不同程度的脱氧作用。（　　）×

35. 硅的脱氧能力随温度的升高而升高。（　　）×

36. 脱氧剂与氧的亲和力不一定大于碳和氧的亲和力。（　　）×

37. 铝的脱氧能力较硅强。（　　）√

38. 下述元素脱氧能力从强到弱排列：Al > Mn > Si。（　　）×

39. 脱氧产物在钢液中的溶解度应尽可能小，熔点和密度应低于钢液，与钢液的界面张力较大，以利于脱氧产物的顺利上浮。（　　）√

40. 脱氧常数度量脱氧能力的指标，脱氧常数越小，则元素的脱氧能力越强。（　　）√

41. 衡量脱氧元素的脱氧能力强弱，主要是看钢水中和一定含量的该元素平衡存在的氧含

量的高低。（　　）√

42. 硅的脱氧能力随钢液温度的降低而增强。（　　）√

43. 脱氧反应的意义就在于把铁水中的含碳量降到钢种规格的范围内。（　　）×

9.1.3 镇静钢、沸腾钢、半镇静钢

根据脱氧程度的不同，钢可分为镇静钢、沸腾钢和半镇静钢三大类。其凝固组织结构见图9-1。

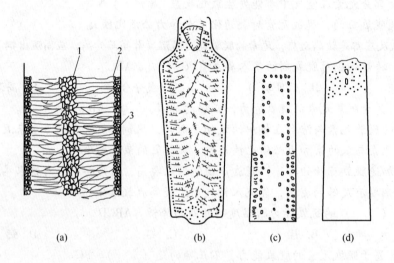

图 9-1　钢坯、钢锭凝固结构

（a）连铸钢坯凝固结构；（b）镇静钢钢锭凝固结构；（c）沸腾钢钢锭凝固结构；（d）半镇静钢钢锭凝固结构

1—中心等轴晶带；2—柱状晶带；3—激冷层

镇静钢是脱氧完全的钢。在冷凝过程中，钢水比较平静，没有明显的气体排出。凝固组织致密，化学成分及力学性能比较均匀。对于同一牌号的钢种，镇静钢的强度比沸腾钢要高一些。但生产镇静钢时铁合金消耗多，而且钢锭头部有集中的缩孔。镇静钢钢锭的切头切尾率一般为15%左右，而沸腾钢钢锭只有3%~5%。力学性能要求高的钢种，如无缝钢管、重轨、工具钢，各种特殊性能钢，如硅钢、滚珠钢、弹簧钢等合金钢都是镇静钢。只有镇静钢才能浇注成连铸坯。

镇静钢有硅镇静钢、铝镇静钢和硅铝镇静钢之分。

沸腾钢是脱氧不完全的钢，沸腾钢只用锰铁脱氧。钢中含有一定数量的氧，钢水在凝固过程中有碳氧反应，产生相当数量的CO气体，CO排出时产生沸腾现象。沸腾钢钢锭正常凝固结构是：气体有规律的分布，具有一定厚度坚壳带，没有集中的缩孔，一般低碳结构钢可炼成沸腾钢。沸腾钢采用连铸，会出现严重的皮下气泡并使结晶器中钢水飞溅。

沸腾钢的碳含量在0.05%~0.27%范围内，锰含量是0.25%~0.70%。沸腾钢一般用高碳锰铁脱氧，合金全部加在钢包内。并用适量的铝调节钢水的氧化性。

半镇静钢的脱氧程度介乎于镇静钢和沸腾钢之间。脱氧程度很难控制，很少生产。

📝 练习题

1. 镇静钢脱氧程度介于半镇静钢与沸腾钢之间。（　　）✕
2. 沸腾钢是脱氧完全的钢，浇注时不会产生 CO 气泡沸腾。（　）✕
3.（多选）连铸钢水按脱氧分为（　　）。ABC
  A. 硅镇静钢   B. 铝镇静钢   C. 硅铝镇静钢   D. 高碳钢

9.2　脱氧方法

  常用的脱氧方法有沉淀脱氧、扩散脱氧和真空脱氧。

9.2.1　沉淀脱氧

  铁合金直接加入到钢水中，脱除钢水中的氧，称为沉淀脱氧。沉淀脱氧的脱氧效率比较高，耗时短，合金吸收率高，但脱氧产物残留在钢中会形成内生夹杂物。

📝 练习题

1.（多选）关于沉淀脱氧的叙述，不正确的是（　　）。BC
  A. 沉淀脱氧是脱氧剂加入钢水中，与氧结合形成脱氧产物与钢水分离排入熔渣中
  B. 脱氧剂直接加入钢水中，脱氧效率高，操作简便，但成本高
  C. 沉淀脱氧产物容易上浮，脱氧产物不污染钢水，不影响钢水质量
  D. 沉淀脱氧的脱氧程度取决于脱氧剂的脱氧能力和产物排出条件

2. 沉淀脱氧是脱氧剂加入钢水中，与溶于钢水中的氧结合生成稳定的脱氧产物，并与钢水分离排入熔渣进而达到脱氧的目的。（　　）✓

3.（多选）关于沉淀脱氧的特点，正确的是（　　）。AB
  A. 脱氧剂直接加在钢水中，脱氧效率高，操作简便，对冶炼时间无影响
  B. 沉淀脱氧产物排出不净，会沾污钢水，影响钢质量
  C. 沉淀脱氧程度取决于脱氧剂脱氧能力，脱氧产物不影响脱氧程度
  D. 沉淀脱氧是炼钢广泛应用的脱氧方式，但扩散脱氧是炼钢最主要的脱氧方式

4.（多选）关于沉淀脱氧的叙述，正确的是（　　）。ACD
  A. 沉淀脱氧是脱氧剂加入钢水中，与氧结合形成脱氧产物，与钢水分离排入熔渣中
  B. 脱氧剂直接加入钢水中，脱氧效率高，操作简便，但成本高
  C. 脱氧产物排出不净，污染钢水，影响钢水质量
  D. 沉淀脱氧的脱氧程度取决于脱氧剂的脱氧能力和产物排出条件

5.（多选）关于沉淀脱氧的特点，不正确的是（　　）。CD
  A. 脱氧剂直接加在钢水中，脱氧效率高，操作简便，对冶炼时间无影响
  B. 沉淀脱氧产物排出不净，会沾污钢水，影响钢质量

    C. 沉淀脱氧程度取决于脱氧剂脱氧能力，脱氧产物不影响脱氧程度

    D. 沉淀脱氧是炼钢广泛应用的脱氧方式，但扩散脱氧是炼钢最主要的脱氧方式

6. （多选）沉淀脱氧的脱氧程度取决于（　　　　）。AB

    A. 脱氧剂的脱氧能力　　　B. 脱氧产物的排出条件　　　C. 搅拌强度　　　D. 真空度

7. 沉淀脱氧是（　　）。C

    A. 将比铁与氧亲和力更强的元素加入钢水中，该元素与氧结合，生成不溶解于铁中的氧化物，该产物沉淀到钢水底部达到脱氧的目的

    B. 将比铁与氧亲和力更强的元素加入钢水中，该元素与氧结合，生成不溶解于铁中的气体，该产物上浮排出钢水达到脱氧的目的

    C. 将比铁与氧亲和力更强的元素加入钢水中，该元素与氧结合，生成不溶解于铁中的氧化物，该产物上浮入炉渣达到脱氧的目的

    D. 将比铁与氧亲和力更弱的元素加入钢水中，该元素与氧结合，生成溶解于铁中的氧化物，该产物上浮入炉渣达到脱氧的目的

8. 氧气转炉炼钢普遍应用的脱氧方法为（　　　　）。C

    A. 扩散脱氧　　　　　B. 真空脱氧　　　　　C. 沉淀脱氧　　　　　D. 以上全包括

9. 转炉炼钢应用最为广泛的脱氧方法是（　　　　）。A

    A. 沉淀脱氧　　　　　B. 扩散脱氧　　　　　C. 真空脱氧　　　　　D. 复合脱氧

10. 沉淀脱氧的基本原理是向钢液中加入（　　　）脱氧剂，夺取溶解在钢液中的氧，变成不溶于钢液中的氧化物或复合氧化物排至炉渣中。A

    A. 对氧的亲和力比铁大的元素　　　　　B. 对氧的亲和力比硅大的元素

    C. 对氧的亲和力比锰大的元素

11. 沉淀脱氧的脱氧效果取决于（　　　　）。B

    A. 脱氧产物在渣中的活性度　　　　　B. 脱氧剂的脱氧能力和脱氧产物的排出条件

    C. 真空度　　　　　D. 底吹搅拌强度

12. 将比铁与氧亲和力更强的元素加入钢水中，该元素与氧结合，生成不溶于铁中的氧化物，并上浮进入炉渣达到脱氧的目的，此种脱氧方式是沉淀脱氧。（　　　）√

13. 沉淀脱氧是转炉炼钢应用最为广泛的脱氧方法。（　　　）√

14. 炼钢脱氧工艺有扩散脱氧和沉淀脱氧之分，转炉炼钢主要是采用扩散脱氧。（　　　）×

15. 转炉炼钢过程中，应用最广泛的脱氧方法是沉淀脱氧。（　　　）√

16. 沉淀脱氧脱氧剂直接加入钢水中，脱氧效率高，操作简便，对冶炼时间无影响。（　　　）√

17. 沉淀脱氧一般用于电炉还原期或钢水炉外精炼。（　　　）×

18. （多选）内生夹杂物指的是（　　　　）。AC

    A. 脱氧产物

    B. 二次氧化产物

    C. 钢液冷却和凝固过程的生成物，即二次脱氧产物

    D. 耐火材料侵蚀产物

+·+

    向钢中只加一种脱氧元素叫单一元素脱氧，同时加入两种或两种以上脱氧元素为复合

脱氧，最好用复合脱氧剂脱氧，其优点是：

（1）可以提高脱氧元素的脱氧能力。如硅锰合金、硅锰铝合金等，其中的锰可以提高硅和铝的脱氧能力，因此复合脱氧比单一元素脱氧更彻底。

（2）复合脱氧剂中各脱氧元素的比例得当，可以形成液态的脱氧产物，便于上浮排出，降低钢中夹杂物含量，提高钢质量。如单独用硅和锰脱氧，其产物为固态，若用硅锰合金[Mn]/[Si]为4~7进行脱氧，生成液态产物 $MnO \cdot SiO_2$。

（3）可以提高易挥发元素在钢水中的溶解度，减少脱氧元素的损失，提高脱氧效率。如易挥发元素钙、镁在钢水中呈气态溶解度很小，因此生产中通常使用硅钙合金、硅铝钙钡等复合合金脱氧。

练习题

1. （多选）转炉炼钢常用的脱氧剂有（　　）。ABCD
   　A. Ba-Al-Si　　　　B. Al　　　　　　　C. Fe-Si　　　　　　D. Fe-Mn

2. （多选）只是作为脱氧剂使用的合金有（　　）。AB
   　A. 硅钙合金　　　B. 硅铝合金　　　C. 锰铁　　　　　　D. 铬铁

3. （多选）通常既作为脱氧剂使用，又是合金化元素的是（　　）。CD
   　A. 铬铁　　　　　B. 铌铁　　　　　C. 锰铁　　　　　　D. 硅铁

4. （多选）常用脱氧剂包括（　　）。ABC
   　A. Fe-Mn　　　　B. Fe-Si　　　　　C. Ca-Si　　　　　　D. Ca_2C

5. 常用脱氧剂不包括（　　）。D
   　A. Fe-Mn　　　　B. Fe-Si　　　　　C. Ca-Si　　　　　　D. Ca_2C

6. （多选）只用于合金化的合金为（　　）。BCD
   　A. 锰铁　　　　　B. 铬铁　　　　　C. 钼铁　　　　　　D. 钒铁

7. （多选）下列可用来作为脱氧剂使用的是（　　）。ABD
   　A. 锰铁　　　　　B. 硅铁　　　　　C. 钒铁　　　　　　D. 硅钙合金

8. （多选）转炉脱氧合金化常用的铁合金有（　　）。ABC
   　A. Fe-Mn 合金　　B. Mn-Si 合金　　C. Ba-Al-Si 合金　　D. 增碳剂

9. 冶炼优质钢中时常加入 Ca、B、Ti 等元素组成的合金，这些元素是（　　）元素。A
   　A. 易氧化　　　　B. 弱脱氧　　　　C. 不变化　　　　　D. 强脱氧

10. 稀土元素化学性极为活泼，与氧、氢、氮等有很强的亲和力，钢中加入稀土元素后，有很好的（　　）效果。A
   　A. 脱氧、去气　　B. 去气、去夹杂　C. 脱氧、去夹杂　D. 脱氧、去气、去夹杂

11. 铝是强脱氧元素，其脱氧产物为 Al_2O_3，在钢中以（　　）状态存在。A
   　A. 固态　　　　　B. 液态　　　　　C. 固态和液态

12. 在合金化过程中，钢中 Mn 含量增加时钢液黏度会（　　）。B
   　A. 降低　　　　　B. 增加　　　　　C. 无影响

13. 在合金化过程中，钢中硅含量增加时钢液的黏度会（　　）。A

　　A. 增加　　　　　　　B. 降低　　　　　　　C. 无影响

14. 通常，锰铁及硅铁既作为脱氧剂使用，又是合金化元素。（　　）√

15. 冶炼含铝的钢种，铝也是合金化元素。（　　）√

16. 铬铁、铌铁、钒铁、钨铁、钼铁等合金只用于合金化。（　　）√

17. 锰铁的密度比硅铁低。（　　）×

18. 锰铁和碳粉是炼钢常用铁合金。（　　）×

19. 硅铁既可以用来脱氧又可以合金化。（　　）√

20. 炼钢用硅锰合金主要起脱氧作用。（　　）×

21. Ba-Al-Si 脱氧可以提高脱氧元素的脱氧能力，降低钢中夹杂物含量，提高钢质量。（　　）√

22. 在合金化过程中，钢中 Mn、Si 元素含量增加时，钢的黏度会增加。（　　）×

23. （多选）关于复合脱氧剂的特点，正确的是（　　）。AB
　　A. 复合脱氧剂可以提高脱氧元素的脱氧能力，比单一元素脱氧彻底
　　B. 复合脱氧元素的比例相当，有利于生成液态脱氧产物，便于分离和上浮
　　C. 复合脱氧剂会生成过多的脱氧产物，比单一脱氧剂生成的夹杂物较多
　　D. 复合脱氧剂对挥发元素的溶解度不利，容易导致元素损失

24. （多选）关于复合脱氧剂的特点，不正确的是（　　）。CD
　　A. 复合脱氧剂可以提高脱氧元素的脱氧能力，比单一元素脱氧彻底
　　B. 复合脱氧元素的比例相当，有利于生成液态脱氧产物，便于分离和上浮
　　C. 复合脱氧剂会生成过多的脱氧产物，比单一脱氧剂生成的夹杂物较多
　　D. 复合脱氧剂对挥发元素的溶解度不利，容易导致元素损失

25. （多选）复合脱氧剂脱氧的特点是（　　）。ABC
　　A. 可以提高脱氧元素的脱氧能力，因此复合脱氧比单一脱氧元素脱氧更彻底
　　B. 倘若脱氧元素的成分比例得当，有利于生成液态的脱氧产物，便于产物的分离与上浮，可降低钢中夹杂物含量，提高钢质量
　　C. 有利于提高易挥发元素在钢中的溶解度，减少元素的损失，提高脱氧元素的脱氧效率
　　D. 有利于提高钢水流动性

26. （多选）下列属于复合脱氧剂的是（　　）。ABCD
　　A. Si-Mn　　　　　　B. Si-Ca　　　　　　C. Si-Al-Ba　　　　D. Si-Ca-Ba

27. 使用复合脱氧剂使脱氧元素的能力（　　）。A
　　A. 提高　　　　　　　B. 降低　　　　　　　C. 无变化

28. 相比于复合脱氧剂，强脱氧元素（　　）。B
　　A. 脱氧彻底　　　　　　　　　　B. 易被空气氧化而生成夹杂物
　　C. 便于夹杂物去除　　　　　　　D. 提高易挥发元素的脱氧效果

29. 不属于复合脱氧剂特点的是（　　）。C
　　A. 脱氧彻底　　　　　　　　　　B. 便于夹杂物去除
　　C. 易被空气氧化而生成夹杂物　　D. 提高易挥发元素的脱氧效果

30. 使用复合脱氧剂，下列不属于脱氧特点的是（　　）。D
　　A. 有利于提高易挥发元素在钢中的溶解度，减少元素的损失

B. 提高脱氧元素的脱氧能力

C. 有利于生成液态的脱氧产物，降低钢中夹杂物含量

D. 可以提高钢水的脱硫能力，对降低钢中硫有好处

31. 复合脱氧剂比单一元素的脱氧更彻底。（　　）√

32. 使用复合脱氧剂，不利于提高脱氧元素的脱氧效率。（　　）×

33. 复合脱氧剂加速了脱氧速度，提高了脱氧效率，但使钢中夹杂物含量提高，对钢水质量不利。（　　）×

34. 复合脱氧剂使脱氧能力提高。（　　）√

9.2.2 扩散脱氧

扩散脱氧是脱氧剂加到熔渣中造还原渣，通过降低熔渣中的 TFe 含量，使钢水中氧向熔渣中扩散转移，达到降低钢水中氧含量的目的。钢水平静状态下扩散脱氧的速度慢，时间较长，脱氧剂消耗较多，但钢中残留的有害夹杂物较少。渣洗及钢渣混冲均属扩散脱氧，由于有足够的冲击力，加快扩散速度，利于脱氧产物上浮，其脱氧效率较高，若配有吹氩搅拌设施，效果会非常好。

练习题

1. （多选）关于扩散脱氧的特点，正确的是（　　）。ABD

   A. 扩散脱氧一般用于电炉还原期，或钢水炉外精炼

   B. 扩散脱氧是先造渣脱去渣中氧，进而通过氧平衡降低钢水中的氧

   C. 扩散脱氧的产物存在于钢水中，有利于提高钢水的纯净度

   D. 可以通过吹氩、钢渣混冲等方式加速脱氧进程

2. （多选）关于扩散脱氧的选择，正确的是（　　）。BD

   A. 扩散脱氧一般用于电炉，转炉只在对氧含量高的钢种才用

   B. 扩散脱氧首先脱去渣中的氧，使 FeO 含量极低，进而脱去钢中氧

   C. 扩散脱氧的产物存在于钢水中，有利于提高钢水的纯净度

   D. 扩散脱氧速度慢，脱氧时间长，通过吹氩搅拌可以加速脱氧

3. （多选）LF 炉精炼过程的脱氧方式有（　　）。AB

   A. 沉淀脱氧　　　　B. 扩散脱氧　　　　C. 真空脱氧

4. （多选）与扩散脱氧相比沉淀脱氧的特点是（　　）。ABC

   A. 脱氧效率高　　B. 脱氧时间短　　C. 节省合金　　　　D. 脱氧产物排除净，钢液洁净

5. （多选）扩散脱氧一般用于（　　）。AB

   A. 电炉还原期　　B. 钢水炉外精炼　　C. 电炉氧化期　　　　D. 转炉炼钢

6. （多选）扩散脱氧向渣中加入（　　）脱氧剂。ABCD

   A. 铝　　　　　　B. 硅铁　　　　　　C. 碳粉　　　　　　D. 电石

7. （多选）扩散脱氧的特点是（　　）。ABD

A. 脱氧时间长　　B. 炉衬寿命较短　C. 脱氧效率高　　D. 不沾污钢水

8. 扩散脱氧的产物存在于熔渣中，因而有利于提高钢水的纯净度。（　　）√

9. 扩散脱氧需要的时间较长，但脱氧剂的消耗量较小。（　　）×

10. 扩散脱氧的脱氧程度取决于脱氧剂的脱氧能力和脱氧产物的排出条件，是转炉最常用的脱氧方法。（　　）×

11. 扩散脱氧是脱氧剂加入钢水中，使溶于钢水中的氧结合成稳定的脱氧产物，并与钢水分离排入熔渣进而达到脱氧的目的的。（　　）×

12. 扩散脱氧一般用于电炉还原期或钢水炉外精炼。（　　）√

13. 扩散脱氧对钢液有污染。（　　）×

14. 扩散脱氧的优点是脱氧反应在钢渣界面上进行，脱氧产物不会沾污钢液，因此在平炉和顶吹转炉上广泛采用。（　　）×

15. 渣洗即炉内扩散脱氧。（　　）×

16. 扩散脱氧的产物存在于熔渣中，因而有利于提高钢水的纯净度，但扩散速度慢，脱氧时间较长。（　　）√

17. 炉外精炼扩散脱氧的原理是（　　）。B

A. 平方根定律　　B. 分配定律　　　　C. 能量守恒定律　D. 质量守恒定律

18. 以下属于扩散脱氧机理的条件是（　　）。B

A. 扩散脱氧是脱氧剂直接加入到钢水中，脱氧效率高，操作简便

B. 扩散脱氧是先脱除渣中氧，进而钢水中的氧向渣中扩散，降低钢中氧

C. 扩散脱氧的脱氧产物存在于熔渣中，不利于提高钢水纯净度

19. 扩散脱氧通常先造还原渣，以下合金不用于扩散脱氧的是（　　）。D

A. Fe-Si　　　　B. Ca-Si　　　　　C. Al 粉　　　　D. Mg

20. LF 精炼造渣脱氧过程中，应用最广泛的脱氧方法是（　　）。B

A. 真空脱氧　　B. 扩散脱氧　　　C. 沉淀脱氧

21. 扩散脱氧的特点是（　　）。C

A. 脱氧效率高　　B. 脱溶解氧彻底　C. 脱氧时间较长　D. 具有脱氢、脱氮的作用

9.2.3　真空脱氧

将钢水置于真空条件下，通过降低外界 CO 分压打破钢水中碳氧平衡，使钢中残余的碳和氧继续反应，达到脱氧的目的。真空脱氧不需外加合金，脱氧效率也较高，钢水比较洁净，但需要专门的真空设备。

转炉钢采用沉淀脱氧较多，也有根据所炼钢的需要应用炉外精炼技术进行扩散脱氧和真空脱氧。

✎ 练 习 题

1.（多选）与真空脱氧相比沉淀脱氧的特点是（　　）。AB

A. 不占用设备　　B. 脱氧时间短　　C. 节省合金　　D. 脱氧产物排除净,钢液洁净

2. (多选) 真空处理的目的是 (　　)。ABCD

　　A. 脱碳　　　　B. 脱氧　　　　C. 脱氢　　　　D. 脱氮

3. (多选) 关于真空脱氧的选择,正确的是 (　　)。ACD

　　A. 真空脱氧是通过钢中碳脱去钢中氧

　　B. 真空处理过程中,随着真空度的提高,钢中氧含量提高,脱氧比较完全

　　C. 真空脱氧产物是 CO,不污染钢水

　　D. 真空脱氧产物能将钢水中有害气体和夹杂物带出,有利于净化钢水

4. 真空脱氧是通过钢中碳进行脱氧的。(　　) √

5. 当气相压力降低到 0.1atm,碳的脱氧能力大于硅的脱氧能力。(　　) √

6. 真空脱氧不消耗合金,脱氧效率较高,钢水较洁净。(　　) √

7. 真空脱氧原理是在真空条件下,打破碳氧反应平衡,即有利于生成 CO_2,达到脱氧目的。(　　) ×

8. 真空脱氧与其他脱氧方法比,其对钢水的质量最有好处。(　　) √

9. 真空脱氧的原理是通过抽真空降低 (　　) 使反应向有利于生成 (　　) 的方向进行,达到脱氧的目的。D

　　A. O_2 分压;O　　B. H_2 分压;H　　C. CO 分压;C　　D. CO 分压;CO

10. 真空脱氧时 (　　) 是最好的脱氧剂。D

　　A. Al　　　B. Si　　　　C. Mn　　　　D. C

11. 以下不属于真空脱氧范畴的是 (　　)。D

　　A. 真空脱氧产物是 CO 气体,它不残留于钢水中沾污钢水

　　B. 真空脱氧 CO 气泡上浮搅动钢水,均匀钢水温度和成分

　　C. 真空脱氧将钢水中有害气体和夹杂物带出,利于净化钢水

　　D. 真空脱氧利于钢水夹杂物变形处理,对钢水浇注有利

12. (多选) 脱氧的方式有 (　　)。ABC

　　A. 扩散脱氧　　B. 沉淀脱氧　　C. 真空脱氧

13. 根据脱氧剂加入方法和脱氧机理的不同,主要分为合金脱氧、铝脱氧和综合脱氧三大类。(　　) ×

9.3 脱氧合金的加入

9.3.1 脱氧产物的上浮排出

沉淀脱氧的产物若残留在钢液中,会沾污钢水,影响钢的纯净度。因此沉淀脱氧产物的排出尤为关键,可同时采取以下措施:

(1) 形成低熔点脱氧产物。低熔点理论用复合脱氧剂脱氧,可生成低熔点脱氧产物,利于上浮排出。脱氧元素加入的顺序和脱氧元素的配比对脱氧产物的形成状态及排除有直接关系。先加弱脱氧剂,后加强脱氧剂,例如用 Mn、Si 和 Al 脱氧,即先加 Fe-Mn、再加 Fe-Si、最后加 Al;或用 Mn-Si 合金代替 Fe-Mn、Fe-Si 脱氧,既有足够脱氧能力,又可生

成液态脱氧产物易于上浮。用 Fe-Mn-Al、Ba-Al-Si 复合脱氧剂也是这个道理。

（2）增大脱氧产物与钢液间的界面张力。有些钢种脱氧后形成了高熔点稳定固态脱氧产物，仍然能够从钢液中上浮排出，这是由于高熔点的脱氧产物与钢液间的界面张力大于产物间的界面张力，润湿性差，在钢液中受到排斥，产物颗粒之间容易聚集成簇群状或称云絮状的夹杂，这种夹杂物可以看成一个整体，上浮速度比球状夹杂物快很多，可以去除，这就是吸附理论。在有些条件下 Al_2O_3 比 SiO_2 化学稳定性强，所以 Al_2O_3 比 SiO_2 的上浮排出速度快，排除也更彻底。

（3）应用炉外精炼技术。吹氩、喷粉、喂线、真空处理等炉外精炼手段，更有利于夹杂物的排出，洁净钢水，提高钢质量。

9.3.2 脱氧剂加入的顺序和原则

在常压下脱氧剂加入的顺序一种是先加脱氧能力弱的，后加脱氧能力强的脱氧剂。这样既能达到脱氧程度的要求，脱氧产物又能呈液态易于上浮，纯净钢水。脱氧剂加入的顺序是：锰铁→硅铁→铝。另一种脱氧剂的加入顺序是先强后弱，即铝→硅铁→锰铁。实践表明，这样可以大大提高并稳定 Si 和 Mn 元素的吸收率，相应减少合金用量。若钢水同时采用吹氩或采用其他精炼措施，还会加快夹杂物的排除，提高钢的纯净度。

根据钢种的需要选择脱氧方法。合金加入顺序应考虑以下原则：

（1）脱氧用元素先加，合金化元素后加。

（2）易氧化的贵重合金应在脱氧良好的情况下加入。如 Fe-V、Nb-Fe、Fe-B 等合金应在 Fe-Mn、Fe-Si、铝等脱氧剂全部加完以后再加，以减少其烧损。微量元素最好在精炼过程中加入。

（3）难熔的、不易氧化的合金，如 Fe-W、Fe-Mo、Fe-Ni 等装料时加在炉内。若 Fe-Mn 用量大，也可以加入炉内，其他合金均加在钢包内。

— · — + · — + · — + · — + · — + · — + · — + · — + · — + · — + · — + · — + · — + · —

✍ 练 习 题

1.（多选）关于合金加入的原则，正确的是（   ）。ABCD
   A. 以脱氧为目的的元素先加，合金化元素后加
   B. 易氧化的贵重合金应在脱氧良好的情况下加入
   C. 难熔的、不易氧化的合金可加在精炼炉或转炉内
   D. 为保证合金熔化和均匀，合金应加在钢流冲击的部位

2.（多选）关于合金加入的原则，不正确的是（   ）。ABC
   A. 以合金化为目的的元素先加，以脱氧的元素后加
   B. 易氧化的贵重合金应在脱氧前加入
   C. 难熔的、不易氧化的合金只能加入钢包内
   D. 为保证合金熔化和均匀，合金应加在钢流冲击的部位

3.（多选）一般合金加入顺序应考虑以下原则（   ）。ABCD
   A. 以脱氧为目的的元素先加，合金化元素后加

　　B. 易氧化的贵重合金应在脱氧良好的情况下加入

　　C. 微量元素还可以在精炼过程中加入

　　D. 难熔的、不易氧化的合金可加在精炼炉或转炉内

4. 铁合金加入的顺序是（　　　）。A

　　A. 脱氧用合金元素先加，合金化元素后加

　　B. 合金化元素先加，脱氧用合金元素后加

　　C. 脱氧元素与合金化元素同时加入

5. Fe-Ni 合金一般在转炉内加入，是因为该合金（　　　）。C

　　A. 是贵重合金　　　B. 是微量元素合金　　　C. 难熔、不易氧化

6. 对拉低碳工艺，脱氧剂的加入顺序是（　　　）。A

　　A. Al→Fe-Si→Fe-Mn　　　　　　　　B. Fe-Mn→Fe-Si→Al

　　C. Fe-Si→Al→Fe-Mn　　　　　　　　D. Al→Fe-Mn→Fe-Si

7. 正确的合金加入顺序是（　　　）。B

　　A. 脱氧元素和合金化元素同时加

　　B. 以脱氧为目的的元素先加，合金化元素后加

　　C. 合金化元素先加，以脱氧为目的的元素后加

8. 合金化加入顺序：合金化的合金元素先加，脱氧用的合金元素后加。（　　　）×

9. 转炉出钢合金化时要先加入脱氧剂，以提高合金收得率，钢水成分控制更稳定。（　　　）√

10. 易氧化的贵重合金应在脱氧良好的情况下加入。（　　　）√

11. 难熔的、不易氧化的合金，如 Fe-Mo、Fe-Ni 等可加在转炉内。（　　　）√

12. 为了稳定和提高合金吸收率，在钢水进行脱氧合金化过程中，合金加入顺序是脱氧用的合金元素先加，合金化的合金元素后加。（　　　）√

13. 脱氧剂加入的原则是以脱氧为目的元素先加，合金化元素后加；易氧化的贵重合金应在脱氧良好的情况下加入，如钒铁、铌铁等；而难熔的合金如钼铁等应加在炉内。（　　　）√

14. 铁合金加入的顺序一般是易氧化的贵重合金应在脱氧良好的情况下加入。（　　　）√

15. 易氧化的贵重合金应在其他脱氧剂加入前加入，为了成分均匀，加入的时间也不能过晚。（　　　）×

16. 在常压下脱氧剂加入顺序一般为先加脱氧能力弱的，后加脱氧能力强的脱氧剂。这样既能保证钢水的脱氧程度达到钢种的要求，又利于脱氧产物上浮，质量合乎钢种的要求。（　　　）√

17. 脱氧剂加入顺序为先弱后强，易于脱氧产物的排除。（　　　）√

18. 脱氧剂加入顺序为先弱后强，可以提高 Si 和 Mn 元素的吸收率。（　　　）×

19. （多选）脱氧剂先强后弱的加入顺序（　　　）。BC

　　A. 利于减少钢中夹杂物　　　　　B. 提高合金元素吸收率

　　C. 不利于钢中夹杂物的上浮　　　D. 增加合金消耗量

20. 脱氧剂的加入顺序先弱后强的优点是（　　　）。A

　　A. 利于脱氧产物上浮　　　　　　B. 保证钢水的脱氧程度达到钢种的要求

　　C. 提高并稳定 Si 和 Mn 元素的吸收率　　　D. 减少合金用量

21. 脱氧剂的加入顺序为（　　），这样有利于夹杂物的去除。B

    A. 先强后弱　　　　B. 先弱后强　　　　　　C. 两者都可以

22. 综合考虑合金吸收率和成本，（　　）合金应在精炼过程加。C

    A. Si　　　　　　　B. Mn　　　　　　　　C. B　　　　　　　　D. C

9.4　脱氧操作

9.4.1　钢包内脱氧合金化

转炉是在钢包内脱氧合金化，即在出钢过程中，将全部合金加到钢包内。这种方法简便，大大缩短冶炼时间，提高合金元素的吸收率。如果配有必要的精炼设施，不仅可以提高钢的质量，还能扩大钢的品种。

钢包脱氧合金化后，钢中溶解的氧形成氧化物，只有脱氧产物上浮排除才能降低总氧含量。

就脱氧工艺而言有三种情况：

（1）用 Si + Mn 脱氧，形成的脱氧产物可能有：1）固相的纯 SiO_2；2）液相的 $MnO \cdot SiO_2$；3）固溶体 MnO-FeO。

通过控制合适的[Mn]/[Si]比，能得到液相的 $MnO \cdot SiO_2$ 产物，夹杂物易于上浮排除。

硅和锰是应用最广泛的脱氧剂，出钢过程加入 Fe-Mn、Fe-Si 或 Mn-Si 合金进行脱氧合金化，并加入适量的 Al 终脱氧。当[Mn]/[Si]<2.5 时，生成固态脱氧产物，钢水容易发黏；结晶器液面会形成黏稠的浮渣，还可能坏壳夹渣造成连铸漏钢事故。只有[Mn]/[Si]>3.0 时，才能形成液态脱氧产物，有利于夹杂物上浮。因此在确保钢成分条件下，将[Mn]/[Si]控制在 3~6 范围内，既可减少钢中夹杂物，又能改善钢水的流动性。

（2）用 Si + Mn + Al 脱氧，形成的脱氧产物可能有：1）蔷薇辉石（$2MnO \cdot Al_2O_3 \cdot 5SiO_2$）；2）硅铝榴石（$3MnO \cdot Al_2O_3 \cdot 3SiO_2$）；3）纯 Al_2O_3（$Al_2O_3 > 30\%$）。

控制夹杂物成分在低熔点范围内，为此钢中[Al]≤0.006%，$[O]_溶$ 可达 0.002% 而无 Al_2O_3 沉淀，钢水可浇性好，不堵水口，铸坯不会产生皮下气孔。

铝是强脱氧剂，在 1600℃ 时，与 [Al] = 0.005% 相平衡钢中氧含量仅为 0.0023%，所以一般钢中都加适量的 Al 作为终脱氧，铝还起细化晶粒作用。

倘若铝镇静钢中的 $[Al]_s = 0.02\%$ ~ 0.05%，中间包水口直径必须在 $\phi50$ ~ 70mm，才有可能不被堵塞。

为此对含铝含量有要求的钢种可使用 Al-Si、Fe-Mn-Al 合金或 Ba-Al-Si 合金代替单一 Al 脱氧，或者喷吹 Ca-Si 合金粉，或者喂入含 Ca 包芯线，控制钢中铝含量，改变夹杂物形态，减少纯 Al_2O_3 的生成，改善钢水的可浇性。但是必须注意控制合适的[Ca]/[Al]比：

当[Ca]/[Al]<0.07，增加钙含量可改善钢水流动性。

当[Ca]/[Al] = 0.07 ~ 0.10 时，生成 $CaO \cdot 6Al_2O_3$ 脱氧产物熔点高，钢水发黏，水口易结瘤堵塞。

当[Ca]/[Al] = 0.10 ~ 0.15，生成 $12CaO \cdot 7Al_2O_3$ 低熔点脱氧产物可改善钢水流动性，完全避免水口结瘤。

（3）用过量铝脱氧。对于低碳铝镇静钢，钢中酸溶铝 $[Al]_s = 0.03\%$ ~ 0.04%，则脱

氧产物全部为 Al_2O_3。Al_2O_3 熔点高达 2050℃，在钢水温度下呈固态；若 Al_2O_3 含量多钢水的可浇性变差，易堵水口；另外，Al_2O_3 为不变形夹杂，会影响钢材性能。

脱氧产物 Al_2O_3 夹杂呈簇群状存在，它具有树枝形特点，虽然颗粒较大，但复杂的树枝间含有钢液，加大了夹杂物的密度，难于上浮排除，还容易堵塞水口。用于脱氧的铝粒最好一次加入，以便为 Al_2O_3 的上浮赢得时间，否则将增大水口堵塞的几率。

通过吹氩搅拌会加速 Al_2O_3 上浮排出；或者钙处理喂入含 Ca 线，改变 Al_2O_3 形态。

$[Al]_s$ 含量较低，钙处理生成低熔点 $2CaO \cdot Al_2O_3 \cdot SiO_2$；

$[Al]_s$ 含量较高，钙处理应保持合适的 $[Ca]/[Al]$ 比，以形成 $12CaO \cdot 7Al_2O_3$。

对于低碳铝镇静钢，通过钙处理，产物易于上浮排除，纯净了钢水，改善了可浇性。

脱氧产物 Al_2O_3 容易形成脆性尖晶石类夹杂物，严重影响钢材的拉拔性能，所以对于高品质重轨钢、硬线钢等要严格限制铝脱氧。若用 Mn、Si、Al 脱氧时，控制加入比例，以形成低熔点塑性脱氧产物。如图 9-2 所示，MnO-SiO_2-Al_2O_3 相图中可见，Al_2O_3 必须限制在 15%~25%，$(MnO)/(SiO_2)$ 在 1 左右，在 CaO-SiO_2-Al_2O_3 相图中，$(CaO)/(SiO_2)$ 比在 0.6 左右形成低熔点脱氧产物。

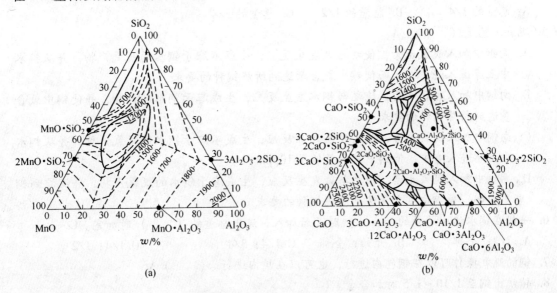

图 9-2　高品质钢塑性夹杂成分范围

(a) MnO-SiO_2-Al_2O_3 相图塑性夹杂物区域；(b) CaO-SiO_2-Al_2O_3 相图塑性夹杂物区域

钢包脱氧合金化，一般在钢水流出总量的 1/5~1/4 时开始加入合金，到流出 3/4 时加完，合金加得过早易被渣裹住难以熔化，加得过晚会导致成分温度不均匀。合金应加在钢流冲击的部位同时吹氩搅拌。出钢过程中应避免下渣，还可向钢包中加干净的石灰粉粒或钢包渣改质剂，以避免回磷。

·-·+·-·+·-·+·-·+·-·+·-·+·-·+·-·+·-·+·-·+·-·+·-·+·-·+·-·+·-·+·-·+·-·+·-·+·-·+·

📝 练习题

1.（多选）选择在钢包内完成脱氧合金化的特点是（　　）。AB

　　A. 缩短冶炼周期　　　　　　　　　　B. 提高合金元素的吸收率
　　C. 降低合金元素的吸收率　　　　　　D. 延长冶炼周期

2. （多选）在脱氧合金化过程中，为保证合金熔化和搅拌均匀，一般采取的措施是（　　）。AC
　　A. 加在钢流冲击的部位　　　　　　　B. 缩短出钢时间
　　C. 合金加入同时吹氩搅拌　　　　　　D. 降低出钢温度

3. （多选）关于合金化工艺，下面论述正确的是（　　）。ABD
　　A. 向钢中加入所需的铁合金或金属使钢中合金元素含量达到所炼钢种规格的成分范围的操作
　　B. 锰铁及硅铁既作为脱氧剂使用，又是合金化元素
　　C. 冶炼含铝的钢种时，Al 是合金化元素
　　D. 铬铁、铌铁、钒铁、钨铁、钼铁，只用于合金化

4. 钢包内脱氧合金化操作的关键是掌握好合金加入时间，一般当钢水流出（　　）开始加入。A
　　A. 总量的 1/4　　　　　B. 总量的 1/2　　　　C. 总量的 3/4

5. 脱氧工艺是（　　）。A
　　A. 向钢中加入脱氧元素，使之与氧发生反应，生成不溶于钢水的脱氧产物，并从钢水中上浮进入渣中，从而使钢中氧含量达到所炼钢种的要求
　　B. 向钢中加入脱氧元素，使之与钢水发生反应，生成溶于钢水的产物，并使钢中氧含量达到所炼钢种的要求
　　C. 向钢中加入脱氧元素，使之发生还原反应，生成不溶于钢水的脱氧产物，并从钢水中上浮进入渣中，使钢中氧含量低于 10ppm
　　D. 向钢中加入脱氧元素，使之与氧发生反应，生成溶于钢水的脱氧产物，并沉淀到钢水底部，使钢中氧含量达到所炼钢种的要求

6. 一般在钢水流出总量的（　　）时开始加入，流出总量的（　　）时加完。C
　　A. 1/2；全部　　　　　B. 开始；全部　　　C. 1/4；3/4　　　　　　D. 1/4；1/2

7. 钢的脱氧操作可以在钢包内进行，也可以在炉内进行。（　　）√

8. 转炉出钢至 1/10～1/5 时加合金。（　　）×

9. 炼钢出钢时在钢包内加入大量合金，会导致成分不均匀，吹氩搅拌可使钢水成分均匀，因此，精炼不用再进行微合金化操作。（　　）×

10. 合金加入时间，一般在钢水流出总量的 1/2 时开始加入，流出 4/5 时加完。为保证合金熔化和搅拌均匀，合金应加在钢流冲击的部位或同时吹氩搅拌。（　　）×

11. 钢包内加入铁合金的目的是按冶炼钢种的化学成分要求配加合金元素，保证钢的物理和化学性能。（　　）×

12. 合金加入时间不要过早或过晚，一般当钢水流出总量的 3/4 时开始加合金，到流出 1/4 时加完。（　　）×

13. 合金加入的时间对脱氧合金化效果无影响。（　　）×

14. 为了调整钢中合金元素含量达到所炼钢种规格的成分范围，向钢中加入所需的铁合金或金属的操作是合金化。（　　）√

15. 炼钢出钢时在钢包内加入大量合金，会导致成分不均匀，吹氩搅拌可使钢水成分均匀，精炼进行微合金化操作目的是使成分达到钢种规定要求。(　　) ✓

16. 大多数钢种均在钢包内完成脱氧合金化，这种方法简便，大大缩短冶炼周期，而且能提高合金元素的吸收率。(　　) ✓

9.4.2　真空精炼脱氧合金化

有些特殊质量钢种，出钢后钢水需经过真空精炼，进一步脱气、脱氧、微调成分。

加入量大的、难熔的 W、Mn、Ni、Cr、Mo 等合金可在真空处理开始时加入；贵重的易氧化微量合金元素 B、Ti、V、Nb、RE 等在真空处理后期或真空处理结束再加，既能极大地提高合金元素吸收率，降低合金的损耗，同时也可以减少钢中氢的含量。

9.4.3　零夹杂钢

所谓零夹杂钢，不是钢中无夹杂物，而是控制夹杂物尺寸小于 $1\mu m$，并且钢水在凝固之前非金属夹杂物不析出，以高度弥散状态分布在固态钢中，即便在光学显微镜下也很难观察到，这些夹杂物都是二次脱氧产物，可大幅度提高钢的抗疲劳性能，对钢起到有益的作用。

目前通过向钢水中添加钙或镁，控制夹杂物的成分并达到细化颗粒的作用，使夹杂物的变形性能尽可能与铁的变形性能接近，降低夹杂物对钢基体连续性的破坏。这是生产洁净钢及超洁净钢需努力的方向。

📝 **练习题**

1. 零夹杂钢是指 (　　)。C
   - A. 夹杂物含量接近于零 　　　　　　B. 夹杂物含量为零
   - C. 夹杂物都是二次脱氧产物，且其颗粒尺寸小于 $1\mu m$
2. (多选) 夹杂物变性的目的是 (　　)。ABCD
   - A. 减少数量 　　　B. 改善分布 　　　C. 减小颗粒 　　　D. 改变形态
3. 夹杂物对钢性能只有危害。(　　) ×
4. 钢包喂硅钙线的目的是为了对钢水进一步脱氧。(　　) ×

9.5　合金加入量的确定

各种铁合金的加入量可按下列公式计算：

$$合金加入量(kg/t) = \frac{钢种规格中限(\%) - 终点残余成分(\%)}{铁合金合金元素含量(\%) \times 合金元素吸收率(\%)} \times 1000 \qquad (9\text{-}2)$$

$$\text{钢种规格中限}(\%) = \frac{\text{钢种规格上限}(\%) + \text{钢种规格下限}(\%)}{2} \qquad (9\text{-}3)$$

$$\text{合金增碳量}(\%) = \frac{\text{合金加入量} \times \text{合金碳含量} \times \text{碳吸收率}(\%)}{1000} \times 100\% \qquad (9\text{-}4)$$

9.5.1 合金元素吸收率

钢水量和合金元素的吸收率必须估算准确，才能确保钢水成分稳定。钢水收得率可根据装入量确定，有的厂家按装入量的90%计算。合金元素的吸收率是指合金元素进入钢中的质量占合金元素加入总量的百分比。合金元素吸收率又称为收得率或回收率（η）。

$$\text{吸收率} = \frac{\text{合金元素进入钢中质量}}{\text{合金元素加入总量}} \times 100\% \qquad (9\text{-}5)$$

不同合金元素吸收率不同；同一种合金，钢种不同，吸收率也有差异。炼钢生产要根据不同钢种，总结出各种合金元素的吸收率。

影响元素吸收率的因素主要有：

（1）钢水的氧化性。钢水氧化性越强，吸收率越低，反之则越高。钢水氧化性主要取决于终点钢水碳含量，所以，终点碳的高低是影响元素吸收率的主要因素。

（2）终渣 TFe 含量。终渣 TFe 含量高，钢中氧含量也高，吸收率低，反之则高。

（3）终点钢水的余锰含量。钢水余锰含量高，钢水氧含量会降低，吸收率提高。

（4）合金加入量。在钢水氧化性相同的条件下，加入某种合金元素的总量越多，则该元素的吸收率也高。

（5）合金加入的顺序。钢水加入多种合金时，加入次序不同，吸收率也不同，对于同样的钢种，先加的合金元素吸收率就低，后加的则高。倘若先加入部分金属铝预脱氧，后继加入其他合金元素的吸收率就高。

（6）出钢情况。出钢钢流细小且发散，增强了钢水的二次氧化；或者是出钢时下渣过多，这些都降低合金元素的吸收率。

（7）合金的状况。合金块度应合适，否则吸收率不稳定。块度过大，虽能沉入钢水中，但不易溶化，会导致成分不均匀。但颗粒过小，甚至粉末过多，加入钢包后，易被裹入渣中，损失合金，降低吸收率。

某厂部分钢种合金元素吸收率见表9-1。

表9-1　某厂部分钢种合金元素吸收率

钢　种	Fe-Mn （Mn = 68%） $\eta_{Mn}/\%$	Fe-Si （Si = 75%） $\eta_{Si}/\%$	Fe-V （V = 42%） $\eta_{V}/\%$
Q345	85	80	—
20g	78	66	—
35	85	75	—
25MnSi	88	80	—
45SiMnV	90	85	75
U71	91.7	80	

镇静钢的加铝量取决于 C 和 Si 的含量、温度以及是否需要控制晶粒度。经验证明，要得到细晶粒的钢，[Al] 应达到 0.02% ~ 0.05%，为此每吨钢中铝的加入量应为 0.4 ~ 2.0kg/t，终点碳含量高的钢种加铝量少些，碳含量低的钢种加铝量要多些。铝的吸收率波动很大，各厂家应根据自己的具体情况研究确定。例如有的厂吹炼 08Al 时，钢包内曾用铝铁脱氧，铝的吸收率只有 25%。

连铸钢水可用 Ba-Al-Si 合金代替铝终脱氧以防水口堵塞，也可喂铝丝调整钢中铝含量。Ba-Al-Si 合金加入量参考表 9-2。

表 9-2 某厂 Ba-Al-Si 加入量

终点[C]/%	0.13 ~ 0.14	0.11 ~ 0.12	0.09 ~ 0.10	0.07 ~ 0.08	0.05 ~ 0.06	0.04	0.03	0.02
加入量/kg·t^{-1}	0.286	0.571	0.952	1.333	1.810	2.190	2.571	3.333

练习题

1. 同样条件下，（　　）元素合金吸收率最高。A

   A. C　　　　　　　　B. Si　　　　　　　　C. Mn　　　　　　　　D. Al

2. 同样条件下，（　　）元素合金吸收率最低。D

   A. C　　　　　　　　B. Si　　　　　　　　C. Mn　　　　　　　　D. Al

3. 合金元素吸收率又称为（　　）。C

   A. 合金元素分配率　B. 合金成分　　　　C. 合金元素收得率　D. 合金元素偏析率

4. 合金元素吸收率是指（　　）。C

   A.（合金元素进入渣中质量/合金元素加入总量）×100%

   B.（合金元素加入质量/合金元素进入渣中总量）×100%

   C.（合金元素进入钢中质量/合金元素加入总量）×100%

   D.（合金元素加入质量/合金元素进入钢中总量）×100%

5. （　　）对合金元素吸收率没有影响。D

   A. 合金加入数量　　B. 合金加入种类　　C. 终点碳　　　　　　D. 转炉吨位

6. 关于合金元素吸收率的影响因素，以下说法中错误的是（　　）。C

   A. 钢水氧化性越强，吸收率越低，反之则高

   B. 终渣的 TFe 含量高，钢中氧含量也高，吸收率低，反之则高

   C. 钢水余锰含量高，钢水氧含量也会升高，不利于提高合金吸收率

   D. 在钢水氧化性相同的条件下，加入某种元素合金的总量越多，则该元素的吸收率也高

7. 在炼钢过程中，硅与锰对氧的亲和力表现为（　　）。A

   A. 硅大于锰　　　　B. 锰大于硅　　　　C. 相同

8. 合金吸收率表示合金元素被钢水吸收部分与加入量之比，合金吸收率受多种因素影响，主要取决于（　　）。B

   A. 加入时间　　　　B. 脱氧前钢水氧含量　C. 加入顺序

9. （　　）不影响合金的吸收率。B

　　A. 钢水氧化性　　　　B. 天气温度　　　　　　C. 终渣氧化铁含量　　D. 铁合金状态

10. 对冶炼碳素钢来说,出钢时硅铁加入钢包内进行合金化过程中,有(　　)左右被氧化。A
　　A. 25%　　　　　　　B. 50%　　　　　　　C. 75%

11. 终点碳越高,钢水氧化性(　　)。B
　　A. 越强　　　　　　　B. 越弱　　　　　　　C. 无关

12. 转炉终点氧含量主要取决于(　　)。A
　　A. 碳含量　　　　　　B. 硅含量　　　　　　C. 锰含量　　　　　　D. 磷含量

13. 精炼3分钟氧含量取决于(　　)。D
　　A. 终点氧含量
　　B. 终点氧含量、出钢下渣量
　　C. 终点氧含量、出钢下渣量、出钢加合金种类
　　D. 终点氧含量、出钢下渣量、出钢加合金种类和数量

14. 冶炼低碳钢时,随渣中氧化铁含量的增加,钢中溶解氧(　　)。A
　　A. 增加　　　　　　　B. 降低　　　　　　　C. 无变化　　　　　　D. 与钢中氧无关

15. 为了稳定和提高合金吸收率,对钢水进行脱氧合金化过程中,合金加入顺序是(　　)。B
　　A. 合金化的合金元素先加,脱氧用的合金元素后加
　　B. 脱氧用的合金元素先加,合金化的合金元素后加
　　C. 合金化的合金元素和脱氧用的合金元素一起加

16. Q235钢种硅的吸收率大致在(　　)。C
　　A. 60% ~70%　　　B. 70% ~75%　　　C. 75% ~80%　　　D. 80% ~85%

17. 在转炉出钢过程中,熔渣中TFe含量越高,钢水的氧含量(　　)。B
　　A. 越低　　　　　　　B. 越高　　　　　　　C. 没关系

18. (多选)影响合金元素吸收率的因素主要有(　　)。ABCD
　　A. 钢水的氧化性　　　　　　　　　　B. 终渣TFe含量
　　C. 终点钢水的余锰含量　　　　　　　D. 合金加入量

19. (多选)关于合金吸收率的说法,正确的是(　　)。ABD
　　A. 钢水氧化性越强,吸收率越低
　　B. 终点碳的高低是影响元素吸收率的主要因素
　　C. 钢水余锰含量高,吸收率会降低
　　D. 钢水加入多种合金时,加入次序不同,吸收率也不同

20. (多选)影响合金元素吸收率的因素有(　　)。AB
　　A. 不同合金元素吸收率不同
　　B. 同一种合金,钢种不同,吸收率有差异
　　C. 不同合金元素吸收率在同一钢种相同
　　D. 同一种合金,钢种不同,吸收率相同

21. (多选)(　　)因素下,合金吸收率会降低。BCD
　　A. 终点碳含量高　　B. 出钢下渣　　　　C. 后吹多　　　　　D. 出钢口大而散流

22. (多选)影响元素吸收率的因素主要有(　　)。AC
　　A. 钢水的氧化性、终渣TFe含量、合金加入的顺序、出钢情况

B. 钢水的氧化性、终渣氧化镁含量、出钢量、终点钢水磷含量、合金的状态

C. 合金加入量、合金的状态

D. 钢水的氧化性、终渣碱度、合金加入的顺序、出钢情况、终点钢水的硫含量、合金的成分

23. （多选）转炉出钢在钢包内合金化时，影响合金吸收率的主要因素是（　　）。ABCD

   A. 合金元素性质　　B. 终点后吹　　　　C. 出钢时间　　　　　D. 出钢下渣

24. （多选）（　　）条件下，合金元素的吸收率会降低。ABCD

   A. 平均枪位高　　　　　　　　　　B. 终点碳含量低

   C. 合金粉化　　　　　　　　　　　D. 合金元素与氧亲和力大

25. （多选）合金元素的吸收率（　　）。CD

   A. 又称熔得率或回收率

   B. 是指进入钢中合金元素的成分占合金元素加入总量的百分比

   C. 又称收得率或回收率

   D. 是指进入钢中合金元素的质量占合金元素加入总量的百分比

26. （多选）关于合金元素吸收率的表述，正确的是（　　）。AD

   A. 合金元素的吸收率是指进入钢中合金元素的质量占合金元素加入总量的百分比

   B. 合金元素吸收率与所炼钢种、合金加入种类和终点碳、钢包状况、底吹供气种类、终点操作等无关

   C. 钢水的氧化性越强，合金的吸收率越低，脱氧能力强的元素合金吸收率高

   D. 钢水氧化性降低，钢水余锰含量高，吸收率会高

27. （多选）关于合金元素吸收率的表述，不正确的是（　　）。BC

   A. 合金元素的吸收率是指进入钢中合金元素的质量占合金元素加入总量的百分比

   B. 合金元素吸收率与所炼钢种、合金加入种类和终点碳、钢包状况、底吹供气种类、终点操作等无关

   C. 钢水的氧化性越强，合金的吸收率越低，脱氧能力强的元素合金吸收率高

   D. 钢水氧化性降低，钢水余锰含量高，吸收率会高

28. （多选）（　　）条件下，合金元素的吸收率升高。BD

   A. 温度高　　B. 温度低　　　　　　C. 氧含量高　　　　　D. 氧含量低

29. （多选）（　　）条件下，合金元素的吸收率降低。AC

   A. 温度高　　B. 温度低　　　　　　C. 氧含量高　　　　　D. 氧含量低

30. （多选）影响合金元素吸收率的因素主要有（　　）。ABCD

   A. 钢水的氧化性　　　　　　　　　B. 脱氧元素脱氧能力

   C. 合金加入量　　　　　　　　　　D. 合金加入的顺序

31. （多选）（　　）条件下，因钢水氧含量高，合金元素的吸收率降低。AB

   A. 平均枪位高　　　　　　　　　　B. 终点碳含量低

   C. 合金粉化　　　　　　　　　　　D. 合金元素与氧亲和力大

32. （多选）转炉炼钢影响炉渣氧化性的因素是（　　）。ABCD

   A. 枪位　　　　B. 脱碳速度　　　　C. 氧压　　　　　D. 熔池温度

33. 采用多种合金脱氧时，强脱氧剂用量越多，弱脱氧元素吸收率越高。（　　）√

34. 出钢合金化时，锰的吸收率大于硅的吸收率。（　　）√

35. 合金加入量。在钢水氧化性相同的条件下，加入某种元素合金的总量越多，则该元素的吸收率也越低。（　　）×

36. 钢水的终点余锰含量以及终渣的 TFe 含量对合金元素的吸收率影响不大，影响合金吸收率的主要因素是合金的加入顺序以及出钢过程下渣情况。（　　）×

37. 转炉出钢在钢包内合金化时，影响合金回收率的主要因素是出钢时间短。（　　）×

38. 同一种金属的收得率是一样的。（　　）×

39. 对冶炼碳素钢来说，出钢时将硅铁加入钢包内进行合金化过程中，有 25% 左右被氧化。（　　）√

40. 后吹增加和出钢下渣，对合金元素的吸收率有较大的影响。（　　）√

9.5.2　余锰量

终点钢水余锰量也是确定合金加入量的另一个经验数据。余锰量可根据钢水终点碳含量确定，其占铁水锰的百分比见表 9-3。凡能影响终点渣 TFe 增高的因素，都会使钢中余锰量降低，反之则会使余锰量增高。目前转炉用铁水均为低锰铁水，终点钢中余锰含量很低。

表 9-3　钢中余锰占铁水锰含量的比例

终点[C]/%	余锰量占铁水锰的百分比/%	终点[C]/%	余锰量占铁水锰的百分比/%
0.21 ~ 0.28	40	0.08 ~ 0.10	25 ~ 30
0.14 ~ 0.20	40	0.05 ~ 0.07	20
0.11 ~ 0.13	35	0.02 ~ 0.04	10 ~ 20

📝 练 习 题

1. 余锰又称为（　　）。A
   A. 残锰　　　　　　　B. 规格锰　　　　　　C. 钢包锰　　　　　　D. 成品锰

2. 降低转炉终点余锰的条件有（　　）。C
   A. 终点温度高　　B. 终点碳含量高　　C. 后吹次数多　　D. 喷溅少

3. 终点余锰与（　　）有关。C
   A. 铁水含锰量、终点磷、炉渣温度及终点温度
   B. 铁水温度、终点碳、炉渣氧化性及终点温度
   C. 铁水含锰量、终点碳、炉渣氧化性及终点温度
   D. 铁水温度、终点碳、炉渣温度及终点温度

4. 关于终点钢水余锰，说法错误的是（　　）。C
   A. 终点钢水余锰含量是确定含锰合金加入量的重要数据
   B. 终点余锰与炉渣氧化性有关
   C. 凡增加终渣 TFe 的因素，钢中余锰含量会相应增高

D. 终点余锰与终点碳有关

5.（多选）终点余锰与（　　）有关。ACD

　　A. 铁水含锰量　　　B. 终点磷含量　　　C. 终点温度　　　　D. 终点碳含量

6.（多选）终点余锰与（　　）有关。ABCD

　　A. 铁水锰含量　　　B. 终点碳含量　　　C. 炉渣氧化性　　　D. 终点温度

7.（多选）转炉炼钢（　　）情况下余锰量增高。AC

　　A. 温度高　　　　　B. 温度低　　　　　C. 终点碳高　　　　D. 终点碳低

8.（多选）转炉炼钢（　　）情况下余锰量降低。BD

　　A. 碱度高　　　　　B. 碱度低　　　　　C. 平均枪位低　　　D. 平均枪位高

9. 钢水中的残锰量对钢中的氧含量有一定影响。（　　）√

10. 在碱性炉内，锰氧化后的产物进入炉渣后，再也无法被还原出来。（　　）×

11. 在转炉吹炼终点，钢中的余锰量取决于终点碳含量。当终点碳高时，余锰量就高；当终点碳低时，余锰量就低。（　　）√

12. 钢水温度提高则增强钢水的氧化性，但利于余锰增加。（　　）√

9.5.3　沸腾钢合金加入量的确定

沸腾钢只加 Fe-Mn，并用铝调整钢水氧化性。

例1　冶炼 Q195AF 钢，铁水成分（%）如下：

成　分	C	Si	Mn
Q195AF	0.06～0.12	<0.05	0.25～0.50
铁水	4.00	0.35	0.30
高碳 Fe-Mn	7.0	—	72
中碳 Fe-Mn	0.9	—	76

每吨钢只加入高碳 Fe-Mn 3kg，该补加中碳 Fe-Mn 多少？增碳量又是多少？

解：3kg 高碳 Fe-Mn 增锰量：

$$增锰量 = \frac{合金加入量(kg) \times 合金锰含量(\%) \times 锰吸收率(\%)}{1000} \times 100\%$$

$$= \frac{3.00 \times 72\% \times 55\%}{1000} \times 100\% = 0.1188\%$$

中碳 Fe-Mn 加入量：

$$合金加入量 = \frac{钢种规格中限(\%) - 终点残余成分(\%) - 高碳锰铁增锰量(\%)}{铁合金合金元素含量(\%) \times 合金元素吸收率(\%)} \times 1000$$

$$= \frac{(0.375\% - 0.06\% - 0.1188\%)}{76\% \times 55\%} \times 1000 = 4.69 kg/t$$

3kg 高碳 Fe-Mn 增碳量：

$$增碳量 = \frac{合金加入量(kg) \times 合金碳含量(\%) \times 碳吸收率(\%)}{1000} \times 100\%$$

$$= \frac{3.00 \times 7\% \times 90\%}{1000} \times 100\% = 0.0189\%$$

4.69kg 中碳 Fe-Mn 增碳量：

$$增碳量 = \frac{4.69 \times 0.9\% \times 90\%}{1000} \times 100\% = 0.0038\%$$

总增碳量：

$$0.0189\% + 0.0038\% \approx 0.023\%$$

答：每吨钢加中碳 Fe-Mn 合金 4.69kg，合金增碳量约为 0.023%。

由于合金的加入，增加钢水碳含量，为此终点拉碳应考虑增碳量或者用中碳 Fe-Mn 代替部分高碳 Fe-Mn 脱氧合金化。

练习题

1. 某钢种要求 Mn 含量为 0.80% ~1.20%，使用含 Mn 量为 65% 的 Si-Mn 合金配 Mn，钢水余 Mn0.08%，Mn 的吸收率按 90% 计算，需要加入该合金量为（   ）。D
   A. 1572.65kg/t   B. 157.27kg/t   C. 15726.49kg/t   D. 15.73kg/t
   (((0.8 +1.2)%/2 -0.08%) ×1000/(65% ×90%))

2. （多选）计算合金加入量需要的数据有（   ）。ABCD
   A. 钢种规格中限   B. 终点残余成分
   C. 铁合金合金元素含量   D. 合金元素吸收率

3. 某钢种要求 Nb 含量为 0.015% ~0.050%，使用的 Fe-Nb 合金含 Nb 量为 4.75%，Nb 吸收率约为 70%，需要加入该合金量为（   ）。A
   A. 9.77kg/t   B. 4.84kg/t   C. 0.97kg/t   D. 0.484kg/t
   (((0.015 +0.050)%/2 -0%) ×1000/(4.75% ×70%))

4. 锰规格按 1.4% 配，余锰为 0.10%，配加 65% 锰含量的硅锰合金，锰吸收率为 85%，合金加入量为（   ）kg/t。D
   A. (1.4% -0.10%)/(65% ×85%)   B. 1.4%/(65% ×85%)
   C. (1.4% +0.10%) ×1000/(65% ×85%)   D. (1.4% -0.10%) ×1000/(65% ×85%)

5. 硅锰合金含锰 68.5%，锰吸收率为 85%，如钢中锰按 1.4% 配加，余锰按 0.16% 考虑，则硅锰加入量为（   ）千克/吨钢。A
   A. 21.3   B. 23.1   C. 12.3   D. 32.1
   (((1.4% -0.16%) ×1000)/(68.5% ×85%))

6. 各种铁合金的加入量可按下列公式计算：(钢种规格中限成分(%) - 终点残余成分(%)) ×1000/(合金元素含量(%) ×合金吸收率(%))（   ）√

7. 锰规格按 1.4% 配，余锰为 0.10%，配加 65% 锰含量的硅锰合金，锰吸收率为 85%，合金加入量为 20.5kg/t。（   ）×

$$((1.4\% - 0.10\%) \times 1000)/(65\% \times 85\%) \approx 23.53kg/t$$

8. 锰规格按 1.4% 配，余锰为 0.10%，配加 65% 锰含量的硅锰合金，锰吸收率为 85%，合金加入量约为 23.5kg/t。（   ）√

9.5.4 镇静钢合金加入量的确定

9.5.4.1 二元合金加入量的确定

镇静钢使用两种以上合金脱氧，合金加入量计算步骤如下：

（1）用单一合金 Fe-Mn 和 Fe-Si 脱氧，分别计算 Fe-Mn 和 Fe-Si 加入量。

（2）若用 Mn-Si、Fe-Si、Ba-Al-Si 等复合合金脱氧合金化，即先按钢中 Mn 含量中限计算 Mn-Si 加入量。再计算各合金增硅量；最后把增硅量作残余，计算硅铁补加数量。

（3）生产船板钢等，钢中（$[Mn]_中 - [Mn]_余$）/$[Si]_中$ 小于硅锰合金中 $[Mn]/[Si]$ 时，计算步骤须按加 Mn-Si 补 Fe-Mn。

例 2 冶炼 Q345A，用 Mn-Si、Ba-Al-Si、Ca-Si 合金脱氧合金化，每吨钢水加 Ba-Al-Si 合金 0.75kg，Ca-Si 合金 0.70kg，成分（%）如下：

成　分	C	Si	Mn
Mn-Si	1.6	18.4	68.5
Fe-Si	—	75	—
Ba-Al-Si	0.10	42	—
Ca-Si	0.8	58	—
Q345A	0.14 ~ 0.22	0.20 ~ 0.60	1.20 ~ 1.60
η	90	80	85

$[Mn]_余 = 0.16\%$，计算合金加入量。

解： ①根据 Mn 要求计算 Mn-Si 加入量：

$$Mn\text{-}Si\ 合金加入量 = \frac{钢种规格中限(\%) - 终点残余成分(\%)}{铁合金合金元素含量(\%) \times 合金元素吸收率(\%)} \times 1000$$

$$= \frac{1.40\% - 0.16\%}{68.5\% \times 85\%} \times 1000 = 21.30kg/t$$

②计算 Fe-Si 加入量：

21.30kg Mn-Si 增硅量：

$$增硅量 = \frac{合金加入量(kg) \times 合金硅含量(\%) \times 硅吸收率(\%)}{1000} \times 100\%$$

$$= \frac{21.30 \times 18.4\% \times 80\%}{1000} \times 100\% = 0.314\%$$

每吨钢水加 0.75kg Ba-Al-Si 和 0.7kg Ca-Si 合金的增硅量：

Ba-Al-Si 增硅量：

$$增硅量 = \frac{0.75 \times 42\% \times 80\%}{1000} \times 100\% = 0.025\%$$

Ca-Si 增硅量：

$$增硅量 = \frac{0.7 \times 58\% \times 80\%}{1000} \times 100\% = 0.032\%$$

Si 量不足，补加 Fe-Si 量：

$$Fe\text{-}Si \ 合金加入量 = \frac{钢种规格中限(\%) - 终点残余成分(\%) - 增硅量(\%)}{铁合金合金元素含量(\%) \times 合金元素吸收率(\%)} \times 1000$$

$$= \frac{0.40\% - 0.314\% - 0.025\% - 0.032\%}{75\% \times 80\%} \times 1000 = 0.48 kg/t$$

答： 每吨钢水需加 Mn-Si 合金 21.30kg，Fe-Si 合金 0.48kg。

练习题

1. 合金增碳量的计算公式是：（合金加入量（kg）× 合金含碳量（%）× 碳吸收率（%）× 100%）/1000 （   ） √

2. 冶炼 Q345A，若采用 Mn-Si、Fe-Si 合金脱氧合金化，$[Mn]_余 = 0.16\%$，Q345A 规格成分和各合金成分如下，则每吨钢水需加 Mn-Si 合金 21.30kg，Fe-Si 0.48kg。（Mn-Si 合金：Si = 18.4%，Mn = 68.5%；Fe-Si 合金：Si = 75%；Q345A 要求 Si = 0.20% ~ 0.60%、Mn = 1.20% ~ 1.60%；Si 吸收率为 80%、Mn 吸收率为 85%）（   ） √

3. （多选）计算合金增碳量需要的数据有（   ）。ABD
   A. 合金加入量　　B. 合金碳含量　　C. 合金元素吸收率　　D. 碳吸收率

4. （多选）关于合金加入量计算，正确的是（   ）。ACD
   A. 合金加入量计算是用钢种规格中限减去钢中残余成分，然后除以铁合金元素含量以及元素吸收率
   B. 合金加入量计算是用钢种规格中限减去钢中残余成分，然后除以铁合金元素含量，乘以元素吸收率
   C. 若用 Mn-Si、Fe-Si、Ba-Al-Si 合金脱氧，先根据钢种 Mn 含量计算 Si-Mn 加入量，再计算各合金增硅量
   D. 所炼钢种，合金加入种类、数量和顺序，终点碳以及操作均影响合金吸收率

5. （多选）关于合金加入量计算，不正确的是（   ）。BD
   A. 合金加入量计算是用钢种规格中限减去钢中残余成分，然后除以铁合金元素含量以及元素吸收率
   B. 合金加入量计算是用钢种规格中限减去钢中残余成分，乘以元素吸收率，然后除以铁合金元素含量
   C. 若用 Mn-Si、Fe-Si、Ba-Al-Si 合金脱氧，先根据钢种 Mn 含量计算 Mn-Si 加入量，再计算各合金增硅量
   D. 合金元素吸收率与合金和终点状况有关系，与转炉设备以及出钢口状况等无关

例 3 在例 2 中取包样分析成分为 [Si] = 0.36%，[Mn] = 1.32%，问成分是否出格，

并返算合金元素的实际吸收率。

根据式（9-2）可推得：

$$合金元素吸收率(\%) = \frac{钢种实际成分(\%) - 终点残余成分(\%)}{铁合金元素含量(\%) \times 合金加入量} \times 1000 \qquad (9-6)$$

解： 锰元素吸收率：

$$\eta_{Mn} = \frac{钢种实际锰成分(\%) - 终点锰残余成分(\%)}{铁合金锰元素含量(\%) \times 锰合金加入量} \times 1000$$

$$= \frac{1.32\% - 0.16\%}{68.5\% \times 21.30} \times 1000 = 79.5\%$$

硅元素吸收率：

$$\eta_{Si} = \frac{钢种实际硅成分(\%) - 终点硅残余成分(\%)}{\Sigma(铁合金硅元素含量(\%) \times 硅合金加入量)} \times 1000$$

$$= \frac{0.36\% - 0\%}{18.4\% \times 21.30 + 75\% \times 0.48 + 42\% \times 0.75 + 58\% \times 0.70} \times 1000 = 72.0\%$$

答： 成分未出格，锰元素的实际吸收率为 79.5%，硅元素的实际吸收率为 72.0%。

✍ 练 习 题

1. 合金元素吸收率 $\eta(\%)$ 核算公式：（钢种成品实际成分(%) − 终点残余成分(%)）× 1000/(合金元素含量(%) × 合金加入量(kg/t))。（　　）✓

2. 合金元素吸收率 $\eta(\%)$ 核算公式：合金元素吸收率 $\eta(\%)$ 计算公式 =((钢种实际成分(%) − 终点残余成分(%)) × 出钢量) × 100%/(合金加入量 × 合金成分(%))（　　）×

3. 合金加入量越多，其合金元素的吸收率越低。（　　）×

4. 出钢过程下渣量大，对合金的吸收率无影响。（　　）×

5. 钢水氧化性越强，吸收率越低，钢水氧化性主要取决于终点钢水碳含量，终点碳的高低是影响元素吸收率的主要因素。（　　）✓

6. 钢水温度提高则增强钢水的氧化性。（　　）✓

7. 钢中氧含量不受碳含量控制。（　　）×

8. Mn、Si、Al、V 四种脱氧元素的吸收率按低至高的次序排列为（　　）。B
   A. Si、Mn、Al、V　　　B. Al、V、Si、Mn　　　C. Al、Si、V、Mn

9. 采用低碳铬铁的好处是（　　）。C
   A. 成本低　　　　　　B. 夹杂少　　　　　C. 可以进行高拉碳操作

10. 以下说法正确的是（　　）。ABCD
    A. 合金块度应合适，否则吸收率不稳定
    B. 块度过大不易熔化，会导致成分不均匀
    C. 块度过小，合金损失较多，降低吸收率
    D. 加入某种元素合金的总量越多，则该元素的吸收率也越高

9.5.4.2　多元合金加入量的确定

例4　吹炼10MnPNbRE，余锰0.10%，余磷0.010%，钢种、铁合金成分（%）及元素吸收率如下：

成　分	C	Si	Mn	P	S	Nb	RE	Ca
10MnPNbRE	≤0.14	0.20~0.60	0.80~1.20	0.06~0.12	≤0.05	0.015~0.050	≤0.20	—
Fe-Nb	6.63	1.47	56.51	0.79	—	4.75	—	—
中碳 Fe-Mn	0.48	0.75	80.00	0.20	0.02	—	—	—
Fe-P	0.64	2.18	—	14.0	0.048	—	—	—
Fe-RE	—	38.0	—	—	—	—	31	—
Ca-Si		64.48						20.6
Fe-Si		75						
Ba-Al-Si	0.10	42		0.03	0.02			
$\eta/\%$	95	75	80	85	—	70	100	—

脱氧剂：Ca-Si 合金 2kg/t 钢；Ba-Al-Si 合金 1kg/t 钢。计算 1t 钢水合金加入量和增碳量。

解： 先算合金表中稀有元素合金加入量，后算其他各种合金加入量，即计算顺序：

$$Fe\text{-}RE \rightarrow Fe\text{-}Nb \rightarrow 中碳\ Fe\text{-}Mn \rightarrow Fe\text{-}P \rightarrow Fe\text{-}Si$$

（1）Fe-RE 加入量：

$$Fe\text{-}RE\ 合金加入量 = \frac{钢种规格中限(\%) - 终点残余成分(\%)}{铁合金合金元素含量(\%) \times 合金元素吸收率(\%)} \times 1000$$

$$= \frac{0.15\% - 0\%}{31\% \times 100\%} \times 1000 = 4.84 kg/t$$

（2）Fe-Nb 加入量：

$$Fe\text{-}Nb\ 合金加入量 = \frac{0.0325\% - 0\%}{4.75\% \times 70\%} \times 1000 = 9.77 kg/t$$

（3）Fe-Nb 增锰量：

$$增锰量 = \frac{合金加入量(kg) \times 合金锰含量(\%) \times 锰吸收率(\%)}{1000} \times 100\%$$

$$= \frac{9.77 \times 56.51\% \times 80\%}{1000} \times 100\% = 0.442\%$$

中碳 Fe-Mn 加入量：

$$Fe\text{-}Mn\ 合金加入量 = \frac{1.00\% - 0.442\% - 0.10\%}{80\% \times 80\%} \times 1000 = 7.16 kg/t$$

（4）Fe-Nb 增磷量：

$$增磷量 = \frac{9.77 \times 0.79\% \times 85\%}{1000} \times 100\% = 0.0066\%$$

中碳 Fe-Mn 增磷量：

$$增磷量 = \frac{7.16 \times 0.20\% \times 85\%}{1000} \times 100\% = 0.0012\%$$

Ba-Al-Si 增磷量：

$$增磷量 = \frac{1 \times 0.03\% \times 85\%}{1000} \times 100\% \approx 0$$

Fe-P 加入量：

$$Fe\text{-}P 合金加入量 = \frac{0.09\% - 0.0066\% - 0.0012\% - 0.010\% - 0}{14.0\% \times 85\%} \times 1000 = 6.07\text{kg/t}$$

（5）Ca-Si 增硅量：

$$增硅量 = \frac{2 \times 64.48\% \times 75\%}{1000} \times 100\% = 0.097\%$$

Fe-Nb 增硅量：

$$增硅量 = \frac{9.77 \times 1.47\% \times 75\%}{1000} \times 100\% = 0.011\%$$

中碳 Fe-Mn 增硅量：

$$增硅量 = \frac{7.16 \times 0.75\% \times 75\%}{1000} \times 100\% = 0.004\%$$

Fe-P 增硅量：

$$增硅量 = \frac{6.07 \times 2.18\% \times 75\%}{1000} \times 100\% = 0.010\%$$

Fe-RE 增硅量：

$$增硅量 = \frac{4.84 \times 38.0\% \times 75\%}{1000} \times 100\% = 0.138\%$$

Ba-Al-Si 增硅量：

$$增硅量 = \frac{1 \times 42.0\% \times 75\%}{1000} \times 100\% = 0.032\%$$

Fe-Si 加入量：

$$Fe\text{-}Si 合金加入量 = \frac{0.40\% - 0.097\% - 0.011\% - 0.004\% - 0.010\% - 0.138\% - 0.032\%}{75\% \times 75\%} \times 1000$$

$$= 1.92\text{kg/t}$$

（6）增碳量：

$$增碳量 = \frac{(4.84 \times 0\% + 9.77 \times 6.63\% + 7.16 \times 0.48\% + 6.07 \times 0.64\% + 1.92 \times 0\% + 1 \times 0.10\%) \times 95\%}{1000} \times 100\%$$

$$= 0.07\%$$

因此，终点碳应在 0.14% - 0.07% = 0.07% 以下。实际生产按 0.05% ~ 0.07% 控制。

答：每吨钢加入 Fe-RE 合金 4.84kg，Fe-Nb 合金 9.77kg，中碳 Fe-Mn 合金 7.16kg，Fe-P 合金 6.07kg，Fe-Si 合金 1.92kg，增碳量为 0.07%。

9.5.4.3 微调成分合金补加量计算

在真空精炼过程中，合金元素吸收率大大提高，可参考表9-4所列数据。

表 9-4　RH 精炼时合金元素吸收率

合金元素	Mn	Si	C	Al	Cr	V	Ti	B	Nb	P	Cu	Ni	Mo
吸收率/%	90~95	90	95	75	100	100	75	70~80	95	95	100	100	100

例5　冶炼 MLMnVB，规格成分以及钢水进入 RH 精炼站包样成分（%）如下：

成　分	C	Si	Mn	P	S	V	B
MLMnVB 规格成分	0.13~0.17	≤0.08	1.30~1.50	≤0.025	≤0.015	0.085~0.105	0.0010~0.0030
入精炼站包样	0.12	0.04	1.25	0.020	0.010	—	—
中碳 Fe-Mn	0.9	2.0	70				
Fe-V	0.6	1.8	—			42	
Fe-B	—		—			—	11

计算每吨钢的合金加入量。

解：各元素吸收率按表9-4考虑。

$$\text{Fe-V 合金加入量} = \frac{\text{钢种规格中限（\%）} - \text{终点残余成分（\%）}}{\text{铁合金合金元素含量（\%）} \times \text{合金元素吸收率（\%）}} \times 1000$$

$$= \frac{0.095\% - 0}{42\% \times 100\%} \times 1000 = 2.26 \text{kg/t}$$

$$\text{Fe-B 合金加入量} = \frac{0.002\% - 0}{11\% \times 80\%} \times 1000 = 0.23 \text{kg/t}$$

$$\text{中碳 Fe-Mn 合金加入量} = \frac{1.40\% - 1.25\%}{70\% \times 95\%} \times 1000 = 2.26 \text{kg/t}$$

$$\text{增碳量} = \frac{\text{合金加入量（kg）} \times \text{合金碳含量（\%）} \times \text{碳吸收率（\%）}}{1000} \times 100\%$$

$$= \frac{2.26 \times 0.6\% \times 95\% + 2.26 \times 0.9\% \times 95\%}{1000} \times 100\% = 0.003\%$$

$$\text{增硅量} = \frac{2.26 \times 1.8\% \times 90\% + 2.26 \times 2.0\% \times 90\% + 0.23 \times 11\% \times 90\%}{1000} \times 100\% = 0.01\%$$

答：每吨钢加入 Fe-V 2.26kg、Fe-B 0.23kg、中碳 Fe-Mn 2.26kg，C、Si 成分均未出格。

9.5.4.4 脱氧剂铝加入量计算

例6　出钢量 210t，钢水中氧含量 700ppm（0.07%），若铝的过剩系数取 1.4，理论计算钢水全脱氧需要加多少铝？（小数点后保留一位数，铝原子量 27，氧原子量 16）。

解：210t 钢中氧重量为：$210 \times 1000 \times 0.07\% = 147 \text{kg}$

设铝加入量为 x：

$$2Al + 3[O] = (Al_2O_3)$$

$$2 \times 27 \quad\quad 3 \times 16$$

$$x \quad\quad\quad\quad 147$$

$$x = \frac{2 \times 27 \times 147}{3 \times 16} = 165.4kg$$

考虑过剩系数,实际加铝量为 $1.4 \times 165.4 \approx 231.6kg$

答: 钢水全脱氧需要加入铝 231.6kg。

由于渣中氧和空气氧的氧化和钢水中增加酸溶铝影响,所以需根据实际情况确定铝的过剩系数。

练习题

1. 1ppm 表示百万分之一。(　　)√

2. 某钢种终点 Ti 目标值为 100ppm,则其质量分数为 (　　)。B
   A. 0.1%　　　　　B. 0.01%　　　　　C. 0.001%　　　　　D. 0.0001%

3. 某钢种终点 Ti 目标质量分数为 0.001%,该值还可以表示为 (　　)。B
   A. 1ppm　　　　　B. 10ppm　　　　　C. 100ppm　　　　　D. 1000ppm

4. 100ppm 等于 (　　)。B
   A. 0.1%　　　　　B. 0.01%　　　　　C. 0.001%　　　　　D. 0.0001%

5. 出钢量为 150t,钢水中含氧量 700ppm,计算钢水全脱氧需要加入 (　　) 铝。A
   A. 118kg　　　　　B. 119kg　　　　　C. 120kg
   $((2 \times 27 \times 1000 \times 150 \times 0.07\%)/(3 \times 16))$

6. 出钢量按 150t,钢水中氧为 700ppm,铝原子量 27,氧原子量 16,理论计算钢水完全用铝全脱氧需要加 (　　) 铝。B
   A. 108kg　　　　　B. 118.1kg　　　　　C. 414.8kg　　　　　D. 265.8kg

7. 钢中氧为 700ppm,理论计算钢水完全用铝全脱氧每吨钢需要加 0.50kg 铝。(铝原子量为 27,氧原子量为 16)(　　)×
   $((2 \times 27 \times 1000 \times 0.07\%)/(3 \times 16) = 0.7875kg/t)$

9.5.4.5 喂线量计算

加铝除了脱氧作用外,还有合金化作用,可以细化晶粒,改善钢的耐腐蚀性能,降低氮的时效性。除了加入铝粒、铝块外,为了保证吸收率的稳定,一般采用喂铝线方式加入,也可以在精炼环节喂入钙线、碳线。

例7 210t 钢水,若铝的利用率为 40%,铝线直径为 10mm,铝的密度为 $2.7t/m^3$,每增 1ppm 铝应喂多少米铝线?

解: 每米铝线进入钢水铝量为:

$$3.14 \times 0.005^2 \times 1 \times 2.7 \times 1000 \times 1000 \times 40\% = 84.78g$$

210t 钢水，1ppm 铝重量为：

$$210 \times 1000 \times 1000 \times 0.0001\% = 210g$$

$$需要铝线量 = 210/84.78 = 2.48m$$

答：每增 1ppm 铝应喂 2.48m 铝线。

铝的利用率与喂线管和钢水液面的夹角、渣子氧化性、喂线速度、吹氩流量等多种因素有关。如：LF 炉钙吸收率为 20% 左右。

加铝过多，容易造成连铸过程水口套眼影响拉速，严重时会造成水口堵塞中断浇注。必须保证钙铝比，可根据铝含量确定喂钙线长度。

例 8　钙线每米合金粉末量大于 125g/m，其中钙含量为合金粉末含量的 28%，钙吸收率在吹氩时为 10%，根据钙铝比为 0.12，计算 210t 钢水，全铝为 0.015%，应该喂多少米钙线？

解：每米钙线进入钢水钙量为：$125 \times 28\% \times 10\% = 3.5g/m$

210t 钢水，全铝为 0.015%，铝量为：

$$210 \times 1000 \times 1000 \times 0.015\% = 31500g$$

按照 $[Ca]/[Al] = 0.12$，需要钙量为：　$31500 \times 0.12 = 3780g$

则喂钙线量为：　$3780/3.5 = 1080m$

答：应该喂 1080m 钙线。

✐ **练 习 题**

1. 使用在线喂丝机进行调碳时（按钢水 150t/炉进行计算，粉重 135g/m，C 粉吸收率为 95%），可参考每（　　）米碳线钢水增碳 0.01%。C

　A. 107　　　　　B. 117　　　　　C. 127　　　　　D. 137

　$((1000 \times 150 \times 0.01\%)/(0.135 \times 95\%) = 117)$

2. 使用在线喂丝机进行调碳时（按钢水 210t/炉进行计算，粉重 135g/m，C 粉吸收率为 95%），可参考每（　　）米碳线钢水增碳 0.01%。C

　A. 124　　　　　B. 144　　　　　C. 164　　　　　D. 184

　$((1000 \times 210 \times 0.01\%)/(0.135 \times 95\%) = 163.7)$

9.5.4.6　合金加入的成本核算

例 9　某钢厂 100t 转炉，浇注方坯，精炼设备有吹氩站、LF 炉、VD、RH、CAS-OB 等。

生产 300M 或 SAE4340，此钢种用于制造飞机起落架和一级方程式赛车发动机零件。它需要超高强度和硬度，抗拉强度要达到 2000MPa，断裂强度 K_{IC} 达到 55MPa。这种夹杂物含量极低的超纯净度钢，以前用真空重熔法冶炼，现改用转炉生产，出钢和目标成分如下：

元　素	成分/%			元素	成分/%		
	出钢成分	钢种下限	钢种上限		出钢成分	钢种下限	钢种上限
C	0.1300	0.40	0.45	B	0.0000	0	0.0002
Si	0.0060	1.45	1.80	Ni	0.1000	1.65	2.00
Mn	0.1200	0.60	0.90	V	0.0000	0.05	0.10
P	0.0070	0	0.01	Mo	0.0020	0.3	0.45
S	0.0080	0	0.005	N	0.0030	0	0.005
Cr	0.0100	0.65	0.90	H	0.0004	0	0.0003
Al	0.0000	0.015	0.030	O	0.0400	0	0.0005

（1）要达到钢液的目标成分，需要脱除氧、硫、磷、氢和氮等元素，选择哪种炉外精炼工艺路线更合适？

无论选择哪种精炼方式，合金吸收率都有提高，相应减少合金用量，从而降低了成本。然而，应用精炼技术会增加钢的成本，应保证降低综合成本。当加入较贵重的合金时，例如 Fe-Nb、Fe-Mo 等，就更需要采取气体保护。精炼成本如下：

精炼方法	VD 或 RH	LF	CAS-OB
吨钢成本/元·t^{-1}	140	80	40

（2）为了满足目标成分的要求，应加入哪些合金，各加多少，在什么条件下加入？添加后会不会引起其他成分的变化，变化多大？添加剂对成本、温度和纯净度有无影响？根据以下给定条件，计算合金加入量，并按规定的时间运送到连铸机。要求设计的总成本低于 2080.00 元/t。合金成分及成本价格如下：

合　金	成分/%									价格/元·t^{-1}
	C	Si	Mn	P	S	Al	其他	Ti	Ca	
增碳剂	98.00									2240.00
高碳锰铁	6.70	1.00	76.50	0.30	0.03					3920.00
低碳锰铁	0.85	0.50	81.50	0.25	0.10					6720.00
高纯净度锰铁			49.00							14560.00
硅锰合金	0.50	30.00	60.00	0.08	0.08					4480.00
硅铁 75	0.15	75.00				1.50				6160.00
高纯净度硅铁	0.02	75.00	0.20			0.06				6720.00
硅铁 45	0.20	45.00	1.00			2.00			0.50	5040.00
铝线						98.00				16800.00
铝粒						98.00				11200.00
硼铁合金		3.00		0.20			B = 20.00			30240.00
铬铁合金	6.40						Cr = 66.50			10080.00

续表

合金	成分/%									价格/元·t⁻¹
	C	Si	Mn	P	S	Al	其他	Ti	Ca	
钼铁合金							Mo=70.00			134400.00
铌铁合金	0.20	2.00		0.20	0.20	2.00	Nb=63.00	2.00		78400.00
钒 铁							V=50.00			67200.00
磷 铁		1.50		26.00						5040.00
硫 铁					28.00					5600.00
镍							Ni=99			56000.00
钛								99.00		22400.00
硅钙粉		50.00							28.00	9744.00
硅钙线		50.00							28.00	12320.00
在 RH、LF 炉和 CAS-OB 处的平均合金吸收率/%	95.00	98.00	95.00	98.00	80.00	90.00	Cr 99.00 其他 100.00	90.00	15.00	
在转炉或吹氩站的平均合金吸收率/%	66.00	69.00	66.00	69.00	56.00	63.00	Ni,Mo 70.00	63.00	10.00	

（3）钢水量 100t，出钢温度 1675℃，连铸目标温度 1558~1578℃，夹杂物水平要求低，钢水 1h50min±5min 后送方坯连铸机。要求：

1）确定目标成分；

2）选择精炼路线；

3）选择合金；

4）从出钢加合金开始，按精炼顺序，计算合金加入量，使：总成本 = 合金成本 + 精炼成本 < 2080.00 元/t；

5）写出计算式并说明各精炼方法的作用。

解： 第一，计算前应考虑以下问题：

（1）成本，使用价格便宜的合金；钢种目标成分按照中限、下限的一半进行合金配料，即目标成分 = $\dfrac{\dfrac{下限+上限}{2}+下限}{2}$ = 0.75×下限 + 0.25×上限，目标成分如下表：

元 素	成分/%			
	出钢成分	钢种下限	钢种上限	目标
C	0.1300	0.40	0.45	0.413
Si	0.0060	1.45	1.80	1.538
Mn	0.1200	0.60	0.90	0.675
P	0.0070	0	0.01	<0.008
S	0.0080	0	0.005	<0.004
Cr	0.0100	0.65	0.90	0.713
Al	0.0000	0.015	0.03	0.019
B	0.0000	0	0.0002	0.0001

元　素	成分/%			
	出钢成分	钢种下限	钢种上限	目标
Ni	0.1000	1.65	2.00	1.738
V	0.0000	0.05	0.10	0.063
Mo	0.0020	0.30	0.45	0.338
N	0.0030	0	0.005	<0.004
H	0.0004	0	0.0003	<0.0002
O	0.0400	0	0.0005	<0.0004
Ca				0.003

（2）钢种铝含量高，为避免套眼必须保证$[Ca]/[Al]=0.15$，$[Ca]=0.15\times0.019\%=0.003\%$。

（3）考虑成分稳定性，用硅钙线和铝线，镍、钼合金熔点高，需在出钢过程进行合金化，其他合金元素在 LF 炉或者脱气站进行合金化。

（4）应对 P、H、N、O 进行增量计算，保证不超标。

第二，根据钢的综合性能和合金成本选择精炼路线，选择转炉炼钢→LF 炉→RH →连铸的工艺路线，LF 炉进行升温、脱硫、脱氧，目标周期约 1h10min，RH 轻处理脱氧、脱气、去夹杂，周期约 30min，精炼完毕钢水镇静 10min。

第三，按照合金成分，计算顺序：镍→钼铁→硅锰→硅钙线→硼铁→铬铁→钒铁→硅铁→铝线→增碳剂。

第四，合金加入顺序：

出钢加：镍→钼铁；

LF 炉加：硅锰→硅铁→铬铁→增碳剂；

RH 加：钒铁→硼铁→铝线→硅钙线。

$$镍加入量 = \frac{钢种目标要求(\%) - 终点残余成分(\%)}{铁合金合金元素含量(\%) \times 合金元素吸收率(\%)} \times 1000 \times 100$$

$$= \frac{1.738\% - 0.100\%}{99\% \times 70\%} \times 1000 \times 100 = 2364 kg$$

$$钼铁加入量 = \frac{0.338\% - 0.002\%}{70\% \times 70\%} \times 1000 \times 100 = 686 kg$$

$$硅锰加入量 = \frac{0.675\% - 0.120\%}{60\% \times 95\%} \times 1000 \times 100 = 973 kg$$

$$硅钙加入量 = \frac{0.003\% - 0.000\%}{28\% \times 15\%} \times 1000 \times 100 = 71 kg$$

$$铬铁加入量 = \frac{0.713\% - 0.01\%}{66.5\% \times 99\%} \times 1000 \times 100 = 1068 kg$$

$$硼铁加入量 = \frac{0.0001\% - 0.0000\%}{20\% \times 100\%} \times 1000 \times 100 = 0.5 kg$$

$$钒铁加入量 = \frac{0.063\% - 0.000\%}{50\% \times 100\%} \times 1000 \times 100 = 126kg$$

$$增硅量 = \frac{\Sigma(合金加入量 \times 合金硅含量) \times 硅吸收率(\%)}{1000 \times 100} \times 100\%$$

$$= \frac{(71 \times 50.0\% + 0.5 \times 3\% + 973 \times 30\%) \times 98\%}{1000 \times 100} \times 100\% = 0.321\%$$

$$硅铁加入量 = \frac{钢种目标要求(\%) - 终点残余成分(\%) - 增硅量(\%)}{铁合金合金元素含量(\%) \times 合金元素吸收率(\%)} \times 1000 \times 100$$

$$= \frac{1.538\% - 0.006\% - 0.321\%}{75\% \times 98\%} \times 1000 \times 100 = 1648kg$$

$$增铝量 = \frac{1648 \times 1.50\% \times 90\%}{1000 \times 100} \times 100\% = 0.022\%$$

铝含量在目标规格范围内，不必补加铝粒。但是考虑钙铝比，应调整钙量到：

$$[Ca] = 0.15 \times 0.022\% \approx 0.004\%$$

$$硅钙加入量 = \frac{0.004\% - 0.000\%}{28\% \times 15\%} \times 1000 \times 100 = 95kg$$

$$增硅量 = \frac{(95 \times 50.0\% + 0.5 \times 3\% + 973 \times 30\%) \times 98\%}{1000 \times 100} \times 100\% = 0.333\%$$

$$硅铁加入量 = \frac{1.538\% - 0.006\% - 0.333\%}{75\% \times 98\%} \times 1000 \times 100 = 1631kg$$

$$增铝量 = \frac{1631 \times 1.50\% \times 90\%}{1000 \times 100} \times 100\% = 0.022\%$$

$$增磷量 = \frac{(973 \times 0.08\% + 0.5 \times 0.20\%) \times 98\%}{1000 \times 100} \times 100\% = 0.0008\%$$

$$增硫量 = \frac{973 \times 0.08\% \times 80\%}{1000 \times 100} \times 100\% = 0.0006\%$$

$$增碳量 = \frac{(973 \times 0.50\% + 1631 \times 0.15\% + 1068 \times 6.40\%) \times 95\%}{1000 \times 100} \times 100\% = 0.0072\%$$

显然碳、磷、硫、铝均未超标。

$$增碳剂加入量 = \frac{0.413\% - 0.13\% - 0.0072\%}{98\% \times 95\%} \times 1000 \times 100 = 226kg$$

计算所得值列表如下：

元　素	成分/%					合金加入量/kg	合金吨价格/元·t^{-1}	合金成本/元·t^{-1}
	出钢成分	钢种下限	钢种上限	目标	增加量			
C	0.13	0.4	0.45	0.413	0.073	226	2240	5.06
Si	0.006	1.45	1.8	1.538	0.333	1631	6160	101.47
Mn	0.12	0.6	0.9	0.6750		973	4480	43.60
P	0.007	0	0.01	<0.008	0.0008			0.00

续表

元素	成分/%					合金加入量/kg	合金吨价格/元·t⁻¹	合金成本/元·t⁻¹
	出钢成分	钢种下限	钢种上限	目标	增加量			
S	0.008	0	0.005	<0.004	0.0006			0.00
Cr	0.01	0.65	0.9	0.713		1068	10080	107.65
Al	0	0.015	0.03	0.019	0.022		16800	0.00
B	0	0	0.0002	0.0001		0.5	30240	0.15
Ni	0.1	1.65	2	1.738		2364	56000	1323.84
V	0	0.05	0.1	0.063		126	67200	84.67
Mo	0.002	0.3	0.45	0.338		686	134400	921.98
N	0.003	0	0.005	<0.004				0.00
H	0.0004	0	0.0003	<0.0002				0.00
O	0.04	0	0.0005	<0.0004				0.00
Ca	0			0.004		95.0	12320	11.70
精 炼 成 本								140+80
总 成 本								2819.12

总成本 $= \Sigma$(合金加入量 × 合金吨价格)/1000/100 + 精炼成本

$= (2364 × 56000 + 686 × 134400 + 0.5 × 30240 + 1068 × 10080 + 126 × 67200 +$

$973 × 4480 + 95 × 12320 + 1631 × 6160 + 226 × 2240)/1000/100 + 140 + 80$

$= 2819.12$ 元/t

成本大于 2080 元/t,从上表可以看出,吨钢成本最大三项是镍、钼铁和硅铁,将三项目标成分适当降低,并改在 LF 炉中加入,在加入时需加热并吹氩强搅拌保证成分均匀。计算步骤同前,计算所得值如下:

元素	成分/%					合金加入量/kg	合金吨价格/元·t⁻¹	合金成本/元·t⁻¹
	出钢成分	钢种下限	钢种上限	目标	增加量			
C	0.13	0.4	0.45	0.4130	0.0704	228	2240	5.11
Si	0.006	1.45	1.8	1.5000	0.320	1597	6160	98.38
Mn	0.12	0.6	0.9	0.6500		930	4480	41.66
P	0.007	0	0.01	<0.008	0.0007			0.00
S	0.008	0	0.005	<0.004	0.0006			0.00
Cr	0.01	0.65	0.9	0.7000		1048	10080	105.64
Al	0	0.015	0.03	0.0190	0.0216		16800	0.00
B	0	0	0.0002	0.0001		0.5	30240	0.08
Ni	0.1	1.65	2	1.7000		1616	56000	904.96
V	0	0.05	0.1	0.0630		126	67200	84.67
Mo	0.002	0.3	0.45	0.3150		447	134400	600.77
N	0.003	0	0.005	<0.004				0.00
H	0.0004	0	0.0003	<0.0002				0.00
O	0.04	0	0.0005	<0.0004				0.00
Ca	0			0.0040		95	12320	11.70
精炼成本								140+80
总成本								2072.67

总成本小于 2080 元/t，合乎要求。

学习重点与难点

学习重点：初级工重点是脱氧方法，中高级工在初级工的基础上还需计算合金加入量、选择合理的合金加入顺序控制夹杂内容。

学习难点：脱氧方法、合金加入量计算。

思考与分析

1. 钢水为什么要脱氧？脱氧的任务包括哪几方面？
2. 对脱氧剂有哪些要求？
3. 什么是脱氧元素的脱氧能力？常用的脱氧剂有哪些？
4. 沉淀脱氧的原理是怎样的，有什么特点？
5. 脱氧产物怎样才能迅速的上浮排除？
6. 扩散脱氧的原理是怎样的，有什么特点？
7. 真空脱氧原理是怎样的，有什么特点？
8. 采用复合脱氧有哪些特点？
9. 合金加入后对钢水的温度、熔点及流动性有哪些影响？
10. 什么是非金属夹杂物？
11. 非金属夹杂物按其化学成分可分为哪几类？
12. 氧化物系夹杂有哪些特点？
13. 硫化物夹杂分哪几类，都有什么特点？
14. 氮化物夹杂有什么特点？
15. 非金属夹杂物按其变形性能可分为哪几类，有什么特点？
16. 什么是外来夹杂？什么是内生夹杂？
17. 非金属夹杂物按其尺寸的大小如何划分？
18. 什么是钢水的二次氧化，有什么特点？
19. 降低钢中氧化物夹杂物的途径有哪些？
20. 降低钢中硫化物夹杂物的途径有哪些？
21. 影响钢水氧含量的因素有哪些？
22. 什么是脱氧？什么是合金化？
23. 根据脱氧工艺的不同脱氧产物的组成有何不同？怎样才有利于脱氧产物排除？
24. 什么是合金元素的吸收率？影响合金元素吸收率的因素有哪些？
25. 终点钢水余锰含量是如何考虑的？
26. 合金加入量计算公式有哪些？
27. 二元合金加入量如何计算？
28. 多元合金加入量如何计算？
29. 举例说明脱氧剂铝加入量如何计算？
30. 合金加入的顺序和原则是怎样的？
31. 合金加入时间是怎样的？

10 操作事故及处理

教学目的与要求

具有事故分析能力、掌握预防与处理的措施。

凡造成人员死亡、伤害、疾病；设备损坏；产品产量发生一次性减产、质量不符合技术标准者，均称为事故。

事故分为工伤事故、操作事故、质量事故、设备事故、火灾事故等。这里重点讨论操作事故和质量事故。

钢铁产品质量事故按其产生的废品数量、造成的经济损失及影响大小程度分为重大质量事故、一般质量事故和小事故。

重大质量事故：24 小时以内在同一转炉、精炼炉或连铸机上连续发生两次以上一般质量事故或一次发生一般质量事故废品数量的 2 倍以上；由于混炉乱号造成 200 吨（含）以上废品；一次性发生让步产品数量大于 500 吨；因质量异议给用户在使用中造成 50 万元以上的经济损失，并且经济损失占合同金额比例超过 10%，或者造成恶劣影响的事件（如在省、市电台广播专题报道中，国家主管部门的新闻发布会上等给公司荣誉、产品信誉造成影响的事件等）。

一般质量事故：转炉或精炼炉发生因成分不合格的废品一炉（指已浇成铸坯）；连铸机同一班次在同一连铸机上连续发生 200 吨以上的连铸板坯废品；由于混炉乱号造成 100 吨（含）以上 200 吨（不含）以下废品；一次性发生让步产品数量为 300 吨（不含）至 500 吨（含）的；因产品质量问题给用户在使用中造成 20 万元（含）至 50 万元（不含）经济损失，并且经济损失占合同金额比例超过 5%，或给公司荣誉及产品信誉造成重大影响的（重大影响是指省市级单位产品质量监督抽查不合格，并公开发布等）。

小事故：转炉、精炼炉或连铸机同一班次发生的废品数量达到一般质量事故的一半以上；由于混炉乱号造成 60 吨（含）以上 100 吨（不含）以下废品；一次性发生让步产品数量为 150 吨（含）至 300 吨（含）。

按照事故级别分为一级质量事故、二级质量事故、三级质量事故和一般质量事故。

一级质量事故是连续发生 5 炉，或 24 小时之内重复发生 8 炉以上（含 8 炉）成分超标或铸坯质量不合格的整炉废品。

二级质量事故是一座转炉连续出 2 炉废品。当班发生 3 炉，或分厂 24 小时之内重复发生 5 炉以上（含 5 炉）成分超标或铸坯质量不合格的整炉废品。

三级质量事故：当班连续发生 2 炉以上钢水成分超标或整炉铸坯质量废品。

练习题

1. 转炉炼钢二级质量事故是指（　　）。A
   A. 一座转炉连续出 2 炉废品
   B. 每班每炉座出 2 炉废品
   C. 连续的两起一级质量事故
2. （多选）转炉炼钢由于操作失误引起质量事故其范围是指（　　）。ABD
   A. 钢水质量不合要求　　　　　　　　B. 引起钢坯（锭）质量问题
   C. 铁水质量不合要求　　　　　　　　D. 进一步引起轧钢质量事故
3. （多选）以下关于炼钢生产事故分类中，不包含的是（　　）。CD
   A. 工伤事故、操作事故　　　　　　　B. 质量事故、设备事故
   C. 火灾事故、经济事故　　　　　　　D. 疾病事故、操作事故
4. 转炉炼钢由于操作失误引起质量事故其范围是指钢水质量不合要求，引起钢锭（坯）质量问题，进一步引起轧钢质量事故。（　　）√

10.1 温度不合格

氧气顶吹转炉炼钢过程中虽然热量有富余，但操作不当，也会出现高温钢和低温钢，应尽早发现，及时处理。

10.1.1 高温钢

发现终点温度高于目标值，补救的办法是向炉内加冷却剂（铁矿石或生白云石），根据冷却剂的冷却效应确定用量。加入大量冷却剂后要点吹，以防渣料结团和炉内温度不均匀。当终点碳含量高、温度也高时，用铁矿石调温；当终点温度高、碳含量不高时，可用生白云石或石灰石调温。用矿石调温应注意防止炉口冒烟，影响环境。

10.1.2 低温钢

吹炼终点温度过低，若终点碳在目标值的上限，可补吹提温。若终点碳低，通常的办法是向炉内加硅铁或焦炭，补吹提温。根据终点目标碳含量要求，在钢包内进行增碳。用硅铁提温应根据硅铁硅含量补加石灰，同时考虑补加石灰对炉温的影响。

易出现低温钢的情况有：高磷、硫铁水反复二次造渣，热量损失大；炉役前期，新炉衬温度低，出钢时间长；炉役后期，由于搅拌不均匀，测温无代表性；钢包残钢多或烘烤温度不够；装料的大块废钢未完全熔化等。

出钢后发现低温，可通过炉外精炼加热设施热补偿，达到和稳定浇注温度。但成本增高，影响连铸钢水的及时供应，打乱生产组织，还会造成钢水纯净度降低。对不能采用热补偿措施的钢种，只能回炉处理。

练习题

1. 在冶炼过程中出现熔池温度低，可采用硅铁、铝块提温。（　　）√
2. （多选）低温钢水连铸容易造成（　　）。BCD
   A. 加剧耐材的侵蚀　　　　　　　B. 不利于夹杂物上浮
   C. 水口冻结　　　　　　　　　　D. 影响连铸坯质量

10.2 成分不合格

10.2.1 碳、锰不合格

吹炼碳素钢，有时碳虽在所炼钢种的规格范围之内，而锰的成分却高出或不足于钢种的规格成分，称为号外钢。

造成号外钢的原因不外乎终点碳判断不准，或者配锰有误。出现碳、锰不合格应在炉外精炼过程调整成分达到要求，也可以改判钢种。

碳出格、配锰不准的原因可能有以下几种：

（1）铁水锰有波动，对终点余锰估计不准。

（2）锰铁成分有变化，或者数量计算不准，加错合金。

（3）铁水的装入量不准或是波动较大。

（4）出钢下渣过多，钢包内钢水有大翻，因而合金元素的吸收率有变化，没有及时调整合金加入量。

（5）有时设备运转不灵，合金未全部加入钢包之内，又未发现。

（6）炼钢工经验不足，人工判断出现误判。

操作过程中能及时采取相应的措施，是可以避免碳、锰含量不合格而出现的号外钢。

10.2.2 硫出格

终点钢水硫含量超出目标值的上限，不能冒险出钢，可以倒出部分炉渣，再加入适量的渣料重新造渣，必要时兑入一定量的铁水或加入提温剂，继续吹炼。待钢中硫含量合乎要求再出钢。

若出钢后才发现钢中硫含量高，应根据情况及时组织回炉处理，也可以在炉外精炼LF炉造还原渣或喷粉进行脱硫处理。当规格硫含量在0.015%左右，还可在出钢时向钢包内加入适量还原性合成渣脱硫，精炼加强吹氩搅拌能降0.003%~0.004%的硫，对于规格硫含量在0.010%以下的钢种，此法脱硫效果有限。

造成终点硫高的原因有：

（1）原料中硫含量突然增加，炉前不知道，没有采取相应的措施。例如铁水、石灰、铁矿石等硫含量增高，都会引起钢中硫含量的增高。

（2）吹炼过程中熔渣的流动性差、碱度低，或渣量太少、炉温偏低等，都可能导致终点硫高。

因此，各种原料在入炉之前，必须清楚其成分。

10.2.3　磷出格

造成终点磷高的原因不外乎熔渣流动性差、碱度低，或者终点温度过高等因素。有时出钢过程下渣过多，或加合金不当，也会导致钢包中的钢水回磷，使成品钢磷出格。出钢前发现磷出格可倒出部分炉渣，加入渣料二次造渣继续吹炼，提高熔渣氧化性和碱度，同时降低炉温，达到脱磷效果。多数炉外精炼措施没有脱磷功能，出钢后发现磷含量高，只能改判钢种或回炉处理。

为了防止和减少钢包回磷，需要严格管理和维护好出钢口，避免出钢下渣；挡渣出钢减少出钢带渣量；出钢过程向钢包内加入钢包渣改质剂，一方面抵消因硅铁脱氧后引起炉渣碱度的降低；另一方面可以稀释熔渣中磷的含量，以减弱回磷反应。必要时在精炼前采用钢包除渣技术。

因此，在吹炼过程中一定要控制好炉渣和炉温。

10.2.4　氮出格

转炉炼钢具有良好的去氮效果，但是钢水在出钢—精炼—浇注过程中会吸收空气中的氮增加钢中氮含量。在后吹、出钢散流、高温钢、合金氮含量高，以及炉外精炼电弧加热化渣不好，精炼、浇注过程密封、保护浇注措施不到位，都可能造成氮含量超标。

冶炼过程控制好工艺参数，通过真空精炼脱氮，采用全保护浇注，减少氮出格。

10.3　回炉钢冶炼

出钢后，由于钢水的成分或温度不合格，或者浇注设备出了故障，不能继续浇钢时，就要将钢水重新送回转炉吹炼，这就是所谓的回炉钢冶炼。

回炉钢处理前必须对钢水回炉的原因、钢种、成分、温度、回炉量、补兑铁水量、铁水成分和温度了解清楚，参考正常吹炼的一些参数，综合分析，确定处理办法。

吹炼回炉钢关键是安全操作，控制好终点温度和成分。注意以下方面：

(1) 回炉钢必须先倒渣，整炉钢分为两至三炉处理；硅钢、16Mn 等低合金钢种，回炉的数量不能超过装入量的一半，并且要特别注意终点钢水成分。

(2) 回炉钢水与废钢冷却效应换算值可参考：3 吨碳素钢水相当于 1 吨冷废钢的冷却效应；5 吨低合金钢水相当于 1 吨冷废钢的冷却效应。

(3) 回炉钢处理只能吹炼普通钢，如热量不足，则配加适量的焦炭或硅铁补充热量。

(4) 根据补充兑入铁水后的综合成分配加渣料，终渣碱度控制在 3.0~3.4，渣料可在开吹后一次加入。

(5) 开吹可采用正常枪位或酌情降低些。过程枪位控制要十分小心，既要化好渣，又要防止烧枪和喷溅。

(6) 合金元素的吸收率比正常吹炼要偏低些。

练习题

1. （多选）冶炼回炉钢水，需要注意的事项是（　　）。ABC
   A. 先查明回炉的原因及钢种
   B. 冶炼回炉钢需调整废钢加入量
   C. 回炉钢需先倒渣
   D. 冶炼回炉钢，可以减少造渣量

2. （多选）冶炼回炉钢，关键控制因素是（　　）。ABD
   A. 安全操作　　　　　　　　B. 控制好终点温度
   C. 控制好钢种终点氧　　　　D. 控制好终点成分

3. 处理回炉钢时，必须对钢水的回炉原因、钢水温度、成分、所用铁水的成分和温度以及其他情况了解清楚，同时还要参考正常吹炼的一些参数，综合考虑。（　　）√

10.4 净化回收系统的防爆与防毒

10.4.1 防爆

转炉煤气中含有大量可燃成分 CO 和少量氧气，在净化过程中还混入了一定量的水蒸气。它们与空气或氧气混合后，在特定的条件下会发生爆炸，造成设备损坏，甚至人身伤亡。因此防爆是保证转炉净化回收系统安全生产的重要措施。可燃气体如果同时具备以下条件时，就会引起爆炸：

（1）可燃气体与空气或氧气的混合比在爆炸极限的范围之内；

（2）混合的温度在最低着火点以下，否则只能引起燃烧；

（3）遇到足够能量的火种。

可燃气体与空气或氧混合后，气体的最大混合比叫做爆炸上限，最小混合比叫做爆炸下限。几种可燃气与空气或氧气混合，在20℃和常压条件下的爆炸极限见表10-1。

表 10-1　可燃气与空气、氧气混合的爆炸极限

气体种类	爆炸极限 φ/%				气体种类	爆炸极限 φ/%			
	与空气混合		与氧气混合			与空气混合		与氧气混合	
	下限	上限	下限	上限		下限	上限	下限	上限
（CO）	12.5	75	13	96	焦炉煤气	5.6	31	—	—
（H_2）	4.15	75	4.5	95	高炉煤气	46	48	—	—
（CH_4）	4.9	15.4	5	60	转炉煤气	12	65	—	—

各种可燃气体的着火温度是：

CO 与空气混合，610℃；与氧气混合，590℃，即在混合气体最低着火点以下，否则只能燃烧；

H_2 与空气混合，530℃；与氧气混合，450℃。

一级文氏管前后为易爆区域，操作不当引起炉内大喷，红渣一旦进入一文入口，而一文喷水量又不足以将其熄灭时，烟道内自由氧又高，就会产生爆炸。

预防转炉煤气爆炸措施是：

（1）合理操作罩裙升降。OG 法在吹炼前期、后期提罩，吸入的空气和炉气中的 CO 尽可能在炉口完全燃烧，生成的 CO_2 废气清扫管道中的空气（或煤气）并放散。吹炼中降罩回收煤气，实现炉口正微差压自动调节，炉气在烟罩内可形成微量漩流，对罩外空气既起到隔离作用，又避免大量烟气外溢而污染环境。

（2）在易爆炸部位，设置泄爆膜或泄爆盖。

（3）在烟道的氧枪、副枪孔和加料溜槽等部位设置氮封，防止炉气外逸和空气吸入。

（4）设置灵敏可靠的氧气分析仪，当炉气中氧气含量大于 1.5% ~2.0% 时自动报警，煤气放散。

（5）LT 干法除尘为了保证设备安全，煤气阀门采用泄爆阀。对开吹降罩裙时间要严格控制，开吹打不着火应及时提枪，避免短时间加入大量铁矿石，同时开吹氧流量稍低于标准氧流量，以避免静电除尘区温度过高和混入空气中氧造成爆炸。

10.4.2　防毒

转炉煤气中的一氧化碳，其密度是 $1.23kg/m^3$（标态），是一种无色无味的气体，对人体有毒害作用。一氧化碳被人吸入后，经肺部而进入血液，它与红血素的亲和力比氧大 210 倍，很快形成碳氧血色素，使血液失去送氧能力，致使全身组织，尤其是中枢神经系统严重缺氧，致使中毒，严重者可致死。

为了防止煤气中毒，必须注意以下几点：

（1）加强安全教育，严格执行安全规程。

（2）调节炉口微压差，尽量减少炉口烟气外逸。

（3）净化回收系统要严密，杜绝煤气的外漏；并在有关地区设置 CO 浓度报警装置，以防中毒。

（4）煤气放散烟囱应有足够的高度，以满足扩散和稀释的要求。

（5）煤气放散时应自动打火点燃。

（6）加强煤气管沟、风机房和煤气加压站的通风措施。

（7）不得在煤气区域长时间停留，从事煤气工作的操作人员，必须携带煤气报警器并由两人以上进行监护工作。

（8）清理烟道前，转炉呈 90°停位，风机应继续运转 30min 以上，并经鉴定确认烟道内不存在煤气或其他有害气体，方可进行清理。

（9）发现中毒人员要即刻报警急救。

练习题

1. 使用煤气时应该（　　）。C

　　A. 先开气后点火　　　　B. 边开气边点火　　　　C. 先点火后开气

2. 煤气中最容易中毒的是（　　）。B

    A. 高炉煤气　　　　　　　　B. 转炉煤气　　　　　　　　C. 焦炉煤气

3. （多选）煤气点火时的正常操作是（　　）。BD

    A. 先开煤气后点火

    B. 先点火后开煤气

    C. 在点火前先形成煤气和空气的混合气体

    D. 避免点火前形成煤气和空气的混合气体

4. （多选）防止煤气发生爆炸应（　　）。ABCD

    A. 合理操作罩裙升降

    B. 在易爆位置设置防爆膜

    C. 在烟道的氧枪、副枪和加料溜槽等部位设置氮封

    D. 设置灵敏可靠的氧气分析仪

5. CO 是无色无味无毒的气体。（　　）×

6. 煤气是一种可燃性气体。（　　）√

7. 转炉煤气中 CO 的含量可高达 60% ~80%。（　　）√

10.5　氧枪系统故障

10.5.1　停水停电

    炼钢过程发生停水停电情况，为了避免氧枪烧坏漏水，必须立即使用事故提升装置将氧枪从炉内提至最高位，采用自动以及手动装置关闭氧气阀门，在未发生漏水时保证冷却水阀门打开。

练习题

1. 氧枪吹炼过程掉电，应首先（　　）。A

    A. 用事故提升装置提升氧枪　　　B. 通知调度　　　　C. 关闭氧枪水

2. 氧枪提不出来时，以下操作方式不当的是（　　）。C

    A. 先手动关闭氧气切断阀

    B. 可暂将调节阀关氧，然后关闭手动截门

    C. 继续吹炼，然后找电、钳工处理

3. 吹炼过程中氧枪事故提升提不起来时，应该（　　）。B

    A. 继续吹炼，立即找电、钳工处理

    B. 先关闭氧气调节阀，再关闭氧气切断阀，然后处理

    C. 先停止吹炼，立即找电、钳工处理事故提升设备，然后继续冶炼

4. （多选）氧枪吹炼过程掉电，应该（　　）。ABD

    A. 用事故提升装置提升氧枪　　　　　　　　　　B. 通知调度

　　C. 关闭氧枪水　　　　　　　　　　　　D. 关闭氧气切断阀

5.（多选）当发生氧枪坠落事故时，所需要做的是（　　　）。ACD

　　A. 关闭氧枪水　　　　　　　　　　　　B. 保持氧枪水流量

　　C. 将整流柜分闸　　　　　　　　　　　D. 用事故提升装置提升氧枪

6.（多选）当发生氧枪坠落事故时，所需要做的是（　　　）。ABCD

　　A. 关闭氧枪水　　　　　　　　　　　　B. 通知调度

　　C. 将整流柜分闸　　　　　　　　　　　D. 用事故提升装置提升氧枪

7. 当发生氧枪坠落事故时，应首先（　　　）。A

　　A. 关闭氧枪水　　　　　　　B. 通知调度　　　　　　C. 将整流柜分闸

10.5.2　氧压不足

　　冶炼过程出现氧压不足会造成软吹状态，容易造成泡沫型喷溅和爆发性喷溅，其原因可能有：氧气总管压力低，氧气切断阀未全部打开，氧气管道漏氧。

10.5.3　氧枪降不下来

　　当出现氧枪降不下来时，产生的原因可能是：氧枪升降钢丝绳绞在一起，氧枪升降电机、减速器、抱闸故障，氧枪中心线与氧枪升降孔中心线偏离，氧枪粘粗严重，被挂渣器、氧枪升降孔挡住。应根据产生原因进行维修处理。

10.5.4　氧枪粘钢及漏水

　　氧枪喷嘴粘钢后，散热条件恶化，容易烧坏。喷嘴中心"鼻尖"部位往往被"吃"掉，无法使用，被迫更换氧枪。

　　枪身的粘钢大部分是冷钢夹着炉渣。严重时，粘钢厚度可达 30～150mm、几米长，致使氧枪提不起来，只能停炉处理。

　　粘枪主要产生于吹炼中期，化渣不好，渣中析出的高熔点物质，熔渣黏稠，导致金属喷溅，形成钢与渣混合物黏结在枪身上很难脱落，使枪身逐渐变粗。

　　若溅渣与吹氧用同一支氧枪，在钢水未出净，溅渣过程也会引起氧枪粘钢。

　　氧枪粘钢少是比较好处理的，一般可在下炉吹炼时，适当降低炉渣碱度，增加萤石加入量，使熔渣有较好的流动性，炉温可高于出钢温度 10℃ 左右，这样可以涮掉枪身的粘钢。粘钢若一炉没有涮干净，可在下炉继续涮，一般吹炼两炉钢粘钢基本上可以全部涮干净。

　　倘若连续两三炉粘钢仍没有减轻，只有人工烧氧切割粘钢。当粘粗超过规定标准时立即更换新氧枪。

　　若氧枪粘粗程度超过氧枪孔直径时，应将转炉摇出烟罩，先停高压水，割断枪身再换新枪，特别要注意避免氧枪冷却水进入炉内。

　　这些处理办法，无论对钢的质量、炉衬寿命、材料的消耗、冶炼时间等都有不良影响。因此，最根本的解决办法就是精心操作，避免粘枪。

　　吹炼过程发现喷嘴漏水或罩裙、烟道及其他部位造成炉内进水时，应立即停吹并将枪提出氧枪孔，停氧、切断水源、堵住氧枪孔，严禁动炉，待炉内水分蒸发完毕后才可摇炉处理。重新换氧枪或消除漏水并恢复供水后，方能继续吹炼。

预防氧枪粘粗的措施是：

(1) 吹炼中控制好枪位，化好过程渣。

(2) 出钢时出净炉内钢水，如有剩余钢水，不得进行溅渣。

(3) 用刮渣器刮渣处理，选用带锥度氧枪，有利于枪身黏着物脱落。

(4) 吹炼氧枪与溅渣枪专用。

练习题

1. 炉渣中 MgO 含量增加，易在中后期造成粘枪。(　　) √

2. 氧枪粘钢是由于化渣不良造成，与供氧强度无关。(　　) √

3. 氧枪喷头的侵蚀机理是钢水液滴粘在喷头表面使铜的熔点下降。(　　) √

4. 产生氧枪粘钢的原因是 (　　)。C

    A. 枪位高产生泡沫喷溅

    B. 冶炼前期炉温低，枪位高

    C. 化渣不良出现金属喷溅

5. 因为耳轴粘钢 (　　)，因此要及时清除耳轴粘钢。B

    A. 加大了倾动动力矩　　B. 容易造成冷却水管道的损坏　　C. 加速了耳轴的磨损

6. 产生氧枪粘钢的原因是化渣不良出现金属喷溅。(　　) √

7. 产生氧枪粘冷钢的原因是枪位高产生泡沫喷溅。(　　) ×

8. (多选) 防止氧枪粘钢的措施有 (　　)。ACD

    A. 化好过程渣　　　　　　　　　　　　　　B. 采用高氧气流量吹炼

    C. 采用专用氧枪与溅渣枪　　　　　　　　　D. 刮渣器刮渣,采用带锥度氧枪

9. (多选) 导致氧枪粘钢的主要原因是 (　　)。AC

    A. 化渣不良出现金属喷溅　　　　　　　　　B. 冶炼前期炉温低、枪位高

    C. 熔渣黏稠，渣中析出高熔点物质　　　　　D. 枪位高、产生泡沫喷溅

10. 氧枪在吹炼过程发生漏水时应立即提枪停氧，关闭高压冷却水并及时摇动炉子至炉后。(　　) ×

11. (多选) 氧枪在吹炼过程发生漏水时应 (　　)。AB

    A. 提枪停氧　　　　　　　　　　　　　　　B. 关闭高压冷却水

    C. 摇动炉子至炉后　　　　　　　　　　　　D. 将炉内钢水倒出

12. 开新炉过程中发现炉内进水，以下措施中不适合的是 (　　)。C

    A. 炉下安放热渣罐烘烤

    B. 炉内加入木柴和焦炭进行吹氧烘炉

    C. 兑入少量铁水进行烘烤炉内进水

13. 吹炼过程发现喷枪漏水或其他原因炉内进水，应当 (　　)。A

    A. 立即提枪停吹，切断漏水水源

B. 立即通知调度，组织人员排水

C. 找来渣罐在炉下，烘烤炉内积水

14. （多选）开新炉过程中发现炉内进水，应该采取的措施是（　　）。AB

A. 炉下安放热渣罐烘烤

B. 炉内加入木柴和焦炭进行吹氧烘炉

C. 兑入少量铁水进行烘烤炉内进水

D. 向炉内加入少量石灰进行干燥

15. （多选）吹炼过程发现喷枪漏水或其他原因炉内进水，应当（　　）。ABD

A. 立即提枪停吹，切断漏水水源　　　B. 将氧枪移出氧枪孔

C. 缓慢摇炉　　　D. 停止吹炼，待炉内水蒸发后方可摇炉

10.5.5　氧气管道防爆

　　燃烧必须具备可燃物、氧气、着火温度三个要素，氧气是助燃气体，遇可燃物及火种会引起强烈的燃烧，并放出大量的热。氧气管道爆炸是由于急剧燃烧，管壁达到熔化状态，气体体积瞬间急剧膨胀而引起的管道爆炸。具体有：

　　（1）氧气在管道内流速过高，管道内有金属碎屑或砂石，管道内壁生锈，管道接口处因制造工艺不好，存有突尖或粗糙之处，以致因摩擦产生火种。

　　（2）当氧气输送管道上的截止阀开启时，如阀前后压力差过大，氧气流速瞬间可达200m/s，一般碳钢就会燃烧起火引起爆炸。

　　（3）氧流在管道急转弯处，可冲击管壁，产生高温。

　　（4）氧气管道对接法兰等处漏氧，外来火源引燃爆炸。

　　（5）氧气管道和氧枪在制造和安装时，使用的润滑油脂未清除干净。

　　（6）剥落的橡胶管碎屑及其他外来可燃物进入管内。

　　（7）裸露的电线头搭在管道内，产生静电感应，因静电火花引起急剧燃烧，导致爆炸。

　　防止办法有：

　　（1）氧气的流速应符合国家有关规范。氧气输送管（碳钢）内氧气流速必须小于15m/s，氧枪内管氧气流速在40～55m/s，不得大于60m/s。

　　（2）氧气管道应清洁施工，管道焊接不准有渣粒、铁粒和任何其他物品进入管道内，接缝处不得有焊肉尖刺等出现。管道内壁不得含有任何油污和异物。

　　（3）氧气管道在安装、检修后或长期停用后再度使用前，应用无油干燥空气或氮气将管内残留的水分、铁屑、杂物等吹扫干净，直至无铁锈、尘埃及其他杂物为止。吹扫速度应不小于20m/s。

　　（4）氧气管网上设置的各种阀门必须是氧气专用阀门。直径大于70mm的手动阀门，只有阀前、后压差在0.3MPa以内，才允许工作。可采取降压、充气或设置旁通阀等方法缩小压差。

　　（5）避免氧流超速撞击主管壁。如果急转弯不能避免时，受冲击的管件要选用铜合

金件，避免产生火花。

（6）氧气管道及阀门安装完毕后，应按规定进行系统强度、严密性及泄漏量试验。

（7）氧气管道应有导除静电的良好装置。

（8）连接氧枪的软管采用金属软管。

练习题

1. （多选）氧气管道爆炸的原因有（　　）。ABCD
   A. 氧气流速过高　　　　　　　　B. 管道内有金属碎屑或砂石
   C. 管道内壁生锈　　　　　　　　D. 外来火源
2. （多选）氧气管道爆炸的原因有（　　）。ABCD
   A. 截止阀开启时，阀前后压力差很大
   B. 法兰等处漏氧，引燃
   C. 管道和氧枪内润滑油脂未清除干净
   D. 静电火花引起急剧燃烧，导致爆炸

10.6　炉衬耐火材料问题

10.6.1　转炉漏钢

转炉炉衬修砌质量不合要求、吹炼操作不当、炉衬维护不及时、因漏水造成炉衬砖局部粉化等原因，可能会导致薄弱部位出现漏钢。

对可拆卸炉底的转炉，炉底与炉身接缝处的修砌质量不好，接缝处也会漏钢。

吹炼中软吹时间长，钢水过氧化，形成高氧化铁熔渣，对炉衬蚀损严重，也可能发生漏钢。

复吹转炉底部供气元件损毁严重，也可能漏钢。

生产中可用激光测厚仪及时测量炉衬厚度，动态调整溅渣和补炉部位，同时炼钢工每炉都应观察炉况，防止炉衬维护不及时造成薄弱部位发生漏钢。

生产中还应加强设备的维护，避免冷却水漏进炉内而导致炉衬砖粉化。

漏钢前在漏钢部位的炉壳会出现发红的现象，根据发红部位决定处理办法。若发红部位在炉体上部，可继续吹炼，争取本炉出钢后处理；若发红部位靠近熔池，应迅速组织出钢，所出钢水按回炉钢处理。

出钢后要仔细观察漏钢部位及漏钢孔洞大小，决定是否停炉或组织修补。若漏钢孔洞小，可投补加喷补修复，但一定要保证烧结时间；若漏钢孔洞大，要多次投补和喷补，一次先堵住洞口，待烧结牢固，兑铁吹炼 1~2 炉提高温度后，再次补炉衬。

练习题

1. 吹炼过程发现炉体漏钢，应立即提枪，然后（　　）。C

A. 通知上级领导　　　　　　　　　　B. 把炉体漏钢部位补好

C. 快速摇炉，使炉内钢水离开漏钢位置

2. （多选）吹炼过程发现炉体漏钢，应采取的措施是（　　）。ABCD

A. 立即提枪停吹　　　　　　　　　　B. 快速摇炉使钢水离开漏钢位置

C. 补好炉体漏钢部位　　　　　　　　D. 如无法修补，将钢水倒入事故钢包内

3. （多选）吹炼过程发现炉体漏钢，采取的措施不正确的是（　　）。AB

A. 继续喷吹，待冶炼结束，迅速出钢　B. 缓慢摇炉使钢水离开漏钢位置

C. 补好炉体漏钢部位　　　　　　　　D. 如无法修补，将钢水倒入事故钢包内

10.6.2 底部供气元件故障

底吹供气元件可能出现堵塞或漏钢事故，这些事故都与炉渣金属蘑菇头的维护有关（见11.6.4）。当底部供气元件堵塞时，相似操作条件下，底部供气会出现气压升高，流量降低的现象。可将底吹气体切换为氧气烧开堵塞的冷钢和渣。

底吹供气元件漏钢原因与转炉漏钢原因相似。可单独更换透气元件，首先用钻孔机打孔钻眼，将旧供气元件取出；然后用元件插入机，将新供气元件快速置入。其步骤是：

（1）拆除供气元件保护罩；

（2）拆除供气元件连接接头与导线；

（3）割除元件尾部的金属件；

（4）钻透和捣碎元件砖，但不能破坏套砖和座砖；

（5）将新元件插入原元件位置；

（6）连接管路和导线；

（7）元件罩的复位安装。

整个更换过程只有（4）和（5）完全是靠机械来完成的。如果透气元件和炉底砖缝处漏钢，需要整体更换炉底。

如果是可拆卸小炉底，可以整体更换。更换炉底是使用专用设备，通过炉下的升降台车，将旧炉底拆下，再装上新炉底后顶紧。其工序是：

（1）停炉后将新炉底的沉积残渣、耐火材料吹扫干净；

（2）拆除旧炉底，在其接口部位清除残留的耐火材料；

（3）安装新炉底；

（4）新炉底与原炉底固定部分之间的沟缝要填充密实；

（5）加热烘炉至使用。

✍ 练习题

1. 吹炼过程中，发现底吹供气量超出设定值报警，应该（　　）。B

A. 立即停吹，找到报警点，处理后继续冶炼

B. 待冶炼完本炉后，禁止兑铁，检查管路泄漏，处理后方准兑铁

C. 待冶炼完本炉后，检查管路泄漏，但不影响生产操作

2. 吹炼过程中，发现底吹元件堵塞，应采取的措施是（　　）。B

　　A. 停止底部供气，关闭底吹气源，待本炉冶炼完毕后处理

　　B. 采用低枪位操作，或者化炉底，将底部元件恢复正常

　　C. 不得停止底部供气，也不要关闭气源，经常观察，底吹元件可能恢复正常

3. （多选）发现底吹系统泄漏，正确的处理方法是（　　）。AC

　　A. 立即停止吹炼，组织处理

　　B. 继续吹炼，待冶炼完本炉钢处理

　　C. 禁止兑铁，检查管路是否泄漏，组织处理

　　D. 兑铁后，检查管路泄漏情况，组织处理

4. （多选）发现底吹系统泄漏，不正确的处理方法是（　　）。BD

　　A. 立即停止吹炼，组织处理

　　B. 继续吹炼，待冶炼完本炉钢处理

　　C. 禁止兑铁，检查管路是否泄漏，组织处理

　　D. 兑铁后，检查管路泄漏情况，组织处理

10.7　冻炉

由于炉内进水或设备故障，造成长时间停吹，钢水被迫凝固在炉内，这种现象称为冻炉。

处理冻炉之前应检查炉衬状况，根据炉况决定处理方法。若炉衬状况良好，用兑铁水加提温剂吹炼化钢的办法处理；若炉衬已粉化损坏，就用切割炉壳倒出凝钢的办法处理。

前一种方法的关键是温度，若炉内凝钢不多时，兑铁水后配加部分硅铁和铝，吹炼过程分批加入焦炭补充热量，吹炼一炉就可以全部熔化。如果凝钢数量较多就要连续吹炼2~3炉才能熔化全部冻钢。

处理前，应确认倾动装置具备能力，做好各项准备工作保证处理过程安全。

对于全炉冻钢，炉衬已冷却，应先进行烘炉，烘炉时要充分加热炉衬，并尽可能使热量向凝钢传递，因此烘炉时间要大于正常新炉焦炭烘炉时间，烘炉结束向砌砖渣罐倒出熔化的钢渣，用氧气管烧通出钢口。

吹炼化钢时，兑入适量铁水，兑铁前向炉内加入硅铁、铝铁，目的是提温、脱氧并有利成渣，开吹同时加入石灰和少量萤石，吹炼过程分批加入焦炭，根据计算液面高度控制好枪位。接近吹炼终点倒炉测温取样判定碳含量，必要时加入硅铁、铝铁吹氧提温；具备出钢条件，直接倒炉组织快速出钢，炼成合格钢。一般冻钢可分2~3炉熔化完毕；吹炼化钢过程应注意防止氧枪烧漏；冻钢是处于不断熔化状态，快速组织出钢尤为重要。

练习题

1. 转炉钢水停留10小时左右，应该（　　）。A

A. 前后摇炉使结壳破碎，然后加入焦炭和硅铁供氧吹炼

B. 直接加入焦炭和硅铁吹炼，吹炼时间延长直至温度合适

C. 直接吹炼，吹炼过程多加萤石等化渣剂化渣操作

2. 转炉钢水停留20小时左右，应该（　　　）。B

A. 直接加入焦炭和硅铁吹炼，吹炼时间延长直至温度合适

B. 前后摇炉使结壳破碎，兑少量铁水，加硅铁供氧吹炼

C. 前后摇炉使结壳破碎，吹炼过程多加萤石等化渣剂化渣操作

3. （多选）转炉炉内钢水停留10小时左右时，处理的方式是（　　　）。ABC

A. 前后摇炉使结壳破碎　　　　　　　B. 加入焦炭和硅铁供氧

C. 供氧时间比正常冶炼时间长　　　　D. 不需要加入白灰操作

4. （多选）转炉炉内钢水停留20小时左右时，处理的方式是（　　　）。AB

A. 前后摇炉使结壳破碎　　　　　　　B. 加入焦炭和硅铁供氧

C. 供氧时间与正常冶炼时间相当　　　D. 不需要加入白灰操作

10.8　钢包大翻

钢包液面深处，成团合金裹渣未熔化，当合金熔开，产生突发反应，合金含水分形成的水蒸气和钙形成的钙蒸气，在高温下急剧膨胀，推开钢水向外排出，或因其他原因发生突发性反应，急剧产生大量气体，引起包内大翻。

预防措施如下：

（1）出钢脱氧的合金不得事先加在钢包包底，出钢过程也不要过早加入大量合金。

（2）维护好出钢口，最好不要使用大出钢口出钢。

（3）合金应加到钢流冲击区。

（4）避免钢包包底渣过多。

（5）避免使用有合金含量高的包底粘钢的钢包。

（6）提高终点碳控制水平，减少低碳出钢；需要增碳时，严禁先加增碳剂增碳。

（7）出钢过程采用钢包底吹氩搅拌。

10.9　转炉内剩余钢水处理

因特殊情况钢水没有出净，溅渣容易烧坏喷枪，剩余钢水倒入渣罐也会烧坏渣罐。处理办法是停止溅渣，尽可能倒净炉内熔渣，而后向炉内加入一定量的石灰，前后摇炉，再加入废钢，废钢加毕再前后摇炉，确认炉内无液态钢与渣时，缓慢兑入铁水以避免喷溅。

练习题

1. 发生炉内剩钢，可以采用（　　　）方式处理。B

A. 将剩钢倒入渣罐　　　B. 向炉内加入石灰和焦炭稠渣　　　C. 直接兑入铁水冲刷剩钢

2. （多选）转炉炉内剩钢，应（　　）处理。BCD

　　A. 先把部分钢水与熔渣倒入渣罐　　　　B. 尽量把炉内熔渣倒入渣罐

　　C. 向炉内加入一定量的石灰　　　　　　D. 前后摇炉，确认无液体钢与渣，兑入铁水

3. （多选）转炉炉内剩钢，处理措施中不当的是（　　）。AD

　　A. 先把部分钢水与熔渣倒入渣罐

　　B. 尽量把炉内熔渣倒入渣罐

　　C. 向炉内加入一定量的石灰

　　D. 前后摇炉，确认无液体钢与渣，快速兑入铁水

10.10　喷溅

喷溅是转炉吹炼过程中经常见到的一种现象。喷溅的危害如下：

（1）喷溅造成金属损失在 $0.5\% \sim 5\%$，避免喷溅就等于增加钢产量。

（2）喷溅会加剧炉衬的蚀损，导致氧枪粘钢等事故。

（3）由于喷出大量的熔渣，加大了热量损失，并影响操作的稳定性，限制了供氧强度的进一步提高。

（4）喷溅冒烟污染环境。

防止和减少喷溅是转炉吹炼的重要课题之一。

铁水的密度在 $7.0t/m^3$ 以上，熔渣的密度约为 $3.2t/m^3$，如果没有足够的力量，金属和熔渣是不会从炉口喷出的。喷溅源自碳氧反应的不均衡，瞬间产生的 CO 气体量过大，将金属和熔渣推出炉口。

爆发性喷溅、泡沫性喷溅和金属喷溅是氧气转炉吹炼常见的喷溅。

通过对喷溅炉次进行分析发现，发生喷溅的炉渣成分最明显的变化是 TFe，表 10-2 的（FeO）也反映了这一点。

表 10-2　喷溅与炉渣成分表

取样时间/min	项　　目	有喷溅炉次[①]	无喷溅炉次
6 ~ 7.5	R	4.1	4.3
	(P_2O_5)	24.2（三炉平均值）	28.2（三炉平均值）
	(FeO)	24.4	16.1
9 ~ 12	R	2.4	3.55
	(P_2O_5)	29.72（两炉平均值）	27.4（两炉平均值）
	(FeO)	24.37	9.42

① 取样时间是在喷溅开始后半分钟左右进行。

练 习 题

1. （多选）下面有关转炉产生喷溅的论述，正确的是（　　）。AD

　　A. 喷溅类型分为三类：爆发性喷溅、泡沫性喷溅、金属喷溅

B. 炉渣中 (FeO) 很高，熔池温度突然降低时，C-O 反应剧烈进行，生成的 CO 气体将钢液、炉渣一起带出炉外，造成喷溅

C. 炉渣中 (FeO) 含量低，炉渣流动性不好，不能覆盖钢液，间接传氧为主，造成金属喷溅

D. 产生喷溅的根本原因是碳氧反应不均衡导致

2. (多选) 喷溅产生原因是 (　　)。AC

　　A. 产生爆发性的碳氧反应　　　　　　　　B. 二氧化碳排出受阻

　　C. 一氧化碳气体排出受阻　　　　　　　　D. 碳氧反应过慢

3. (多选) 转炉炼钢喷溅类型有 (　　)。ABC

　　A. 金属喷溅　　　　　B. 泡沫喷溅　　　　　C. 爆发喷溅　　　　　D. 炉内进水喷溅

4. (多选) 喷溅的危害有 (　　)。ABCD

　　A. 喷溅造成金属损失　　　　　　　　　　B. 喷溅冒烟污染环境

　　C. 喷溅的喷出物堆积，清除困难　　　　　D. 影响冶炼控制的稳定性

5. (多选) 氧气顶吹转炉吹炼常见的喷溅有 (　　)。ABC

　　A. 爆发性喷溅　　　　　B. 泡沫性喷溅　　　　　C. 金属喷溅　　　　　D. 返干

6. 喷溅会加剧炉衬的侵蚀。(　　) √

7. 爆发性喷溅、泡沫性喷溅和金属喷溅是氧气顶吹转炉吹炼常见的喷溅。(　　) √

8. 氧气转炉炼钢中，吹损主要是化学损失。(　　) √

9. 炉容比大的炉子，不容易发生较大喷溅。(　　) √

10. 喷溅产生的原因是产生爆发性的 (　　) 和 (　　) 排出受阻。C

　　A　炉渣反应；二氧化碳气体　　　　　　　B. 氧化亚铁反应；二氧化碳气体

　　C. 碳氧反应；一氧化碳气体　　　　　　　D. 铁氧反应；一氧化碳气体

11. 吹炼过程中引起喷溅的根本原因是 (　　)。C

　　A. 氧气压力控制过大使之对熔池的冲击造成炉内金属和渣的飞溅

　　B. 渣中氧化铁含量过高而产生大量的泡沫渣

　　C. 熔池脱碳反应不均匀而产生的爆发性碳氧反应

12. 铁水中 (　　) 含量过高，会使石灰加入量大，易造成喷溅。B

　　A. Mn　　　　　　B. Si　　　　　　C. S、P

10.10.1　爆发性喷溅

10.10.1.1　爆发性喷溅产生的原因

熔池内碳氧反应不均衡，瞬时产生大量的 CO 气体。这是发生爆发性喷溅的根本原因。

碳氧反应：$[C] + (FeO) = \{CO\} + [Fe]$ 是吸热反应，反应速度受熔池碳含量、渣中 TFe 含量和温度的影响。由于操作原因熔池骤然受到冷却，抑制了正在迅速进行的碳氧反应；供入的氧气生成了大量 (FeO)，并积聚到 20% 以上时，熔池温度再度升高到 1450℃ 以上，碳氧反应重新以更猛烈的速度进行，瞬时间产生大量具有巨大能量的 CO 气体从炉口夺路而出，同时还夹带着大量的钢水和熔渣，形成了较大的喷溅。例如二批渣料加入时

间不当，在加入二批料之后不久，随之而来的大喷溅，就是由于上述原因产生的。

熔渣氧化性过高，熔池突然冷却后又升温等情况，均有可能发生爆发性喷溅。

10.10.1.2 爆发性喷溅的预防和处理

根据爆发性喷溅产生的原因，可以从以下几方面预防：

（1）控制好熔池温度。前期温度不过低，中后期温度不过高，均匀升温；碳氧反应得以均衡的进行，消除爆发性碳氧反应的条件。

（2）控制 TFe 不出现积聚现象，以避免熔渣过分发泡或引起爆发性的碳氧反应。具体讲应注意以下情况：

初期渣形成得早，应及时降枪以控制渣中 TFe；同时促进熔池升温，碳得以均衡的氧化。避免碳焰上来后的大喷。

适时加入二批料，最好分小批多次加入，这样熔池温度不会明显降低，有利于消除因二批渣料的加入过分冷却熔池而造成的大喷。

在处理炉渣"返干"或加速终渣熔化，不要加入过量的萤石，或者用过高的枪位吹炼，以免终渣化得过早，或 TFe 积聚。

终点适时降枪，枪位不宜过低；降枪过早熔池碳含量还较高，碳的氧化速度猛增，也会产生大喷。

炉役前期炉膛小且温度低，要注意适时降枪，避免 TFe 含量过高，引起喷溅。

补炉后炉衬温度偏低，前期温度随之降低，要注意及时降枪，控制渣中 TFe 含量，以免喷溅。

若是留渣操作兑铁前必须采取冷凝熔渣的措施，防止产生爆发性喷溅。溅渣护炉后渣未倒净也会引发喷溅。

（3）吹炼过程一旦发生喷溅就不要轻易降枪，因为降枪以后，碳氧反应更加激烈，反而会加剧喷溅。此时可适当的提枪，这样一方面可以缓和碳氧反应和降低熔池升温速度，另一方面也可以借助于氧气流股的冲击作用吹开熔渣，利于气体的排出。

（4）当炉温过高时，可以在提枪的同时适当加一些石灰，稠化熔渣，有时利于抑制喷溅，但加入量不宜过多。也可以用如废绝热板、小木块等密度较小的防喷剂，降低渣中 TFe 含量，达到减少喷溅的目的。此外适当降低顶吹氧流量，增大底吹流量，也可以减轻喷溅强度。

练习题

1. 若长时间采用过高枪位吹炼，容易产生爆发性喷溅。（　　）√

2. 如果发生喷溅，就应降枪位操作。（　　）×

3. 炉内残存有高氧化亚铁（FeO）液态渣时，进行兑铁容易产生喷溅事故。（　　）√

4. 炉容比越大越易喷溅。（　　）×

5. 造渣操作不当、加第二批料后操作不正常、喷枪操作不当及炉渣返干等均会引起喷溅。（　　）√

6. 炼钢过程二批料加入后不久，随之而来形成较大的喷溅，是由于（TFe）聚积以及碳氧反应剧烈，瞬间排出大量具有巨大能量的 CO 气体造成的。（　　）√

7. 在熔渣氧化性过高，熔池温度突然降低后又升高的情况下，就有可能发生爆发性喷溅。（　　）√

8. 喷溅发生时，氧枪应（　　）。A

　　A. 稍提一些　　　　　　B. 稍降一些　　　　　　C. 不动

9. 氧枪若采用吊吹，则下列现象不会发生的是（　　）。C

　　A. 泡沫喷溅　　　　　　B. 渣中 TFe 含量升高　　C. 金属喷溅

10. 爆发性喷溅的预防在于（　　）。A

　　A. 控制好熔池温度及渣中的全铁含量，使全铁不聚集

　　B. 控制好枪位的高低

　　C. 控制好吹入熔池的氧压

　　D. 控制好吹入熔池的氧量

11. （多选）补炉后转炉冶炼，炉渣中的（　　）含量会增加，因此，冶炼操作中需做好造渣操作和终点控制。AD

　　A. C　　　　　　B. CaO　　　　　　C. Al_2O_3　　　　　　D. MgO

12. （多选）补炉后冶炼，炉渣（　　），因此在冶炼过程中，应采用较高枪位冶炼，或加入部分矿石或萤石，以促使转炉化渣。CD

　　A. SiO_2 含量增加　　B. CaO 含量增加　　C. 熔点升高　　D. MgO 含量增加

13. （多选）补炉后冶炼，会造成（　　），因此应控制枪位，控制渣中（TFe）含量，防止喷溅。BD

　　A. 炉衬温度较高　　　　　　　　　　　B. 炉衬温度偏低

　　C. 冶炼前期温度较高　　　　　　　　　D. 冶炼前期温度较低

14. （多选）补炉后冶炼，钢水冲刷炉衬导致（　　），应严格控制冶炼终点操作。ABC

　　A. 碳含量升高　　　　　　　　　　　　B. 炉内温度偏低

　　C. 渣中 MgO 含量升高　　　　　　　　D. 渣中 TFe 含量增加

15. （多选）氧枪若采用吊吹，则会发生（　　）。AB

　　A. 发生泡沫喷溅　　　　　　　　　　　B. 渣中 TFe 含量升高

　　C. 发生金属喷溅　　　　　　　　　　　D. 渣中 TFe 含量降低

16. （多选）氧枪采用吊吹，与其相关的是（　　）。AD

　　A. 枪位过高控制　　B. 发生金属性喷溅　　C. 低氧压操作　　D. 发生泡沫性喷溅

17. （多选）转炉留渣操作的好处是（　　）。ABC

　　A. 有利于初期渣形成，节省石灰　　　　B. 提高前期脱磷、脱硫效率

　　C. 有利于保护炉衬，减少侵蚀　　　　　D. 有利于减少喷溅，节约成本

18. （多选）转炉留渣操作应该注意的操作有（　　）。AC

　　A. 兑铁前加入石灰或者废钢稠渣　　　　B. 兑铁时操作平稳，有液态渣摇炉要缓慢

　　C. 炉内无液态渣方可兑铁操作　　　　　D. 溅渣不调渣操作，保证前期化渣效果

19. （多选）预防喷溅的措施有（　　）。ABD

　　A. 选择合理炉型　　　　　　　　　　　B. 限制液面高度

　　C. 一次性将铁矿石全部加入　　　　　　D. 减少炉渣泡沫化程度

20. （多选）引起喷溅的因素有（　　）。ABCD

A. 碳的氧化不均衡 B. 炉容比过小　　　C. 渣量过大　　D. 炉渣泡沫化严重
21.（多选）装入量过大会造成（　　）。BCD
A. 化渣过快　　　　B. 喷溅增加　　　C. 化渣困难　　D. 炉帽寿命缩短

10.10.2　泡沫性喷溅

10.10.2.1　泡沫性喷溅产生的原因

有时各炉吹炼情况差不多，碳的氧化速度也不相上下。但有的炉次有大喷，有的就没有。这说明除了碳的氧化不均衡外，还有其他原因引起喷溅，如炉容比的大小、渣量多少、炉渣泡沫化程度等。

炉内有大量泡沫渣存在，说明在熔渣中滞留了大量的气体。对吹炼过程中渣层的厚度变化情况曾进行过测定，其结果如图 10-1 所示。

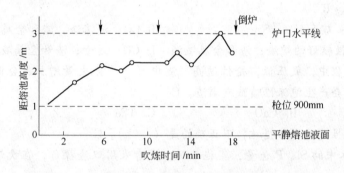

图 10-1　吹炼过程渣层厚度的变化

铁水 Si、P 含量较高时，渣中 SiO_2、P_2O_5 含量也高，渣量大，再加上熔渣中 TFe 含量较高，熔渣表面张力降低，熔渣太泡，阻碍着 CO 气体通畅排出，从图 10-1 可以看出，当渣面上涨到接近于炉口时，只要有一个不大的推力，熔渣就会从炉口喷出，熔渣所夹带的金属液也随之而出，就形成了喷溅。泡沫渣对熔池液面覆盖良好，对气体的排出有阻碍作用。因此，严重的泡沫渣就是造成泡沫性喷溅的原因。

显然，渣量大比较容易产生喷溅；炉容比大的转炉，气体排出通畅，发生较大喷溅的可能性小些。

泡沫性喷溅渣中 TFe 较高，往往伴随着爆发性喷溅。

10.10.2.2　泡沫性喷溅的预防和处理

根据泡沫性喷溅产生的原因，预防的措施有：

（1）控制好铁水中的 Si、P 含量，最好是采用铁水预处理"三脱"技术，如果没有铁水预处理设施，可在吹炼过程中倒出部分酸性泡沫渣，再次造新渣可避免中期泡沫性喷溅。

（2）控制好 TFe 含量不出现积聚，以免熔渣过分发泡。

练习题

1. 关于泡沫性喷溅，叙述正确的是（　　）。A

A. 往往伴随有爆发性喷溅

B. 又称返干性喷溅

C. 炉容比小的转炉，发生较大喷溅的可能性小些

D. 熔池内碳氧反应不均衡，瞬时产生大量的 CO 气体，是产生泡沫性喷溅的根本原因

2. 泡沫性喷溅的产生原因根本上是（　　　）。B

　　A. 炉渣温度过高　　　　　　　　　B. 炉渣氧化性过高

　　C. 炉渣熔点过高　　　　　　　　　D. 炉渣碱度过高

3. 泡沫性喷溅产生后处理不当往往酝酿着（　　　）。B

　　A. 返干性喷溅　　　　　B. 爆发性喷溅　　　　　C. 金属喷溅

4. 泡沫性喷溅主要是渣中 TFe 过高，进一步发展会造成（　　　）喷溅。B

　　A. 返干性　　　　　　　B. 爆发性　　　　　　　C. 金属

5. 转炉的脱碳反应过程中，生成的（　　　）可使炉渣形成（　　　），有利于（　　　）之间的化学反应。B

　　A. CO_2；返干；碳和锰　　　　　　　　B. CO；泡沫渣；渣和金属液滴

　　C. FeO；流动性较好的炉渣；渣和金属液滴　D. CO；返干；渣和金属液滴

6. 在转炉吹炼过程中，氧压低，枪位过高，渣中（　　　）大量增加，会促进泡沫渣的发展，严重时还会产生泡沫性喷溅或溢渣。C

　　A. MgO　　　　　　　　B. CaO　　　　　　　　C. TFe

7. 下列关于泡沫性喷溅预防措施，不正确的是（　　　）。C

　　A. 控制好铁水中的 Si、P 含量，实施三脱，或者采用双渣操作，在吹炼前期倒出部分酸性泡沫渣

　　B. 控制好（TFe）含量，不出现（TFe）的聚积现象，以免熔渣过分发泡

　　C. 吹炼过程采用高枪位操作，使转炉熔渣化透，具有较高氧化性和流动性

　　D. 吹炼过程避免长时间采用较高枪位操作，避免出现（TFe）含量聚集

8. 关于泡沫性喷溅预防，正确的是（　　　）。C

　　A. 预防泡沫性喷溅，就应该控制氧枪枪位不能太低，防止炉渣化不透

　　B. 预防泡沫性喷溅，主要应该多加副原料，造大量炉渣以控制炉渣喷溅

　　C. 预防泡沫性喷溅，主要还是控制好（TFe）含量，不出现（TFe）的积聚现象

9. 关于泡沫性喷溅，叙述错误的是（　　　）。C

　　A. 如铁水中 Si、P 含量高，渣量大，在吹炼前期倒出部分酸性泡沫渣，可避免泡沫性喷溅

　　B. 控制好（TFe）含量，不出现（TFe）的积聚现象，以免熔渣过分发泡

　　C. 泡沫性喷溅多发生在吹炼后期，由于金属反应不均衡导致泡沫性喷溅的发生

　　D. 严重的泡沫渣可能导致炉口溢渣

10. 下列关于泡沫性喷溅，正确的是（　　　）。D

　　A. 泡沫性喷溅多发生在吹炼初期，在转炉渣没有化透时产生泡沫性喷溅

　　B. 泡沫性喷溅多发生在吹炼中后期，瞬间产生大量 CO 气体，将金属和熔渣托出炉外

　　C. 泡沫性喷溅多发生在吹炼后期，由于金属反应不均衡导致泡沫性喷溅的发生

　　D. 泡沫性喷溅多发生在吹炼前中期，由于渣中（TFe）含量较高，往往伴随有爆发性喷溅

11. 关于泡沫性喷溅，不正确的是（　　　）。D

A. 泡沫性喷溅造成金属损失，避免喷溅就等于增加钢产量

B. 泡沫性喷溅冒烟污染环境

C. 泡沫性喷溅物大量喷出，热量损失增大，影响冶炼控制的稳定性

D. 泡沫性喷溅使炉渣氧化性变弱，不利于氧化物的产生

12. 可能引发爆发性喷溅的因素有（　　）。D

    A. 炉容比大　　　　　　B. 少渣冶炼　　　　　　C. 炉渣返干　　　　D. 碳氧反应不均衡

13. （多选）泡沫性喷溅预防的措施（　　）。ABC

    A. 控制好铁水中的 Si、P 含量　　　　　　B. 双渣操作

    C. 不出现（TFe）的积聚现象　　　　　　D. 大渣量冶炼

14. （多选）关于泡沫性喷溅叙述，不正确的是（　　）。BD

    A. 泡沫性喷溅主要是碳氧反应不均衡，产生的 CO 将将熔渣托出炉外

    B. 泡沫性喷溅主要是由于渣中 TFe 含量低，产生的 CO 将熔渣托出所致

    C. 泡沫性喷溅造成喷出物堆积，容易引发事故

    D. 泡沫性喷溅有利于冶炼控制，对脱磷、脱硫有利

15. （多选）产生泡沫型喷溅与（　　）因素有关。ACD

    A. 炉渣氧化性高　　B. 温度高　　　　　　C. 温度低　　　　　D. 炉渣黏度适当高

16. （多选）关于泡沫性喷溅预防措施，正确的是（　　）。ABD

    A. 控制好铁水中的 Si、P 含量，实施三脱，或者采用双渣操作，在吹炼前期倒出部分
       酸性泡沫渣

    B. 控制好（TFe）含量，不出现（TFe）的聚积现象，以免熔渣过分发泡

    C. 吹炼过程采用高枪位操作，使转炉熔渣化透，具有较高氧化性和流动性

    D. 吹炼过程避免长时间采用较高枪位操作，避免出现（TFe）含量积聚

17. （多选）预防泡沫性喷溅的措施是（　　）。AB

    A. 控制好铁水中的 Si、P 含量，采用铁水预处理或双渣操作

    B. 控制好渣中 TFe 含量不过高

    C. 控制好渣中 TFe 含量不过低

    D. 炉底上涨时调整枪位，避免低枪位操作

18. 泡沫性喷溅的危害是（　　）。ABCD

    A. 泡沫性喷溅会造成金属损失，减少钢产量

    B. 泡沫性喷溅会造成冒烟污染环境

    C. 泡沫性喷溅造成喷出物堆积，容易引发事故

    D. 泡沫性喷溅造成热量损失，影响冶炼稳定性

19. （多选）关于泡沫性喷溅叙述，正确的是（　　）。ABC

    A. 泡沫性喷溅主要是碳氧反应不均衡，产生的 CO 将将熔渣托出炉外

    B. 泡沫性喷溅主要是由于渣中 TFe 含量高，熔渣聚集所致

    C. 泡沫性喷溅造成喷出物堆积，容易引发事故

    D. 泡沫性喷溅有利于冶炼控制，对脱磷、脱硫有利

20. （多选）造成泡沫性喷溅的原因是（　　）。CD

    A. 熔渣氧化性高，熔池温度降低后又升高，就可能发生泡沫性喷溅

B. 渣中 TFe 含量低，熔渣黏稠，CO 气体喷出形成泡沫性喷溅

C. 渣量大，熔渣表面张力低，阻碍 CO 气体排出，会造成泡沫性喷溅

D. 炉底下降时，枪位过高，容易形成泡沫性喷溅

21. 泡沫性喷溅多，原因之一是渣中 TFe 含量较高。（　　）√

22. 泡沫性喷溅多，原因之一是渣量大。（　　）√

23. 清理炉口积渣主要采用人工打渣的方式。（　　）×

24. 渣量大时，比较容易产生喷溅。（　　）√

25. 渣量大，在吹炼前期倒出部分酸性泡沫渣，可避免泡沫性喷溅。（　　）√

26. 泡沫性喷溅造成金属损失，但对去除金属中的磷、硫等有害元素有利。（　　）×

27. 泡沫性喷溅造成金属损失，使炉渣氧化性变弱，对脱磷、脱硫不利。（　　）√

28. 预防泡沫性喷溅，主要还是控制好（TFe）含量，不出现（TFe）的聚积现象。（　　）√

29. 根据声纳化渣调整枪位，有利于减少泡沫性喷溅。（　　）√

30. 当长时间低枪位操作、二批料加入过早、炉渣未化透就急于降枪脱碳以及炉液面上升而没有及时调整枪位，都有可能产生泡沫性喷溅。（　　）×

10.10.3　金属喷溅

10.10.3.1　金属喷溅产生的原因

当渣中 TFe 含量过低，析出高熔点化合物，熔渣变得黏稠，熔池被氧流吹开后熔渣不能及时返回覆盖液面，由于碳氧反应生成的 CO 气体的排出，带动金属液滴飞出炉口，形成金属喷溅。飞溅的金属液滴黏附在氧枪喷头上，严重恶化了喷头的冷却条件，同时铁与铜形成低熔点共晶，降低了喷头熔点，导致喷头损坏。熔渣"返干"就会产生金属喷溅。可见，形成金属喷溅的原因与爆发性喷溅正好相反。

当长时间低枪位操作、二批料加入过早、炉渣未化透就急于降枪脱碳以及炉液面上涨而没有及时调整枪位，都有可能产生金属喷溅。

10.10.3.2　金属喷溅的预防和处理

（1）分阶段定量装入，应合理增加装入量，避免超装，防止熔池过深，炉容比过小。

（2）炉底上涨应及时处理；经常测量炉液面，以防枪位控制不当。

（3）控制好枪位，化好渣，避免枪位过低、TFe 过低。

（4）控制合适的 TFe 含量，保持正常熔渣性能。

练习题

1.（多选）金属喷溅的危害是（　　）。ABCD

A. 金属喷溅会造成金属损失，减少钢产量

B. 金属喷溅会造成冒烟污染环境

C. 金属喷溅造成喷出物堆积，容易引发事故

D. 金属喷溅造成热量损失，影响冶炼稳定性

2. （多选）关于金属喷溅叙述，正确的是（　　）。AC

A. 金属喷溅主要是由于渣中 TFe 含量低，熔渣黏稠所致

B. 金属喷溅主要是由于渣中 TFe 含量高，熔渣黏稠所致

C. 金属喷溅造成喷出物堆积，容易引发事故

D. 金属喷溅对脱磷、脱硫有利

3. （多选）关于金属喷溅的叙述，正确的是（　　）。ABD

A. 当渣中 TFe 含量低，熔渣黏稠，CO 气体反应剧烈形成金属喷溅

B. 熔渣"返干"会产生金属喷溅

C. 当炉渣氧化铁积聚，铁水中 Si、P 高，渣量大容易导致金属喷溅

D. 长时间低枪位操作，二批料加入过早有可能产生金属喷溅

4. （多选）预防金属喷溅的措施是（　　）。ACD

A. 保证合理的装入量，防止熔池过深

B. 炉底上涨时及时调整枪位，防止高枪位

C. 保持熔渣流动性，避免熔渣黏稠

D. 控制合适的 TFe 量，避免熔渣出现"返干"现象

5. （多选）为了预防金属喷溅，需要采取（　　）措施。ABD

A. 防止溅渣护炉炉底上涨

B. 吹炼各阶段控制合适的氧枪枪位

C. 避免低氧压操作形成膨胀不足射流

D. 防止高氧压形成过度膨胀射流

6. （多选）冶炼中期出现炉渣的"返干"现象，渣中主要成分是（　　）。ACD

A. 硅酸二钙　　　　B. 氧化铁　　　　　　C. 游离氧化钙　　　　D. 游离氧化镁

7. （多选）金属喷溅的预防措施有（　　）。ABCD

A. 保证合理装入量　　　　　　　　B. 炉底上涨应及时处理

C. 控制好枪位，化好渣　　　　　　D. 控制合适的（TFe）含量

8. （多选）金属喷溅造成的危害有（　　）。ABD

A. 氧枪寿命降低　　　　　　　　　B. 炉衬寿命降低

C. 罩裙寿命降低　　　　　　　　　D. 漏水爆炸影响安全

9. 氧枪若采用吊吹，则下列现象不会发生的是（　　）。C

A. 发生泡沫喷溅　　B. 渣中 TFe 含量升高　　C. 发生金属喷溅

10. "返干"现象容易发生在（　　）。B

A. 吹炼前期　　　　　　B. 吹炼中期　　　　　　C. 吹炼后期

11. "返干"时应采用（　　）枪位调节。A

A. 高　　　　　　　　　B. 低　　　　　　　　　C. 不动

12. 下列不属于金属喷溅危害的是（　　）。D

A. 喷溅造成金属损失在 0.5% ~5%，金属喷溅会引发事故

B. 喷溅的喷出物堆积，清除困难，影响设备安全

C. 喷溅冒烟污染环境

D. 喷溅影响去除金属中的磷、硫，对脱磷、脱硫不利

13. 下列关于金属喷溅，正确的是（　　）。B

    A. 金属喷溅多发生在吹炼初期，在转炉渣没有化透时产生金属喷溅

    B. 金属喷溅多发生在吹炼中期，$C+O$ 反应，降低 TFe 含量，化渣差

    C. 金属喷溅多发生在吹炼前期，由于高 FeO 炉渣导致大量金属喷出

14. 当渣中 TFe 含量低或金属喷溅发生时，以下措施不包括（　　）。C

    A. 加入部分矿石　　　B. 稍提枪位　　　C. 稍降枪位

15. 氧枪枪位过低会造成（　　）。C

    A. 泡沫性喷溅　　　B. 爆发性喷溅　　　C. 金属喷溅

16. 金属喷溅又称为（　　）。C

    A. 泡沫性喷溅　　　B. 爆发性喷溅　　　C. 返干性喷溅

17. 在转炉吹炼中，造成炉渣"返干"现象的主要原因是（　　）。C

    A. 渣料量大

    B. 供氧量大于碳氧反应所耗氧量

    C. 供氧量小于碳氧反应所耗氧量

18. （　　）可能引起金属喷溅。D

    A. 长时间吊吹

    B. 碳氧反应不均衡发展，瞬时产生大量 CO 气体

    C. 渣量大，且严重泡沫化

    D. 长时间低枪位操作

19. 最有可能导致氧枪喷头损坏的是（　　）。C

    A. 爆发性喷溅　　　B. 泡沫性喷溅　　　C. 金属喷溅

20. 金属喷溅的预防措施是（　　）。B

    A. 控制好（TFe）含量，不出现（TFe）的积聚现象，以免熔渣过分发泡

    B. 炉底上涨应及时处理；经常测量炉液面高度，以防枪位控制不当

    C. 在炉温很高时，可以在提枪的同时适当加一些石灰，稠化熔渣，有时对抑制喷溅也有些作用，但加入量不宜过多

    D. 如铁水中 Si、P 含量高，渣量大，在吹炼前期倒出部分酸性泡沫渣

21. 炉渣化透会出现金属喷溅。（　　）×

22. 在碳激烈氧化期，（FeO）含量往往较低，容易出现炉渣的"返干"现象，由此而引起金属喷溅。（　　）√

23. 在吹炼过程中，如果发生金属喷溅，适当降低氧枪枪位，可以有效缓解金属喷溅的发生。（　　）×

24. 金属喷溅多发生在吹炼初期，在转炉渣没有化透时，瞬间产生大量的 CO 气体，产生金属喷溅。（　　）×

25. 金属喷溅造成金属损失，对去除金属中的磷、硫等有害元素有利。（　　）×

26. 为了预防金属喷溅应严格禁止长期高枪位吊吹。（　　）×

27. 铁水装入量过大、枪位控制过低、炉渣化不好、流动性差及金属喷溅厉害容易造成喷枪粘钢。（　　）√

28. 在吹炼过程中，枪位过低，碳氧反应激烈，（TFe）含量低，会导致熔渣返干而造成金属喷溅。（　　　）√

重点与难点

学习重点：初级工注意喷溅内容，中级工注意温度不合、碳出格、漏水入炉、漏钢等重点内容，高级工在中级工的基础上增加成分出格内容。

学习难点：喷溅原因与预防。

思考与分析

1. 事故的定义是什么？事故分哪几类？
2. 事故发生后对事故的调查、分析、处理必须做到哪"三不放过"？
3. 喷溅有哪些危害？产生喷溅的基本原因是什么？转炉炼钢喷溅有哪几种类型？
4. 为什么会产生爆发性喷溅，怎样预防爆发性喷溅？
5. 为什么会产生泡沫性喷溅，怎样预防泡沫性喷溅？
6. 为什么会产生金属喷溅，怎样预防金属喷溅？
7. 转炉吹炼过程遇到哪些情况必须提枪停吹？
8. 转炉摇炉有哪些安全要求？
9. 为转炉炼钢的安全顺行，哪些自动化连锁项目必须得到保证？
10. 转炉开炉应注意哪些安全事项？
11. 氧枪漏水或其他原因造成炉内进水如何处理？
12. 如何提高烟罩寿命防止烟罩漏水？
13. 如何防止氧枪粘粗，氧枪粘粗后如何处理？
14. 如何防止转炉漏钢，转炉漏钢如何处理？
15. 转炉冻炉后如何处理？
16. 冶炼低碳钢后为什么必须倒净炉内液体残渣？
17. 转炉采用留渣操作有什么要求？
18. 为什么不准低氧压吹炼和过高枪位"吊吹"？
19. 如何冶炼回炉钢水？
20. 转炉内有剩余钢水时应如何处理？
21. "钢包大翻"的原因是什么，有哪些预防措施？
22. 氧气管道爆炸原因是什么，如何预防氧气管道爆炸事故？
23. 转炉煤气发生爆炸的条件是什么？
24. 防止转炉煤气发生爆炸有哪些措施？
25. CO 对人体有何危害，如何防止 CO 中毒？
26. 煤气点火时为什么要先点火后开煤气？

11　顶底复合吹炼

教学目的与要求

选择合适的底吹和顶吹参数进行操作。

顶底复合吹炼是20世纪70年代初兴起的炼钢技术，它集顶吹与底吹氧气转炉炼钢法二者的优势。

11.1　顶底复合吹炼的特点

与顶吹工艺相比，复吹工艺增加底部供气，搅拌强度增大，碳氧反应速度加快，有如下特点：

（1）显著降低了钢水中氧含量和熔渣中 TFe 含量。由于复吹工艺强化熔池搅拌，促进钢—渣界面反应，反应更接近于平衡状态，所以明显地降低了钢水和熔渣中的过剩氧含量。

（2）提高吹炼终点钢水余锰含量。渣中 TFe 含量降低，钢水余锰含量增加，因而也减少了铁合金的消耗。

（3）提高了脱磷、脱硫效率。熔池的充分搅拌，反应接近平衡状态，磷和硫的分配系数较高。

（4）吹炼平稳喷溅少。复吹工艺集顶吹工艺成渣速度快和底吹工艺吹炼平稳的双重优点，吹炼平稳，减少了喷溅，改善了吹炼的可控性，利于提高供氧强度。

（5）更适宜吹炼低碳钢种。终点碳可控制到不大于0.03%的水平，适于吹炼低碳钢种。

综上所述，复吹工艺不仅能提高钢质量，降低消耗和吨钢成本，更适合供给连铸优质钢水。

练 习 题

1. 从热平衡角度考虑，复吹转炉比顶吹转炉热效率好。（　　）√

2. 与顶吹相比，复吹转炉钢水中残锰显著增加的原因是（　　）。C
   A. 复吹成渣速度快
   B. 复吹使钢、渣在炉内混凝时间短
   C. 复吹降低钢水氧含量

3. 关于顶底复吹转炉的叙述，正确的是（　　）。C
   A. 采用顶底复吹时，钢中的氧和残锰含量均下降
   B. 由于顶底复吹使渣中的氧化铁含量下降，因此不利于转炉的脱磷反应
   C. 限制应用顶底复吹工艺的一个重要因素是转炉炉底寿命

4. 复吹转炉终点钢水残锰量比顶吹转炉（　　）。B
   A. 低　　　　　　　B. 高　　　　　　　C. 相当

5. 当吹炼至终点碳相同时，底吹氧化性气体的复合吹炼法的耗氧量（　　）氧气顶吹转炉炼钢法的耗氧量。B
   A. 大于　　　　　　B. 小于　　　　　　C. 等于

6. 在 TFe 相同条件下，复吹与顶吹转炉相比，磷的分配比（　　）。A
   A. 提高　　　　　　B. 降低　　　　　　C. 不变

7. 在吹炼枪位、终点和温度相同条件下，一般顶吹转炉比复吹转炉渣中总的氧化亚铁 $\Sigma(FeO)$（　　）。B
   A. 相当　　　　　　B. 高　　　　　　　C. 低

8. 与顶吹相比，复吹转炉钢水中残锰显著增加的原因是复吹成渣速度快。（　　）×

9. 顶底复合吹炼工艺比顶吹工艺的吹炼更平稳，可减少喷溅的发生。（　　）√

10. 顶底复合吹炼工艺比顶吹工艺，提高了吹炼终点钢水残锰含量。（　　）√

11. 与顶吹工艺相比，转炉复吹工艺可提高熔渣中 TFe 含量。（　　）×

12. 顶底复合吹炼工艺比顶吹工艺，显著降低了钢水中氧含量和熔渣中 TFe 含量。（　　）√

13. 顶底复合吹炼工艺比顶吹工艺，更适宜吹炼低碳钢种。（　　）√

14. 当吹炼至终点碳相同时，底吹氧化性气体的复合吹炼法的氧耗量大于氧气顶吹转炉炼钢法的氧耗量。（　　）×

15. 顶吹转炉渣中（FeO）含量比复吹转炉高。（　　）√

16. 在吹炼枪位、终点和温度相同条件下，一般顶吹转炉比复吹转炉渣中总的氧化亚铁 $\Sigma(FeO)$ 低。（　　）×

17. 顶底复合吹炼使钢中氧、渣中氧化亚铁（FeO）含量降低，而钢中碳不降低。（　　）×

18. 复合吹炼转炉增强了渣钢间的反应，有利于形成高碱度高氧化铁的炉渣，因此复吹转炉比顶吹转炉的脱硫效率高。（　　）×

19. 顶底复吹转炉有利于熔池的搅拌，增加渣钢接触面积，有利于去除有害元素 P 和 S。（　　）√

20. 与顶吹相比，复吹转炉钢水中残锰［Mn］显著增加的原因是复吹使钢、渣在炉内搅拌时间短。（　　）×

21. （多选）采用复合吹炼工艺，与顶吹转炉相比（　　）。ABCD
    A. 显著降低钢水中氧含量和熔渣中 TFe 含量
    B. 加快碳氧化速度，脱碳效率高
    C. 吹炼平稳，提高脱磷、脱硫效率
    D. 更加适宜冶炼低碳钢种

22. （多选）关于顶底复吹工艺描述，错误的是（　　）。ABD
    A. 显著提高钢水中氧含量和熔渣中 TFe 含量　　B. 降低吹炼终点钢水余锰含量
    C. 吹炼平稳，可以提高脱磷、脱硫效率　　D. 更加适宜冶炼高碳钢种

23. （多选）氧气底吹转炉的优点有（　　）。ABD
    A. 氧气利用率高　　　　　　　　　　B. 适合于吹炼高磷铁水
    C. 转炉寿命比顶吹转炉炉衬寿命高　　D. 烟尘量少

24. （多选）在复吹转炉中，搅拌熔池的动力来源有（　　）。ABD

　　A. 顶吹氧　　　B. 底吹气体　　　C. 电弧　　　　　D. 碳氧反应产物

25. （多选）相比于底吹转炉，顶吹转炉（　　）。ABD

　　A. 渣中 FeO 含量高，易发生喷溅　　　B. 脱碳反应在泡沫渣内进行

　　C. 过氧化程度低　　　　　　　　　　D. 熔池上下温差大

26. （多选）复合吹炼的优点有（　　）。ABCD

　　A. 增加余锰　　　B. 减少喷溅　　　C. 临界碳含量降低　　D. 降低终点氧

27. （多选）转炉顶—底复合吹炼工艺的目的有（　　）。ABCD

　　A. 降低钢中 [O]，渣中 TFe 含量　　　B. 提高脱磷、脱硫效率

　　C. 提高钢水余 Mn 含量　　　　　　　D. 适合低碳钢冶炼

28. （多选）关于顶底复吹转炉，叙述正确的是（　　）。AB

　　A. 顶底复吹转炉有顶吹氧，底吹氧的复合吹氧工艺，此工艺属于强搅拌工艺类型

　　B. 顶底复吹工艺有顶吹氧，底吹惰性气体的复吹工艺，属弱搅拌工艺类型

　　C. 顶底复吹工艺显著提高钢水中氧含量和熔渣中 TFe 含量

　　D. 顶底复吹工艺只能从底部喷吹气体，不能喷吹石灰粉剂等固态物质

29. （多选）采用复吹法熔池富余热量减少的影响因素是（　　）。AB

　　A. 复吹减少了 Fe、Mn、C 等元素的氧化放热

　　B. 吹入的搅拌气体吸收熔池的显热

　　C. 烟气带走的热量

　　D. 倒炉损失的热量

30. （多选）在吹炼过程中，采用复吹转炉与顶吹转炉相比（　　）。BD

　　A. 脱硫效果不佳　　　　　　　B. 脱硫效果好

　　C. 氧化亚铁 $\Sigma(FeO)$ 含量高　　　D. 氧化亚铁 $\Sigma(FeO)$ 含量低

31. （多选）复吹工艺底部供气的目的是（　　）。ABC

　　A. 搅拌熔池　　　　　　　　　B. 强化冶炼

　　C. 可以提供热补偿燃气　　　　D. 减少钢水中气体含量

32. （多选）底吹高压气体的冶金特性有（　　）。AD

　　A. 渣中 (FeO) 含量低　　　　　B. 终点钢液中 [Mn] 低

　　C. 喷溅增加　　　　　　　　　D. 氧气利用率高

11.2　复吹工艺的类型

　　复吹工艺分为两类：一是顶吹氧、底吹惰性气体的复吹工艺；一是顶、底复合吹氧工艺。

　　（1）顶吹氧、底吹惰性气体的复吹工艺，代表方法有 LBE、LD-KG、LD-OTB、NK-CB、LD-AB 等。顶部 100% 供给氧气。底部供给惰性气体，吹炼前期供 N_2，后期切换为氩气；底部供气强度（标态）在 $0.03 \sim 0.12 m^3/(min \cdot t)$ 范围内；属弱搅拌工艺类型，底部多使用双层环缝管式供气元件。

（2）顶、底复合吹氧工艺，代表方法有 BSC-BAP、LD-OB、LD-HC、STB、STB-P、K-BOP 等。顶供氧气为 60% ~ 95% ，底供氧气 5% ~ 40% 。底部供气强度（标态）波动在 0.20 ~ 2.0m^3/（min·t）；底部供气元件多使用套管式喷嘴，中心管供氧，环管供天然气、液化石油气或油等做冷却剂；属强搅拌工艺类型；有的底部还可以喷入石灰粉剂。

（3）强化冶炼，提高废钢比的复吹工艺也称 KMS 法，可以从底部喷嘴喷入煤粉增加热源，以提高废钢加入量。

11.3　复吹的底部供气气源

11.3.1　气源选择

复吹工艺底部供气的目的是搅拌熔池、强化冶炼，也可以提供热量补偿燃气等。

选择底部供气气源应根据以下因素综合考虑：冶金行为良好、安全、对钢质量无害、制取容易、纯度高、价格便宜、供气时对元件有一定的冷却作用、对炉底耐火材料无强烈的影响。已应用的气源有 N_2、Ar、CO、O_2、CO_2 等，但是应用广泛的还是 N_2 和 Ar。

11.3.2　底部可供气源的特点

氮气 N_2：氮气是制氧的副产品，也是惰性气体中价格最便宜的气源。倘若吹炼全程底部供氮，即使供氮强度很小钢水中［N］也会增加 0.0030% ~ 0.0050%；实践表明，吹炼的前、中期供氮，钢水中增氮的危险性很小；因此在吹炼的中、后期恰当的时机切换为其他气体，就不会影响钢质量了。对于冶炼低氮钢，可考虑全程吹氩。

氩气 Ar：氩气是最理想的搅拌气源，既能保证熔池的搅拌效果，对钢质量又无不良影响；但氩气资源有限，（标态）1000m^3/h 的制氧机，只能产出氩气（标态）25m^3/h，且制氩设备费用昂贵，所以氩气的价格也较贵。

二氧化碳 CO_2：二氧化碳常温下是无色、无味的气体。进入熔池会与［C］反应即 $\{CO_2\} + [C] = 2\{CO\}$，可生成二倍二氧化碳体积的一氧化碳，有利于熔池搅动；$CO_2 \rightarrow CO$ 为吸热反应，这部分化学热对元件起到有效的冷却作用；正是这个反应也使碳质供气元件脱碳，受到一定的损坏；吹炼后期还会发生 $\{CO_2\} + [Fe] = (FeO) + \{CO\}$ 反应，生成的（FeO）对元件也有侵蚀作用，所以不宜全程供二氧化碳气。采用吹炼前期供氮气，后期切换为二氧化碳，或 $CO_2 + N_2$ 的混合气体，这种吹炼模式的冶金效果较好，充分发挥 CO_2 对元件的冷却作用，元件寿命有所提高。

氧气 O_2：O_2 作为底部气源，其用量不能超过供氧总量的 10%，必须同时供给天然气、丙烷或油为冷却剂，以对元件遮盖保护。

此外，也可用空气或 $CaCO_3$ 的粉剂等作为底部气源。

✎ 练 习 题

1. 转炉顶底复合吹炼工艺底部供气的目的是搅拌熔池，强化冶炼，目前作为底部气源的

氮气、氩气、二氧化碳、氧气等，（　　）是最为理想的气体，不仅能达到搅拌的效果，而且对钢质量无害。C

 A. 氮气   B. 二氧化碳   C. 氩气   D. 氧气

2. （　　）是底吹气体中价格最便宜的气源。C

 A. CO   B. Ar   C. N_2 D. O_2

3. 底部供气强搅拌气源应选择（　　）。D

 A. CO   B. Ar   C. N_2 D. O_2

4. （　　）气是惰性气体中价格最便宜的气体，但底吹全程供应，会对钢水有一定的污染，所以，在吹炼中后期应切换为其他气体。A

 A. N_2 B. Ar   C. CO   D. SO_2

5. 复合吹炼底部供气元件可分为（　　）和（　　）两类。C

 A. 强吹；弱吹 B. 供氩；供氮 C. 管式；透气砖式 D. 供气；喷粉

6. 对底吹供气元件冷却效果最好的是（　　）。D

 A. CO   B. Ar   C. N_2 D. CO_2

7. 对底吹供气元件侵蚀最严重的是（　　）。D

 A. CO   B. Ar   C. N_2 D. CO_2

8. （多选）底吹气体种类包括（　　）。ABCD

 A. 氮气   B. 氧气   C. CO   D. 氩气

9. （多选）在顶底复吹转炉中，底部气源可以采用（　　）进行供气搅拌。ABCD

 A. 氩气   B. 氮气   C. 氧气   D. 空气

10. （多选）底吹供气气源种类很多，选择底吹气源应考虑（　　）。ABCD

 A. 冶金行为良好 B. 安全   C. 对钢质无害 D. 价格便宜

11. （多选）在选择复吹底部供气气源种类时，应考虑（　　）。ABCD

 A. 冶金行为良好、安全

 B. 对钢质量无害、制取容易、纯度高、价格便宜

 C. 供气时对元件有一定的冷却作用

 D. 对炉底耐火材料无强烈的影响

12. （多选）在复吹转炉中底吹气体的冶金行为主要表现在（　　）。ABC

 A. 强化熔池搅拌，使钢水成分、温度均匀

 B. 加速炉内反应，使渣—钢反应界面增大，元素间化学反应和传质过程更加趋于平衡

 C. 元素间化学反应和传质过程更加趋于平衡

 D. 促进夹杂物上浮

13. （多选）供入铁水中不参与熔池内的反应，只起搅拌作用的底吹气体是（　　）。ACD

 A. N_2 B. CO_2 C. CO   D. Ar

14. （多选）（　　）可作为转炉顶—底复合吹炼工艺底部供气气源。BC

 A. 氢气、氩气、一氧化碳   B. 氮气、氩气、二氧化碳

 C. 一氧化碳、氧气   D. 氮气、氩气、氢气

15. 可供顶底复吹转炉复吹供气应用的气源种类很多，有 N_2、Ar、CO、O_2、CO_2 等。（　　）√

16. 作为转炉底部气源的氮气、氩气、二氧化碳气、氧气等，氩气是最为理想的气体，不

仅能达到搅拌的效果，而且对钢质量无害。（　　）√

17. 转炉顶底复合吹炼工艺底部供气的目的是搅拌熔池、强化冶炼，目前作为底部气源的有氮气、氩气、二氧化碳气、氧气等，氮气是最为理想的气体。（　　）×

11.4　底部供气模式

11.4.1　复吹工艺底部供气模式确定的原则

以终渣 TFe 含量的降低作为评价复吹冶金效果的条件之一，所以，底部供气制度的关键是根据钢种冶炼的需要，控制终渣 TFe 含量。为此一般在终吹前与终吹后采用大气量、强搅拌工艺。研究发现，进行强搅拌最好时机是在临界［C］到来之前，否则即便供气强度高达 0.20 $m^3/(min \cdot t)$（标态），终渣的 TFe 含量降低的效果也甚微。所谓临界［C］值是指氧由氧化碳开始转为氧化铁时［C］的含量。研究还表明，在临界［C］值到来之前施以中等搅拌强度，并延长搅拌时间，效果最佳。此外，在强搅拌期内顶吹的供氧量可适当减小些。复吹终点钢水中碳氧浓度乘积越接近平衡值，底部供气搅拌效果越好。

11.4.2　底部供气模式实例

复吹工艺由于 TFe 低，所以各冶炼阶段顶枪枪位比单一顶吹炼钢要高一些；在冶炼中期"返干"时，还需要降低底吹流量；总之，复吹底部供气模式与顶吹氧枪枪位控制很相似，需要化渣用弱搅拌，需要脱碳升温用强搅拌。某厂 210t 复吹转炉底部供气模式如图 11-1 所示。

模式	对应钢种	供气量与供气强度（标态）	装料	吹炼期		测温取样	出钢	溅渣	倒渣	等待
	[C]/%			吹氮	吹氩					
A	<0.10	m³/h	500	500	1140	500	400	600	400	400
		m³/(t·min)	0.04	0.04	0.09	0.04	0.032	0.048	0.032	0.032
B	0.10～0.25	m³/h	500	500	760	500	400	600	400	400
		m³/(t·min)	0.04	0.04	0.06	0.04	0.032	0.048	0.032	0.032
C	≥0.25	m³/h	500	500	500	500	400	600	400	400
		m³/(t·min)	0.04	0.04	0.04	0.04	0.032	0.048	0.032	0.032
时间/min			6	12	6	7	2　2／4		3	2
合计					40					等待

▨▨▨—吹 N_2　　▥▥▥—吹 Ar

图 11-1　某厂 210t 转炉复吹工艺底部供气模式

练习题

1. 在顶底复吹炼转炉冶炼中、高碳钢种时，底吹应采用较大供气强度。（　　）×

2. 底吹供气量过大，底吹气泡对供气元件反击频率较高，可以防止底吹元件堵塞。（　　）×

3. 转炉底吹供气砖侵蚀速度与供气量有关，供气量大，钢水搅拌加快，钢水对供气砖冲刷快。（　　）√

4. 转炉底吹气体供气砖侵蚀速度与供气量有关，因为供气量大，气体对供气砖的冲击加剧。（　　）×

5. 在顶底复吹转炉中，底部气流影响熔池搅拌的主要因素是底部供气流量及气流的分布。（　　）√

6. 顶底复吹转炉想提高脱碳速度，底吹气量要求尽量大些。（　　）√

7. （多选）转炉底吹供气量过大，造成的影响，正确的是（　　）。AB

　　A. 会造成底吹砖的寿命降低　　　　　B. 会造成底吹元件的寿命降低

　　C. 会造成转炉炉渣 TFe 含量过高，导致喷溅　　D. 会提高转炉化渣效果，提高氧枪使用寿命

8. （多选）在复吹转炉中底吹气体量的多少与（　　）有关。ABC

　　A. 气体种类　　　　B. 炉容大小　　　　C. 冶炼钢种　　　　D. 炉渣碱度

9. （多选）复吹转炉的底吹供气量减小时，可以（　　）。AD

　　A. 降低脱碳速度　　B. 提高脱碳速度　　C. 加剧"返干"现象　D. 减轻"返干"现象

10. （多选）在顶底复吹转炉中，底部气流影响熔池搅拌的主要因素是（　　）。AC

　　A. 底部供气流量　　B. 顶部供氧强度　　C. 底部气流的分布　　D. 底部气流温度

11. （多选）复吹转炉中，钢液氧含量受（　　）的影响。AD

　　A. 底吹供气强度　　B. 底吹供气元件数量　C. 底吹供气压力　　D. 碳含量

12. （多选）转炉底吹总管调节阀具有（　　）的功能。ABD

　　A. 开启底吹供气　　B. 切断底吹供气　　C. 调节阀后气体流量　D. 调节阀后气体压力

13. 转炉底吹供气砖侵蚀速度与供气量有关，因为供气量大（　　）。B

　　A. 气体对供气砖冲击严重　　　　　　B. 钢水搅拌加快，钢水对供气砖冲刷快

　　C. 供气本身温度梯度大，砖易剥落

14. 在复吹转炉冶炼后期选择底吹供气强度的根据是（　　）。A

　　A. 钢种　　　　　　B. 铁水成分　　　　C. 磷含量

15. 底部供气制度的关键是（　　）。A

　　A. 控制终渣 TFe 含量　　　　　　　B. 控制终渣 MgO 含量

　　C. 控制终渣碱度

16. 在终吹前与终吹后采用大气量、强搅拌工艺的目的是（　　）。A

　　A. 控制终渣 TFe 含量　　　　　　　B. 控制终渣 MgO 含量

　　C. 控制终渣碱度

17. 底部供气压力过低会造成（　　）。C

A. 温度高 TFe 高　　B. 温度低 TFe 低　　　C. 与温度无关TFe 高　D. 与温度无关 TFe 低

18. 在同样流量条件下，底部供气压力过高说明（　　）。B
　　A. 管道漏气　　　　B. 喷嘴堵塞　　　　C. 气源为氮气　　　　D. 气源为氩气

19. 在吹炼后期把底吹氮气切换为氩气的目的是（　　）。B
　　A. 强化熔池搅拌　　　　　　　　B. 防止钢水中氮含量增加
　　C. 冷却保护供气元件　　　　　　D. 加速炉内反应

20. 复吹转炉中，钢液氧含量不仅受碳含量的影响还与（　　）有关。A
　　A. 底吹供气强度　　　　　　　　B. 底吹供气元件数量
　　C. 底吹供气压力

21. 在条件相同情况下复吹转炉的枪位控制一般比顶吹转炉稍高。（　　）√

22. 复吹转炉的底吹供气量，当冶炼中期比前期小时，可以减轻中期炉渣返干现象。（　　）√

23. 根据钢种冶炼需要，建立合理的供气模式，通常以终点碳含量和钢中氧含量的降低作为评价复吹冶金效果的条件之一。（　　）×

24. 转炉冶炼前期碳氧化反应速度慢的主要原因是（　　）。C
　　A. 渣中氧化亚铁低　　　　　　　B. 熔池温度低，使钢液搅拌不良
　　C. 碳同氧亲和力低于硅、锰和氧的亲和力

25. 复吹转炉的底吹供气量，当冶炼中期（　　）时，可以减轻中期炉渣返干现象。B
　　A. 比前期大　　　　B. 比前期小　　　　C. 与前期相同

26. 顶底复吹转炉想提高脱碳速度，底吹气量要求（　　）。B
　　A. 小些　　　　B. 大些　　　　C. 适中

27. 转炉脱碳速度的变化规律是由于（　　）。B
　　A. 铁中碳含量由高变低，所以脱碳速度由高变低
　　B. 炉内温度和含碳量变化，其脱碳速度是低→高→低变化
　　C. 熔池温度由低→高，碳氧是放热反应，所以脱碳速度由低→高→低变化

28. 底部供气制度的关键是控制终渣 TFe 含量，为此，一般在终吹前与终吹后采用（　　）流量、（　　）搅拌工艺。A
　　A. 大；强　　　　B. 大；弱　　　　C. 小；强　　　　D. 小；弱

29. 根据钢种冶炼需要，建立合理的供气模式，通常以（　　）含量和钢中氧含量的降低作为评价复吹冶金效果的条件之一。A
　　A. 终渣 TFe　　　　B. 终点碳　　　　C. 终点 P

30. （多选）复吹转炉的底吹供气量增大时，可以（　　）。BC
　　A. 降低脱碳速度　　B. 提高脱碳速度　　C. 加剧返干现象　　D. 减轻返干现象

31. （多选）复吹工艺底部供气的目的（　　）。ABC
　　A. 搅拌熔池　　　　B. 强化冶炼　　　　C. 提供热补偿燃气

32. 在条件相同情况下复吹转炉的枪位控制一般比顶吹转炉低。（　　）×

33. 相同条件下，顶吹枪位比顶底复吹枪位控制要低些。（　　）√

34. 复吹转炉冶炼终点碳氧浓度乘积越接近平衡值，其复吹效果越好。（　　）√

35. 在其他条件相同的情况下，复吹转炉的枪位控制一般（　　）。C
　　A. 比顶吹低　　　　B. 与顶吹相同　　　　C. 比顶吹稍高

36. 转炉顶底复合吹炼，底吹效果好，吹炼终点碳氧积应（　　）。C

 A. ≤0.0035   B. ≤0.0030   C. ≤0.0025

37. 顶底复吹转炉的熔池搅拌主要依靠（　　）来实现。C

 A. 底部吹气   B. 反应产生的 CO 气体产生的搅拌能

 C. A + B

38. 复吹转炉碳氧反应速度快的原因是（　　）。D

 A. 温度高   B. 供氧量增大

 C. 活度系数增高   D. 加强搅拌，动力学条件好

39. （多选）关于顶底复吹转炉，属于弱搅拌类型的是（　　）。BC

 A. 顶底复吹转炉有顶吹氧，底吹氧的复合吹氧工艺

 B. 顶底复吹工艺有顶吹氧，底吹 Ar 惰性气体的复吹工艺

 C. 顶底复吹工艺有顶吹氧，底吹 N_2 惰性气体的复吹工艺

 D. 顶底复吹工艺有顶吹氧，底吹 CO_2 惰性气体的复吹工艺

40. （多选）关于顶底复吹转炉，属于强搅拌类型的是（　　）。AD

 A. 顶底复吹转炉有顶吹氧，底吹氧的复合吹氧工艺

 B. 顶底复吹工艺有顶吹氧，底吹 Ar 惰性气体的复吹工艺

 C. 顶底复吹工艺有顶吹氧，底吹 N_2 惰性气体的复吹工艺

 D. 顶底复吹工艺有顶吹氧，底吹 CO_2 惰性气体的复吹工艺

11.5　底部供气元件

11.5.1　供气元件的构造

  底部供气元件是复吹的关键性部件，也是复吹技术的核心。供气元件的结构与材质关系到熔池搅拌效果，炉衬寿命，以及冶炼钢种的质量和经济效益。因此要求供气元件的透气性好，在低流量条件下，各操作阶段气体通道不堵塞；气体阻力小，气体的分布面要大，相对抽引提升钢水量大，供气量的调节范围要宽，形成稳定、分散、细流的供气形式。

  最早用喷嘴作为底部供气元件。曾用过单管式喷嘴、双层套管喷嘴，将双层套管的中心管堵死，就形成环缝管喷嘴；同时发展的有缝砖喷嘴和多微管透气砖（也称多孔塞砖），后来又开发了由埋在耐火材料母体中许多根很细的不锈钢管组成的直孔细管喷嘴。这些供气元件各有特点，综合考虑避免堵塞和喷嘴炉底耐材寿命，目前多数厂家使用环缝式喷嘴，各种喷嘴结构和发展见图 11-2。

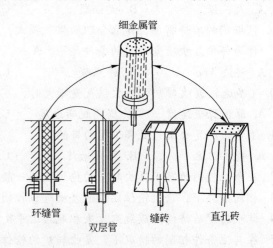

图 11-2　底吹喷嘴的结构和发展

练习题

1. （多选）底部供气透气砖型分为（　　）。BCD

　　A. 环缝管式　　　　　B. 弥散型　　　　　C. 砖缝组合型　　　　　D. 直孔型（定向）

2. 多层环缝管式底吹供气元件由多层同心圆无缝钢管组成，外面套有护砖，然后坐到座砖上，再直接砌筑在炉底中，供气元件的缝隙大，不易堵塞。（　　）×

3. 复合吹炼底部供气元件可分为（　　）和（　　）两类。C

　　A. 强吹；弱吹　　　　B. 供氩；供氮　　　C. 管式；透气砖式　　D. 供气；喷粉

4. （多选）底部供气元件是复吹技术的核心，底吹供气元件的类型有（　　）。AC

　　A. 喷嘴型　　　　　B. 螺旋型　　　　　C. 砖型

5. （多选）底吹供气元件中，多层环缝管式供气元件与多孔塞砖相比，其特点是（　　）。ABC

　　A. 缝隙较小　　　　B. 不易堵塞　　　C. 供气量可调范围较大　　D. 供气量大

6. （多选）现使用的供气元件有（　　）。ABCD

　　A. 喷嘴型供气元件　　B. 直孔型透气砖　　C. 金属管型供气元件　　D. 环缝型透气砖

7. 复合吹炼底部供气元件可分为管式和环管式两类。（　　）×

11.5.2 底部供气元件的布置

　　底部供气元件的布置对吹炼工艺的影响很大，气泡从炉底喷嘴喷出上浮，抽引钢液随之向上流动，从而使熔池得到搅拌。喷嘴的位置不同，其与顶吹氧射流引起的综合搅拌效果也有差异。因此，底部供气喷嘴布置的位置和数量不同，得到的冶金效果也不同。从搅拌效果来看，底部气体从搅拌较弱的部位对称地吹入熔池效果较好。在最佳冶金效果的条件下，使用喷嘴的数目最少为最经济合理，可根据实际安装 2、4、8、16 个元件。若从冶金效果来看，要考虑到非吹炼期如在倒炉测温、取样、等成分化验结果时，供气喷嘴最好露出炉液面，为此供气元件一般都排列于耳轴连接线上，或在此线附近，见图 11-3（a）。

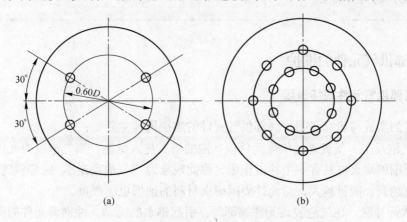

(a)　　　　　　　　　　　　(b)

图 11-3　底部供气元件布置图

（a）耳轴附近底部供气元件布置；（b）均匀分布底部供气元件布置

超过 8 个底部供气喷嘴也有均匀分布的, 见图 11-3(b)。

如某厂 210t 转炉, 用多层环缝管式元件 4 个, 布置在 0.6D (D 为炉底直径) 的同心圆上, 与炉底耳轴中心的夹角为 30°, 见图 11-3, 冶金效果好。

📝 **练习题**

1. 供气元件的数量与转炉吨位、供气元件的类型有关, 供气元件的位置排列在 (   ) 连接线上, 或者在此线附近好。B

   A. 炉底熔池　　　　　B. 炉底耳轴　　　　　C. 炉底中心

2. 底吹供气元件的 P-Q 特性参数中, Q 指的是 (   )。B

   A. 压力　　　　　B. 流量　　　　　C. 质量　　　　　D. 面积

3. 供气元件的位置一般会排列在炉底耳轴连接线附近, 是为了 (   )。D

   A. 获得加大的搅拌强度

   B. 使熔池内部搅拌更充分

   C. 减少喷溅

   D. 在倒炉时, 供气元件露出炉液面, 保持熔池成分的稳定

4. 供气元件的数量与转炉吨位、供气元件的类型有关, 供气元件的位置排列在炉底耳轴连接线上, 或者在此线附近为好。(   ) √

5. 包底吹氩, 透气砖最佳位置在钢包底部中央。(   ) ×

6. 有些钢厂采用多层环缝管式元件数量一般控制为 4~8 个, 布置位置在 0.4~0.6D(D 为熔池直径) 的同心圆上。(   ) √

7. 转炉底吹供气元件的数量与转炉吨位、供气元件类型有关, 供气元件的数量根据转炉的实际状况而不等。(   ) √

8. 炼钢厂采用多层环缝管式元件数量固定, 一般控制为 8 个, 布置在 (0.4~0.6)D(D 为熔池直径) 的同心圆上。(   ) ×

11.6　底部供气元件的维护

11.6.1　底部供气元件损坏原因

经大量的实践与研究表明, 底部供气元件的熔损机理主要是:

(1) 气泡反击。气流通过供气元件以气泡的形式进入熔池, 当气泡脱离元件端部的瞬间, 对其周围的耐火材料有一个冲击作用, 称此现象为“气泡反击”。底部供气流量越大, 反击频率也越高, 能量越大, 对元件周围耐火材料的蚀损也越严重。

(2) 水锤冲刷。在气泡脱离元件端部时, 引起钢水的流动, 冲刷着元件周围的耐火材料, 这种现象称为“水锤冲刷”。供气流量越大, 对耐火材料的“水锤冲刷”也越严重。

(3) 凹坑熔损。由于气体与钢水的共同冲刷, 在元件周围耐火材料形成凹坑, 有的也

称其为"锅底";凹坑越深,对流传热效果也越差,更加剧了对耐火材料的蚀损。

由于上述现象的共同作用,供气元件被损坏。

11.6.2 炉渣—金属蘑菇头的形成

在底部供气元件的细管出口处,都会形成微孔蘑菇体,也叫蘑菇头。

从炉渣—金属蘑菇头的剖析来看,它是由金属蘑菇头—气囊带、放射气孔带、迷宫式弥散气孔带三层组成。推断其形成机理如下:

开炉初期,由于温度较低,再加上供入气流的冷却作用,金属在元件毛细管端部冷凝形成单一的小金属蘑菇头,并在每个小金属蘑菇头间形成气囊。

通过粘渣、挂渣和溅渣,有熔渣落在蘑菇头上面,底部继续供气,并且提高了供气强度,其射流穿透渣层,冷凝后即形成了放射气孔带。

落在放射气孔带上面的熔渣继续冷凝,炉渣—金属蘑菇头长大;此时的蘑菇头,加大了底部气流排出的阻力,气流的流动受到熔渣冷凝不均匀的影响,随机改变了流动方向,形成了细小、弥散的气孔带,又称迷宫式弥散气孔带。

从迷宫式弥散气孔带流出的流股极细,因此冷凝后气流的通道也极细小($\phi \leq 1\text{mm}$),这不仅增加气流阻力,再加上钢水与炉渣的界面张力大,钢水很难润湿蘑菇头,所以气孔不易堵塞。从弥散气孔流出的气流又被上面冷凝的熔渣加热,其冷却效应减弱,因而蘑菇头又难以无限长大。

11.6.3 炉渣—金属蘑菇头的优点

炉渣—金属蘑菇头有以下优点:

(1) 炉渣—金属蘑菇头可以显著地减轻"气泡反击"、"水锤冲刷",完全避免形成"凹坑"。

(2) 炉渣—金属蘑菇头具有较高的熔点和抗氧化能力,在吹炼过程中不易熔损;并具有良好的透气性,不易堵塞。

(3) 能够满足吹炼过程中灵活调整底部供气的技术要求。

(4) 通过蘑菇头流出的气体分散、细流,对熔池的搅拌均匀。

11.6.4 底部供气元件的维护

为了提高底部供气元件的寿命,应注意:

(1) 底部供气元件设计合理,使用高质量的材料,各喷嘴气流应独立控制,严格按加工程序制作。

(2) 在炉役初期通过粘渣、挂渣和溅渣快速形成具有良好结构的炉渣—金属蘑菇头,避免元件的熔损;炉役中、后期根据工艺要求调节控制底部供气流量,稳定炉渣—金属蘑菇头,防止堵塞,使其长寿。

(3) 采用合理的工艺制度,提高终点控制的命中率,避免后吹;降低终点钢水过热度,避免出高温钢。

(4) 尽量缩短冶炼周期,减少空炉时间,以减轻温度急变对炉衬的影响。

(5) 根据要求做好日常炉衬的维护工作,同时防止炉底上涨和元件堵塞,发现后要及时妥善处理。

　　依靠良好的维护，目前炉渣—金属蘑菇头已经与转炉炉龄同步，成为"永久蘑菇头"，能够使供气元件长寿，从而提高了复吹率。

　　底部供气元件损坏，可更换整个炉底或者单独更换透气元件。

练习题

1.（多选）炉渣—金属蘑菇头具有（　　）等特点。ABC

　　A. 不易熔损,不易堵塞　B. 具有良好的透气性　C. 对熔池的搅拌均匀　D. 降低消耗

2.（多选）底吹供气元件的熔损机理主要有（　　）。ABC

　　A. 气泡反击　　　　　　B. 钢水冲刷　　　　　　C. 凹坑熔损　　　　　　D. 温度侵蚀

3.（多选）以下关于炉渣—金属蘑菇头叙述，正确的是（　　）。ABD

　　A. 炉渣—金属蘑菇头可以显著减轻气泡反击、水锤冲刷，避免形成凹坑

　　B. 炉渣—金属蘑菇头具有较高的熔点和抗氧化能力

　　C. 炉渣—金属蘑菇头流出的气体集中、粗壮，可以使底吹搅拌加大

　　D. 可以满足吹炼过程中灵活调整底吹供气的技术要求

4.（多选）关于炉渣—金属蘑菇头的形成机理，叙述正确的是（　　）。ABCD

　　A. 开炉初期，温度低，金属在元件端部形成蘑菇头

　　B. 粘渣、挂渣和溅渣，熔渣落在蘑菇头上面，提高供气强度，形成放射气孔带

　　C. 放射气孔带继续冷凝，气流流动受冷凝不均匀影响，改变流动方向，形成弥散气孔带

　　D. 钢水与炉渣的界面张力大，钢水很难润湿蘑菇头，气孔不易堵塞，形成金属蘑菇头

5.（多选）关于炉渣—金属蘑菇头，一般是由（　　）组成。ABC

　　A. 金属蘑菇头—气囊带　　　　　　　　B. 放射气孔带

　　C. 迷宫式弥散气孔带　　　　　　　　　D. 炉渣气囊带

6.（多选）关于提高底吹供气元件的寿命，正确的是（　　）。AD

　　A. 底吹供气元件设计合理，使用高质量的材料

　　B. 提高终点命中率，适当采用后吹保证底吹供气元件畅通

　　C. 延长冶炼时间，增加空炉时间，保证底吹元件维护顺畅

　　D. 防止炉底上涨和元件堵塞

7.（多选）同样操作条件下，转炉底吹供气出现堵塞倾向（　　）。AD

　　A. 转炉底吹流量调节阀后压力增高　　　B. 转炉底吹流量调节阀后压力降低

　　C. 转炉底吹流量增高　　　　　　　　　D. 转炉底吹流量降低

8.（　　）供气元件更有利于蘑菇头的产生和连接，减少烧损，延长寿命。A

　　A. 多微孔透气塞式　B. 环缝管　　C. 弥散型　　　　　D. 砖缝组合型

9. 在（　　），由于温度低，再加上气流的冷却作用，底吹金属元件端部冷凝形成小金属蘑菇头，并在金属蘑菇头间形成气囊。A

　　A. 开炉初期　　　　　　B. 开炉中期　　　　　　C. 炉役后期

10. 在相同操作条件下，底部供气元件堵塞出现的现象是（　　）。C
    A. 压力降低流量降低　　　　　　　　B. 压力降低流量增高
    C. 压力升高流量降低　　　　　　　　D. 压力升高流量升高

11. 供气元件寿命能与炉衬寿命同步的关键是（　　）。D
    A. 选用质量好的供气元件　　　　　　B. 确定合理的安装位置
    C. 确定合理的供气元件数量　　　　　D. 在供气元件端部形成良好的炉渣—金属蘑菇头

12. 要实现顶吹和底吹的同步，必须在（　　）快速形成透气性能良好的炉渣金属蘑菇头。A
    A. 炉役初期　　　　B. 炉役中期　　　　C. 炉役减渣期　　　　D. 炉役后期

13. 转炉底吹供气砖侵蚀速度与供气量有关，因为供气量大（　　）。B
    A. 气体对供气砖冲击严重
    B. 钢水搅拌加快，钢水对供气砖冲刷快
    C. 供气砖本身温度梯度大，砖易剥落

14. 底吹供气量过大，底吹气泡对供气元件反击频率较高，对底吹元件的效果是（　　）。C
    A. 可以保持底吹正常　　　　　　　　B. 防止底吹元件堵塞
    C. 对元件周围耐火材料的蚀损严重

15. 复吹转炉底部透气砖局部渗入钢水时，仪表上显示（　　）。B
    A. 压力不变　　B. 压力升高　　C. 压力降低

16. 顶底复合吹炼转炉，在底部供气元件的细管出口处，都会形成炉渣—金属（　　）。A
    A. 蘑菇头　　　　B. 柱状晶　　　　C. 锥形坑　　　　D. 减渣层

17. 炉渣—金属蘑菇头可以显著地减轻"气泡反击"，避免形成"凹坑"，能够提高供气元件寿命，提高（　　）。B
    A. 安全性　　　　B. 复吹率　　　　C. 供气量

18. 在维护供气元件使用措施中，（　　）不利于提高供气元件的使用寿命。D
    A. 使用高质量制造材料
    B. 快速形成良好结构的底吹蘑菇头
    C. 提高终点命中率，避免后吹
    D. 延长空炉时间，延长冶炼周期

19. 复吹转炉炉底的维护手段不能用（　　）。B
    A. 补炉料修补　　B. 补炉砖修补　　C. 减渣护炉

20. 复吹转炉底部透气砖局部渗入钢水时，仪表上显示压力升高（　　）。√

21. 提高底部供气砖寿命的措施是供气砖设计合理、耐材质量好、正确的维护方式。（　　）√

22. 限制应用顶底复吹工艺的一个重要因素是转炉炉底寿命。（　　）√

23. 转炉底吹供气砖侵蚀速度与供气量有关，供气量大气体对供气砖冲击严重。（　　）√

24. 顶底复合吹炼转炉，在底部供气元件的细管出口处，都会形成炉渣—金属蘑菇头。（　　）√

25. 炉渣—金属蘑菇头可以显著地减轻"气泡反击"，避免形成"凹坑"，能够提高供气元件寿命，提高复吹率。（　　）√

26. 转炉底吹供气砖侵蚀速度与供气量有关，因为供气量大，供气本身温度梯度大，砖易

剥落。(   ) ×

27. 转炉底吹透气砖的侵蚀速度与供气速度有关而与供气量无关。(   ) ×

学习重点与难点

学习重点：各等级重点是复吹的优点，中高级工在初级工的基础上加底部供气模式、供气
强度、供气元件维护内容。

学习难点：无。

思考与分析

1. 什么是顶底复合吹炼工艺，与顶吹工艺相比有哪些特点？
2. 复吹工艺有哪几种类型？
3. 复吹转炉对底部供气元件的要求是什么？供气元件结构是怎样的，有什么特点？
4. 复吹转炉底部供气元件的数量与安装位置如何考虑？
5. 复吹转炉底部供气气源的选择应该怎样考虑，其应用情况是怎样的？
6. 复吹转炉底部可供气源各有什么特点？
7. 复吹转炉底部供气强度确定的原则是怎样的？
8. 什么是复吹工艺的底部供气模式？
9. 底部供气元件为什么会损坏？
10. 底部供气元件的端部"炉渣—金属蘑菇头"是怎样形成的？
11. 炉渣—金属蘑菇头有哪些优点？
12. 从哪些方面来维护复吹转炉的底部供气元件？

12 氧气转炉炼钢车间布置及组成

教学目的与要求

知道转炉炼钢车间的布置方式，进行设备巡检，组织生产。

12.1 炼钢工艺流程与炼钢车间的组成

炼钢生产在钢铁联合企业中处于中间环节。由上道工序炼铁提供的铁水为主原料，生产铸坯供给轧钢车间轧成材。所以炼钢车间的设计和生产直接影响着整个钢铁联合企业的生产能力和经济效益。

12.1.1 炼钢工艺流程

由图 12-1 可知，氧气转炉炼钢工艺主要由以下系统构成。

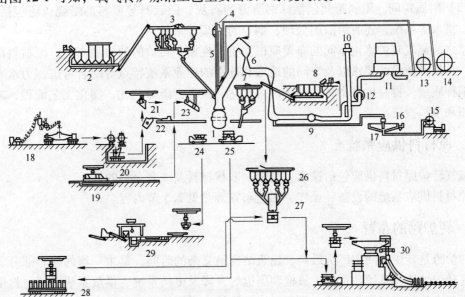

图 12-1 氧气转炉炼钢生产工艺流程

1—转炉；2—散状材料地下料仓；3—高位料仓；4—氧枪；5—副枪；6—烟气净化系统；7—铁合金高位料仓；
8—铁合金地下料仓；9—风机；10—烟囱；11—煤气柜；12—水封逆止阀；13—氧气罐；14—氮气罐；
15—脱水槽；16—集尘水槽；17—沉淀水槽；18—铁水脱硫站；19—废钢堆积场；20—铁水倒罐站；
21—兑铁水；22—扒渣机；23—装废钢；24—渣罐车；25—钢包车；26—炉外精炼铁合金料仓；
27—炉外精炼装置；28—钢锭浇注；29—钢渣处理间；30—连铸

（1）原料供应系统，即铁水、废钢、铁合金及各种辅原料的储备和运输系统；

（2）铁水的预处理；

（3）氧气转炉的吹炼与钢水的精炼系统；

（4）浇注系统；

（5）供氧系统；

（6）烟气净化与煤气回收系统。

12.1.2　炼钢车间的组成与任务

转炉车间由主要跨间、辅助跨间和公共系统组成。炼钢的各主要作业是在车间的主要跨间及辅助跨间内完成的。转炉炼钢车间的跨间组成分述如下：

（1）主要跨间。主要跨间又称为主厂房，是由加料跨、转炉跨、精炼和钢水接受跨、浇注跨组成。它要完成加料、吹炼、出钢、出渣、精炼、浇注、烟气净化与回收等任务，所以是车间的主体和核心部分。这种类型车间，各跨间的作业面积大，劳动条件好，吊车及物料运输线的专用化程度高，有利于车间生产能力的提高。适用于大中型车间。

氧气转炉车间按生产规模不同，车间可分为大型、中型、小型三类。目前，我国年产钢量在 200 万吨以下的为小型车间；年产钢量在 400 万吨以上为大型车间。

（2）辅助跨间。辅助跨间包括原料的准备、浇注前的准备、连铸设备维修和铸坯的精整等。

（3）附属跨间。附属跨间包括炼钢所需的石灰、白云石等原料的焙烧；还包括机修、制氧、供水等系统，还有炉渣的处理、烟尘的处理等系统。

总之，氧气转炉炼钢车间的布置应根据生产规模、转炉的吨位和座数、原材料供应情况、产品品种质量的要求以及车间的地形和选用的作业系统特点等综合考虑，力求有利于保证钢种质量，提高生产率，劳动条件人性化，减少污染绿色化，简化工艺流程，减少占地面积和节约投资。

12.2　原材料供应系统

氧气转炉原材料供应包括铁水、废钢、散状材料及铁合金等的供应。

原材料供应系统的设备、操作、工艺布置等参见 2.5 节内容。

12.3　转炉跨的布置

转炉跨是转炉车间中厂房最高、建筑结构最复杂的跨间，是主厂房的核心部分。跨内布置有转炉炉体及其倾动系统、氧枪和副枪的升降及更换系统、供氧系统、原材料供应系统、烟气净化和煤气回收系统、出钢出渣及转炉内衬拆修等设备和设施。

12.3.1　转炉位置的确定

氧气转炉炼钢车间内，转炉通常是靠厂房柱子纵向排成一列。确定转炉位置主要是确定转炉在厂房纵向的位置和两座转炉中心距、转炉中心线与厂房柱子纵向行列线的距离。

12.3.1.1 转炉中心线与厂房柱子纵向行列线距离 a 的确定

图 12-2 所示 a 值的大小应该考虑两方面因素，一是为了满足氧枪、副枪升降机构的布置，希望 a 值大些；二是向炉内兑铁水时，a 值小些较为方便，所以 a 值必须满足这两方面的要求。

a 值与图中其他尺寸的关系如下：

$$a = R + R_1 - l_1 - l_2 \qquad (12-1)$$

式中　R——转炉倾动到接受铁水的位置，一般取倾动角为 30°～45°时炉口内缘与直立转炉中心线的距离；

　　　R_1——铁水包内铁水全部兑入转炉时，包嘴前缘与吊车钩间的水平距离；

　　　l_1——吊车钩的移动极限；

　　　l_2——吊车轨道中心线与厂房柱子中心线间的距离。

表 12-1 是国内已投产的不同吨位转炉中心线与厂房柱子纵向行列线的距离 a 值的大小，可供参考。

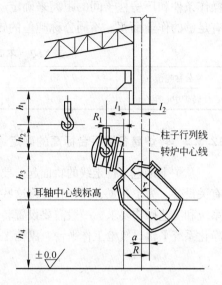

图 12-2　转炉中心线与厂房柱子纵向行列线距离 a 示意图

表 12-1　不同公称吨位转炉的 a 值

公称吨位/t	50	100	120	150	210	300
a 值/m	1.15～1.25	1.85	1.75	1.90	2.10	2.70

12.3.1.2 转炉耳轴中心线标高的确定

转炉耳轴中心线的标高（图 12-3 中 H）必须保证炉下钢包车、渣罐车顺利通行，转炉耳轴中心线的标高还应考虑到，采用炉外精炼后钢包高度的增加。在转炉转动 360°时，钢包不致与转炉相碰的条件下尽量降低标高，以减少厂房高度，节约投资，缩短出钢钢流长度，减少钢水的二次氧化。表 12-2 所示为国内已投产的不同吨位转炉耳轴中心线标高的数值。

12.3.1.3 转炉在主厂房纵向的位置和转炉的间距

氧气转炉车间，一般是转炉集中布置在转炉跨纵向的中央位置。这样可以使加料跨的两端分别布置铁水供应和废钢工段，方便向转炉供应铁水、废钢，并且钢水浇注吊运钢包的距离较短，减少车间设备相互干扰。

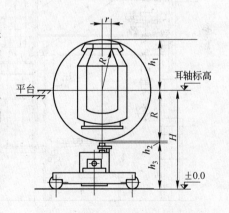

图 12-3　转炉耳轴中心线标高

表 12-2　国内转炉耳轴中心线标高值

公称吨位/t	50	100	120	150	210	300
H/m	8.0～8.5	10.2	10.40	10.95	10.35	12.30

转炉之间的距离应根据转炉吨位的大小、倾动机构所占面积、高位料仓的情况、炉前操作条件和厂房柱子间的距离来确定。并且还要考虑两座转炉同时吹炼时，互不干扰，都有足够的作业面积。不同公称吨位的转炉中心线的间距可参考表 12-3。

表 12-3 不同公称吨位转炉中心线的间距

公称吨位/t	2×50	2×120	3×210	3×300
转炉中心距/m	18	24	30	27~30

12.3.2 转炉跨各层平台标高的确定

从炉下钢包车行走线的轨面起，要布置转炉、氧枪、副枪、烟气净化系统、供料系统等有关设备。为了布置、操作和检修这些设备，需要在不同的标高上设置工作平台。按照作业系统和工艺操作要求，一般需要设置转炉操作平台、散状材料和铁合金供料系统平台、烟气净化系统平台、氧枪工作平台、副枪工作平台以及其他特殊需要的平台等，如图 12-4 所示。

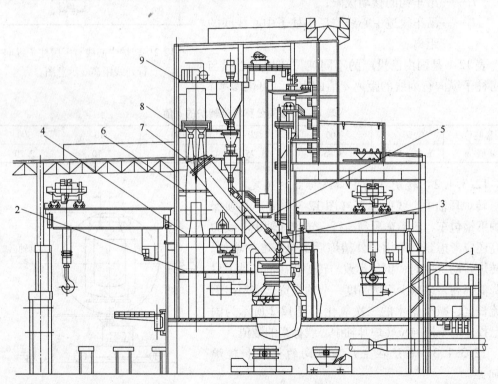

图 12-4 转炉跨主要平台示意图

1—转炉操作平台；2—修炉作业平台（包括活动烟罩及台车等）；3—氧枪口平台；4—铁合金供应平台
（含铁合金料仓、转炉的下部烟道）；5—副枪探头装卸平台；6—散状材料加料系统的汇集料斗平台
及转炉的下部烟道；7—散状材料加料系统的称量装置及转炉的上部烟道；
8—散状材料的振动给料器；9—炉顶料仓平台

12.3.2.1 转炉操作平台

转炉操作平台包括炉前与炉后操作平台，供冶炼操作取样、测温、开堵出钢口、挡渣出钢、补炉和进行脱氧加合金料等操作使用。

操作平台标高取决于平台下通过钢包车外缘的标高、转炉耳轴的标高，同时在转炉倾动90°时，操作人员能顺利地进行取样和观察炉况。因此，要求操作平台的标高与耳轴标高相差不要过大或过小，一般波动在800~1200mm范围内。大吨位转炉取上限，小吨位转炉取下限。表12-4所示为不同吨位转炉平台标高范围。

表12-4 不同吨位转炉平台标高

公称吨位/t	50	80	120	210	300
操作平台标高/m	7.0	7.8	9.00	9.4	10.80

12.3.2.2 散状材料和铁合金供料系统平台

散状材料系统的平台布置与供料方式有关，对于大中型氧气转炉车间一般应有三层平台：

（1）加料溜槽平台，用来检修加料溜槽。平台的标高应低于溜槽口，以便操作。

（2）称量漏斗平台，供检修称量漏斗、阀门或给料器用。其标高应根据称量漏斗、高位料仓给料器的尺寸确定。

（3）高位料仓平台，供检修高位料仓、检查存料情况及检修运料设备用。其标高一般与料仓口标高相同。

（4）铁合金供料平台：

1）通过胶带输送机送至高位料仓，经称量、溜槽，加到钢包或转炉内。

2）在操作平台设置料仓，由胶带输送机或吊车将铁合金送入料仓暂存，需用时经溜槽加入钢包。

3）铁合金经高位料仓、平台料仓、称量、溜槽加入钢包中。

铁合金供料平台可与散料平台共用。大型转炉采用第1）种方式供应铁合金者居多。

12.3.2.3 氧枪工作平台

对大中型车间应设三层平台：

（1）氧枪口平台，用来检修氧枪孔密封装置或清除氧枪粘钢，以检测炉液面。其标高应与烟罩上的氧枪插入孔标高相同。

（2）氧枪传动机构安装平台。标高取决于氧枪长度、行程以及传动机构的尺寸和类型。

（3）氧枪软管平台，用于安装氧枪的软管、给排水管道及与软管接头的阀门。其标高位于氧枪管身上的软管接头行程的中点处。

12.3.2.4 副枪工作平台

副枪的升降传动机构，副枪检修，探头储备、更换，杯样的风动输送等作业平台。

12.3.2.5 烟气净化系统平台

烟气净化系统应有供清灰、检修设备用平台；并且汽化冷却汽水分离器、蒸汽包也应设有相应的平台。净化回收系统应有供安装、检修活动烟罩传动设备及密封设施的作业平台以及供活动烟罩移出的平台。

从以上看来，在转炉跨的不同标高上需要设置许多平台，实际上有不少平台可以共用，或采用局部平台。设计时应根据具体情况考虑，尽量简化平台的布置，以节省投资。

12.3.3 转炉跨厂房尺寸的确定

转炉跨厂房尺寸包括长度、宽度和高度。

12.3.3.1 转炉跨厂房长度的确定

转炉跨的长度是由转炉的座数、转炉中心线之间的距离和两头空跨的长度来确定的，即：

$$转炉跨长度 = （转炉座数 - 1）× 转炉中心线间距离 + 两头空跨的长度 \qquad (12-2)$$

实际上转炉跨的长度一般都小于加料跨和浇注跨的长度，也可以与加料跨或浇注跨长度取齐。

12.3.3.2 转炉跨厂房宽度的确定

从操作方面考虑，转炉跨应有足够的宽度，便于双面操作。从转炉跨设备布置考虑，转炉跨必须能布置下烟气净化系统设备、上料系统设备、供氧系统设备、副枪系统设备等。转炉跨的宽度主要取决于转炉的位置、倾斜烟道占用的宽度，同时综合考虑氧枪、副枪、料仓胶带运输机的布置和设备维修时通行用的空间。

12.3.3.3 转炉跨厂房高度的确定

大中型车间的转炉跨是主厂房最高、单位建筑面积投资最多的跨间。转炉跨的高度取决于吊运氧枪吊车的轨面标高。可参考以下情况考虑：

（1）氧枪要有足够的长度，以保证在炉役后期，炉底被侵蚀下降的情况下，能够正常吹炼操作。

（2）氧枪要有足够的上下行程，以保证能够顺利地从烟道氧枪插入孔中提出，进行清渣和更换。

（3）可用来确定吊运氧枪吊车轨面标高的一些因素和数据为：操作平台标高、转炉耳轴标高、炉口标高、烟道氧枪插入孔标高、喷枪行程上限标高以及氧枪本身的各部位尺寸等，但也要参考同类型已投产车间的实际数据。

12.4 精炼跨的布置

在炼钢生产流程中，炉外精炼处于初炼炉与连铸之间，为了使生产流程顺行，通常将炉外精炼布置在两者之间，或靠近出钢线，或靠近连铸。炉外精炼的工艺流程和布置，要考虑从出钢到浇注的全部作业，给精炼操作提供最好的条件。过渡跨布置在转炉与连铸之间，也有大型炼钢厂布置专用精炼跨。图 12-5 为典型炉外精炼车间布置示意图。

12.5 浇注跨的布置

浇注是将合格钢水铸成轧制（或锻压）所需要的一定形状、尺寸和单重的铸坯。现在国内外大多数氧气转炉炼钢车间已全连铸化，这样大大地简化了浇注工艺流程和运输组织，占地少，机械化和自动化程度高，有利于实现铸坯直接热送、热装及连铸连轧。下面主要介绍连铸跨的布置。

由于转炉冶炼周期短，为保证充分发挥连铸机的生产能力，在全连铸车间内，连铸机台数不宜过多，尽量组织多炉连浇，使连铸机小时浇钢能力与转炉小时产钢量相平衡，并

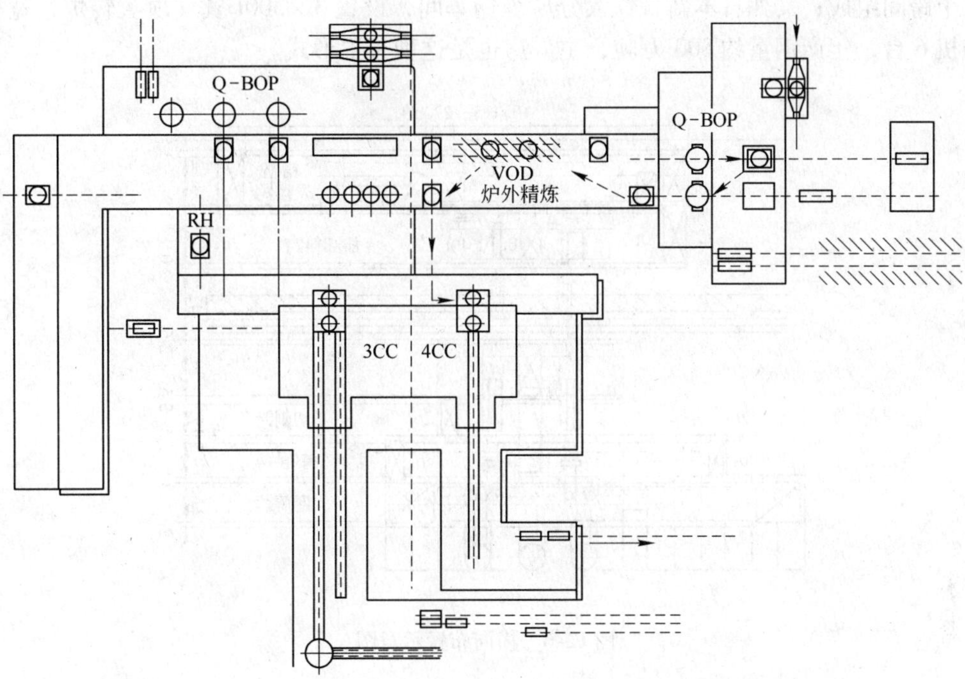

图 12-5 典型炉外精炼车间布置示意图

且连铸机的浇注时间（T_1）与转炉的冶炼周期（T_2）之间必须保持下列关系：

$$T_1 = xT_2 \tag{12-3}$$

小型转炉车间，$x = 1/2$，此时一台连铸机的浇注时间为冶炼周期的一半；对于大、中型转炉车间，$x = 1$ 或 $x = 2$，则连铸机的浇注时间与转炉的冶炼周期相等或是其两倍。

连铸车间工艺布置的原则是：钢水供应方便，留有足够的供中间包拆卸、修砌和烘烤的作业面积，应有结晶器和二冷扇形段的更换、对弧等设备的专门工作区，视钢种和最终产品的用途不同留有适当的铸坯精整区域，采用计算机在线监视和检测等。

12.5.1 连铸机在炼钢车间内的立面布置

连铸机设备基本上置于车间地平面以上，可直接由地面出连铸坯。这种形式操作空间大，设备检修和处理事故方便，连铸坯运输方便，同时通风良好，污水排出方便。

12.5.2 连铸机在炼钢车间内的平面布置

连铸机在炼钢车间内的平面布置形式有三种，即横向布置、纵向布置及靠近轧钢车间布置。

12.5.2.1 横向布置

横向布置是指连铸机的中心线与厂房纵向柱列线相垂直，见图 12-6。如我国某厂 3 × 210t 氧气转炉，八流小方坯连铸机 5 台和板坯连铸机 1 台，主厂房为横向布置，由废钢间及铁水倒罐站、原料跨、转炉跨、钢水及炉外精炼跨、浇注跨、出坯跨、冷却跨及堆坯跨等八个跨间组成；又如日本新日铁大分厂炼钢车间，设置 3×300t 氧气顶吹转炉，宽板坯连铸机 6 台，年产钢量约 800 万吨，主厂房也是这种布置形式。

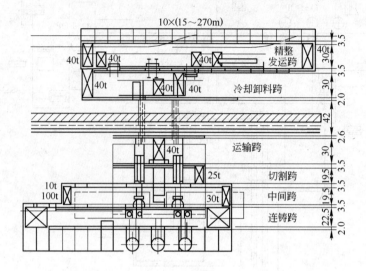

图 12-6　横向布置示意图

横向布置方式的钢包运输距离短，物料流向合理，便于增建和扩大连铸机生产能力。把不同的作业分散在多个跨间内，各项操作互不干扰。因此，横向布置更适用于全连铸车间和多台连铸机成组布置。

12.5.2.2　纵向布置

纵向布置是指连铸机的中心线与厂房纵向柱列线相平行，见图 12-7。如国外某厂，设有 3×300t 氧气转炉，6 台连铸机，年产钢量约 800 万吨，为纵向布置。

纵向布置连铸机，转炉跨与连铸跨之间用钢水包运输线分开，钢水可分别用吊车供应各台连铸机，比较方便。但车间一般较长，再新建连铸机比较困难。

12.5.2.3　连铸机靠近轧钢车间布置

这种布置方式是将连铸机由炼钢车间移至

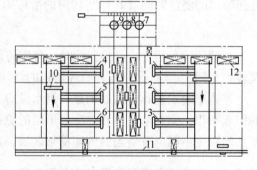

图 12-7　纵向布置示意图
1~6—连铸机；7~9—转炉；10—过跨车；
11—清整作业线；12—吊车

轧钢车间附近，以保证得到高温铸坯，利于实现铸坯的热送或直接轧制。图 12-8 为日本某厂改造后，将连铸机布置在远离转炉车间 600m 的地方，由内燃机车将 1000℃ 的高温铸坯直接送入均热炉。从转炉至连铸机，钢水由内燃机车牵引约需 6min。应该指出，对于新建的工厂，最好使炼钢、连铸、轧钢三个车间尽量靠近，以保证钢水和铸坯的高温运送。

12.5.3　连铸机尺寸的确定

12.5.3.1　连铸机的总长度

连铸机的冶金长度为最大拉速时计算出来的液芯长度；通常连铸机的长度大致为冶金

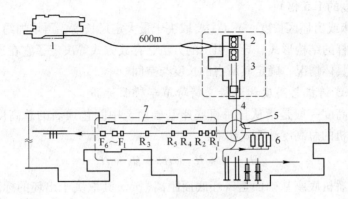

图 12-8　连铸机靠近轧钢车间的工艺布置

1—转炉车间；2—RH 真空处理；3—连铸机；4—直接轧制线；5—旋转台；6—均热炉；7—热轧带钢轧机

长度的 1.1 倍。就车间工艺布置而言，弧形连铸机的总长度是指结晶器外弧垂直切线到冷床后固定挡板之间的水平距离。

因为连铸机总长度较长，各段设备高度和维修要求也不相同。当连铸机采用横向布置时，沿弧形连铸机长度方向只将弧形半径以前的部分布置在浇注跨，其余部分则依次布置在切割、出坯等各跨间内。

弧形连铸机总体尺寸如图 12-9 所示。

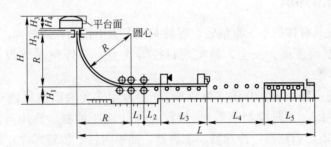

图 12-9　弧形连铸机总体尺寸

弧形连铸机的总长度 $L(\mathrm{m})$ 可按下式结合具体情况计算：

$$L = R + L_1 + L_2 + L_3 + L_4 + L_5 \tag{12-4}$$

式中　R——连铸机圆弧半径，m；

L_1——矫直切点至拉矫机最后一个辊子的距离，m（主要取决于拉矫机类型，当带液芯矫直时 L_1 较长，小方坯连铸机取 1.5~2.0m；对于板坯连铸机，$R+L_1$ 取决于连铸机冶金长度）；

L_2——拉矫机后至切割区前距离，m（适当增加此段长度有利于提高拉速，现代小方坯连铸机可取 8~15m，板坯连铸机可适当缩短）；

L_3——切割区长度，m（火焰切割取决于钢种、钢坯断面尺寸和拉速，根据计算而定，机械剪切取决于设备尺寸；小方坯连铸机取 3~4m）；

L_4——输出辊道或铸坯等待区长度，m（视具体情况而定，一般至少大于最大定尺

长度的 1.5 倍);

L_5——冷床或出坯区长度,m(主要取决于最大定尺长度,再增加约 1m)。

此外,引锭杆的结构形式、导入引出的方法、存放方式等决定了它在连铸机总长中所占位置,应结合具体情况,确定其所占的长度与空间。

12.5.3.2　连铸机总高度和连铸浇铸跨吊车轨面标高

连铸机的总高度一般是指从拉矫机底座基础面至中间包顶面的总高度 $H(m)$,如图 12-9 所示。连铸机的总高度计算式如下:

$$H = R + H_1 + H_2 + H_3 + H_4 \tag{12-5}$$

式中　H_1——拉矫机底座基础面至铸坯底面距离,m。其取决于出坯的标高和设备尺寸,
　　　　　　一般取 0.5 ~ 1.0m;

　　　　H_2——铸机弧形中心至结晶器顶面的距离,m。为结晶器高度的一半,一般取
　　　　　　0.35 ~ 0.45m;

　　　　H_3——结晶器顶面至中间包水口升至最高位置时的距离,m。一般取 0.1 ~ 0.2m;

　　　　H_4——中间包全高,m。一般为 1.0 ~ 1.5m,较大的中间包可达近 2m。

连铸跨吊车轨面标高为连铸机总高度、钢包水口至门形钩顶部吊环中心的高度、吊车主钩的升高极限,再加上钢包水口至中间包顶面的距离和适当的吊车主钩的安全距离,后二者一般取 1.4 ~ 1.6m。

12.6　液压与润滑知识

由于液压系统具有体积小、重量轻,容易实现大功率传动,效率高,设备紧凑,安装和检修方便,控制精度高,安全,易实现自控等优点,在炼钢系统设备中得到一定的应用。

液压传动系统一般由工作介质(液压油)、动力元件(液压油泵)、控制元件(压力控制阀、流量控制阀、方向控制阀等)、执行元件(液压油缸、液压马达)和辅助元件(液压油箱、过滤器、蓄能器、冷却器、加热器、油箱附件、传感元件)组成。

12.6.1　转炉炼钢液压系统应用

转炉炼钢液压系统主要应用于转炉下部烟罩及裙罩升降系统、RH 真空脱气室升降系统、OG 系统中的二文 R 挡板液压伺服控制系统、OG 除尘风机用液力耦合器给油系统等。

转炉下部烟罩及罩裙升降液压系统主要由泵站、裙罩升降台、下部烟罩控制台、油缸等组成。其中,泵站由主油泵、卸荷缓冲回路、油冷却回路、皮囊蓄能器组等部分组成。

12.6.2　转炉炼钢润滑系统应用

约有 50% 以上的设备事故是由润滑不良引起的,因此设备润滑管理工作是做好设备维护工作的关键。

目前炼钢厂转炉的润滑部位包括转炉倾动回转轴承座、减速箱齿轮;氧枪、副枪升降装置;皮带运输机;炉下车行走机构等。

设备润滑关键要定时、定量、定人加润滑剂。

学习重点与难点

学习重点：高级工要求掌握车间的布置方式。

学习难点：无。

思考与分析

转炉炼钢车间有哪几种布置方式，是根据什么确定的？

13 耐火材料、转炉炉衬和炉龄

教学目的与要求

1. 合理操作提高炉龄。
2. 选择合适的参数进行溅渣护炉操作。

13.1 氧气转炉用耐火材料

自氧气转炉问世以来，其炉衬的工作层都是用碱性耐火材料砌筑。曾经用过白云石质耐火材料，炉龄一般在几百炉。直到 20 世纪 70 年代开始以"死烧"或电熔镁砂和碳素材料为原料，用各种碳质结合剂，制成镁碳砖。镁碳砖兼备了镁质和碳质耐火材料的优点，克服了传统碱性耐火材料的缺点，如图 13-1 所示。镁碳砖的抗渣性强，导热性能好，避免了镁砂颗粒产生热裂；同时由于有结合剂固化后形成的碳网络结构，将氧化镁颗粒紧密牢固地连接在一起。用镁碳砖砌筑转炉内衬，大幅度提高了炉衬使用寿命，再配合适当维护方式，炉龄可达到万炉以上。

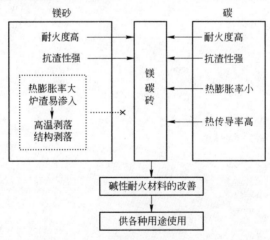

图 13-1 镁碳砖性能

13.1.1 转炉内衬用砖

转炉的内衬是由绝热层、永久层和工作层组成。绝热层也称隔热层、保温层。

绝热层一般是用多晶耐火纤维砌筑，炉帽的绝热层也有用树脂镁砂打结而成；永久层各部位用砖也不完全一样，多用低档镁碳砖，或焦油白云石砖，或烧结镁砖砌筑；工作层全部砌筑镁碳砖。

练习题

1. 转炉的内衬是由绝热层、永久层和工作层组成。（　　）√

2. 关于转炉的内衬组成，分为永久层、工作层和溅渣层。（　　）×

3. 顶吹转炉的内衬是由绝热层、永久层和溅渣层组成。（　　）×

4. 镁碳砖的特点是耐高温性能好，抗渣性能好。（　　）√

5. 转炉内衬永久层用高档的镁碳砖砌筑。（　　）×

6. 转炉的绝热层一般多用多晶耐火纤维砌筑。（　　）√

7. 转炉内衬的工作层全部砌筑镁碳砖。（　　）√

8. 转炉内衬的绝热层一般用（　　）砌筑。A

   A. 多晶耐火纤维　　　　B. 焦油白云石砖　　　　C. 镁碳砖

9. 转炉的工作层砌筑属于（　　）。A

   A. 干砌　　　　　　　　B. 湿砌　　　　　　　　C. 火砌

10. 顶吹转炉的内衬是由（　　）组成。B

   A. 炉壳、耐火材料层和溅渣层　　　　B. 绝热层、永久层和工作层

   C. 永久层、变质层和工作层　　　　　D. 定型耐材层和散料耐材工作层

11. MT14A 中 14 含义是（　　）。B

   A. MgO 含量　　B. C 含量　　C. 密度　　D. 耐火度标志

12. 转炉内衬的工作层用（　　）砌筑。C

   A. 多晶耐火纤维　　B. 焦油白云石砖　　C. 镁碳砖

13. 转炉炉衬最外层是（　　）。C

   A. 工作层　　　　B. 永久层　　　　C. 绝热层

14. 转炉的绝热层一般多用（　　）砌筑。C

   A. 低档镁碳砖　　B. 焦油白云石砖　　C. 多晶耐火纤维

15. 转炉内衬工作层用（　　）砌筑。D

   A. 镁砖　　　　B. 镁钙砖　　　　C. 镁白云石砖　　D. 镁碳砖

16. 转炉炼钢炉衬工作层目前都使用（　　）。D

   A. 黏土砖　　　　B. 高铝砖　　　　C. 白云石砖　　D. 镁碳砖

17. 以下关于永久层砌筑用耐火砖，一般不使用（　　）砌筑。D

   A. 低档镁碳砖　　B. 焦油白云石砖　　C. 烧结镁砖　　D. 高档铝镁砖

18. 以下关于转炉的内衬组成，不包括的一项是（　　）。D

   A. 隔热层　　　　B. 永久层　　　　C. 工作层　　　　D. 喷补层

19. （多选）转炉用镁碳砖的主要成分有（　　）。BC

   A. Mg　　　　B. C　　　　C. MgO　　　　D. Al_2O_3

20. （多选）（　　）可用于转炉永久层砌筑。ABD

   A. 镁碳砖　　　　B. 焦油砖　　　　C. 铝镁不烧砖　　D. 烧结镁砖

21.（多选）转炉的内衬是由（　　）组成的。ABC

A. 隔热层　　　　　　B. 永久层　　　　　　C. 工作层　　　　D. 喷补层

22.（多选）转炉的绝热层用（　　）砌筑。AB

A. 多晶耐火纤维　　　B. 树脂镁砂打结　　　C. 低档镁碳砖　　D. 焦油白云石砖

23.（多选）永久层砌筑用耐火砖，一般使用（　　）砌筑。ABC

A. 低档镁碳砖　　　　B. 焦油白云石砖　　　C. 烧结镁砖　　　D. 高档铝镁砖

24.（多选）永久层砌筑用耐火砖，一般不使用（　　）砌筑。CD

A. 低档镁碳砖　　　　B. 焦油白云石砖　　　C. 树脂镁砂　　　D. 高档铝镁砖

25.（多选）钢水包内衬一般是由（　　）组成。BCD

A. 包壳　　　　　　　B. 保温层　　　　　　C. 永久层　　　　D. 工作层

26.（多选）以下关于转炉内衬使用耐火材料，正确的是（　　）。ABD

A. 绝热层一般用多晶耐火纤维砌筑　　　　B. 炉帽的绝热层用树脂镁砂打结而成

C. 永久层用高档镁碳砖砌筑而成　　　　　D. 工作层全部砌筑镁碳砖

27.（多选）关于转炉永久层砌筑耐火材料，多用（　　）砌筑。ABD

A. 低档镁碳砖　　　　B. 焦油白云石砖　　　C. 高档镁碳砖　　D. 烧结镁砖

28.（多选）转炉炉衬的组成包括（　　）。BCD

A. 溅渣层　　　　　　B. 绝热层　　　　　　C. 永久层　　　　D. 工作层

+・+

　　转炉的工作层与高温钢水、熔渣直接接触，受高温熔渣的化学侵蚀，受钢水、熔渣和炉气的冲刷，还受加废钢时的机械冲撞等，工作环境十分恶劣。在吹炼过程中，由于各部位的工作条件不同，内衬的蚀损状况和蚀损量也不一样。针对这一状况，视衬砖损坏程度的差异，砌筑不同材质或同一材质不同级别的耐火砖，这就是所谓的综合砌炉。容易损坏或不易修补的部位，砌筑高档镁碳砖；损坏较轻又容易修补部位，可砌筑中档或低档镁碳砖。应用溅渣护炉技术后，在选用衬砖时还应考虑衬砖与熔渣的润湿性，若碳含量太高，熔渣与衬砖润湿性差，溅渣时熔渣不易黏附，对护炉不利。综合砌炉后整个炉衬砖的蚀损程度比较均衡，可延长炉衬的整体使用寿命。转炉内衬砌砖情况如下：

　　（1）炉口部位。应砌筑具有较高抗热震性和抗渣性，耐熔渣和高温炉气冲刷，并不易粘钢，即使粘钢也易于清理的镁碳砖。

　　（2）炉帽部位。应砌筑抗热震性和抗渣性能好的镁碳砖，有的厂家砌筑 MT14B 牌号的镁碳砖。

　　（3）炉衬的装料侧。除应具有高的抗渣性和高温强度外，还应耐热震性好，一般砌筑添加抗氧化剂的镁碳砖；也有厂家选用 MT14A 的镁碳砖。

　　（4）炉衬出钢侧。受热震影响较小，但受钢水的热冲击和冲刷作用。常采用与装料侧相同级别的镁碳砖，但其厚度可稍薄些。

　　（5）渣线部位。与熔渣长时间接触，是受熔渣蚀损较为严重的部位。出钢侧渣线随出钢时间而变化，不够明显；但排渣侧，由于强烈的熔渣蚀损作用，再加上吹炼过程中转炉腹部遭受的其他作用，这两种作用的共同影响造成蚀损比较严重。因而需要砌筑抗渣性良好的镁碳砖，可选用 MT14A 的镁碳砖。

（6）两侧耳轴。除受吹炼过程的蚀损外，其表面无渣层覆盖，因此衬砖中碳极易被氧化，此处又不太好修补，所以蚀损较严重。应砌筑抗氧化性强的高级镁碳砖，可砌筑 MT14A 的镁碳砖。

（7）熔池和炉底部位，也有称其为炉缸与炉底。应用复吹工艺后，炉底装有底吹喷嘴，操作不当极易损坏，炉底也可砌筑 MT14B 镁碳砖。

综合砌炉可以达到炉衬蚀损均衡，提高转炉内衬整体的使用寿命，有利于改善转炉的技术经济指标。图 13-2 是我国某顶底复合吹炼转炉炉衬综合砌筑的实例。转炉炉衬的工作层用砖见表 13-1。

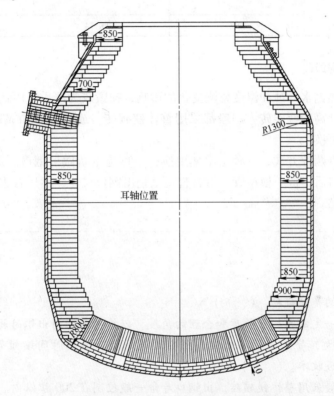

图 13-2 我国某厂 300t 复吹转炉炉衬综合砌筑图

表 13-1 转炉炉衬工作层用砖牌号及符号

部 位	厚度/mm	符 号	牌 号
炉帽	550	MTD61A MTD62A MTD65A	MT10A MT10B MT10C
炉身	600	MTD61 MTD62	MT14A MT18A MT14B MT18B MT14C MT18C
	700	MTD63 MTD64	
熔池	600	MTD14A MTD15B	MT18A MT18B MT18C

部　位	厚度/mm	符　号	牌　号
炉　底	500	MTZ24　MTZ25　　MTZ26 MTZ27B　MTZ28C　MTZ29B MTZ30C　MTZ32　MTZ33 MTZ34　MTZ35	MT18A MT18B MT18C
供气砖	500	GQ-3F	GQ-3F
出钢口	300	MTZ66 MTZ67	MT14A MT14B MT14C
	1200	MTK-74	MTK-74

13.1.2　转炉出钢口砖

出钢口受高温钢水冲蚀和温度急剧变化的影响，损毁较为严重，因此应砌筑具有耐冲蚀性好、抗氧化性高的镁碳砖。一般都采用整体镁碳砖，或组合砖如 MT14A 镁碳砖；使用约 200 炉就需更换。

更换出钢口有两种方式，一种是整体更换；一种是重新做出钢口。重新做出钢口时，首先清理原出钢口后，放一根钢管，钢管直径就是出钢口尺寸，然后在钢管外壁周围填以镁砂，并进行烧结。

——

📝 **练 习 题**

1. 出钢口砖使用的是镁碳砖。（　　）√
2. 出钢口应保持一定的直径、长度和合理的角度，以维持合适的出钢时间。（　　）√
3. 出钢口变形扩大，导致出钢易散流、还会大流下渣、出钢时间缩短等，会导致回磷，而且降低合金吸收率。（　　）√
4. 转炉出钢口一般采用整体镁碳砖，出钢口寿命一般控制在 200 炉以内。（　　）√
5. 转炉出钢口受高温钢水冲蚀和温度急剧变化的影响，损毁较为严重，因此应砌筑具有耐冲蚀性好、抗氧化性高的镁碳砖。（　　）√
6. 转炉炉衬砖的材质是焦油镁砂砖。（　　）×
7. 出钢口砖的材质是高铝质。（　　）×
8. 下面对出钢口的论述，正确的是（　　）。A
   A. 出钢口变形扩大，导致出钢易散流、还会大流下渣、出钢时间缩短等，会导致回[P]，而且降低合金吸收率
   B. 出钢口应保持一定长度，但不用保持合理的角度，维持合适的出钢时间即可
   C. 出钢时间太短，加入的合金可以很快充分熔化，分布也均匀，但影响合金吸收率的稳定性
   D. 出钢时间过长，钢流二次氧化减少，但温降大，并影响转炉的生产率
9. 镁碳砖的特点是（　　）。A

A. 耐高温性能好，抗渣性能好　　　　　B. 耐高温性能好，抗渣性能差

C. 耐高温性能差，抗渣性能好

10. 转炉出钢口更换，一般采用的更换方式中，以下不属于的是（　　）。B

A. 整体更换　　　　B. 分段式更换　　　　C. 重新做出钢口

11. 转炉（　　）要采用综合砌炉。B

A. 绝热层　　　　B. 工作层　　　　C. 永久层　　　　D. 填充层

12. 镁碳砖原料中的树脂起（　　）作用。C

A. 耐火材料　　　　B. 抗氧化剂　　　　C. 结合剂　　　　D. 不起

13. 转炉出钢口受高温钢水冲蚀和温度急剧变化的影响，损毁较为严重，因此应砌筑具有耐冲蚀性好、抗氧化性高的（　　）。C

A. 铝碳砖　　　　B. 尖晶石　　　　C. 镁碳砖　　　　D. 菱镁矿

14. 对砌砖抗氧化性要求较高的部位是（　　）。C

A. 炉口部位　　　　　　　　　　B. 炉衬的出钢侧砌砖

C. 两侧耳轴部位砖衬　　　　　　D. 熔池部位

15. 出钢口砌筑使用（　　）砌筑。C

A. 多晶耐火纤维　　　　B. 焦油白云石砖　　　　C. 镁碳砖

16. 转炉出钢口一般采用整体镁碳砖，出钢口寿命一般控制在不大于（　　）炉以内。C

A. 50　　　　B. 100　　　　C. 200　　　　D. 300

17. 均衡炉衬是指根据转炉炉衬各部位的蚀损机理及侵蚀情况，（　　）。C

A. 在不同部位采用不同厚度和相同材质的炉衬

B. 在不同部位采用相同厚度和不同材质的炉衬

C. 在不同部位采用不同材质和不同厚度的炉衬

18. 转炉炉口工作层砌筑镁碳砖与砌筑焦油白云石相比其主要优点是（　　）。C

A. 白云石砖耐高温，保温性好，易于砌筑

B. 镁碳砖强度高，耐高温，高温膨胀率小

C. 镁碳砖耐侵蚀，高温膨胀率大

19. 转炉炉衬砖的材质是（　　）。C

A. 镁白云石砖　　　　B. 焦油镁砂砖　　　　C. 镁碳砖　　　　D. 铝镁碳砖

20.（多选）下面对出钢口的论述，不正确的是（　　）。BC

A. 出钢口变形扩大，导致出钢易散流、还会大流下渣、出钢时间缩短等，会导致回磷，而且降低合金吸收率

B. 出钢口应保持一定的直径和合理的角度，但不用保持长度，确保合适的出钢时间

C. 出钢时间短，加入的合金可以很快充分熔化，分布也均匀

D. 出钢时间长，钢流二次氧化严重，温降大，并影响转炉的生产率

21.（多选）下面对出钢口的论述，正确的是（　　）。ABD

A. 出钢口变形扩大，导致出钢易散流、还会大流下渣、出钢时间缩短等，会导致回磷，而且降低合金吸收率

B. 出钢口应保持一定的直径、长度和合理的角度，以维持合适的出钢时间

C. 出钢时间短，加入的合金可以很快充分熔化，分布也均匀

　　D. 出钢时间过长，钢流二次氧化严重，温降大，并影响转炉的生产率

22. （多选）转炉炼钢炉衬砖是（　　）材料制作的。CD

　　A. MgO、CaO　　　　B. CaO　　　　　　C. MgO　　　　　　D. C

23. （多选）关于出钢口耐火材料叙述，正确的是（　　）。ABD

　　A. 出钢口砌筑需要具有较好的耐冲蚀性

　　B. 出钢口砌筑需要具有较好的抗氧化性

　　C. 出钢口砌筑需要具有较好的抗变形性

　　D. 出钢口砌筑可以使用整体更换方式或组合式

24. （多选）转炉出钢口更换，一般采用的更换方式有（　　）。AC

　　A. 整体更换　　　　　B. 分段式更换　　　　C. 重新做出钢口

25. （多选）转炉炉口工作层砌筑镁碳砖与砌筑焦油白云石相比其主要优点是（　　）。ABD

　　A. 镁碳砖耐高温　　　B. 易于砌筑　　　　C. 高温膨胀率高　　　D. 保温性好

26. （多选）转炉工作层采用镁碳砖砌筑的主要原因有（　　）。ABC

　　A. 工作层与高温钢水接触，容易侵蚀

　　B. 工作层与炉渣接触，受到冲刷

　　C. 工作层受加废钢冲击，工作条件恶劣

　　D. 工作层受溅渣冲击，容易损坏

27. （多选）转炉采用综合砌筑的原因是（　　）。ABCD

　　A. 转炉各部位条件不同，受侵蚀程度不同

　　B. 工作层接触高温、侵蚀和冲击，工作条件最差，需砌筑高档耐火砖

　　C. 视衬砖的不同材质砌筑不同的转炉部位，可以节约成本

　　D. 综合砌筑使衬砖侵蚀程度均衡，延长整体寿命

28. （多选）关于综合砌炉，说法正确的是（　　）。ABCD

　　A. 容易损坏或不易修补的部位，砌筑高档镁碳砖

　　B. 损坏较轻又容易修补的部位，可砌筑中档或低档镁碳砖

　　C. 若碳含量太高，熔渣与衬砖润湿性差，溅渣时不易黏附，对护炉不利

　　D. 采用综合砌炉后，整个炉衬砖的蚀损程度比较均衡，可延长炉衬的整体使用寿命

13.1.3　复吹转炉底部供气用砖

　　从转炉底部供入 Ar、N_2、CO_2 或三者与氧的混合物，复吹时产生高温和强烈的搅拌作用，因此底部供气砖必须具有较强的耐高温、耐侵蚀、耐冲刷、耐磨和抗剥落性能；从冶炼角度讲，要求气体通过供气砖产生的气泡要细小均匀；供气砖的使用要安全可靠，寿命尽可能与炉衬寿命同步，其耐火材料使用镁碳质仍然为最佳材料。

13.2　炉衬寿命

13.2.1　炉衬损坏的原因

　　炉衬与高温钢水和熔渣直接接触，损坏的原因主要有以下几方面：

（1）机械作用。加废钢和兑铁水对炉衬的冲撞与冲刷，炉气与炉液流动对炉衬的冲刷磨损，清理炉口结渣的机械损坏。

（2）高温作用。反应的高温作用会使炉衬表面软化、熔融。

（3）化学侵蚀。高温熔渣与炉气对炉衬的化学侵蚀比较严重。

（4）炉衬剥落。由于温度急冷急热所引起炉衬的剥落，以及炉衬砖本身矿物组成分解引起的层裂等。

这些因素的单独作用，或综合作用而导致炉衬砖的损坏。

13.2.2　炉衬砖的蚀损机理

转炉内衬的工作层全部砌筑镁碳砖。镁碳砖中含有相当数量的石墨碳，它与熔渣的润湿性较差，阻碍着熔渣向砖体内的渗透，所以镁碳砖的使用寿命长。

据对镁碳砖残砖的观察，其工作层表面比较光滑，但存在着明显的三层结构。工作表面有 $1 \sim 3mm$ 很薄的熔渣渗透层，也称反应层；脱碳层厚度为 $0.2 \sim 2mm$，也称变质层；与其相邻的是原砖层。其各层化学成分与岩相组织各异。

镁碳砖工作层表面的碳首先受到氧化性熔渣 TFe 的氧化物、供入的 O_2、炉气中 CO_2 等氧化性气氛的氧化作用，以及高温下 MgO 的还原作用，使镁碳砖工作层表面形成脱碳层。其反应如下：

$$(FeO) + C == \{CO\} + [Fe]$$

$$\{CO_2\} + C == 2\{CO\}$$

$$MgO + C == \{Mg\} + \{CO\}$$

砖体的工作层表面由于碳的氧化脱除，砖体组织结构松动脆化，在炉液的流动冲刷下流失而被蚀损；同时，由于碳的脱除所形成的孔隙，或者镁砂颗粒产生微细裂纹，熔渣从孔隙和裂纹的缝隙渗入，并与 MgO 反应生成低熔点 $CMS(CaO \cdot MgO \cdot SiO_2)$、$C_3MS_2(3CaO \cdot MgO \cdot 2SiO_2)$、$CaO \cdot Fe_2O_3$、FeO 及 $MgO \cdot Fe_2O_3$ 固溶体等矿物；起初这些液相矿物比较黏稠，暂时留在方镁石晶粒的表面，或砖体毛细管的入口处，随着反应的继续进行，低熔点化合物不断地增多，液态胶结相黏度逐渐降低，直至不能黏结方镁石晶粒和晶粒聚合体时，引起方镁石晶粒的消融和镁砂颗粒的解体，因而方镁石晶粒分离浮游而进入熔渣，砖体熔损也逐渐变大。熔渣渗透层（也称变质层）流失后，脱碳层继而又成为熔渣渗透层，在原砖层又形成了新的脱碳层。基于上述的共同作用砖体被熔损。

镁碳砖通过氧化—脱碳—冲蚀，最终镁砂颗粒飘移流失于熔渣之中，镁碳砖就是这样被侵蚀损坏的。图 13-3 为镁碳砖蚀损示意图。由于镁碳砖中的电熔镁砂的方镁石晶粒大，颗粒边缘几乎没有液相引起的熔损，主要是颗粒出现了微细裂纹，熔渣渗入后引起的氧化—脱碳—熔损。要提高镁碳砖的使用寿命，关键是要提高砖制品的抗氧化性能。

镁碳砖出钢口的蚀损是由于气相氧化—组织结构恶化—磨损侵蚀而蚀损的。

转炉底部镁碳质供气砖的损毁机理除了上述的脱碳—再反应—渣蚀的损毁外，在冶炼过程中还受到钢水的剧烈冲刷、熔渣侵蚀、频繁急冷急热的作用以及同时吹入气体的磨损作用等。

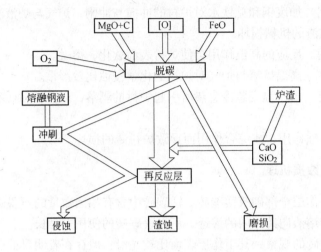

图 13-3　镁碳砖蚀损示意图

练 习 题

1. 炉衬的侵蚀过程是按照"侵蚀—脱碳—冲刷"循环往复地进行的。（　　）×

2. 氧气顶吹转炉每天平均吹炼的炉数越多，则空炉时间越少，造成炉体寿命降低。（　　）×

3. 在转炉冶炼过程中，炉衬受到化学侵蚀比较严重，一般前期是 SiO_2 对炉衬侵蚀，后期是 FeO 对炉衬侵蚀。（　　）√

4. 钢液对炉衬的润湿情况中（　　）的润湿性最好。A

   A. 脱碳层　　　　　B. 反应层　　　　　C. 原质层　　　　　D. 永久层

5. 炉衬的侵蚀过程大致就是按照（　　）的机理循环往复地进行的。A

   A. 氧化脱碳→侵蚀→冲刷　　　　　　B. 侵蚀→氧化脱碳→冲刷

   C. 冲刷→侵蚀→氧化脱碳

6. 经过对使用后的残砖取样观察，发现残砖断面可以依次分为（　　）三个层带。C

   A. 脱碳层→原质层→熔渣层　　　　　B. 原质层→熔渣层→脱碳层

   C. 熔渣层→脱碳层→原质层

7. 渣中的（　　）使炉衬脱碳后，破坏了衬砖的碳素骨架，熔渣会渗透衬砖使之发生破损。C

   A.（CaO）　　　　　B.（SiO_2）　　　　　C.（FeO）

8. （多选）经过对使用后的残砖取样观察，发现残砖断面明显地依次分为（　　）三个层带。ABC

   A. 熔渣层　　　　　B. 脱碳层　　　　　C. 原质层

9. （多选）关于转炉炉衬的蚀损机理，论述正确的是（　　）。ABC

   A. 炉衬砖的脱碳是炉衬损坏的首要原因

   B. 化学侵蚀是炉衬破损的重要原因

C. 脱碳是化学侵蚀的第一步，由于炉衬的脱碳而造成炉衬砖的不断熔损

D. 急冷急热是炉衬损坏的首要原因

10. （多选）熔渣对耐火材料的侵蚀包括（　　）。ACD

A. 化学侵蚀　　　　B. 高温侵蚀　　　　C. 物理溶解　　　　D. 机械冲刷

11. （多选）转炉炉衬的损坏原因，主要有（　　）。ABCD

A. 机械作用　　　　B. 高温作用　　　　C. 炉衬剥落　　　　D. 化学侵蚀

13.2.3 影响炉衬寿命的因素

13.2.3.1 炉衬砖的材质

A 镁砂

镁碳砖质量的好坏直接影响着炉衬使用寿命，而原材料的纯度是砖质量的基础。

镁砂中有杂质 B_2O_3，一定要严格控制（B_2O_3）在 0.7% 以下，减少 $2MgO \cdot B_2O_3$ 等低熔点（1350℃）化合物的形成，以避免低熔点化合物降低镁砂颗粒的耐火度和高温性能。

镁砂中杂质（$SiO_2 + Fe_2O_3$）含量的增加，会使镁碳砖的失重率增大。当镁碳砖在 1500~1800℃ 下使用，镁砂中 SiO_2 先于 MgO 与 C 起反应，留下的孔隙使镁碳砖的抗渣性变差，使砖体的组织结构松动恶化，从而降低砖的使用寿命。

镁砂中（CaO）/（SiO_2）过低，就会出现 CMS、C_3MS_2 等低熔点的含镁硅酸盐，并进入液相，从而增加了液相量，影响镁碳砖使用寿命。所以（CaO）/（SiO_2）>2 是非常必要的。

此外，镁砂的体积密度和方镁石晶粒的大小，对镁碳砖的耐侵蚀性也有着十分重要的影响。试验表明方镁石的晶粒直径越大,砖体的失重率越小,在冶金炉内的熔损速度也越缓慢。

实践表明，砖体性能与镁砂有直接的关系。只有使用体积密度高、气孔率低、方镁石晶粒大、晶粒发育良好、高纯度的优质镁砂，才能生产出高质量的镁碳砖。

B 石墨

石墨中杂质含量同样也关系着镁碳砖的性能。研究表明，当石墨中（SiO_2）>3% 时，砖体的蚀损指数急剧增长。

C 其他材料

树脂及其加入量对镁碳砖也有影响。实验结果表明，随树脂加入量的增加，砖体的显气孔率降低；当树脂加入量在 5%~6% 时，显气孔率急剧降低；而体积密度则随树脂量的增加而逐渐降低。

加入金属添加剂是抑制镁碳砖氧化的手段。添加物种类及加入量对镁碳砖的影响也各不相同。可以根据镁碳砖砌筑部位的需要,加入不同金属添加物。金属添加剂有 Ca、Si、Al 等。

13.2.3.2 吹炼操作

铁水成分、工艺制度等对炉衬寿命均有影响。如铁水 Si 含量高时，渣中 SiO_2 含量相应也高，渣量大，对炉衬的侵蚀，冲刷也会加剧。但铁水中 Mn 含量高对冶炼有益，能够改善炉渣流动性，减少萤石用量，有利于提高炉衬寿命。

冶炼初期炉温低，熔渣碱度在 2 左右，（FeO）含量为 10%~40%，这种初期酸性渣对炉衬蚀损势必十分严重。通过熔渣中 MgO 的溶解度，可以看出炉衬被蚀损情况。

熔渣中 MgO 饱和溶解度，随碱度的升高而降低，随温度升高而增加。温度每升高约 50℃，MgO 的饱和溶解度就增加 $1.0\% \sim 1.3\%$。当碱度约为 3，温度由 1600℃ 提高到 1700℃ 时，MgO 的饱和溶解度由 6.0% 增加到 8.5% 左右。在高碱度炉渣中 FeO 对 MgO 的饱和溶解度影响不明显。现将吹炼工艺因素对炉龄的影响列表 13-2。

表 13-2　工艺因素对炉龄的影响及提高炉龄的措施

项　目	对炉龄的影响	目　标	工　艺　措　施
铁水条件	铁水 Si 高，渣量大，初期渣对炉衬侵蚀；S 高，P 高造成多次倒炉后吹，易使炉渣过氧化，终点温度高，使终渣侵蚀加剧。	稳定吹炼操作，提高终点命中率。	铁水 100% 经预处理工艺，铁水应 [S]≤0.04%，[Si]≤0.04%。
冶炼操作	前期化渣不良，炉渣碱度偏低，中期返干喷溅严重；后期过氧化，炉衬受到强烈辐射、冲刷与化学侵蚀，炉衬蚀损严重。	前期早化渣，避免中期返干，控制终点 TFe 不要过高。	采用计算机静态控制，标准化吹炼，提高入炉铁水温度，便用活性石灰，前期快速成渣；采用复吹工艺，控制喷溅和终渣 TFe 含量。
终点控制	高温出钢，当出钢温度≥1620℃后，每提高 10℃，炉龄降约 15 炉；渣中 TFe 每提高 5%，增加炉衬侵蚀速度 $0.2 \sim 0.3\text{mm/炉}$；每增加一次倒炉平均降低炉龄 30%；平均每增加一次后吹，炉衬侵蚀速度提高 0.8 倍。	尽量减少倒炉次数，控制终点温度波动小于 ±10℃，降低出钢温度。	采用计算机动态控制技术，避免多次倒炉。或采用终点不倒炉测温取样技术，炉外精炼加强钢包的周转和烘烤，或红包受钢降低出钢温度。
护炉工艺	采用各种护炉工艺可提高炉龄 3 倍以上，监测掌握炉衬侵蚀情况。	进一步提高炉龄。	采用激光监测炉衬蚀损情况，可综合砌筑炉衬，配合溅渣护炉技术和喷补技术。
其　他	减少停炉次数和时间，避免炉衬激冷，防止炉衬局部严重损坏，维护合理的炉型。	提高转炉生产作业率。	加强炼钢、精炼、连铸生产调度与管理。

13.2.4　提高炉龄的措施

炉龄是转炉生产的一项综合指标，炉龄的高低不仅反映一个钢厂的铁水条件，技术装备水平，也反映出该钢厂的工艺操作水平和生产管理水平。

通过对炉衬寿命影响因素的分析来看，若提高炉龄应从改进炉衬材质，优化炼钢工艺，加强对炉衬的维护等方面着手。

（1）应用溅渣护炉技术，充分发挥护炉效果。

（2）优化转炉冶炼工艺，提高自动化水平，提高终点控制的命中率，减少后吹，控制合适的终点渣成分和出钢温度，少出高温钢等。

（3）加强日常炉衬的维护，及时测量炉衬厚度做好喷补，搞好动态管理。

（4）采用综合砌炉，根据技术规程进行砌炉和烘烤炉衬。

13.2.4.1　补炉方法的选择

在日常生产中，根据炉衬砖蚀损的部位和蚀损程度确定维护方法。一般用补炉料或补炉砖修补、喷补技术和溅渣护炉技术等方法对炉衬进行维护。

例如，炉底的维护以补炉为主，根据激光测厚仪所测定残砖厚度，确定补炉料的加入数量及烘烤时间；补炉料为镁质冷补炉料或补炉砖。炉身的装料侧可采用喷补与补炉相结合维护；耳轴及渣线部位只能喷补维护；出钢口是采用喷补与补炉相结合的维护方式，并且还要根据损坏情况整体更换或重做新出钢口。炉帽部位是以喷补为主的维护方式。

此外，在炉役各阶段除采用补炉和喷补维护外，均采用溅渣护炉技术维护炉衬。

13.2.4.2　炉衬材质

氧气转炉炉衬已经普遍地使用镁碳砖。我国新制订了镁碳砖生产标准，按砖的碳含量不同分为五类，每类根据理化指标又分为 A、B、C 三个牌号，其理化性能见表13-3。

表13-3　转炉炉衬工作层用砖的理化性能（GB/T 22589—2008）

牌　号	物　理　指　标				化学成分 w/%	
	显气孔率/%	体积密度/g·cm⁻³	常温耐压强度/MPa	高温抗折强度/MPa	MgO	C
MT-10A	≤4.0	≥3.10±0.08	≥40	≥6	≥80	≥10
MT-10B	≤4.5	≥3.05±0.08	≥40	—	≥79	≥10
MT-10C	≤5.0	≥3.00±0.08	≥35	—	≥78	≥10
MT-12A	≤4.0	≥3.05±0.08	≥40	≥6	≥78	≥12
MT-12B	≤4.0	≥3.02±0.08	≥35	—	≥77	≥12
MT-12C	≤4.5	≥3.00±0.08	≥35	—	≥75	≥12
MT-14A	≤3.5	≥3.03±0.08	≥40	≥10	≥76	≥14
MT-14B	≤3.5	≥2.98±0.08	≥35	—	≥74	≥14
MT-14C	≤4.0	≥2.95±0.08	≥35	—	≥72	≥14
MT-16A	≤3.5	≥3.00±0.08	≥35	≥8	≥74	≥16
MT-16B	≤3.5	≥2.95±0.08	≥35	—	≥72	≥16
MT-16C	≤4.0	≥2.90±0.08	≥30	—	≥70	≥16
MT-18A	≤3.0	≥2.97±0.08	≥35	≥10	≥72	≥18
MT-18B	≤3.5	≥2.92±0.08	≥30	—	≥70	≥18
MT-18C	≤4.0	≥2.87±0.08	≥30	—	≥69	≥18

13.2.4.3　系统优化炼钢工艺

系统优化炼钢工艺，采用铁水预处理→转炉复吹工艺→炉外精炼→连续铸钢的现代化炼钢模式。这样，进入转炉的是精料，炉外钢水精炼又可以承担传统转炉炼钢的部分任务。实现少渣操作工艺后，转炉只是进行脱碳升温；不仅缩短吹炼时间，更重要的是减轻了高氧化性炉渣对炉衬的蚀损。转炉应用过程自动控制技术，可以提高终点控制命中率的精度，也可以减轻对炉衬的蚀损。转炉应用复吹技术和活性石灰，不仅加快成渣速度，缩短冶炼时间，也利于提高炉龄。

13.2.4.4　炉衬的喷补

炉衬喷补是通过专用设备将散状耐火材料喷射到红热炉衬表面，进而烧结成一体，使损坏严重的部位形成新的烧结层，炉衬得到部分修复，可以延长使用寿命。根据补炉料含水与否，含水的多少，喷补方法有干法喷补、半干法喷补等，此外还有火焰喷补，目前多用半干法喷补方式。

对喷补料的要求是：

（1）有足够的耐火度，能够承受炉内高温的作用。

（2）喷补料能附着在被喷补的炉衬上，材料的反跳和流落损失要小。

（3）喷补料附着层能与被喷补的红热炉衬表面很好地烧结、熔融为一体，并具有较高的机械强度。

（4）喷补料附着层应能够承受高温炉渣、钢水、炉气及金属氧化物蒸气的侵蚀。

（5）喷补料的线膨胀率或线收缩率要小，最好接近于零，否则会因膨胀或收缩产生应力致使喷补层剥落。

（6）喷补料在喷射管内流动流畅。

喷补料的组成：喷补料由耐火材料、化学结合剂、增塑剂和少量水组成。

（1）耐火材料。用冶金镁砂，其 MgO 含量在 90% 以上、CaO 含量 2% 左右并要求 $(CaO)/(SiO_2) > 1.8$，其他氧化物如（Al_2O_3）、（Fe_2O_3）等总含量应小于 1.5%。并要有合适粒度配比。

（2）结合剂。能快速固化达到最佳的黏结效果，可用固体水玻璃，即硅酸盐（$Na_2O \cdot nSiO_2$），也可用铬酸盐、磷酸盐（三聚磷酸钠）等。

此外还可加入适量羧甲基纤维素。

喷补料的用量视损坏程度确定，喷补后根据喷补料的用量确定是否烘烤及烘烤时间。

半干法喷补喷补料到喷管喷嘴的端部才与水混合，将半湿的喷补料喷射到炉衬需喷补部位。这种方法的喷补层厚度可以达到 20~30mm，并具有耐蚀损的优点，各厂家采用较多。

13.2.4.5 粘渣护炉

在 20 世纪 70 年代初，曾采用了白云石，或白云石质石灰，或菱镁矿造渣，使熔渣中（MgO）达到过饱和，并遵循"初期渣早化，过程渣化透，终点渣作粘，出钢挂上"的造渣原则。由于炉渣中有一定的（MgO），可以减轻初期渣对炉衬侵蚀；出钢后通过摇炉，使黏稠炉渣在炉衬表面可形成挂渣层，以延长炉衬使用寿命，炉龄有所提高。

📝 练 习 题

1. 稳定合理的炉底高度和熔池形状，是稳定转炉冶炼操作和保证复吹效果必不可少的关键因素。（   ）√

2. 转炉炉帽部位在减渣条件下无法维护到，只能用喷补或补炉方式维护。（   ）×

3. 转炉出钢口灌浆料的材质是铝镁砖。（   ）×

4. 常用转炉维护的主要手段是喷补技术，此外还要根据炉衬砖蚀损的部位和蚀损程度确定其他维护方法。（   ）×

5. 炉衬有局部损坏又不宜用补炉料修补时，如耳轴部位损坏，可采用减渣护炉维护。（   ）×

6. 炉衬有局部损坏又不宜用补炉料修补时，如耳轴部位损坏，可采用喷补技术。（   ）√

7. 降低出钢温度有利于降低钢铁料消耗，提高炉龄。（   ）√

8. 提高炉龄主要从认真改进操作、合理砌炉、加强生产管理及热喷补四方面采取措施。（   ）×

9. 在开新炉时，一般采用的是焦炭烘炉法。（　　）√

10. 炉衬或补炉砖修补、喷补技术等对炉衬进行维护，以保持转炉的合理内型。（　　）√

11. 使用较多的是干法喷补。（　　）×

12. 喷补料由金属料、化学结合剂、增塑剂和少量水组成。（　　）×

13. 转炉用喷补料由耐火材料、化学结合剂、增塑剂和少量水组成。（　　）√

14. 补炉时，补炉料不可一次倒入过多，防止烧结不牢固。（　　）√

15. 炉帽部位在正常溅渣条件下可不喷补，需要时可采用喷补维护。（　　）√

16. 转炉的补炉料以氧化镁质为主。（　　）√

17. 转炉的补炉料以硅质为主。（　　）×

18. 补炉后转炉渣中 MgO 含量会升高。（　　）√

19. 补炉后转炉渣中 C 含量会升高。（　　）×

20. 补炉后钢中 C 含量会升高。（　　）√

21. 补炉后钢中金属 Mg 含量会升高。（　　）×

22. 就喷补和补炉料补炉两种方法而言，炉身的装料侧可采用喷补与补炉料补炉相结合维护；耳轴及渣线部位只能采用喷补维护。（　　）√

23. 要提高镁碳砖的使用寿命，关键是提高砖制品的抗氧化性能。（　　）√

24. 采用挡渣出钢的方法，也能延长出钢口的使用寿命。（　　）√

25. 转炉维护常用的喷补方式是半干法喷补。（　　）√

26. 转炉喷补料的主要成分是电熔镁砂。（　　）√

27. 喷补的目的主要是为了灌砖缝，保证补炉砖烧结牢固。（　　）×

28. 转炉喷补料的主要成分是高温沥青。（　　）×

29. 如果需要，炉帽部位可采用（　　）维护。A

　　A. 喷补　　　　　　B. 镁质冷补炉料　　　　　　C. 补炉砖

30. 日常转炉维护的主要手段是（　　）技术，此外还要根据炉衬砖蚀损的部位和蚀损程度确定其他维护方法。A

　　A. 溅渣护炉　　　B. 喷补　　　　　C. 补炉料维护　　　D. 补炉砖维护

31. 炉身的装料侧可采用（　　）与（　　）相结合来维护。A

　　A. 喷补；补炉料补炉　　　　　　　B. 溅渣护炉；喷补

　　C. 补炉料补炉；溅渣护炉　　　　　D. 喷补；溅渣护炉

32. 采用补炉料补炉后钢水成分容易出现（　　）现象。A

　　A. 碳偏高　　　　B. 硅偏高　　　C. 镁偏高　　　　D. 锰偏高

33. 采用补炉料补炉后转炉冶炼会出现（　　）现象。B

　　A. 碳高温度高　　B. 碳高温度低　　C. 碳低温度高　　　D. 碳低温度低

34. 炉衬有局部损坏又不宜用补炉料修补时，如耳轴部位损坏，可采用（　　）技术。B

　　A. 溅渣护炉　　　B. 喷补　　　　　C. 补炉砖维护

35. 目前使用较多的是（　　）喷补。B

　　A. 干法喷补　　　B. 半干法喷补　　C. 火焰喷补

36. 喷补料由（　　）、化学结合剂、增塑剂和少量水组成。B

　　A. 金属料　　　　B. 耐火材料　　　C. 焦油　　　　　D. 补炉砖

37. （　　）能快速固化达到最佳的黏结效果。B

　　A. 耐火材料　　　B. 化学结合剂　　　C. 增塑剂　　　　　D. 少量水

38. 喷补料的耐火材料成分主要是冶金镁砂，其 MgO 含量要求不小于（　　）。B

　　A. 85%　　　　　B. 90%　　　　　C. 95%

39. 大型转炉的耳轴部位侵蚀较为严重，可采用（　　）技术进行维护。B

　　A. 溅渣护炉　　　B. 喷补　　　　　C. 补炉砖维护

40. 以下补炉方式中，最适合出钢口部位补炉方式的是（　　）。B

　　A. 耐火砖补炉　　B. 耐火料补炉　　C. 耐火砖加耐火料混合补炉

41. 良好的挡渣出钢效果，最主要与出钢口的（　　）、长度和角度有关。B

　　A. 外径　　　　　B. 内径　　　　　C. 材质　　　　　D. 寿命

42. 补炉后冶炼，炉衬温度（　　），前期温度随之（　　），要注意及时（　　），控制渣中（TFe）含量，以免喷溅。C

　　A. 较高；提高；降枪　　　　　　　B. 较高；提高；提枪

　　C. 偏低；降低；降枪　　　　　　　D. 偏低；降低；提枪

43. 转炉喷补料的主要成分是（　　）。C

　　A. 树脂　　　　　B. 高温沥青　　　C. 电熔镁砂　　　D. 菱镁矿

44. 转炉出钢口灌浆料的材质是（　　）。C

　　A. 镁质　　　　　B. 高铝质　　　　C. 镁铬质　　　　D. 铝镁质

45. 转炉维护常用的喷补方式是（　　）。C

　　A. 干法喷补　　　B. 湿法喷补　　　C. 半干法喷补　　　D. 火焰喷补

46. 补炉后冶炼，钢水冲刷炉衬导致钢水中（　　）含量升高，冶炼后期注意终点（　　）控制的均匀性和准确性。C

　　A. 碳；温度　　　B. MgO；温度　　　C. 碳；碳　　　　D. MgO；MgO

47. 耳轴及渣线部位只能采用（　　）维护。D

　　A. 溅渣护炉　　　B. 补炉料修补　　C. 补炉砖修补　　　D. 喷补技术

48. 补炉后转炉冶炼，炉渣中的（　　）含量会增加，因此，炉渣不容易化渣。D

　　A. SiO_2　　　　B. CaO　　　　　C. Al_2O_3　　　　D. MgO

49. 补炉后冶炼，渣中（　　）含量增加，在冶炼过程中，采用较（　　）枪位冶炼，或加入部分矿石或萤石，以促使转炉化渣。D

　　A. SiO_2；低　　B. CaO；低　　　C. Al_2O_3；高　　D. MgO；高

50. （多选）炉帽部位的维护手段有（　　）。AD

　　A. 喷补技术　　　B. 补炉砖修补　　C. 补炉料修补　　　D. 溅渣护炉

51. （多选）补炉后第一炉，造渣制度应（　　）。AC

　　A. 减少轻烧白云石用量　　　　　　B. 减少矿石用量

　　C. 适当增大渣量

52. （多选）采用补炉料补炉后转炉冶炼会出现（　　）现象。AD

　　A. 碳高　　　　　B. 温度高　　　　C. 碳低　　　　　D. 温度低

53. （多选）喷补料的耐火材料成分主要是（　　）。AB

　　A. MgO　　　　　B. CaO　　　　　C. SiO_2

54.（多选）喷补料中水分在18%~30%范围的有（　　）。AC

　　A. 湿法喷补料　　B. 干法喷补料　　C. 半干法喷补料　　D. 火法喷补料

55.（多选）日常生产中维护炉衬的手段有（　　）。ABCD

　　A. 喷补技术　　B. 补炉砖修补　　C. 补炉料修补　　D. 溅渣护炉

56.（多选）提高转炉炉龄可采取的措施有（　　）。ABCD

　　A. 溅渣护炉　　　　　　　　B. 优化转炉冶炼工艺

　　C. 加强日常炉衬的维护　　　D. 综合砌炉

57.（多选）提高炉龄的措施有（　　）。ABCD

　　A. 提高耐火材料的质量　　　B. 优化炼钢工艺

　　C. 采用补炉和喷补操作　　　D. 采用溅渣护炉技术

58. 喷补料由（　　）组成。ABCD

　　A. 耐火材料　　B. 化学结合剂　　C. 增塑剂　　D. 少量水

59.（多选）提高转炉炉龄的主要措施有（　　）。ABCD

　　A. 采用溅渣护炉　　　　　　B. 优化冶炼工艺

　　C. 加强日常炉衬维护　　　　D. 采用优质衬砖及综合砌炉

60.（多选）炉身的装料侧的维护手段有（　　）。ABCD

　　A. 喷补技术　　B. 补炉砖修补　　C. 补炉料修补　　D. 溅渣护炉

61.（多选）对喷补料的要求有（　　）。ABCD

　　A. 有足够的耐火度，能承受炉内高温的作用

　　B. 喷补料的附着层能与待喷补的红热炉衬表面很好地烧结、熔融为一体，并具有足够的强度

　　C. 喷补料附着层能承受高温熔渣、钢水、炉气及金属氧化物蒸气的侵蚀

　　D. 喷补料在喷射管中流动通畅

62.（多选）提高转炉炉龄，冶炼工艺方面可采取的措施有（　　）。ABC

　　A. 提高自动化水平　　　　　B. 提高终点控制的命中率

　　C. 控制合适的终点渣成分和出钢温度　D. 综合砌炉

63.（多选）喷补方法有（　　）。ABC

　　A. 干法喷补　　B. 半干法喷补　　C. 火焰喷补　　D. 湿法喷补

64.（多选）炉底的维护手段有（　　）。ABC

　　A. 补炉料修补　　B. 补炉砖修补　　C. 溅渣护炉　　D. 喷补技术

65.（多选）为了减少出钢下渣，应该（　　）。ABC

　　A. 提高出钢口材质　　　　　B. 增加熔渣黏度

　　C. 挡渣出钢　　　　　　　　D. 提高出钢温度

66.（多选）补炉后第一炉，以下叙述错误的是（　　）。ACD

　　A. 因为补炉的温度损失大，入炉铁水的硅含量越高越好

　　B. 吹炼操作中应适当提高渣中TFe含量

　　C. 适当降低底吹流量，减少温度损失

　　D. 增加轻烧白云石加入量，达到增大渣量、提高脱磷效果的目的

67.（多选）对喷补料的要求有（　　）。ABD

A. 有足够的耐火度，能承受炉内高温的作用

B. 喷补料的附着层能与待喷补的红热炉衬表面很好地烧结、熔融为一体，并具有足够的强度

C. 喷补料附着层能承受高温熔渣的侵蚀，不需要具有承受高温钢水的侵蚀能力

D. 喷补料在喷射管中流动通畅

13.3 溅渣护炉技术

继 20 世纪 60~80 年代日本开发转炉炼钢白云石造渣工艺之后，进入 90 年代美国开发了溅渣护炉技术。我国 1994 年开始立项开发溅渣护炉技术，目前在国内各钢厂已普遍应用了溅渣护炉技术，并取得明显的成果，大型转炉炉龄在 1999 年就达到 20000 炉次/炉役以上，中小型转炉炉龄 2006 年也达 31861 炉次/炉役。

利用 MgO 含量达到饱和或过饱和的炼钢终渣，通过高压氮气的吹溅，在炉衬表面形成一层高熔点的熔渣层，并与炉衬很好地黏结附着，称此工艺为溅渣护炉技术，所形成的溅渣层其耐蚀性较好，同时可抑制炉衬砖表面的氧化脱碳，又能减轻高温熔渣对炉衬砖的直接浸蚀冲刷，从而保护炉衬砖，提高炉衬使用寿命。

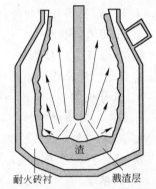

图 13-4 转炉溅渣示意图

通过氧枪或专用枪在熔池液面以上 0.8~2.0m 处，吹入高压氮气，飞溅的熔渣粘贴在炉衬表面，形成保护层。通过枪位上下移动，调节炉衬溅渣的部位，溅渣时间一般在 3~4min。图 13-4 为溅渣示意图。有的厂家已实现计算机自动控制溅渣过程。这种溅渣护炉配以喷补技术，使炉龄得到极大的提高。

溅渣护炉用终点熔渣成分、留渣量、溅渣层与炉衬砖烧结、溅渣层的蚀损以及氮气压力与供氮强度等，都是溅渣护炉技术的重要内容。

13.3.1 溅渣护炉用熔渣的要求

13.3.1.1 合适的炉渣成分

溅渣护炉对熔渣的成分和黏度有一定的要求，黏度又与成分和炉温有关。

溅渣护炉用炉渣的成分关键是 MgO、氧化铁含量和碱度，终渣碱度一般在 3 以上。

A 渣中 MgO 含量

熔渣的成分不同，MgO 的饱和溶解度也不一样。实验研究表明，MgO 的饱和溶解度随碱度的提高而有所降低；随 TFe 含量的增加 MgO 饱和溶解度也有变化。研究还表明，终点温度为 1685℃ 时，碱度在 3.2，熔渣 MgO 饱和溶解度在 8% 左右。在高碱度下，熔渣中的 TFe 含量对 MgO 的饱和溶解度的影响不明显。通常溅渣护炉用炼钢终渣 MgO 含量在 8%~10% 为宜。

B 渣中 TFe 含量

TFe 含量决定了熔渣中低熔点相的数量，也影响着熔渣的熔化温度。在一定条件下，

TFe 含量较低，熔渣中低熔点相的数量较少，而高熔点固相质点数量较多，此时熔渣黏度随温度变化十分缓慢。这种熔渣溅到炉衬表面能够提高溅渣附着层耐高温性能，对保护炉衬有利。终渣 TFe 含量的高低取决于终点碳含量和是否后吹。若终点碳含量低，渣中 TFe 含量相应就高些，尤其在出钢温度高时影响溅渣效果。

13.3.1.2 炉渣的黏度

溅渣护炉对终渣黏度的特殊要求是要"溅得起、粘得住、耐侵蚀"。因此黏度不能过高，以利于熔渣在高压氮气的冲击下，渣滴能够飞溅起来并粘贴到炉衬表面；黏度也不能过低，否则溅射到炉衬表面的熔渣容易滴淌，不能与炉衬粘贴形成溅渣层。溅渣护炉用终渣黏度要高于正常冶炼的黏度，并且随温度变化，其黏度的变化更敏感，以使溅射到炉衬表面上的熔渣能够随温度降低而迅速变黏，溅渣层可牢固地附着在炉衬表面上。

熔渣的黏度与矿物组成和温度有关。熔渣组成一定时，提高过热度，则黏度降低。一般情况，在同一温度下，熔化温度低的熔渣黏度也低；熔渣中固体悬浮颗粒的尺寸和数量是影响熔渣黏度的重要因素。因 CaO 和 MgO 的熔点高，当其含量达到过饱和时，会随温度的降低有固体微粒的析出，使熔渣内摩擦力增大，导致熔渣变黏。其黏稠的程度视微粒的数量而定。

13.3.2 溅渣护炉的机理

13.3.2.1 溅渣层炉渣的分熔现象

溅到炉衬表面的熔渣附着层由多种矿物组成，当温度升高时，低熔点矿物首先熔化，与高熔点相分离，并缓慢地从溅渣附着层流淌下来，熔入高温熔渣之中，残留于炉衬表面的溅渣附着层均为高熔点矿物，这样反而提高了附着层的耐高温性能，这种现象称为熔渣的分熔现象，也称选择性熔化或异相分流。

13.3.2.2 溅渣层保护炉衬的机理

根据溅渣层岩相结构分析了溅渣层的形成，推断出溅渣层对炉衬的保护作用有以下几方面：

(1) 对镁碳砖表面脱碳层的固化作用。吹炼过程中镁碳砖表面层碳被氧化，使 MgO 颗粒失去结合能力，在熔渣和钢液的冲刷下大颗粒 MgO 松动→脱落→流失，炉衬被蚀损。溅渣后，炉渣渗入并充填衬砖表面脱碳层的孔隙内，或与周围的 MgO 颗粒反应，或以镶嵌固溶的方式形成致密的烧结层。由于烧结层的作用，衬砖表面大颗粒的 MgO 不再会松动→脱落→流失，从而防止了炉衬砖的进一步被蚀损。

(2) 减轻了熔渣对衬砖表面的直接冲刷蚀损。溅渣后在炉衬砖表面形成了以 MgO 结晶，或 C_2S 和 C_3S 高熔点矿物为主体致密的烧结层，这些矿物的熔点明显高于转炉终渣，即使在吹炼后期高温条件下也不易软熔，可以有效地抵抗高温熔渣的冲刷，大大减缓了对镁碳砖炉衬表面的侵蚀。

(3) 抑制了镁碳砖表面的氧化，防止炉衬砖体再受到严重的蚀损。溅渣后在炉衬砖表面所形成的烧结层和结合层，质地均比炉衬砖脱碳层致密，且熔点高，这就有效地抑制了高温氧化渣、炉气向砖体内的渗透与扩散，防止镁碳砖体内碳被进一步氧化，从而起到保护炉衬的作用。

(4) 新溅渣层有效地保护了炉衬—溅渣层的结合界。新溅渣层在每炉的吹炼过程中都会不同程度地被熔损，但在下一炉溅渣时又会重新修补起来，如此周而复始地运行，所形成的溅渣层对炉衬起到了保护作用。

13.3.3 溅渣层的蚀损机理

研究认为，溅渣层渣面处的 TFe 是以 Fe_2O_3 形式存在，并形成 C_2F 矿物；在溅渣层与镁碳砖结合处，Fe 以 FeO 形式固溶于 MgO 中，同时存在的矿物 C_2S、C_2F 已经基本消失；以此推断，喷溅到衬砖表面的熔渣与镁碳砖发生如下反应：

$$(FeO) + C = [Fe] + \{CO\}$$
$$(FeO) + \{CO\} = [Fe] + \{CO_2\}$$
$$2CaO \cdot Fe_2O_3 + \{CO\} = 2CaO + 2(FeO) + \{CO_2\}$$
$$\{CO_2\} + C = 2\{CO\}$$

由于 CO 从溅渣层向衬砖表面扩散，C_2F 中的 Fe_2O_3 逐渐被还原成 FeO，而 FeO 又固溶于 MgO 之中，大大提高了衬砖表面结合渣层的熔化温度；倘若吹炼终点温度不过高，这个结合渣层不会熔损，所以吹炼后期仍然能起到保护炉衬的作用。

在开吹 $3\sim5$min 的初期，熔池温度较低为 $1450\sim1500$℃，碱度低为 $R\leqslant2$，（MgO）$\approx$ $6\%\sim7\%$，接近或达到饱和值；熔渣主要矿物组成几乎全部为硅酸盐，即镁硅石 C_3MS_2（$3CaO\cdot MgO\cdot2SiO_2$）和橄榄石 $CMS(CaO\cdot[Mg,Fe,Mn]O\cdot SiO_2)$ 等，有时还有少量的铁浮氏体。溅渣层的碱度高为 $R=3.5$，主要矿物为硅酸盐 C_3S，因此熔化温度较高，初期熔渣对溅渣层未见有明显的化学侵蚀。

吹炼终点的熔渣碱度一般在 $3.0\sim4.0$，渣中 TFe 为 $13\%\sim25\%$，（MgO）含量波动较大，多数控制在 10% 左右，已超过饱和溶解度；主要矿物组成是粗大的板条状的 C_3S 和少量点球状或针状 C_2S；结合相为 C_2F 和 RO 等，占总量的 $15\%\sim40\%$；MgO 结晶包裹于 C_2S 晶体中，或游离于 C_2F 结合相中。终点是整个冶炼过程中炉温最高阶段，虽然熔渣碱度较高，但 TFe 含量也高，所以吹炼后期溅渣层的蚀损主要是由于高温熔化和高铁渣的化学侵蚀。因此，控制好终点熔渣成分和出钢温度才能充分发挥溅渣护炉技术的作用，也是提高炉龄的关键所在。

一般转炉渣主要是由 MgO-CaO-SiO_2-FeO 四元系组成。渣中有以 RO 相和 CF 等为主的低熔点矿物出现；它们在形成化合物时都不消耗或很少消耗 MgO，使渣中的 MgO 得以形成方镁石结晶，熔渣的低熔点矿物以液相分布在方镁石晶体的周围并形成液相渣膜；在生产条件下，由于钢水和熔渣的冲刷作用，液相渣膜的滑移而促使溅渣层的高温强度急剧下降，失去对炉衬的保护作用。所以终渣碱度控制在 3.5 左右，（MgO）达到或稍高于饱和溶解度值，降低 TFe 含量；这样可以使 CaO 和 SiO_2 富集于方镁石晶体之间，并生成 C_2S 和 C_2S 高温相，从而减少了晶界间低熔点相的数量，提高了溅渣层的结合强度和抗侵蚀能力。对于 MgO 过饱和的熔渣来说，势必有部分未熔的 MgO 析出，因此过高的（MgO）含量也没必要，同时控制出钢温度不要过高。

13.3.4 溅渣护炉工艺

13.3.4.1 熔渣成分的调整

转炉应用溅渣护炉技术后，冶炼中更要注意调整熔渣成分，在不影响脱磷、脱硫的条件下，减少对炉衬的侵蚀。所以要做到"初期渣早化，过程渣化透，终点渣做粘"，出钢后熔渣能"溅得起，粘得住，耐侵蚀"。为此应控制合理 MgO 含量，使终渣适合于溅渣护炉的要求。

终渣的成分决定了熔渣的耐火度和黏度。影响终渣耐火度的主要组成是 MgO、TFe 和碱度（CaO)/(SiO$_2$)；其中 TFe 含量波动较大，一般在 10% ~ 30% 范围内。为了溅渣层有足够的耐火度，主要是调整熔渣的 MgO 含量。表 13-4 为终渣 MgO 含量推荐值。

表 13-4　终渣 MgO 含量推荐值

TFe/%	8 ~ 11	15 ~ 22	23 ~ 30
(MgO)/%	7 ~ 8	9 ~ 10	11 ~ 13

MgO 与 FeO 固溶体熔化温度可以达到 1800℃；同时 MgO 与 Fe$_2$O$_3$ 形成的化合物又能与 MgO 形成固溶体，熔点仍在 1800℃ 以上，两者均为高熔点耐火材料。倘若提高渣中 MgO 含量，就会形成连续的固溶体，从 MgO-FeO 二元相图可知，当 FeO 含量高达 50% 时，其熔点仍然很高。根据理论分析与国内外溅渣护炉实践来看，在正常情况下，转炉终渣 MgO 含量应控制在表 13-4 所示的范围内，以使溅渣层有足够的耐火度。

溅渣护炉对终渣 TFe 含量并无特殊要求，只要溅渣前将熔渣中 MgO 含量调整到合适的范围，TFe 含量的高低都可以取得溅渣护炉的效果。

调整熔渣成分有两种方式：一种是转炉开吹时将调渣剂随同造渣材料一起加入炉内，控制终渣成分，尤其是 MgO 含量达到目标要求，出钢后不必再加调渣剂；倘若终渣成分没有达到溅渣护炉要求，则采用另一种方式，在出钢后加入调渣剂，将终渣 MgO 含量调整到溅渣护炉要求范围。

调渣剂是指 MgO 质材料。常用的材料有轻烧白云石、生白云石、轻烧菱镁矿、冶金镁砂、菱镁矿渣和 MgO 含量较高的石灰等。选择调渣剂时，首先考虑 MgO 的含量，其含量是用调渣剂中去掉有效氧化钙后的 MgO 质量分数来衡量。

$$MgO 质量分数(\%) = (MgO)/(1 - (CaO) + R \times (SiO_2)) \qquad (13-1)$$

式中　　(MgO)，(CaO)，(SiO$_2$)——分别为调渣剂的实际成分；

　　　　　　　　　　　R——炉渣碱度。

不同的调渣剂，MgO 含量也不一样。常用调渣剂的化学成分见表 13-5。根据 MgO 含量从高到低次序是冶金镁砂、轻烧菱镁球、轻烧白云石、高镁石灰等。如果从成本考虑时，调渣剂应选择价格便宜的；从以上这些材料对比来看，生白云石成本最低；轻烧白云石和菱镁矿渣粒价格比较适中；高镁石灰，冶金镁砂，轻烧菱镁球的价格偏高。

表 13-5　常用调渣剂化学成分

调渣剂成分　　调渣剂	化学成分(质量分数)/%				
	CaO	SiO$_2$	MgO	灼减量	MgO
生白云石	30.3	1.95	21.7	44.48	28.4
轻烧白云石	51.0	5.5	37.9	5.6	55.5
菱镁矿渣粒	0.8	1.2	45.9	50.7	44.4
轻烧菱镁球	1.5	5.8	67.4	22.5	56.7
冶金镁砂	8	5	83	0.8	75.8
含 MgO 石灰	8.1	3.2	15	0.8	49.7

13.3.4.2　合适的留渣量

合适的留渣数量就是在不出现炉底上涨，确保炉衬内表面形成足够厚度溅渣层，并在溅渣后能对装料侧和出钢侧进行摇炉挂渣即可，剩余的熔渣可倒掉。形成溅渣层的渣量可根据炉衬内表面积，溅渣层厚度和炉渣密度计算得出。溅渣护炉所需实际渣量可按溅渣理论渣量的 1.1 ~ 1.3 倍进行估算。炉渣密度可取 3.5t/m³，大型转炉即公称吨位在 200t 以上的转炉，溅渣层厚度可取 25 ~ 30mm；小型转炉即公称吨位在 100t 以下的转炉，溅渣层的厚度可取 15 ~ 20mm。留渣量计算公式如下：

$$W = KABC \tag{13-2}$$

式中　W——留渣量，t；

　　　K——渣层厚度，mm；

　　　A——炉衬的内表面积，m^2；

　　　B——炉渣密度，t/m^3；

　　　C——系数，取 1.1 ~ 1.3。

不同公称吨位转炉的溅渣层重量见表 13-6。

表 13-6　不同容量转炉溅渣层重量　　　　　　　　　　　　（t）

转炉公称吨位/t	溅渣层厚度				
	10mm	15mm	20mm	25mm	30mm
80	—	4.41	5.98	—	—
140	—	8.08	10.78	13.48	—
250	—	—	13.11	16.39	19.7
300	—	—	17.12	21.4	25.7

当前广泛应用了铁水预处理技术，实现了少渣操作，终渣量不多，溅渣后所剩无几，所以应尽可能多留渣保证溅渣护炉需要。

13.3.4.3　溅渣工艺

A　直接溅渣工艺

直接溅渣工艺适用于大型转炉。铁水等原材料条件比较稳定，吹炼平稳，终点控制准确，出钢温度合适。其操作程序是：

（1）吹炼开始，随第一批造渣材料加入大部分所需的调渣剂；控制初期渣（MgO）在 8% 左右，可促进初期渣早化。

（2）在炉渣"返干"期之后，根据化渣情况，再分批加入剩余的调渣剂，以确保终渣（MgO）达到目标值。

（3）出钢时，通过观察炉内熔渣情况，确定是否需要补加少量的调渣剂；在终点碳、温度控制准确的情况下，一般不需再补加调渣剂。

（4）根据炉衬实际蚀损情况进行溅渣操作。

B　出钢后调渣工艺

出钢后调渣工艺是指在炼钢结束后，终渣不符合溅渣的要求，加入调渣剂，调渣后再溅渣的工艺。出钢后的调渣操作程序如下：

（1）终渣（MgO）控制在 8% ~ 10%。

（2）出钢时，根据出钢温度和观察的熔渣状况决定调渣剂加入的数量，并进行出钢后的调渣操作。

（3）调渣后进行溅渣操作。

出钢后调渣的目的是使熔渣（MgO）含量达到饱和值，提高其熔化温度，同时由于加入调渣冷料吸热，从而降低了熔渣的过热度和黏度，以达到溅渣的要求。

若单纯调整终渣（MgO）含量，只加调渣剂调整（MgO）含量达到过饱和，同时吸热降温稠化熔渣，达到溅渣要求。如果同时调整终渣（MgO）和 TFe 含量，除了加入适量的含镁调渣剂外，还要加一定数量的碳质材料，以降低渣中 TFe 含量，也利于（MgO）达到饱和。

13.3.4.4 溅渣工艺参数

溅渣工艺要求在较短的时间内，将熔渣均匀地喷溅附着在整个炉衬表面，并对易于蚀损而又不易修补的耳轴渣线等部位，形成厚而致密的溅渣层，使其得以修复，因此必须确定合理的溅渣工艺参数。主要包括有：确定氮气合理的工作氮压与流量、最佳喷吹枪位；设计溅渣专用喷枪的喷嘴结构与尺寸参数。

炉内溅渣效果的好坏，可通过溅粘在炉衬表面的总渣量和在炉内不同高度上溅渣量是否均匀来衡量。水力学模型试验与生产实践证明，溅渣喷吹的枪位对溅渣总量有明显的影响。对于同一氮压条件下，只有一个最佳喷吹枪位。当实际喷吹枪位高于或低于最佳枪位时，溅渣总量都会降低；熔渣黏度对溅渣总量也有影响，随熔渣黏度的增加，溅渣量明显减少。研究与实践还表明，在炉内不同高度上溅渣量的分布是很不均匀的，转炉耳轴以下部位的溅渣量多，而耳轴以上部位随高度的增加溅渣量明显减少。

溅渣要求在 3min 左右的时间内，使炉衬的各部位形成一定厚度的溅渣层，最好使用溅渣专用喷枪。溅渣用喷枪的出口马赫数应稍高一些，这样可以提高氮射流的出口速度，使其具有更高的能量，并可提高氮气的利用率。我国多数转炉炼钢厂溅渣与吹炼使用同一支喷枪操作。

通常，在确定溅渣工艺参数时，往往先根据实际转炉炉型参数及其水力学模型试验的结果，初步确定溅渣工艺参数；再通过溅渣过程中炉内的实际情况，不断地总结与比较后，确定溅渣的最佳枪位、氮压与氮气流量。针对溅渣中出现的问题，修改溅渣的参数，逐步达到溅渣的最佳效果。表 13-7 为各钢厂溅渣工艺参数，可供参考。

13.3.4.5 溅渣护炉对冶炼操作的影响

应用溅渣护炉工艺后，对转炉的冶炼操作会产生一定的影响，主要注意以下几点：

（1）炉型控制。应用溅渣护炉技术之后，转炉炉底容易上涨。主要原因是溅渣用终渣碱度高，（MgO）含量达到或超过饱和值，倒炉出钢后炉膛温度降低，有 MgO 结晶析出，高熔点矿物 C_2S、C_3S 也同时析出，熔渣黏度又有增加；溅渣时部分熔渣附着于炉衬表面，剩余部分都集中留在了炉底，与炉底的镁碳砖方镁石晶体结合，引起了炉底的上涨。复吹工艺溅渣，底部仍然供气，上、下吹入的都是冷风，炉温又有降低，熔渣进一步变黏；高熔点晶体 C_2S、C_3S 发育长大，并包围着 MgO 晶体或固体颗粒，形成了坚硬的致密层。在底部供气不当时会加剧炉底的涨高。

表 13-7　各钢厂溅渣工艺参数

厂　名	转炉参数				喷枪参数			
	公称容量 /t	转炉内直径 D/mm	转炉内高 H/mm	H/D	喷头孔数	喷孔喉直径/mm	喷孔夹角 /(°)	马赫数 Ma
宝钢公司	300	6472	10900	1.68	6	41	12	2.1
LTV 钢公司	250	5790	8900	1.54	4	52.3	12	—
首钢二炼钢厂	210	6000	10075	1.68	5	43	16	2.0
鞍钢三炼钢厂	180	5400	8000	1.48	4	37.9	14	1.98
本钢炼钢厂	120	4900	8200	1.69	4	38.2		—
攀钢公司	120			1.78	4	35	13	1.86
首钢三炼钢厂	80	3920	6465	1.65	4	38.5	12	1.97
太钢二炼钢厂	50	3500	6000	1.71	3	31	10	2.0
马钢三炼钢厂	50	3430	6500	1.90	3	28.285	10	1.97

厂　名	造渣工艺				溅渣工艺				
	终点渣碱度	终点渣 TFe/%	MgO/%	渣量 /kg·t^{-1}	氮压 /MPa	氮气流量 /m³·h^{-1}	溅渣时间 /min	溅渣枪位 /mm	供氮强度 /m³·(t·min)$^{-1}$
宝钢公司	3.2	19.6		108	0.7~0.85	50000	3	2200	2.78
LTV 钢公司		18~30	12~14			37400	3	2500	2.49
首钢二炼钢厂	3.4	13	11~13	100	1.1	40000	3~5	2700	3.17
鞍钢三炼钢厂		8~18	12	110~130	0.9~1.8	24000	2~4	1900	2.45
本钢炼钢厂						21000	3	2000	2.92
攀钢公司	4.3	24.08	11.09		0.95~1.1	20000~24000		1800	
首钢三炼钢厂	3.4~4.2	12~16	11.3		1.4	15000	3	2200	3.125
太钢二炼钢厂	—	12~115	8.58		0.7~0.8	11700	2.5~3	1300	2.075
马钢三炼钢厂	3.5	12~19			1.0~1.1	11000	3	1400	2.096

为避免炉底上涨：

1）控制好终点熔渣成分和温度，避免熔渣过黏；

2）采用较低的溅渣枪位溅渣；

3）足够的氮压与流量；

4）合适的留渣量，溅渣后及时倒出剩余熔渣；

5）合理的溅渣频率；

6）发现炉底上涨超过规定时，通过氧枪吹氧熔化，或加入适量的 Fe-Si 熔化上涨的炉底。

（2）喷枪粘渣和罩裙粘渣。溅渣后，粘枪和粘罩裙问题变得突出。由于控制不当，特别是炉内（MgO）含量高的黏稠的余渣包裹少量钢水时会使喷枪粘渣更为严重。解决的方法是控制合理的熔渣成分与吹氮工艺参数，另外要求炉内不留残钢。

（3）对复吹的影响。溅渣要控制好顶—底部供氮压力与流量，以避免熔渣覆盖住炉底喷嘴的情况。

（4）相关设备使用的同步问题。应用溅渣护炉技术后，炉衬寿命得到大幅度的提高，对转炉相关设备的寿命要求也更严格，如转炉烟罩、炉下钢包车及其轨道的寿命与运转情况也成为影响转炉能否长时期运转的制约因素。如果转炉相关设备不能支持一个完整炉役的炼钢生产，则会被迫在炉衬完好的情况下提前检修。因此，加强维护，保证运行，以适应长寿转炉的稳定生产。

2010 年，华菱涟源转炉炉龄达 40521 炉，武钢 100t 转炉复吹炉龄达 29942 炉。

练习题

1. 利用 MgO 含量达到饱和或过饱和的炼钢终点渣，通过高压氮气的吹溅，使其在炉衬表面形成一层高熔点的熔渣层，并与炉衬很好地黏结附着，称为溅渣护炉技术。（　）√

2. 溅渣护炉技术可以起到保护炉衬砖，提高炉衬使用寿命的作用。（　）√

3. 提高溅渣层 MgO 含量，可减轻炉衬侵蚀。（　）√

4. 转炉溅渣护炉需要的炉渣（MgO）是 6%～8%。（　）×

5. 转炉溅渣护炉常用的调渣剂是石灰。（　）×

6. 溅渣护炉对熔渣碱度没有要求。（　）×

7. 溅渣时间越长越好。（　）×

8. 复吹转炉采用溅渣技术后，炉龄不断提高，复吹比下降。（　）√

9. 溅渣用终点熔渣要"溅得起、粘得住、耐侵蚀"。（　）√

10. 溅渣护炉要求留渣量越大越好。（　）√

11. 溅渣枪位越低，炉衬获得的溅渣量越多。（　）×

12. 炉底上涨后，炉帽部位的炉衬侵蚀最严重。（　）√

13. 发现炉底上涨超过规定时，通过氧枪吹氧熔化，或加入适量的 Fe-Si 熔化上涨的炉底。（　）√

14. （MgO）的饱和溶解度随碱度的提高而有所降低。（　）√

15. 在高碱度下，熔渣中的 TFe 含量对（MgO）的饱和溶解度的影响不明显。（　）√

16. 调渣剂就是 MgO 质材料，常用的有轻烧白云石、生白云石、轻烧菱镁球、菱镁矿和 MgO-C 压块等。（　）√

17. 溅渣护炉技术只适用于大型转炉。（　）×

18. 溅渣层经过多次溅渣—选择性熔化—再溅渣，其表面低熔点化合物含量明显降低，残留成分均为高熔点矿物，因而溅渣层可以起到保护炉衬的作用。（　）√

19. 溅渣层抗熔损能力与溅渣层中 TFe 含量有关。TFe 含量越低，溅渣层越容易熔损。（　）×

20. 开新炉即应开始溅渣。（　）×

21. 溅渣护炉对熔渣的成分和黏度有一定的要求。(　　) √

22. 溅渣护炉工艺采用氮气射流把高氧化镁含量的转炉渣溅上炉壁以保护炉衬。(　　) √

23. 溅渣护炉工艺使用的气体是氧气。(　　) ×

24. 应用溅渣护炉技术，可以有效地防止炉底上涨。(　　) ×

25. 控制好熔渣的成分和黏度，采用较低的枪位溅渣，可以有效控制炉底上涨。(　　) √

26. 为了保证溅渣层有足够的耐火度，最主要的措施就是调整渣中 FeO 含量。(　　) ×

27. 在转炉溅渣过程中，有时为了涨炉底，应采用提高溅渣枪位的措施。(　　) √

28. 在转炉溅渣过程中，为了控制好溅渣效果，保证炉渣能充分地溅渣炉衬表面，需采用较高的溅渣枪位控制。(　　) ×

29. 在转炉溅渣过程中，有时为了涨炉底，可以不采用溅渣护炉，以保证炉底的上涨效果。(　　) ×

30. 在转炉维护过程中，为了保证较好的溅渣效果，必须保证溅渣护炉时间，才能达到较好的溅渣效果。(　　) √

31. 溅渣操作前需要进行调渣操作，调渣主要是调整炉渣终点碳含量和炉渣温度，保证炉渣能够合适地溅到炉衬表面。(　　) ×

32. MgO 在渣中的溶解度随着碱度的提高而增强。(　　) ×

33. 炉渣中氧化镁含量越高，炉渣越不容易化。(　　) √

34. 转炉加入生白云石主要是提高炉渣中 MgO 含量，而与炉龄无关。(　　) ×

35. 溅渣调渣要求渣中 FeO 含量不要太高，保证炉渣足够的黏度。(　　) √

36. 提高溅渣层 MgO 含量，可减轻炉衬侵蚀。(　　) √

37. 通过溅渣护炉形成的溅渣层其耐蚀性较好，能减轻高温熔渣对炉衬砖的侵蚀冲刷，提高炉衬使用寿命。(　　) √

38. 溅渣护炉技术可使 MgO 含量达到饱和或过饱和的炼钢终点渣溅在转炉内衬表面，在炼钢过程中避免炉衬砖受到侵蚀，因此，溅过渣的转炉可不用维护。(　　) ×

39. 冶炼终点硫含量低的钢，前一炉铁水硫含量大于 0.010%，则前一炉冶炼完毕不溅渣。(　　) √

40. 溅渣护炉工艺采用氮气射流把高氧化镁含量的转炉渣溅上炉壁以保护炉衬，在缺少氮气的情况下，也可以用氧气替代氮气以提高溅渣效果。(　　) ×

41. 溅渣护炉氮压比氧压高的目的是保证良好的溅渣效果，防止炉底上涨。(　　) √

42. 镁碳砖碳含量高，会影响溅渣护炉的挂渣效果。(　　) √

43. 控制好炉渣成分，避免熔渣过黏，采用足够的氮气压力和流量能适当控制炉底上涨。(　　) √

44. 终渣碱度高，MgO 含量达到饱和，终渣 TFe 含量过高等都会导致炉底上涨。(　　) ×

45. 溅渣护炉是日常生产中维护炉衬的主要手段，采用溅渣护炉技术也是很好的维护转炉炉底的重要方式。(　　) ×

46. 溅渣过程中利用(　　)射流冲击熔池，使炉渣在短时间均匀喷涂在炉体表面。B
   A. 高速氮气　　　　B. 高压氮气　　　　C. 高速氩气　　　　D. 高压氩气

47. 提高溅渣层 MgO 含量，可(　　)炉渣对溅渣层的侵蚀。A
   A. 减轻　　　　　　B. 加剧　　　　　　C. 没有影响

48. （　　）是日常生产中维护炉衬的主要手段。A

   A. 溅渣护炉　　　B. 补炉料修补　　　C. 补炉砖修补　　　D. 喷补技术

49. 溅渣护炉要求碱度（　　）。A

   A. 高　　　　　　B. 低　　　　　　　C. 与碱度无关

50. 溅渣护炉要求 MgO 含量（　　）。A

   A. 高　　　　　　B. 低　　　　　　　C. 无关

51. 复吹转炉采用溅渣技术后，炉龄不断提高，复吹比可能（　　）。A

   A. 下降　　　　　B. 提高　　　　　　C. 不变

52. 如发现终渣氧化性强、渣过稀，调渣剂应该在（　　）。A

   A. 溅渣前加入　　B. 溅渣过程中加入　C. 溅完渣后加入

53. 炉衬镁碳砖中碳含量过高，对于溅渣护炉（　　）。A

   A. 不利　　　　　B. 有利　　　　　　C. 没有影响

54. 适当提高渣中 MgO 含量可以使炉衬寿命（　　）。A

   A. 延长　　　　　B. 降低　　　　　　C. 不变

55. 采用高（TFe）含量的熔渣溅渣时，溅渣层的成分是（　　）。A

   A. 以 MgO 为主相　　　　　　　　　B. 以 C_2S 和 C_3S 为主相

   C. 以 $3CaO \cdot Fe_2O_3$ 为主相

56. 在溅渣护炉操作中，通过氧枪喷吹的是（　　）。B

   A. 高压氧气　　　B. 高压氮气　　　　C. 压缩空气　　　　D. 高压氩气

57. 加入白云石造渣可增加渣中（　　）量。B

   A. CaO　　　　　B. MgO　　　　　　C. FeO

58. 采用溅渣技术，对环境（　　）影响。B

   A. 有一定程度　　B. 无　　　　　　　C. 有很大

59. 溅渣护炉的基本原理是，利用 MgO 含量达到饱和或过饱和的炼钢终点渣，通过高压
   （　　）的吹溅，在炉衬表面形成一层高熔点的溅渣层，并与炉衬很好地烧结附着。B

   A. 氧气　　　　　B. 氮气　　　　　　C. 煤气　　　　　　D. 空气

60. 提高渣中 TFe 含量会使炉衬寿命（　　）。B

   A. 延长　　　　　B. 降低　　　　　　C. 不变

61. 随着炉渣中 FeO 含量提高，溅渣层被侵蚀的速度（　　）。B

   A. 降低　　　　　B. 提高　　　　　　C. 不变

62. 溅渣护炉技术首先在（　　）开发并采用。B

   A. 中国　　　　　B. 美国　　　　　　C. 加拿大

63. 关于溅渣用调渣剂，以下说法错误的是（　　）。B

   A. 有利于改善溅渣的动力学条件

   B. 可降低溅渣熔点从而提高其抗侵蚀性能

   C. 可在渣中产生弥散固相质点，以提高溅渣层与炉衬结合能力及抗侵蚀冲刷能力

   D. 具有降低渣中氧化铁作用，提高溅渣层与炉衬砖的结合力

64. 采用低（TFe）含量的熔渣溅渣时，溅渣层的成分是（　　）。B

   A. 以 MgO 为主相　　　　　　　　　B. 以 C_2S 和 C_3S 为主相

    C. 以 $3CaO \cdot Fe_2O_3$ 为主相

65. 溅渣层的蚀损主要发生在（   ）。C

    A. 吹炼初期   B. 吹炼过程   C. 吹炼后期

66. 为了尽可能提高溅渣层的抗蚀损能力，需要控制合适的（   ）。C

    A. 终渣成分   B. 出钢温度   C. A 与 B

67. 溅渣护炉对渣中（MgO）的要求是（   ）。C

    A. $MgO < 6\%$ B. $MgO > 14\%$ C. $MgO = 8\% \sim 12\%$

68. 转炉炼钢终点降枪的目的之一有（   ）。C

    A. 升温   B. 降温   C. 降低渣中 TFe   D. 增加渣中 TFe

69. 转炉溅渣护炉采用的动力气源是（   ）。C

    A. 氧气   B. 氩气   C. 高压氮气   D. 低压氮气

70. 转炉溅渣护炉需要的炉渣 MgO 是（   ）。C

    A. $6\% \sim 8\%$ B. $13\% \sim 15\%$ C. $8\% \sim 12\%$ D. $15\% \sim 20\%$

71. 转炉溅渣护炉需要的炉渣碱度是（   ）。C

    A. $3.6 \sim 4.5$ B. $2.8 \sim 3.2$ C. $3.2 \sim 3.6$ D. $2.6 \sim 3.0$

72. 为了避免溅渣护炉造成炉底上涨，应采用（   ）措施。C

    A. 提高炉渣黏度   B. 提高溅渣枪位   C. 降低溅渣枪位   D. 降低温度

73. 转炉溅渣护炉常用的调渣剂是（   ）。C

    A. 石灰   B. 白云石   C. 轻烧白云石   D. 菱镁矿

74. 溅渣护炉是利用（   ）含量达到饱和或过饱和的炼钢终点渣，通过（   ）的吹溅，在炉衬表面形成（   ）的溅渣层，从而保护炉衬，提高炉衬寿命。C

    A. FeO；高压氮气；高熔点   B. CaO；高压氮气；一定厚度

    C. MgO；高压氮气；高熔点   D. MgO；高压气体；$2000 \sim 2200℃$

75. 溅渣护炉时，以下不属于溅渣调渣对炉渣调整范畴的是（   ）。C

    A. 流动性   B. 氧化性   C. 泡沫性   D. 氧化镁含量

76. （   ）不属于溅渣护炉操作的主要内容。D

    A. 控制合理的熔渣成分及留渣量   B. 采用合理的溅渣枪位与溅渣时间

    C. 采用合适的溅渣氮气压力和流量   D. 控制合适的底吹供气强度和流量

77. 以下措施不能控制炉底上涨的是（   ）。D

    A. 控制好熔渣成分，避免熔渣过黏   B. 采用较低的合适溅渣枪位溅渣

    C. 足够的氮气压力和流量   D. 确定合适的留渣量，溅渣后多倒渣

78. 溅渣护炉不要求严格控制炉渣中的（   ）。D

    A. MgO   B. 碱度   C. TFe   D. SiO_2

79. 为避免炉底上涨，以下控制措施不合理的是（   ）。C

    A. 应控制好终点熔渣成分和温度，避免熔渣过黏

    B. 采用较低的合适溅渣枪位溅渣

    C. 采用较高的出钢温度和出钢碳控制

    D. 合理的溅渣频率

80. 以下不会造成转炉炉底上涨的原因是（   ）。D

A. 终渣碱度高　　　　　　　　　　B. MgO 含量达到饱和
C. 溅渣枪位高　　　　　　　　　　D. 终渣 TFe 含量高

81. 溅渣枪位受（　　）的影响不大。D
　　A. 炉底高度　　　B. 留渣量　　　C. 氮气压力　　　D. 底吹流量

82. 确定合理的留渣量，主要考虑的因素是（　　）。D
　　A. 炉渣 MgO 含量　B. 生产成本　　　C. 冶炼钢种　　　D. 转炉公称吨位

83. 溅渣护炉供氮压力和流量与吹炼时供氧压力和流量（　　）。D
　　A. 相近　　　　　　　　　　　　B. 相比，前者远高于后者
　　C. 相比，前者远低于后者　　　　D. 相近，前者稍高于后者

84. 为了保证溅渣层有足够的耐火度，最主要的措施就是调整渣中（　　）含量。D
　　A. FeO　　　B. CaO　　　C. SiO_2　　　D. MgO

85. 调渣剂中 MgO 含量从高到低次序是（　　）。D
　　A. 高氧化镁石灰、轻烧菱镁球、冶金镁砂、轻烧白云石
　　B. 冶金镁砂、轻烧菱镁球、高氧化镁石灰、轻烧白云石
　　C. 冶金镁砂、轻烧白云石、轻烧菱镁球、高氧化镁石灰
　　D. 冶金镁砂、轻烧菱镁球、轻烧白云石、高氧化镁石灰

86. 溅渣护炉向炉内加入碳粉的目的是（　　）。D
　　A. 增碳　　　B. 升温　　　C. 保证碳氧平衡　　D. 降低渣中 TFe

87. （多选）在转炉溅渣过程中，有时为了降炉底，应采用（　　）措施。BD
　　A. 提高炉渣黏度　　　　　　　　B. 降低溅渣枪位
　　C. 提高溅渣枪位　　　　　　　　D. 采用足够的氮气压力和流量

88. （多选）溅渣护炉对终点熔渣 TFe 含量的要求有（　　）。AB
　　A. 熔渣 TFe 含量较低，熔渣黏稠
　　B. 熔渣 TFe 含量控制较低，保证熔渣能溅到炉衬表面
　　C. 熔渣 TFe 含量控制高些，具有一定流动性，保证熔渣能溅到炉衬表面
　　D. 熔渣 TFe 含量控制在 8%~12%

89. （多选）溅渣护炉频率，需要保证控制（　　）。AB
　　A. 使炉衬表面形成高熔点的熔渣层，达到保护炉衬的目的
　　B. 保证合适的炉底高度，避免炉底过高影响吹炼
　　C. 保证炉渣一定的碱度，避免碱度过低影响溅渣效果
　　D. 保证炉渣较好的氧化性，避免炉衬受侵蚀严重

90. （多选）关于炉渣 MgO 含量的叙述，不正确的是（　　）。CD
　　A. 加入轻烧白云石调渣，是给炉渣提供足够的 MgO，使其达到饱和或过饱和状态
　　B. 炼钢终渣 MgO 含量范围控制在 8%~10% 范围
　　C. 炉渣 MgO 含量只有达到过饱和，才可以减轻初期渣对炉衬的侵蚀
　　D. 加入石灰调渣能增加炉渣的 MgO 含量

91. （多选）为了满足溅渣护炉对渣中氧化镁的要求，采用终点或出钢后（　　）。BC
　　A. 加入高镁石灰　B. 加入生白云石　　C. 加入菱镁矿　　D. 加入镁碳砖

92. （多选）转炉溅渣护炉对炉渣 MgO 的要求是（　　）。BC

A. 使 MgO 含量达到饱和或过饱和，保证炉渣耐侵蚀度

B. 炉渣 MgO 含量控制在 8%～12%

C. 炉渣 MgO 含量控制在不小于 12%

D. 使溅渣护炉的炉渣 MgO 含量达到 90% 以上

93. （多选）溅渣护炉需要（　　）使炉渣黏度增高。BC

A. 适当高温　　　　B. 适当低温　　　　C. MgO 含量多　　　D. MgO 含量少

94. （多选）为了保证溅渣护炉效果，将终渣氧化性降低的措施有（　　）。AC

A. 终点降枪　　　B. 降低温度　　　C. 加入碳粉　　　D. 加入生铁块

95. （多选）转炉炼钢降低炉渣熔点的有效措施是（　　）。AC

A. 提高（FeO）含量　　　　　　B. 降低（FeO）含量

C. 适当提高（MgO）含量　　　　D. 尽量增高（MgO）含量

96. （多选）在转炉溅渣过程中，有时为了涨炉底，应采用（　　）措施。AC

A. 提高炉渣黏度　B. 降低溅渣枪位　　C. 提高溅渣枪位　　D. 提高温度

97. （多选）（　　）时，不得溅渣。BCD

A. 渣量不大

B. 氮气压力低于规定值

C. 炉内有未出净的剩余钢液

D. 本炉硫含量超过 0.015%，下一炉钢种硫规格在 0.008% 以下

98. （多选）溅渣护炉对炉渣的要求是（　　）。ACD

A. 溅得起，要有一定 TFe 含量，保证流动性

B. 溅得起，要大幅降低 TFe 含量，有高的黏度

C. 粘得住，依靠分熔在炉衬上留下高熔点氧化物

D. 耐侵蚀，渣中有高熔点 MgO、2CaO·SiO$_2$

99. （多选）溅渣护炉对熔渣成分的要求主要是（　　）。ACD

A. （MgO）含量　B. （MnO）含量　　C. 碱度　　　　D. （TFe）含量

100. （多选）附着于炉衬表面的溅渣层，其矿物组成不均匀，在温度升高时，溅渣层低熔点矿物首先熔化，与高熔点相分离，并缓慢地从溅渣层流淌下来；而残留于炉衬表面的溅渣层为高熔点矿物，这样反而提高了溅渣层的耐高温性能。这种现象就是炉渣的（　　）。ACD

A. 分熔现象　　　B. 差异性熔化　　　C. 选择性熔化　　　D. 异相分流

101. （多选）关于溅渣用调渣剂，以下说法正确的是（　　）。ACD

A. 有利于改善溅渣的动力学条件

B. 可降低溅渣熔点从而提高其抗侵蚀性能

C. 可在渣中产生弥散固相质点，以提高溅渣层与炉衬结合能力及抗侵蚀冲刷能力

D. 具有降低渣中氧化铁作用，提高溅渣层与炉衬砖的结合力

102. （多选）溅渣护炉的基本原理是利用 MgO 含量达到饱和或过饱和的炼钢终点渣，通过高压气体的吹溅，在炉衬表面形成一层高熔点的溅渣层，以下不是溅渣气体的是（　　）。ACD

A. 氧气　　　　B. 氮气　　　　C. 煤气　　　　D. 空气

103. （多选）控制炉底上涨的措施主要有（　　　）。ABC

    A. 控制好熔渣成分，避免熔渣过黏　　　　B. 采用较低的合适溅渣枪位溅渣

    C. 足够的氮气压力和流量　　　　　　　　D. 确定合适的留渣量，溅渣后少倒渣

104. （多选）炉渣密度受（　　　）因素影响。ABC

    A. 温度　　　　　　B. 外压　　　　　　C. 成分　　　　　　D. 黏度

105. （多选）以下会造成转炉炉底上涨的原因是（　　　）。ABC

    A. 终渣碱度高　　　B. MgO 含量达到饱和　　C. 炉渣黏度增加　　D. 终渣 TFe 含量高

106. （多选）复吹转炉溅渣护炉影响因素主要有（　　　）。ABC

    A. 炉渣的组成与性质　　　　　　　　　　B. 复合吹炼溅渣的工艺参数

    C. 底吹气体流量　　　　　　　　　　　　D. 铁水成分和温度

107. （多选）为避免炉底上涨，以下控制措施合理的是（　　　）。ABC

    A. 应控制好终点熔渣成分和温度，避免熔渣过黏

    B. 采用较低的合适溅渣枪位溅渣

    C. 采用较高的出钢温度和出钢碳控制

    D. 合理的溅渣频率

108. （多选）应用溅渣护炉技术之后，转炉炉底容易上涨。主要原因是（　　　）。ABC

    A. 溅渣用终渣碱度高

    B. (MgO) 含量达到或超过饱和值

    C. 出钢后炉膛温度降低，高熔点矿物 C_2S、C_3S 也同时析出

    D. 转炉冶炼过程中大量使用萤石

109. （多选）为了避免溅渣护炉造成炉底上涨，应采用（　　　）措施。ABC

    A. 防止渣过黏　　B. 减少留渣量　　C. 降低溅渣枪位　　D. 降低温度

110. （多选）溅渣护炉操作的主要内容有（　　　）。ABC

    A. 控制合理的熔渣成分及留渣量　　　　　B. 采用合理的溅渣枪位与溅渣时间

    C. 采用合适的溅渣氮气压力和流量　　　　D. 控制合适的底吹供气强度和流量

111. （多选）溅渣护炉对炉渣的要求主要是严格控制炉渣中的（　　　）。ABC

    A. MgO　　　　　　B. 碱度　　　　　　C. TFe　　　　　　D. SiO_2

112. （多选）溅渣护炉对终点熔渣的要求为（　　　）。ABC

    A. 溅得起　　　　　B. 粘得住　　　　　C. 耐侵蚀　　　　　D. 全铁高

113. （多选）溅渣护炉时，溅渣调渣对炉渣需要调整的是（　　　）。ABD

    A. 流动性　　　　　B. 氧化性　　　　　C. 泡沫性　　　　　D. 氧化镁

114. （多选）溅渣护炉时，对炉渣的（　　　）有要求。ABCD

    A. 碱度　　　　　　B. 氧化性　　　　　C. 黏度　　　　　　D. 氧化镁含量

115. （多选）关于溅渣护炉技术，正确的是（　　　）。ABCD

    A. 利用 MgO 含量达到饱和或过饱和的炼钢终点渣

    B. 通过高压氮气的吹溅，使炉衬表面形成高熔点的熔渣层

    C. 溅渣层可抑制炉衬砖表面的氧化脱碳

    D. 溅渣层可以减轻熔渣对炉衬的冲刷，提高炉衬寿命

116. （多选）（　　　）是溅渣护炉操作的主要内容。ABCD

A. 控制合理的熔渣成分　　　　　　　　B. 控制合理的留渣量

C. 采用合理的溅渣枪位与溅渣时间　　　D. 采用合适的溅渣氮气压力和流量

117.（多选）溅渣层保护炉衬的机理是（　　）。ABCD

A. 对镁碳砖表面脱碳层的固化作用

B. 减轻了熔渣对衬砖表面的直接冲刷蚀损

C. 抑制了镁碳砖表面的氧化，防止炉衬砖体再受到严重的蚀损

D. 新溅渣层有效地保护了炉衬—溅渣层的结合界面

118.（多选）下面的论述正确的是（　　）。ABCD

A. 吹炼后期熔渣对溅渣层有明显的化学侵蚀

B. 吹炼后期，溅渣层被蚀损主要是由于高温熔化和高铁渣的化学侵蚀

C. 为了溅渣层有足够的耐火度，主要是调整熔渣的（MgO）含量

D. 终渣 TFe 含量越高，溅渣层越容易熔损

119.（多选）关于炉渣 MgO 含量的叙述，正确的是（　　）。ABCD

A. 加入轻烧白云石调渣，是给炉渣提供足够的 MgO，使其达到饱和或过饱和状态

B. 炼钢终渣 MgO 含量控制在 8% ~ 10% 范围内

C. MgO 含量达到饱和，可以减轻初期渣对炉衬的侵蚀

D. 加入普通石灰不能增加炉渣的 MgO 含量

120.（多选）常用的调渣剂有（　　）。ABCD

A. 轻烧白云石　　　B. 生白云石　　　　C. 轻烧菱镁球　　　D. 菱镁矿

121.（多选）溅渣层的作用是（　　）。ABCD

A. 耐蚀性较好　　　　　　　　　　　　B. 可抑制炉衬砖表面的氧化脱碳

C. 减轻高温熔渣对炉衬砖的侵蚀冲刷　　D. 提高炉衬使用寿命

13.3.5　经济炉龄

　　采用溅渣护炉技术和相关措施以后炉龄得到极大提高，需根据各厂具体情况考虑经济炉龄。

　　一般而言，随炉龄提高，耐火材料的消耗会相应降低，产量则随之增长，钢的成本也随之降低，并有利于均衡组织生产。但是炉龄超过合理的限度之后，就要过多地依靠增加喷补料、加入过量调渣剂稠化熔渣来维护炉衬，提高炉龄。这样会适得其反，不仅吨钢成本上升，由于护炉时间的增加，虽然炉龄有所提高，炉型状况必然不好，还会造成熔池搅拌不均匀，出钢成分、温度不合的现象时有发生，更进一步影响到钢质量。根据转炉炉龄与质量、成本、钢产量之间的关系，按材料综合消耗量最少，成本最低，产量最多，确保钢质量的条件下所确定的最佳炉龄就是经济炉龄，所以不是炉龄越高越好。炉龄与成本之间的关系如图 13-5所示。

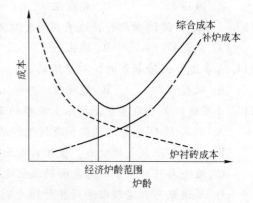

图 13-5　炉龄与成本之间的关系

经济炉龄不是固定的，而是随着条件变化而相应变化，同时又是随着工艺管理的改进向前发展的。

练习题

1. 经济炉役是指（　　）。C
   A. 高产量、耐火材料消耗高的生产炉役　　　B. 高炉龄、高产量、时间长的炉役
   C. 炉子生产率高、综合成本低的炉役　　　D. 高炉龄、耐火材料消耗高的炉役

2. 经济炉龄是指（　　）。C
   A. 高产量、高炉龄、耐材消耗高　　　B. 高产量、耐材消耗高
   C. 炉子生产率高、综合成本低　　　D. 高炉龄、炉役高产量、炉役时间长

3. 为了提高炉龄，增加效益，转炉炉衬做得越厚越好。（　　）×

4. 经济炉龄即为最佳炉龄，也就是获得最好的生产和最低的成本。（　　）√

5. （多选）关于经济炉龄的叙述，正确的是（　　）。ABD
   A. 经济炉龄是综合消耗量少，成本最低，产量最多
   B. 经济炉龄是确保钢质量条件下所确定的最佳炉龄
   C. 经济炉龄是固定的数值
   D. 经济炉龄随条件变化而变化

6. （多选）关于经济炉龄，以下说法正确的是（　　）。ABC
   A. 一般情况下，提高炉龄，耐火材料的单耗会相应降低，钢的成本随之降低，产量则随之增长，并有利于均衡组织生产
   B. 炉龄超过合理的限度之后，不仅吨钢成本上升，由于护炉时间的增加，虽然炉龄有所提高，但对钢产量却产生了影响
   C. 根据转炉炉龄与成本、钢产量之间的关系，其材料综合消耗量最少，成本最低，产量最多，确保钢质量条件下所确定的最佳炉龄就是经济炉龄
   D. 经济炉龄是固定的数值

13.4 开新炉操作

转炉炉衬砌筑完毕以后，在投入使用之前，必须进行一系列的生产准备工作，如对转炉系统设备的检修，设备的试车；炉衬烘烤；以及生产工具材料等的准备。在一切工作准备就绪达到炼钢要求后，方可开始炼钢生产。

13.4.1 开新炉前的准备工作

开新炉前，应有专人负责组织对转炉系统设备，水、气系统等做全面的检查与试车。所有设备和操作系统经检查试车确认正常合格之后，才能使之处于备用和运转状态。

（1）认真检查炉衬的修砌质量。下修转炉，尤其要检查炉底与炉身接缝是否严密牢固，以防开炉后发生漏钢事故；还要检查复吹的底部供气设备是否安全可靠。

（2）检查炉子的倾动系统及其润滑系统是否正常。

（3）氧枪升降、制动装置、棒图显示、极限、各控制点是否正常；氧枪的枪位设定高度与实际高度校对准确，误差达到要求范围。更换机构的横移对位准确。事故氮气马达处于正常状态。

（4）副枪的运行机构、测示程序、插接件与夹持器等是否处于正常状态。

（5）辅原料与合金料的供料、给料设备及活动溜槽，炉下钢包车及渣罐车，炉前、炉后的挡火板等设备运行是否正常，称量设备称量是否准确。

（6）烟气净化回收系统的风机、汽化冷却系统设备、净化系统设备以及煤气安全检测装置、氧分析仪等必须运转正常，检测数据准确。

（7）氧枪、副枪等冷却用水，烟气净化系统冷却用水的水质、水压和流量应符合要求，所有管路应畅通。

（8）氧枪孔、副枪孔密封阀及氮封、加料溜槽氮封等运行是否正常。

（9）氧气调节阀、切断阀，高压水切断阀，氧气阀动作气源是否正常无泄漏。氧气压力、流量；高压水压力、流量；氮气压力、流量；氩气压力、流量等应达到工作要求。

（10）主控室内设备应运转正常无误。所有测量仪表的读数显示应准确可靠。

（11）氧枪—转炉、副枪—转炉、氧枪—高压水进出口温度差，氧枪—高压水压力、氧枪—氧气开关，氧枪—副枪、转炉—罩裙等联锁装置必须灵敏安全可靠。

（12）炉前所用工具材料要齐备。

检查与试车工作一定要认真、仔细，决不能马虎从事。除设备安全正常外，还要特别注意人员的人身安全，以防发生事故。

13.4.2　炉衬的烘烤

转炉炉衬工作层全部是镁碳砖。烘炉的目的就是将砌筑完毕处于待用、常温状态的炉衬砖加热烘烤，使其表面具有一定厚度的高温层，达到炼钢要求。目前均采用焦炭烘炉法。

炉衬烘烤的要点如下：

（1）根据转炉吨位的不同，首先加入一定数量的焦炭称为底焦，木柴点火后立即吹氧，使其燃烧。

（2）烘炉过程中要定时、分批补充焦炭，适时调整氧枪位置和氧气流量，与焦炭燃烧所需氧气相适应，焦炭得以完全燃烧达到高温。

（3）烘炉过程中炉衬的升温速度要符合炉衬砖的烘炉曲线，并保证足够的烘炉时间，使炉衬具有一定厚度的高温层。

（4）烘炉结束，倒炉观察炉衬烘烤状况并测温。烘炉前可解除氧枪工作氧压连锁报警，烘炉结束立即恢复。

（5）复吹转炉在烘炉过程中，底部一直供气，只不过比正常吹炼的供气量要少些。

图 13-6 为某厂 210t 转炉的烘炉实例。

（1）首先加入焦炭 3000kg，再加入木柴 800kg。

（2）用油棉丝火把点火，一经引火，立即吹氧，不能断氧，开氧 5min 后，将罩裙降至距炉口 400mm。

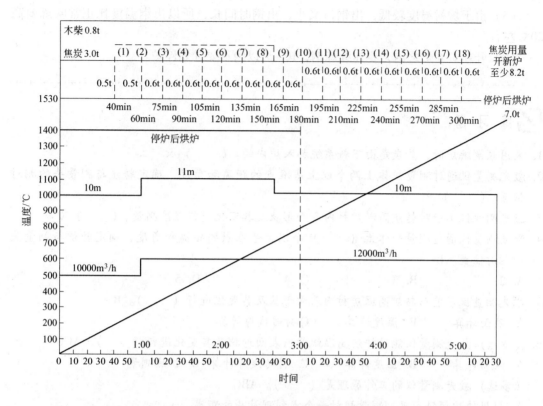

图 13-6　某厂 210t 转炉烘炉曲线

（3）在前 1h 以内，氧气流量控制在 10000m³/h（标态），氧枪高度距地面为 10～11m。

（4）吹氧 40min 后，开始分批补充加入焦炭，每隔 15min 加入焦炭 500kg。

（5）1h 以后，氧气流量调整到 12000～15000m³/h（标态），氧枪高度在 11m；每隔 15min 补加焦炭 600kg；焦炭加入后，氧枪在 11～9.5m 范围内，调节枪位 2～3 次。

（6）炉衬烘烤总时间不得少于 3h。

（7）烘炉结束停氧，关上炉前挡火门，摇炉观察炉衬及出钢口等部位烘烤质量及残焦情况，并进行测温，若符合技术要求即可不倒余焦装铁炼钢。

（8）因故停炉时间超过 2 天，或炉龄不足 10 炉停炉时间 1 天，均需按开新炉方式用焦炭烘炉，烘炉时间为 2.5h，不准冷炉炼钢。

13.4.3　开新炉操作

第 1 炉钢的吹炼也称开新炉操作。炉衬虽然经过了几个小时的烘烤，只是炉衬表面有了一些热量，炉衬整体的温度仍然很低。因此：

（1）第 1 炉不加废钢，全部装入铁水。

（2）根据铁水成分、铁水温度、配加的材料，通过热平衡计算来确定是否需要配加 Fe-Si 或焦炭，以补充热量。

（3）根据铁水成分配加造渣材料。

（4）开新炉第 1 炉不回收煤气，但按正常冶炼进行降罩操作。

（5）由于炉衬温度较低，出钢口又小，出钢时间长，所以出钢温度比正常吹炼要高 20℃左右。

（6）开新炉 6 炉之内，要连续炼钢，100 炉以内不要计划停炉。

练 习 题

1. 采用焦炭烘炉时，焦炭是由下料系统加入炉内的。（   ）×

2. 激光测量仪通过测量炉体上两个以上基准点的距离和角度，确定转炉与测量头的相对位置。（   ）×

3. 激光测量仪不能对转炉高温炉衬内表面形状及其变化进行温度测量。（   ）√

4. 激光测量仪通过测量炉体上（   ）个以上基准点的距离和角度，确定转炉与测量头的相对位置。B

    A. 2   B. 3   C. 4   D. 5

5. 激光测量仪不能对转炉高温炉衬内表面形状及其变化进行（   ）。B

    A. 液面计算   B. 温度计算   C 衬砖残厚计算

6. （多选）激光测量仪能对转炉高温炉衬内表面形状及其变化进行（   ）。ACD

    A. 液面计算   B. 温度计算   C. 衬砖残厚计算 D. 炉底测量

7. （多选）激光测量仪的工作原理是（   ）。ABC

    A. 根据转炉倾斜角度，测量炉衬一个点到测量头的距离

    B. 测量出测量头转动的角度，计算出测量点的空间距离

    C. 一定数量的测量点构成炉衬的表面形状，与参考表面对比，差值就是炉衬蚀损

    D. 激光测厚仪通过测量炉体上两个以上基准点的距离和角度，确定转炉与测量头的相对位置

学习重点与难点

学习重点：各等级工注意提高炉龄的措施，中高级工注意炉衬组成和损坏原因、开新炉操作等重点内容。

学习难点：开新炉操作。

思考与分析

1. 什么是耐火材料，有哪几种类型？
2. 什么是酸性、碱性、中性耐火材料，其主要化学成分是什么？
3. 什么是耐火材料的耐火度，怎样表示？
4. 什么是耐火材料的荷重软化温度，怎样表示？
5. 什么是耐火材料的耐压强度？
6. 什么是耐火材料的抗折强度，单位是什么？
7. 什么是耐火材料的抗热震性？

8. 什么是耐火材料的重烧线变化性，与耐火制品的使用有什么关系?

9. 什么是耐火材料的抗渣性?

10. 什么是耐火材料的气孔率? 什么是真气孔率，什么是显气孔率? 对耐火材料的使用有什么影响?

11. 什么是耐火制品的体积密度，它对耐火制品的使用有什么影响?

12. 转炉的内衬是由哪几部分组成? 镁碳砖有哪几类，其理化指标是什么?

13. 什么是综合砌炉? 各部位都砌筑哪种耐火砖?

14. 出钢口砌筑哪种耐火砖，怎样更换?

15. 对炉衬砖的砌筑有什么要求?

16. 转炉炉衬损坏的原因有哪些?

17. 转炉内衬工作层镁碳砖蚀损的机理是怎样的?

18. 提高转炉炉龄的措施有哪些?

19. 日常生产中采用哪些方法维护转炉炉衬?

20. 在什么情况下转炉炉衬采用喷补技术?

21. 喷补料由哪几部分组成? 对喷补料有什么要求?

22. 什么是溅渣护炉技术?

23. 溅渣护炉技术对炼钢终渣有哪些要求?

24. 溅渣附着层为什么能起到保护炉衬的作用?

25. 溅渣附着层为什么会被蚀损?

26. 溅渣护炉工艺操作要点是什么?

27. 什么是转炉的经济炉龄?

28. 转炉炉衬砖烘烤的目的是什么? 烘炉的要点有哪些?

29. 对烘炉后第一炉钢的吹炼有哪些要求?

30. 激光测量仪的工作原理是怎样的?

31. 炉底为什么有时会上涨? 如何防止炉底上涨?

14 技术经济指标

教学目的与要求

组织或参加炼钢工序操作，达到先进的技术经济指标。

技术经济指标用以反映工业生产、技术和管理水平，以经济效益为主要内容，炼钢工序的技术经济准则是：高效、优质、多品种、低消耗、综合利用资源、绿色环保。

14.1 产量指标

产量是用转炉钢合格产量来表示，即万吨/年、吨/月或吨/天。

炼钢废品是从转炉出钢开始考核，其中包括从出钢到浇注整个过程中所发生的跑钢、漏钢、混号及连铸各种因素造成的断流损失，还有轧后废品、用户退回废品等。

炼钢必需的合理损失不计入废品，如钢包包底粘钢，连铸切头、切尾、切缝，开浇摆槽损失，中间包包底，氧化铁皮等。

$$炼钢平均炉产量(t) = \frac{转炉合格钢产量(t)}{出钢次数} \qquad (14-1)$$

14.2 质量指标

（1）铁水预处理比，预处理铁水量占入转炉铁水量的百分比。其计算公式如下：

$$铁水预处理比(\%) = \frac{预处理铁水量(t)}{入炉铁水量(t)} \times 100\% \qquad (14-2)$$

（2）转炉钢炉外精炼比，转炉钢炉外精炼合格钢产量占转炉合格钢产量的比。其计算公式如下：

$$转炉钢炉外精炼比(\%) = \frac{转炉钢炉外精炼合格钢产量(t)}{转炉合格钢产量(t)} \times 100\% \qquad (14-3)$$

14.3 品种指标

（1）连铸比，合格连铸坯产量占总钢产量的百分比。连铸比是炼钢厂（车间）生产工艺水平和效益的重要标志之一，也反映了企业连续生产状况。其计算公式如下：

$$连铸比(\%) = \frac{合格连铸坯产量(t)}{合格连铸坯产量(t) + 合格钢锭产量(t)} \times 100\% \qquad (14-4)$$

（2）转炉优质钢比，合格优质钢产量占合格钢总产量的百分比。其计算公式如下：

$$转炉优质钢比(\%) = \frac{合格优质钢产量(t)}{合格钢总产量(t)} \times 100\% \tag{14-5}$$

（3）转炉合金钢比，合格合金钢产量占合格钢总产量的百分比。其计算公式如下：

$$转炉合金钢比(\%) = \frac{合格合金钢产量(t)}{合格钢总产量(t)} \times 100\% \tag{14-6}$$

同样也有低合金钢比。

（4）镇静钢比，合格镇静钢产量占合格钢总产量的百分比。其计算公式如下：

$$转炉镇静钢比(\%) = \frac{合格镇静钢产量(t)}{合格钢总产量(t)} \times 100\% \tag{14-7}$$

全连铸厂镇静钢比都是100%。

14.4 效益指标

（1）转炉日历利用系数，转炉在日历时间内每公称吨每日所生产的合格钢产量。其计算公式如下：

$$转炉日历利用系数(t/(公称\ t \cdot d)) = \frac{合格钢产量(t)}{转炉公称吨位(t) \times 日历日数(d)} \tag{14-8}$$

（2）转炉日历作业率，转炉炼钢作业时间与日历时间的百分比。其计算公式如下：

$$转炉日历作业率(\%) = \frac{炼钢作业时间(h)}{转炉座数 \times 日历时间(h)} \times 100\% \tag{14-9}$$

其中，炼钢作业时间 = 日历时间 – 大于10min的停工时间。

（3）转炉每炉炼钢时间，转炉平均每炼一炉钢所需要的时间。其计算公式如下：

$$转炉每炉炼钢时间(min) = \frac{炼钢作业时间(min)}{出钢炉数} \tag{14-10}$$

（4）钢铁料消耗，每吨合格钢消耗的钢铁料量。其计算公式如下：

$$钢铁料消耗(kg/t) = \frac{生铁总量(kg) + 废钢铁总量(kg)}{合格钢产量(t)} \tag{14-11}$$

注：废钢中锈蚀薄钢板按实物量×60%折算，未加工的渣钢按实物量×70%折算，砸碎加工的渣钢按实物量×90%折算。

（5）铁水消耗，每吨合格钢消耗的铁水量。其计算公式如下：

$$铁水消耗(kg/t) = \frac{铁水总量(kg)}{合格钢产量(t)} \tag{14-12}$$

（6）转炉炼钢某种物料消耗：

$$转炉炼钢某种物料消耗(kg/t 或计算单位/t) = \frac{某种物料用总量(kg 或计算单位)}{合格钢产量(t)}$$

$$\tag{14-13}$$

（7）转炉炉龄，转炉炉衬投入使用起到更换炉衬止，一个炉役期内所炼钢的炉数。其计算公式如下：

$$转炉平均炉龄（炉） = \frac{出钢炉数（炉）}{更换炉衬次数} \tag{14-14}$$

（8）转炉吹损率，转炉在炼钢过程中喷溅掉和烧损、熔损掉的金属量占入炉金属料量的百分比。其计算公式如下：

$$转炉吹损率（\%） = \frac{入炉金属料总量（t） - 出炉钢水总量（t）}{入炉金属料总量（t）} \times 100\% \tag{14-15}$$

其中，金属料量 = 钢铁料量 + 其他原料含铁量 + 含金料量 + 矿石含铁量，矿石含铁量 = 矿石用量 × 矿石品位 × 80%。

（9）转炉钢金属料消耗，每吨合格钢消耗的金属料。其计算公式如下：

$$金属料消耗（kg/t） = \frac{入炉金属料总量（kg）}{合格钢产量（t）} \tag{14-16}$$

（10）连铸机日历作业率，连铸机实际作业时间占日历时间的百分比。其计算公式如下：

$$连铸机日历作业率（\%） = \frac{连铸机实际作业时间（h）}{台数 \times 日历时间（h）} \times 100\% \tag{14-17}$$

其中，连铸机实际作业时间 = 浇注时间 + 准备时间。

（11）连铸坯合格率，合格连铸坯占连铸坯总检验量的百分比。其计算公式如下：

$$连铸坯合格率（\%） = \frac{连铸坯检验合格量（t）}{连铸坯总检验量（t）} \times 100\% \tag{14-18}$$

（12）合格坯收得率，合格连铸坯占浇注连铸坯钢水量的百分比。其计算公式如下：

$$合格坯收得率（\%） = \frac{连铸合格坯产量（t）}{浇注连铸坯钢水量（t）} \times 100\% \tag{14-19}$$

（13）连浇炉数，一个浇次浇钢的炉数。其计算公式如下：

$$平均连浇炉数（炉/次） = \frac{钢包开浇炉数（炉）}{铸机开浇次数（次）} \tag{14-20}$$

（14）断流率，断流数占浇注流数的百分比。其计算公式如下：

$$断流率（\%） = \frac{断流数（流）}{浇注流数（流）} \times 100\% \tag{14-21}$$

（15）溢漏率，溢钢流数与漏钢流数之和占浇注流数的百分比。其计算公式如下：

$$溢漏率（\%） = \frac{溢钢流数（流） + 漏钢流数（流）}{浇注流数（流）} \times 100\% \tag{14-22}$$

（16）转炉钢工序单位能耗，包括从铁水进厂到连铸坯（锭）出厂的全部工艺过程所消耗的一次和二次能源。其计算公式如下：

$$转炉钢工序单位能耗（kg 标准煤/t） = \frac{炼钢燃料消耗量 + 动力消耗 - 煤气余热回收外供量（kg 标煤）}{合格钢产量（t）}$$

$$\tag{14-23}$$

(17) 成本。企业为生产一定种类、一定数量的产品所发生的直接材料费用、直接人工费用和制造费用的总和就是这些产品的成本。

冶金企业具有大批量、多工序生产的特点。通常上一工序半成品的成本（或价格）随半成品实物转移，计入下一工序相应产品的原料费用中，炼钢厂（车间）的成品是连铸坯或钢锭，即：

$$单位连铸坯成本(元/t) = \frac{(原料费 + 辅助材料费 + 燃料动力费 + 直接人工费 + 制造费用)(元)}{合格连铸坯产量(t)}$$

(14-24)

其中，制造费用包括管理人员工资，辅助生产人员工资，设备折旧、修理及物料费，劳动保护费用，检验费和其他费用。

成本的降低幅度用可比成本的降低率来表示，即：

$$可比成本降低率(\%) = \left[1 - \frac{\Sigma(每种品种本期单位成本 \times 本期产量)}{\Sigma(每种品种上期单位成本 \times 本期产量)}\right] \times 100\%$$

(14-25)

(18) 流动资金占用额：流动资金占用额（万元）为报告期末储存原料、辅助原料、各种备件、成品及在产品所占用的资金总额。

(19) 利润：

$$利润(元) = 销售价格(元) - 成本(元) - 税金(元) \quad (14-26)$$

学习重点与难点

学习重点：质量和消耗类指标，思考如何做到优质低耗。

学习难点：无。

思考与分析

1. 技术经济指标反映的主要内容是什么？炼钢和连铸应遵循哪些技术经济准则？
2. 什么是转炉日历利用系数？
3. 什么是转炉日历作业率？
4. 什么是转炉每炉炼钢时间？
5. 什么是钢铁料消耗，如何减少钢铁料消耗？
6. 什么是铁水消耗，如何降低铁耗？
7. 什么是转炉炼钢某种物料消耗？
8. 什么是转炉炉龄，如何提高炉龄？
9. 什么是转炉吹损率，如何降低吹损？
10. 什么是转炉钢金属料消耗？
11. 什么是转炉优质钢比？
12. 什么是铁水预处理比？
13. 什么是转炉钢炉外精炼比？
14. 什么是连铸比？

15. 什么是连铸机日历作业率?
16. 什么是连铸坯合格率?
17. 什么是合格坯收得率?
18. 什么是连浇炉数?
19. 什么是断流率?
20. 什么是溢漏率?
21. 什么是转炉钢工序单位能耗?
22. 什么是成本?
23. 什么是流动资金占用额?
24. 什么是利润?

附　　录

转炉炼钢初级工学习要求

序号	名称	内容	建议学习方法和要求	了解	理解	掌握	重点	难点	自学时数
1	导学	1.1 学习目的	利用课件进行学习	√					1
		1.2 冶金史		√					
		1.3 转炉炼钢史			√				
		1.4 转炉炼钢分类			√		√		
		1.5 炼钢发展方向		√					
2	钢铁生产流程	2.1 钢铁地位	某些内容是开阔眼界的知识，可结合生产实际，重点掌握前后道工序生产流程	√					2
		2.2 钢与铁		√					
		2.3 我国钢铁业发展		√					
		2.4 钢铁生产流程			√		√		
		2.5 工业化炼钢方法			√		√		
		2.6 炼钢任务				√	√		
		2.7 炉外精炼		√				√	
3	基本知识	3.1 物理化学知识	复习化学基础知识及物理基础知识，结合生产实际学习，重在基础知识在生产中的应用		√				1
		3.1.1 物质组成			√				
		3.1.2 化学反应及反应方程式			√		√		
		3.1.3 物质形态			√				
4	品种质量	4.1 钢的分类	强化品种质量意识，了解钢号的表示方法及常见元素对钢种质量的影响		√		√		3
		4.2 钢号表示			√		√		
		4.3 常见元素对钢质量的影响		√				√	
5	炼钢原材料准备	5.1 主原料	收集原材料来源、成分；了解炼钢所用原材料的性能、标准及作用			√	√		4
		5.2 辅原料				√	√		
		5.3 合金料		√					
		5.4 其他材料		√					
6	装入制度	6.1 内容	结合规程学习，进行装料生产操作	√					2
		6.2 影响因素			√		√		
		6.3 种类			√				
		6.4 注意事项		√					

序号	名称	内　　容	建议学习方法和要求	了解	理解	掌握	重点	难点	自学时数
7	氧枪操作——供氧制度	7.1　内容	结合规程学习，具有控制合适的枪位及应对变化的能力	√					4
		7.2　喷嘴结构		√				√	
		7.3　氧流运动规律		√				√	
		7.4　枪位对冶炼的影响				√	√	√	
		7.5　工艺参数			√				
		7.6　类型			√				
		7.7　供氧设备		√					
8	加渣料——造渣制度	8.1　内容	结合规程学习，具有选择渣料加入量和加入时间的能力	√					4
		8.2　目的		√					
		8.3　脱磷				√	√	√	
		8.4　脱硫				√	√	√	
		8.5　方法		√					
		8.6　泡沫渣		√					
		8.7　石灰加入量				√			
		8.8　白云石造渣		√					
		8.9　渣料加入时间				√			
		8.10　石灰渣化				√		√	
9	温度制度	9.1　内容	结合规程学习，确定出钢温度	√					2
		9.2　出钢温度				√	√		
10	终点控制	10.1　终点定义	结合规程学习，了解终点拉碳双命中，挡渣效果	√					2
		10.2　控制方法		√			√		
		10.3　自动控制		√					
		10.4　挡渣出钢		√			√		
11	脱氧合金化	11.1　氧的危害	结合生产应用，掌握一元合金加入量计算方法；合理配加合金	√					2
		11.2　脱氧及合金化任务				√			
		11.3　对脱氧剂的要求				√			
		11.4　按氧含量钢的分类		√					
		11.5　脱氧方法				√	√	√	
		11.6　脱氧操作		√					
		11.7　合金加入原则		√					
		11.8　合金加入量计算				√	√	√	
12	复合吹炼	12.1　复吹优点	结合规程学习			√			2
		12.2　复吹气源		√					
13	炉衬炉龄	13.1　耐火材料	按现场操作规程要求，掌握提高炉龄的措施；进行溅渣护炉操作	√					2
		13.2　炉衬组成				√			
		13.3　炉衬损毁原因				√			
		13.4　炉衬砖蚀损机理		√					
		13.5　提高炉龄措施				√		√	
14	环保	14.1　政策方针	观察、收集现场转炉汽化冷却、蒸汽回收、烟气净化、煤气回收及设备主要工艺参数	√					2
		14.2　烟气净化与回收		√				√	

转炉炼钢中级工学习要求

序号	名称	内容	建议学习方法和要求	了解	理解	掌握	重点	难点	自学时数
1	导学	1.1　学习目的	利用课件进行学习	√					1
		1.2　冶金史		√					
		1.3　转炉炼钢史				√			
		1.4　转炉炼钢分类				√	√		
		1.5　炼钢发展方向		√					
2	钢铁生产流程	2.1　钢铁地位	某些内容是开阔眼界的知识，可结合生产实际，重点掌握前后道工序生产流程，以及对本工序的影响与要求。特别强调炼钢对铁水的要求	√					3
		2.2　钢与铁				√	√		
		2.3　我国钢铁业发展		√					
		2.4　钢铁生产流程				√	√		
		2.5　炼铁生产				√		√	
		2.6　工业化炼钢方法				√			
		2.7　炼钢任务				√	√		
		2.8　炉外精炼		√				√	
3	基本知识	3.1　物理化学知识	复习化学基础知识及物理基础知识，结合生产实际学习，重在基础知识在生产中的应用						4
		3.1.1　物质组成			√				
		3.1.2　化学反应及反应方程式			√		√		
		3.1.3　物理化学基本概念		√					
		3.1.4　质量守恒与能量守恒定律			√				
		3.1.5　物质形态			√				
		3.1.6　气体状态方程			√				
		3.1.7　炼钢热效应			√				
		3.1.8　化学反应速度及影响因素		√					
		3.1.9　化学平衡及影响因素			√		√	√	
		3.1.10　分解压力		√				√	
4	品种质量	4.1　钢的分类	强化品种质量意识，了解常见元素对钢种质量的影响，正确进行钢种生产			√	√		6
		4.2　钢号表示				√	√		
		4.3　常见元素对钢质量的影响		√				√	
		4.4　钢种质量控制			√				
		4.5　钢种生产			√			√	
5	技术经济指标	5.1　产量	收集指标参数并分析，进行工序操作，达到先进的技术经济指标	√					1
		5.2　质量			√		√		
		5.3　品种		√					
		5.4　消耗			√		√		

续表

序号	名称	内容	建议学习方法和要求	了解	理解	掌握	重点	难点	自学时数
6	炼钢原材料准备	6.1 主原料	收集原材料来源、成分、不同钢种的要求数据；掌握炼钢所用原材料的性能、标准及作用；鉴别散状料、合金料			√	√		4
		6.2 辅原料				√	√		
		6.3 合金料			√				
		6.4 其他材料		√					
		6.5 精料			√				
		6.6 原料供应设备		√					
7	铁水预处理	7.1 铁水预处理定义	根据炼钢对铁水要求了解铁水预处理的知识及工艺要求；分析铁水预处理技术指标对炼钢质量的影响			√		√	1
		7.2 铁水预处理优缺点		√				√	
		7.3 "三脱"目标							
8	装入制度	8.1 内容	结合规程学习，进行装料生产操作	√					2
		8.2 影响因素				√	√		
		8.3 种类				√			
		8.4 注意事项			√				
		8.5 转炉设备		√					
9	氧枪操作——供氧制度	9.1 内容	结合规程学习，进行供氧操作，正确选择供氧参数，减少吹损和喷溅，尤其是控制合适的枪位及应对变化	√					6
		9.2 喷嘴结构		√				√	
		9.3 氧流运动规律		√				√	
		9.4 碳氧反应				√		√	
		9.5 硅锰氧化		√				√	
		9.6 枪位对冶炼的影响				√	√		
		9.7 工艺参数			√				
		9.8 工艺类型			√				
		9.9 供氧设备		√					
		9.10 去气		√				√	
		9.11 吹损			√				
10	加渣料——造渣制度	10.1 内容	结合规程学习，结合原材料和供氧制度合理选择渣料加入量和加入时间，减少吹损和喷溅，保证化渣	√					6
		10.2 目的		√					
		10.3 炼钢炉渣				√		√	
		10.4 脱磷				√	√	√	
		10.5 脱硫				√	√	√	
		10.6 方法		√					
		10.7 泡沫渣		√					
		10.8 石灰加入量			√				
		10.9 白云石造渣		√					
		10.10 渣料加入时间			√				
		10.11 渣量		√					
		10.12 石灰渣化				√	√	√	

续表

序号	名称	内容		建议学习方法和要求	了解	理解	掌握	重点	难点	自学时数
11	温度制度	11.1	内容	结合规程学习，控制过程温度和终点温度，减少吹损和喷溅	√					2
		11.2	出钢温度				√	√		
		11.3	热平衡表分析		√					
		11.4	终点温度影响因素		√					
		11.5	冷却效应		√					
		11.6	冷却效应换算值				√	√	√	
12	终点控制	12.1	终点定义	结合规程学习，控制终点拉碳双命中，摇炉出钢，保证挡渣效果	√					2
		12.2	控制方法			√		√		
		12.3	判碳法		√					
		12.4	判温法		√					
		12.5	自动控制				√	√	√	
		12.6	挡渣出钢				√	√		
13	脱氧合金化	13.1	氧的危害	结合生产应用，掌握二元合金加入量计算方法，选择合适的脱氧制度与脱氧操作以降低消耗、保证钢水质量要求；合理配加合金；控制夹杂物含量与形态	√					4
		13.2	脱氧及合金化任务			√				
		13.3	去夹杂		√				√	
		13.4	对脱氧剂的要求			√				
		13.5	按氧含量钢的分类		√					
		13.6	脱氧方法				√	√	√	
		13.7	脱氧操作			√				
		13.8	合金加入原则			√				
		13.9	合金加入量计算				√	√	√	
14	事故处理	14.1	质量事故	结合生产案例学习，掌握常见事故的预防与处理						4
		14.1.1	高温钢		√			√		
		14.1.2	低温钢		√			√		
		14.1.3	碳出格				√	√		
		14.1.4	锰出格		√					
		14.1.5	硫出格				√			
		14.1.6	磷出格				√			
		14.1.7	氮出格		√					
		14.2	设备事故							
		14.2.1	停水停电			√				
		14.2.2	氧压不足			√				
		14.2.3	氧枪降不下来		√					
		14.2.4	喷枪粘钢			√				
		14.2.5	漏水入炉				√	√		
		14.2.6	漏钢			√		√		
		14.2.7	复吹系统泄漏			√				
		14.2.8	喷溅				√	√	√	

续表

序号	名称	内　容	建议学习方法和要求	了解	理解	掌握	重点	难点	自学时数
15	复合吹炼	15.1 复吹优点	结合规程学习，选择合适的底吹和顶吹参数进行操作			√			2
		15.2 复吹气源		√					
		15.3 底部供气模式			√		√		
		15.4 供气元件		√					
		15.5 供气强度			√				
		15.6 类型		√					
		15.7 供气元件寿命			√				
16	炉衬炉龄	16.1 耐火材料	按现场开新炉操作规程要求，掌握提高炉龄的措施；选择合适的参数进行溅渣护炉操作	√					3
		16.2 炉衬组成				√			
		16.3 炉衬损毁原因				√			
		16.4 炉衬砖蚀损机理			√				
		16.5 综合砌炉		√					
		16.6 经济炉龄		√					
		16.7 提高炉龄措施				√	√		
		16.8 开新炉操作		√				√	
17	环保	17.1 政策方针	观察、收集现场转炉汽化冷却、蒸汽回收、烟气净化、煤气回收及设备主要工艺参数，了解确定原则	√					2
		17.2 烟气净化与回收			√		√	√	

转炉炼钢高级工学习要求

序号	名称	内　　容	建议学习方法和要求	了解	理解	掌握	重点	难点	自学时数
1	导学	1.1　学习目的	利用课件进行学习	√					1
		1.2　冶金史		√					
		1.3　转炉炼钢史			√				
		1.4　转炉炼钢分类				√	√		
		1.5　炼钢发展方向		√			√		
2	钢铁生产流程	2.1　钢铁地位	某些内容是开阔眼界的知识，可结合生产实际，重点掌握前后道工序生产流程，以及对本工序的影响与要求。特别强调炼钢对铁水的要求，炉外精炼、连铸对钢水质量的要求等内容	√					4
		2.2　钢与铁				√	√		
		2.3　我国钢铁业发展		√					
		2.4　钢铁生产流程				√	√		
		2.5　炼铁生产				√		√	
		2.6　工业化炼钢方法				√	√		
		2.7　炼钢任务				√	√		
		2.8　炉外精炼				√		√	
		2.9　钢水浇注				√		√	
		2.10　轧钢生产				√		√	
3	基本知识	3.1　物理化学知识	复习化学基础知识及物理基础知识，结合生产实际学习，重在基础知识在生产中的应用						4
		3.1.1　物质组成				√			
		3.1.2　化学反应及反应方程式				√	√		
		3.1.3　物理化学基本概念			√				
		3.1.4　质量守恒与能量守恒定律			√				
		3.1.5　物质形态				√			
		3.1.6　气体状态方程				√			
		3.1.7　炼钢热效应				√			
		3.1.8　化学反应速度及影响因素			√				
		3.1.9　化学平衡及影响因素				√	√	√	
		3.1.10　分解压力			√		√	√	
		3.1.11　反应自由能及变化			√			√	
		3.1.12　蒸气压			√				
		3.1.13　表面现象			√				
		3.1.14　扩散现象			√				

续表

序号	名称	内容	建议学习方法和要求	了解	理解	掌握	重点	难点	自学时数
4	品种质量	4.1　钢的分类	强化品种质量意识，掌握常见元素对钢种质量的影响，具有选择钢种生产流程的能力			√			8
		4.2　钢号表示				√			
		4.3　常见元素对钢质量的影响				√	√	√	
		4.4　钢种质量控制			√				
		4.5　钢种生产				√	√	√	
5	技术经济指标	5.1　产量	收集指标参数并分析，组织炼钢工序操作，达到先进的技术经济指标			√			1
		5.2　质量				√	√		
		5.3　品种				√			
		5.4　消耗				√			
		5.5　成本核算				√			
6	炼钢原材料准备	6.1　主原料	收集原材料来源、成分、不同钢种的要求数据；掌握选用炼钢原材料的原则，炼钢所用原材料的性能、标准及作用，常用原材料质量鉴别方法；鉴别散状料、合金料			√	√		4
		6.2　辅原料				√	√		
		6.3　合金料				√			
		6.4　其他材料			√				
		6.5　精料				√			
		6.6　原料供应设备			√				
7	铁水预处理	7.1　铁水预处理定义	根据炼钢对铁水要求熟知铁水预处理的知识及工艺要求；分析铁水预处理技术指标对炼钢质量的影响			√			3
		7.2　铁水预处理优缺点			√		√		
		7.3　"三脱"目标			√				
		7.4　脱硅			√				
		7.5　脱磷			√				
		7.6　脱硫				√	√	√	
8	装入制度	8.1　内容	结合规程学习，组织装料生产操作，正确选择装入制度			√			2
		8.2　影响因素				√	√		
		8.3　种类				√			
		8.4　注意事项			√				
		8.5　转炉设备			√				
9	氧枪操作——供氧制度	9.1　内容	结合规程学习，进行供氧操作，结合原材料变化正确选择供氧参数减少吹损和喷溅，缩短冶炼周期，尤其是控制合适的枪位及应对变化			√			8
		9.2　喷嘴结构				√		√	
		9.3　氧流运动规律		√				√	
		9.4　碳氧反应				√		√	
		9.5　硅锰氧化				√		√	
		9.6　枪位对冶炼的影响				√	√		
		9.7　工艺参数				√		√	
		9.8　工艺类型				√			
		9.9　供氧设备			√				
		9.10　去气			√			√	
		9.11　吹损				√			

续表

序号	名称	内　容	建议学习方法和要求	了解	理解	掌握	重点	难点	自学时数
10	加渣料——造渣制度	10.1　内容	结合规程学习，结合原材料和供氧制度合理选择渣料加入量和加入时间，减少吹损和喷溅，保证化渣，根据炉渣岩相照片分析造渣操作		√				8
		10.2　目的			√				
		10.3　炼钢炉渣				√		√	
		10.4　脱磷				√	√	√	
		10.5　脱硫				√	√	√	
		10.6　方法			√				
		10.7　泡沫渣			√				
		10.8　石灰加入量				√			
		10.9　白云石造渣				√			
		10.10　渣料加入时间				√			
		10.11　渣量			√				
		10.12　石灰渣化				√	√	√	
11	温度制度	11.1　内容	结合规程学习，控制过程温度和终点温度，减少吹损和喷溅		√				2
		11.2　出钢温度				√	√		
		11.3　热平衡表分析			√				
		11.4　终点温度影响因素			√				
		11.5　冷却效应			√				
		11.6　冷却效应换算值				√	√		
12	终点控制	12.1　终点定义	结合规程学习，控制终点拉碳双命中，摇炉出钢，保证挡渣效果	√					2
		12.2　控制方法				√	√		
		12.3　判碳法		√					
		12.4　判温法		√					
		12.5　自动控制				√	√	√	
		12.6　挡渣出钢				√	√		
13	脱氧合金化	13.1　氧的危害	结合生产应用，掌握各种合金加入量计算方法，选择合适的脱氧制度与脱氧操作以降低消耗、保证钢水质量要求；合理配加合金；控制夹杂物含量与形态	√					6
		13.2　脱氧及合金化任务			√				
		13.3　去夹杂		√			√	√	
		13.4　对脱氧剂的要求			√				
		13.5　按氧含量钢的分类		√					
		13.6　脱氧方法				√	√	√	
		13.7　脱氧操作				√			
		13.8　合金加入原则			√				
		13.9　合金加入量计算				√	√	√	

序号	名称	内　　容	建议学习方法和要求	了解	理解	掌握	重点	难点	自学时数
14	事故处理	14.1　质量事故	结合生产案例学习，掌握各种事故的预防与处理						4
		14.1.1　高温钢			√		√		
		14.1.2　低温钢			√		√		
		14.1.3　碳出格				√	√		
		14.1.4　锰出格			√				
		14.1.5　硫出格				√			
		14.1.6　磷出格				√			
		14.1.7　氮出格			√				
		14.1.8　回炉钢				√			
		14.2　设备事故							
		14.2.1　停水停电				√			
		14.2.2　氧压不足				√			
		14.2.3　氧枪降不下来			√				
		14.2.4　喷枪粘钢				√			
		14.2.5　漏水入炉				√	√		
		14.2.6　漏钢				√	√		
		14.2.7　复吹系统泄漏				√			
		14.2.8　炉内剩钢水				√			
		14.2.9　冻炉			√				
		14.2.10　喷溅				√	√	√	
15	复合吹炼	15.1　复吹优点	结合规程学习，选择合适的底吹和顶吹参数进行操作			√			2
		15.2　复吹气源			√				
		15.3　底部供气模式				√	√		
		15.4　供气元件			√				
		15.5　供气强度				√			
		15.6　类型			√				
		15.7　供气元件寿命				√			
16	车间布置	16.1　跨间	参照车间布置图学习	√					1
		16.2　车间布置		√					
17	炉衬炉龄	17.1　耐火材料	按现场开新炉操作规程要求，掌握提高炉龄的措施；选择合适的参数进行溅渣护炉操作		√				3
		17.2　炉衬组成				√			
		17.3　炉衬损毁原因				√			
		17.4　炉衬砖蚀损机理			√				
		17.5　综合砌炉			√				
		17.6　经济炉龄			√				
		17.7　提高炉龄措施				√	√		
		17.8　开新炉操作				√		√	

序号	名称	内　　容	建议学习方法和要求	了解	理解	掌握	重点	难点	自学时数
18	环保	18.1　政策方针	观察、收集现场转炉汽化冷却、蒸汽回收、烟气净化、煤气回收及设备主要工艺参数，了解确定原则	√					2
		18.2　烟气净化与回收				√	√	√	
		18.3　二次除尘		√					
		18.4　噪声控制		√					
		18.5　炼钢副产资源		√					

参 考 文 献

[1] 中国金属学会，中国钢铁工业协会.2006～2020年中国钢铁工业科学与技术发展指南[M].北京：冶金工业出版社，2006.

[2] 国际钢铁协会，中国金属学会.洁净钢——洁净钢生产工艺技术[M].北京：冶金工业出版社，2006.

[3] 中国钢铁工业协会《钢铁信息》编辑部.中国钢铁之最(2012)[M].北京：冶金工业出版社，2012.

[4] 王新华，等.钢铁冶金——炼钢学[M].北京：高等教育出版社，2005.

[5] 陈家祥.炼钢常用图表数据手册(第2版)[M].北京：冶金工业出版社，2011.

[6] 中国冶金建设协会.炼钢工艺设计规范[S].北京：中国计划出版社，2008.

[7] 云正宽.冶金工程设计，第2册，工艺设计[M].北京：冶金工业出版社，2006.

[8] 萧忠敏.武钢炼钢生产技术进步概况[M].北京：冶金工业出版社，2003.

[9] 张岩，张红文.氧气转炉炼钢工艺与设备[M].北京：冶金工业出版社，2010.

[10] 王雅贞，等.氧气顶吹转炉炼钢工艺与设备(第2版)[M].北京：冶金工业出版社，2001.

[11] 冯捷.转炉炼钢生产[M].北京：冶金工业出版社，2006.

[12] 王雅贞，李承祚，等.转炉炼钢问答[M].北京：冶金工业出版社，2003.

[13] 张芳.转炉炼钢[M].北京：化学工业出版社，2008.

[14] 刘志昌.氧枪[M].北京：冶金工业出版社，2008.

[15] 武汉第二炼钢厂.复吹转炉溅渣护炉实用技术[M].北京：冶金工业出版社，2004.

[16] 田志国.转炉护炉实用技术[M].北京：冶金工业出版社，2012.

[17] 李永东，等.炼钢辅助材料应用技术[M].北京：冶金工业出版社，2003.

[18] 潘贻芳，王振峰，等.转炉炼钢功能性辅助材料[M].北京：冶金工业出版社，2007.

[19] 马竹梧，等.钢铁工业自动化.炼钢卷[M].北京：冶金工业出版社，2003.

[20] 中信微合金化技术中心编译.石油天然气管道工程技术及微合金化钢[M].北京：冶金工业出版社，2007.

[21] 卢凤喜.国外冷轧硅钢生产技术[M].北京：冶金工业出版社，2013.

[22] 中国标准协会，中国质量协会.六西格玛理论与实践[M].北京：中国计量出版社，2008.

[23] 郭丰年，等.实用袋滤除尘技术[M].北京：冶金工业出版社，2015.

[24] 马建立.绿色冶金与清洁生产[M].北京：冶金工业出版社，2007.

[25] 环境保护部.清洁生产标准 钢铁行业（炼钢）[S].北京：中国环境出版社，2008.